5축과 3축 가공 실무데이터로 완성하기

한상민 · 이인 · 최수진

도서출판
GS인터비전

머리말

제조 산업은 우리나라의 산업을 이끌어온 뿌리산업으로 제품이 생산되는 한 제조 산업은 사라질 수 없는 근간 산업입니다. 그 중에서 가공을 통한 제품생산은 기계, 부품, 항공, 금형산업 등에서 절대적으로 중요한 자리를 차지하고 있습니다. 현재 가공분야에서도 4차 산업혁명 시대를 맞이하여 지능화된 가공기가 지속적으로 개발되어 가공 분야에 공급되고 있습니다. 예전에는 장비에 이상이 발생하면 작업자가 공급자 또는 정비를 전문으로 대행하는 업체에 수리를 의뢰하는 시스템이었다면 현재 일부 가공장비 생산업체에서는 센서를 이용한 장비관리가 시작 되었습니다. 장비의 이상이 발생하면 자동으로 센서가 이상을 검출하여 각 생산회사에 신호를 전송하고 신호를 받은 장비 업체에서는 정보를 분석하여 사용자에게 알려주는 시대로 변화하고 있는 것입니다. 특히 고가의 장비에 활용을 시작하고 있습니다. 5축 가공의 경우 전통적으로 항공기부품 산업분야, 정밀 기계부품 분야에서 일찍이 활용되어 왔으며 최근 들어서는 금형 가공 분야에서도 활발히 사용되고 있습니다. 가장 큰 장점은 한 번의 소재 셋팅으로 모든 가공 면을 사람의 손을 빌리지 않고 자동으로 가공이 가능하다는 것입니다. 한 번의 셋팅으로 완성 가공이 되면 다중 셋팅에서 발생할 수 있는 가공오차를 줄이므로 정밀한 가공이 가능해 지고 다수의 공정이 생략되므로 납기 단축과 고속가공으로 깨끗한 고품질의 제품생산이 가능해 지는 장정이 있습니다.

5축가공의 경우 5축 가공기에서 좌표계를 인식하여 자동으로 축을 회전하면서 가공을 진행하므로 수작업에 의한 가공 보다는 CAM 데이터를 이용한 가공이 전부라고할 수 있습니다. 그래서 CAM 데이터가 매우 중요한 역할을 하게 됩니다. 회전에 의한 충돌 방지를 위한 방법을 데이터 생성 공정에서 충분히 고려되어야 하며 동시 5축가공의 경우 축이 회전하면서 가공 면이 거칠게 작업될 확률도 있고 동시에 다섯 개의 축이 움직이므로 가공 오차가 발생할 수 있습니다. 그러므로 정밀한 부위나 부품 가공의 경우 3축, 또는 3+2축 가공을 유도하고 두 방법으로 해결이 않되는 부위에 한하여 동시 5축 가공을 진행하는 것이 양품을 생산할 수 있는 방법입니다. 그러므로 가공할 제품의 형상 파악을 충실히 진행하여 가공 공정 즉 CAM 프로그램 생성 공정을 확립하여 작업을 진행해야 효과적이고 효율적인 가공을 유도할 수 있습니다.

이 책의 내용은 3축 가공, 3+2축 가공, 동시 5축 가공이 모두 들어간 예제 따라하기 방식으로 구성되어 있습니다. 순차적으로 진행하시다 보면 세 가지 가공 방식을 모두 습득 하실 수 있도록 제작되었습니다.

앞으로 5축 가공 더 많이 사용되고 활용될 것으로 전망되므로 이 책을 통하여 5축 가공에 필요한 가공 지식을 습득할 수 있는 계기가 마련되기를 기대하며 산업 현장에서 필요로 하는 혁신적 인재로 양성되기를 기원합니다.

저자 일동

1장 5축 가공하기

2장 컴퓨터 응용가공 산업기사

1장 5축 가공

1. 5축 가공이란

5축 가공은 오래전부터 항공기 부품, 기계 부품산업에서 주로 사용되어 왔으며 최근 들어서는 3차원 형상 가공을 해야 하는 모든 산업분야에서 활용되고 있다. 5축 가공의 가장 큰 장점은 한 번의 세팅으로 복잡한 모양 및 윤곽, 홀 가공 등을 한번에 가공이 가능하다는 것이다. 그로인해 가공에 걸리는 시간을 현저히 단축시킬 수 있으며, 최적의 방향으로 회전하여 셋팅 하므로 최적의 공구 길이를 설정하여 정밀한 가공을 할 수 있다는 것이다. 주로 가공되는 방식은 3+2축 가공으로 언더컷을 피할 수 있는 방향으로 좌표계를 설정한 후 3축 가공방식으로 가공을 하는 것인데 동시 5축 가공보다 높은 정밀도를 유지할 수 있다.

1) 5축 가공 특징

① 한 번의 셋팅으로 모든 형상가공 가능 하다.
② 가공 시간을 단축시킬 수 있다..
③ 다축 고속 가공으로 고품질 제품 생산이 가능 하다.
④ 최적 길이의 공구(짧은 공구) 사용으로 고 정밀 가공이 가능하며, 공구 수명이 증대된다.
⑤ 후 작업(방전, 사상)의 최소화시켜 공정 단축 및 납기 단축이 가능하다.
⑥ 깊은 형상 가공에 유리하다.
⑦ 공구의 모든 면을 이용하여 가공하므로 공구 활용도가 높아진다.

2) 5축 가공의 필요성

5측 가공의 가장 큰 장점은 한 번의 세팅으로 복잡한 형상을 가공 하는 것으로 가공 시간을 줄일 수 있고 최적의 공구 길이로 가공하여 정밀한 가공이 가능하며, 가공 단가의 하락과 부품가격의 인하 및 단 납기 대응에 적합하다. 이와 같이 저 단가 고품질 제품을 생산할 수 있으므로 5축 가공기의 활용은 제조 산업 분야에서 더욱 성장할 것으로 예상 되며, 향후 시장의 방향이 부품가격 하락 및 중국 및 동남아 등 저가 경쟁에 대응하기 위해 고속, 정밀, 가공이 가능한 5축 가공은 새로운 전략이 될 수 있을 것이다.

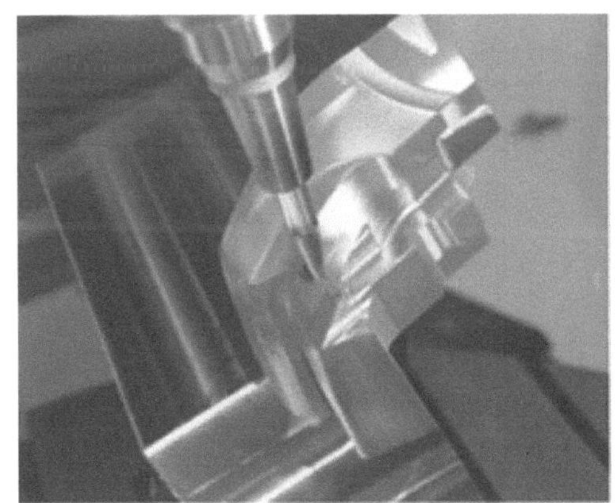

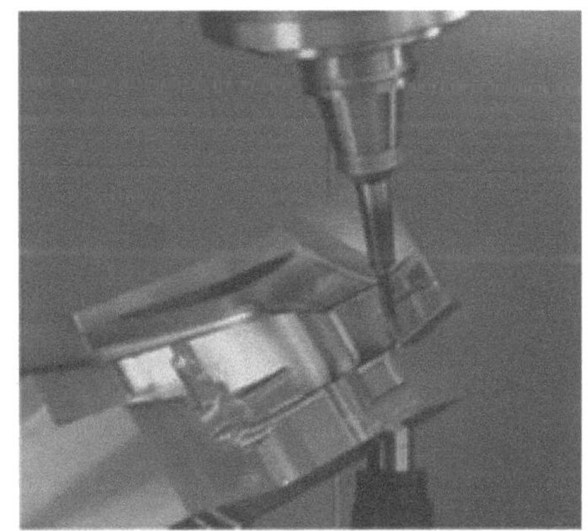

[그림1 5축 가공기]

3) 5축 가공 개념

5축은 3개의 수직 선형 축 X, Y, Z축 + 회전축 2개를 이용하는 것이다.

A축 ===> X축 기준 회전축
B축 ===> Y축 기준 회전축
C축 ===> Z축 기준 회전축
(회전축은 2개를 사용 하게 된다.)

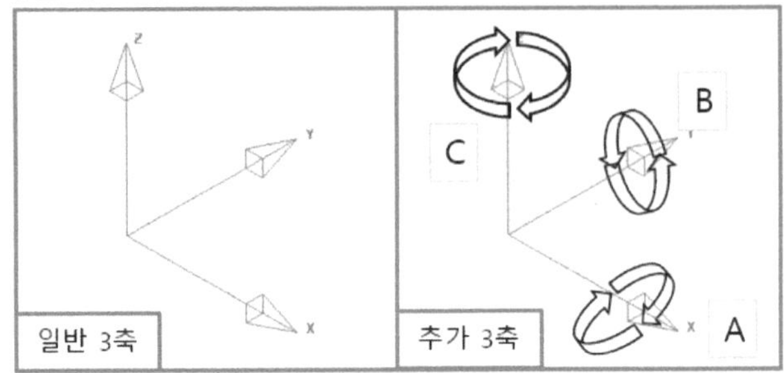

[그림2 5축 정의]

※ 주로 3+2축을 많이 사용하고 동시 5축가공은 피치못할 경우에 사용하게 된다. 동시 5축의 경우 가공 정밀도와 기계 힘이 3축 가공기 보다는 약하여 가공성이 떨어지는데 이런 현상은 여러 축이 동시에 움직이다보니 발생하게 되는 것으로 되도록 축의 움직임을 최소로 할 수 있게 프로그램 작업을 진행하는 것이 매우 중요 하다.

4) 5축 기계 타입

① 해드-해드 타입 : 모든 움직임이 해드에서 일어난다.
→ 움직임이 부자연스럽다. 주로 큰 공작을 가공하는 대형 5축 가공기에서 많이 사용.
② 테이블-테이블 타입 : 모든 움직임이 테이블에서 일어난다.
→ 해드 해드 타입보다 정밀도가 우수 일반적으로 정도가 제일 좋다. 주로 작은 장비 에서 많이 사용되며 형상 구현이 가장 용의하고 기계움직입이 좋다.
③ 해드-테이블 타입 ; 중간정도의 크기의 장비에서 많이 사용되고 있다.

※ Cam Program은 장비의 타입과 무관하게 진행된다.(장비에서 인식함) 프로그램 작업 시 작업자는 기계 최대 회전 값과 작업성을 고려하여 작업을 진행해야 한다.

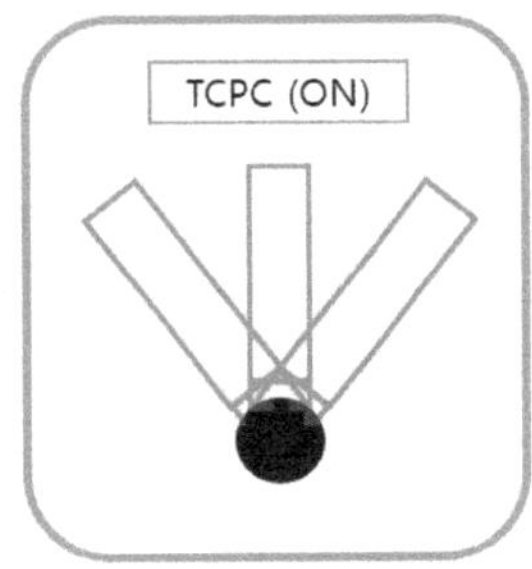

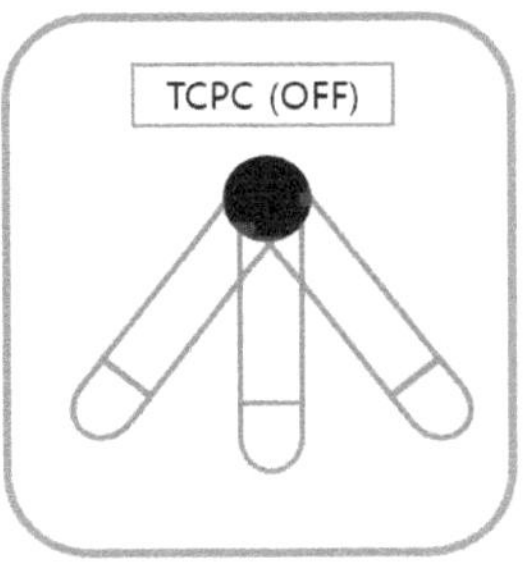

[그림3 공구의 회전방식(TCPC)]

※ 공구 중심점 제어 (TCPC : Tool Center Point Control) 혹은 RTPC로 표현
TCPC OFF : 회전축에 따라 공구가 회전 (다축 가공 불가능)
TCPC ON : 회전축에 따라 기계가 회전 (TCPC기능은 항상 ON이 되어있어야 함.)

2. 모델 1번가공하기

2-1. 가공 모델1번 공정 설계 및 주의 사항 파악하기

가공모델 1번을 이용하여 3축 가공과 동시 5축 가공, 3+2축 가공 데이터를 생성하기
외관형상은 3축 가공으로 유도하고 날개 형상은 3+2축 가공으로 완성 가공한다. 외관 형상 중 일부를 5축 동시가공을 이용하여 완성 가공 한다.

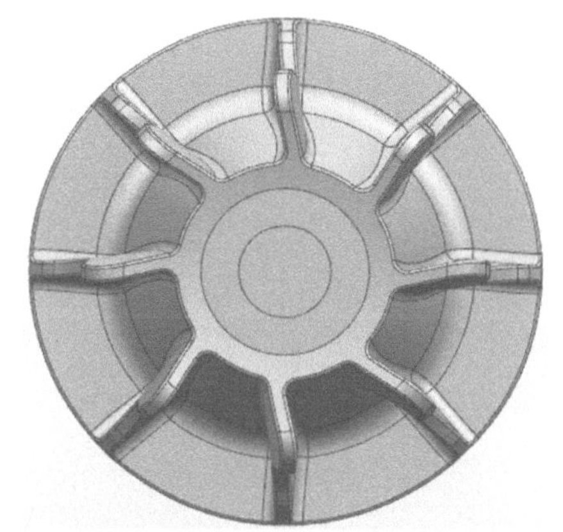

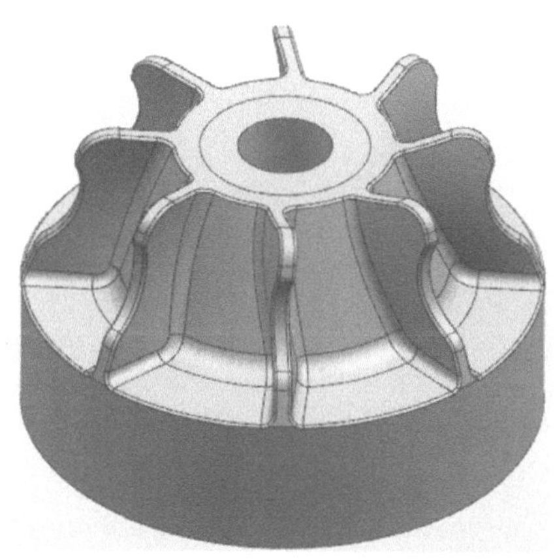

[그림 3 모델 1번]

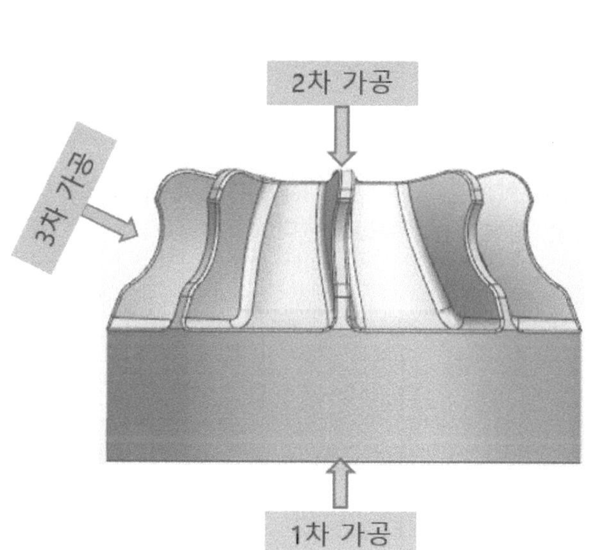

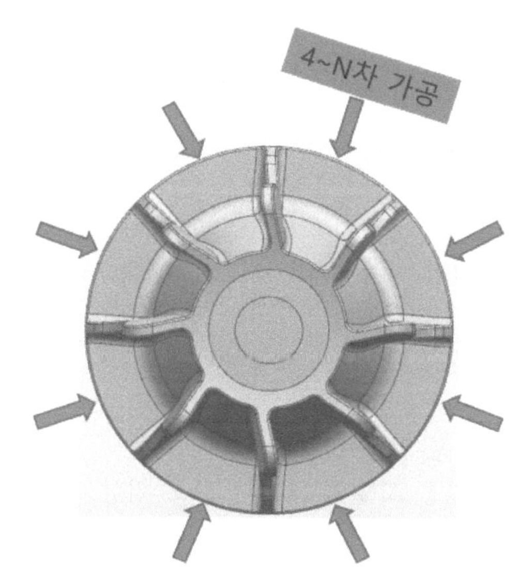

[그림4 5축 가공 차수 정의]

▶ 가공 공정 설정하기

① 1차 가공 → 형상 바닥 쪽 탭 가공, ② 2차 가공 → 3축 가공, ③ 3차 가공 → 동시 5축 가공, ④ 4차 가공 → 8면 3+2축 가공

1) 클램핑용 지그 제작

5축 가공기 특성상 축이 회전되면 가공물 외에 기계 몸체에서 충돌이 발생 할 가능성 이 높다. 그러므로 CAM 가공데이터 생성 시 모든 충돌가능성을 체크하여 안전한 가공이 이루어질 수 있게 하여야 한다. 5축 가공 전용 바이스를 사용하거나 부품가공에 맞는 지그를 사용하여 가공을 진행 한다. 가공 모델 1번 역시 충돌 방지를 위한 지그를 먼저 가공한 후 1번 부품을 지그에 장작하여 가공을 진행하기로 한다.

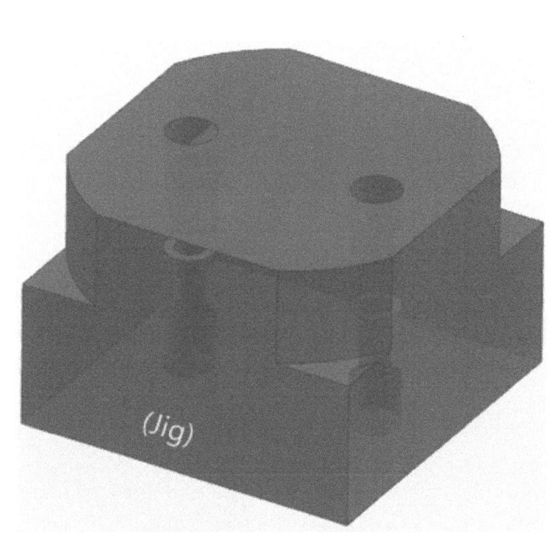

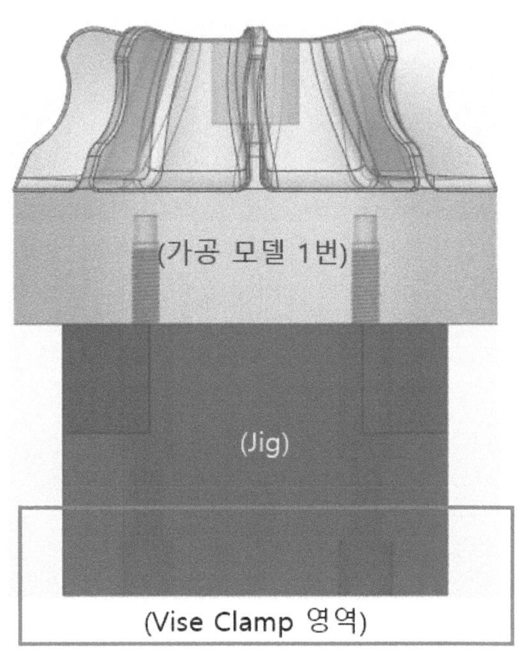

[그림 5 - 지그를 이용한 공작물 장착]

※ 이번 가공에서는 지그 가공에 대한 데이터 생성은 생략하는 것으로 한다.

2) 가공 모델1번 가공하기

- 가공 전 형상 파악 -

① 가공 모델의 크기가 작고 형상 전체를 가공해야 한다.
② 8개의 날개 형상이 한 축 방향에서는 가공이 불가능하다.
③ 외관 형상 중에서 움푹 파인부위는 동시 5축 가공이 용의하다.
④ 날개 형상의 두께가 얇아서 회전 후 가공에서는 위면 가공을 피하여 휨을 방지한다.
⑤ 1차 가공은 바닥부위로 하여 탭 가공을 완성한다.
⑥ 2차 가공에서 먼저 전체 외곽 형상을 완성가공 한다.
⑦ 8개의 날개 부위를 마지막으로 3+2축 가공으로 완성 한다.

2-2 모델1번 1차 가공 : 드릴 및 탭 가공 데이터 생성

파워밀 실행하기 : 파워밀 아이콘을 더블클릭하여 실행 한다.

2-2-1 가공준비

① 가공 모델 불러오기 : 파일→모델 불러오기→폴더이동→1차가공용 모델 1번.x_t (열기)

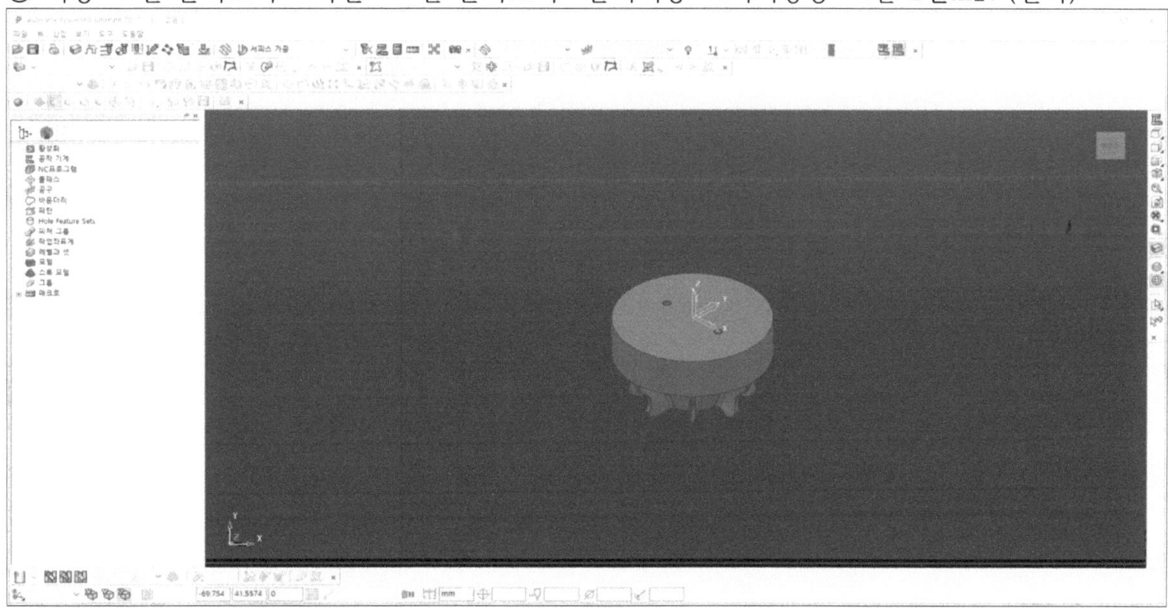

② 가공영역(블록) 설정하기

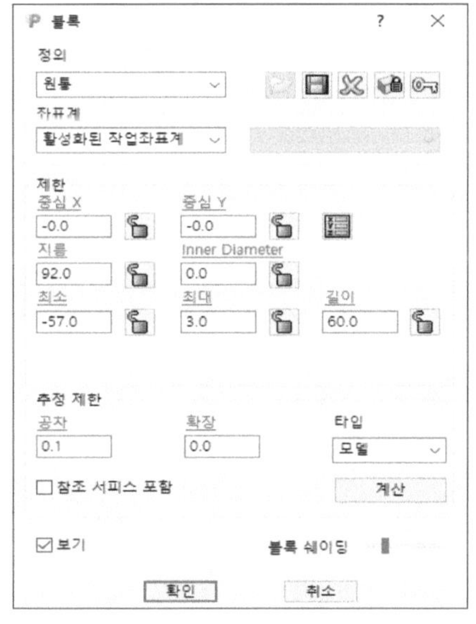

③ 안전영역 설정 : 급속이송 높이 및 플런지 높이 설정

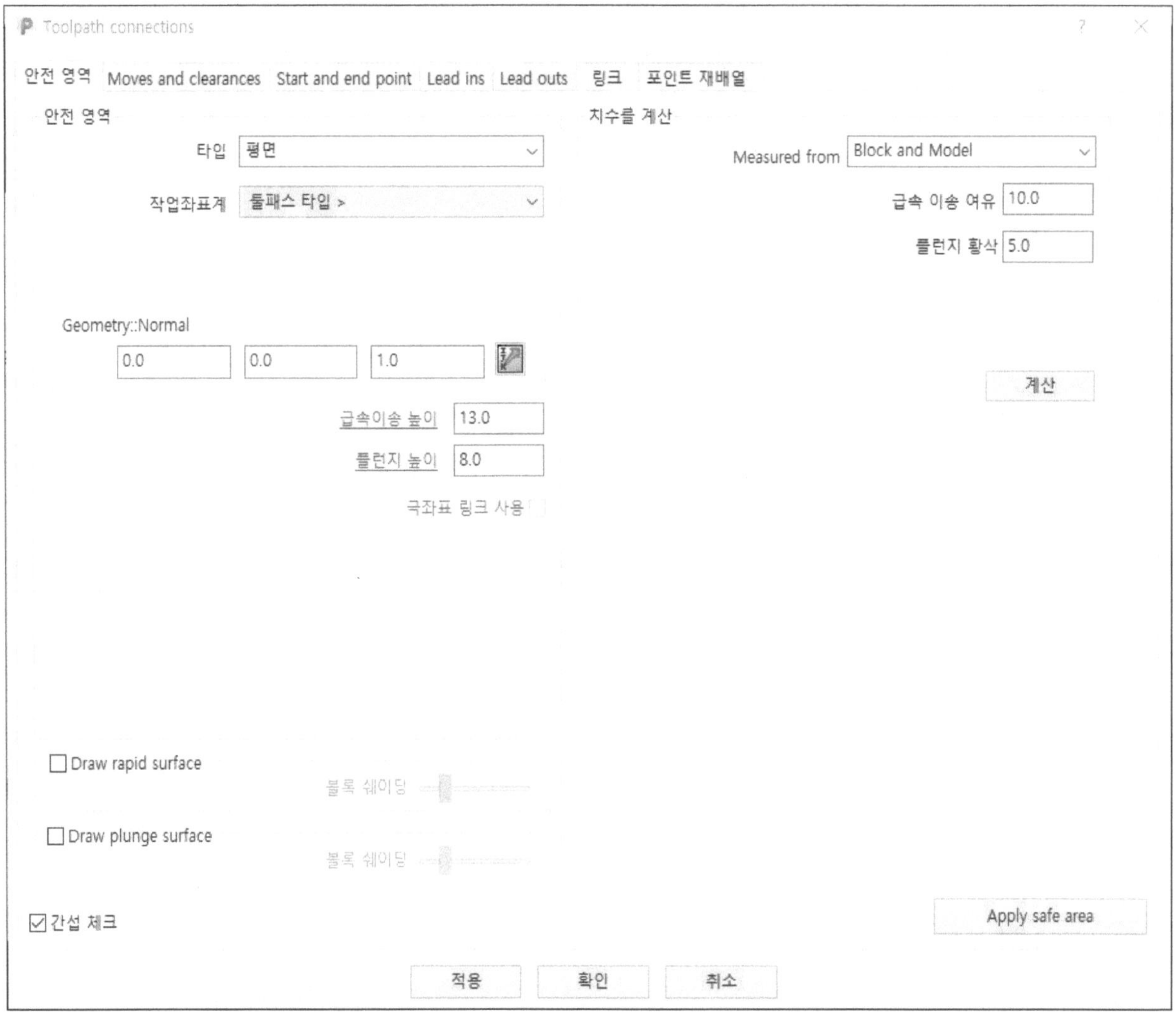

ⓐ 급속이송 높이 설정 : 공구가 안전하게 이동할 수 있는 높이
→ 기본 값은 블록 Z 최대높이 + 급속 이송 여유 (10mm 사용자 설정 값)

ⓑ 플런지 높이 설정 : 가공이 시작 되는 최대 높이
→ 기본 값은 블록 Z 최대높이 + 플런지 황삭(5mm 사용자 설정 값)

2-3 1차가공 드릴링 가공 메뉴 실행하기

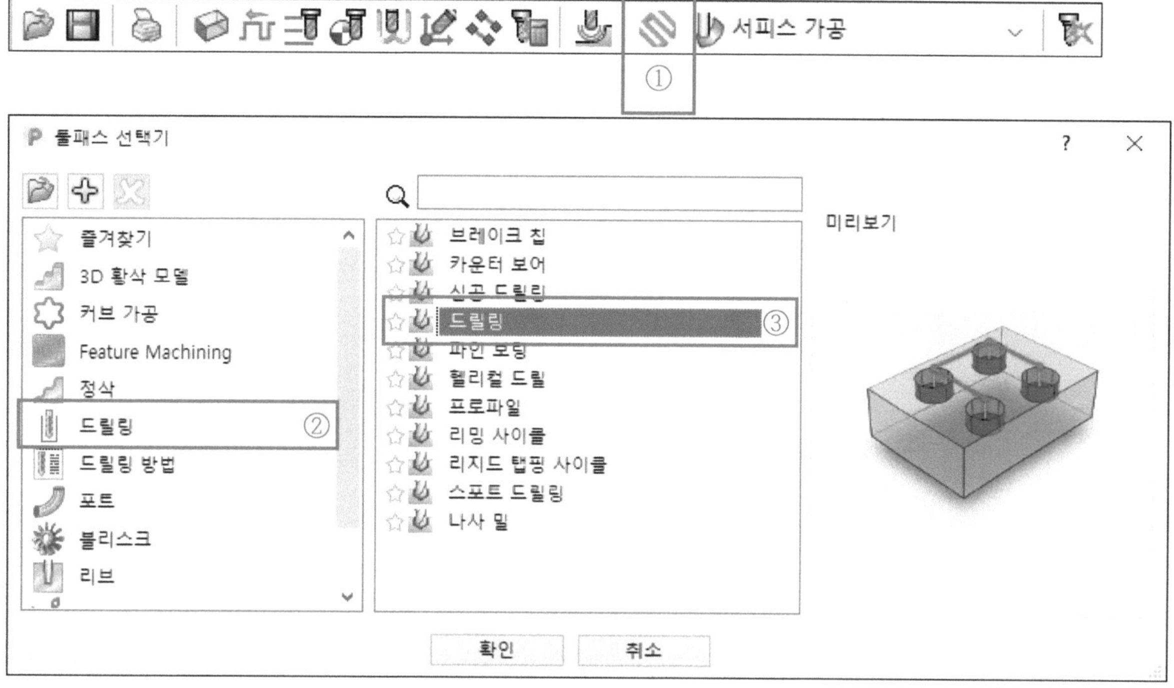

▶ 가공 메뉴 모음 클릭 → 드릴 가공 메뉴 모음 클릭 → 드릴링 클릭

▶ 1차 가공은 드릴 및 탭 가공으로 드릴링 메뉴를 사용하고 탭을 가공하기 위한 기초가공 드릴 작업을 사이클 타입에서 심공 드릴링으로 설정 후 가공 데이터 생성한다.

▶ 탭 가공을 위한가공 메뉴는 드릴링 메뉴를 선택한 후 사이클 타입에서 리지드 탭핑 사이클을 선택하여 탭 가공 데이터를 생성한다.

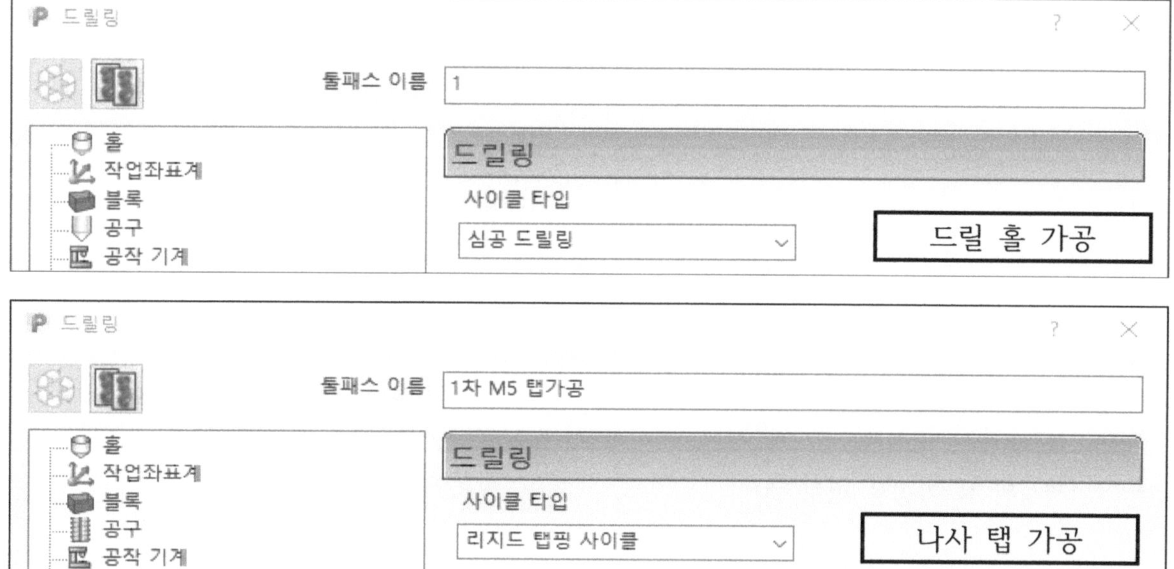

2-3-1 Hole Feature Sets 생성하기 : 드릴 가공용 피쳐 만들기

→ 홀 모델링 선택 → Hole Feature Sets 우측 키 클릭 → Create Hole Feature set
→ 홀 피쳐셋 1번 우측 키 클릭 → 홀 생성 → Group holes by axis 체크를 해제한다.
→ 적용 (홀 피쳐셋 생성됨)

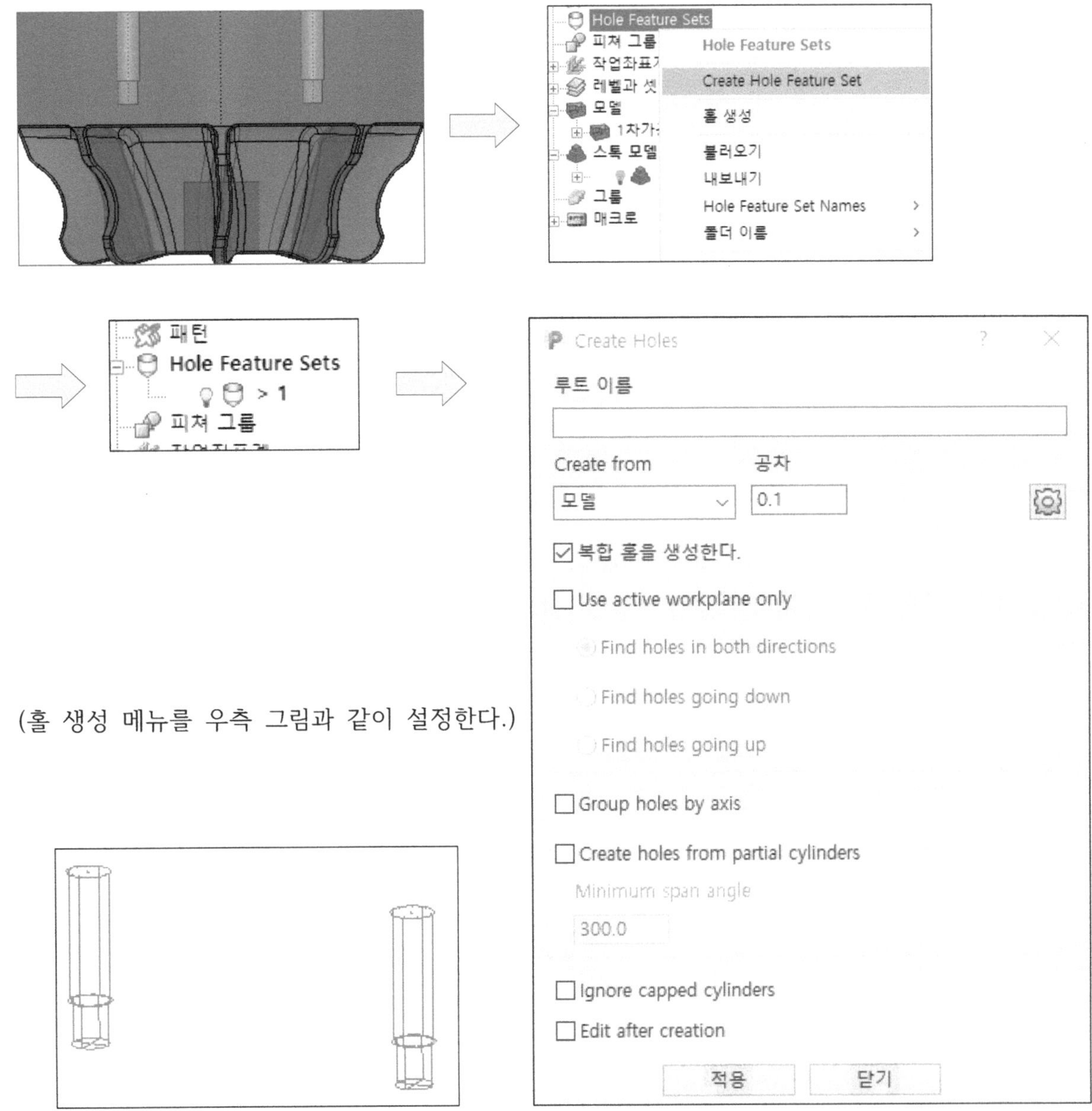

(홀 생성 메뉴를 우측 그림과 같이 설정한다.)

(생성된 홀 가공용 피쳐 셋)

2-3-2 드릴링 가공 (가공 메뉴 : 드릴링)

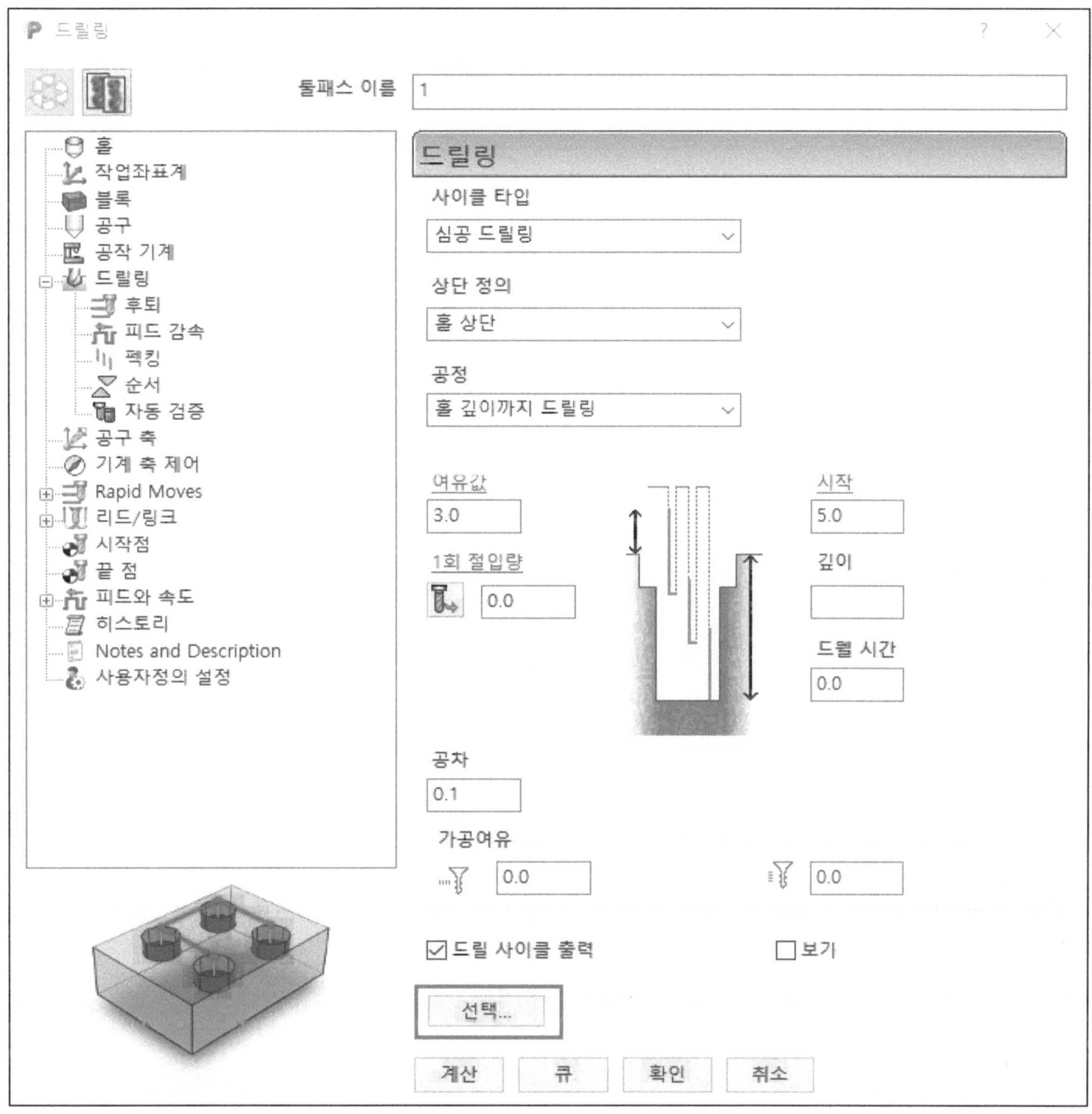

▶ 선택 → 감지된 홀 크기 선택 창

위 그림과 같이 가공 조건을 설정한다.

→ 이번 형상의 경우에는 홀의 깊이가 낮아서 일부 설정 값을 지정하지 않거나 0.0으로 설정하여 드릴가공이 하번에 진입하여 목표 깊이 까지 가공을 진행 한다.

- 설정 완료 후 계산 버튼 클릭

① 공구 설정
Ø4.3 드릴 생성

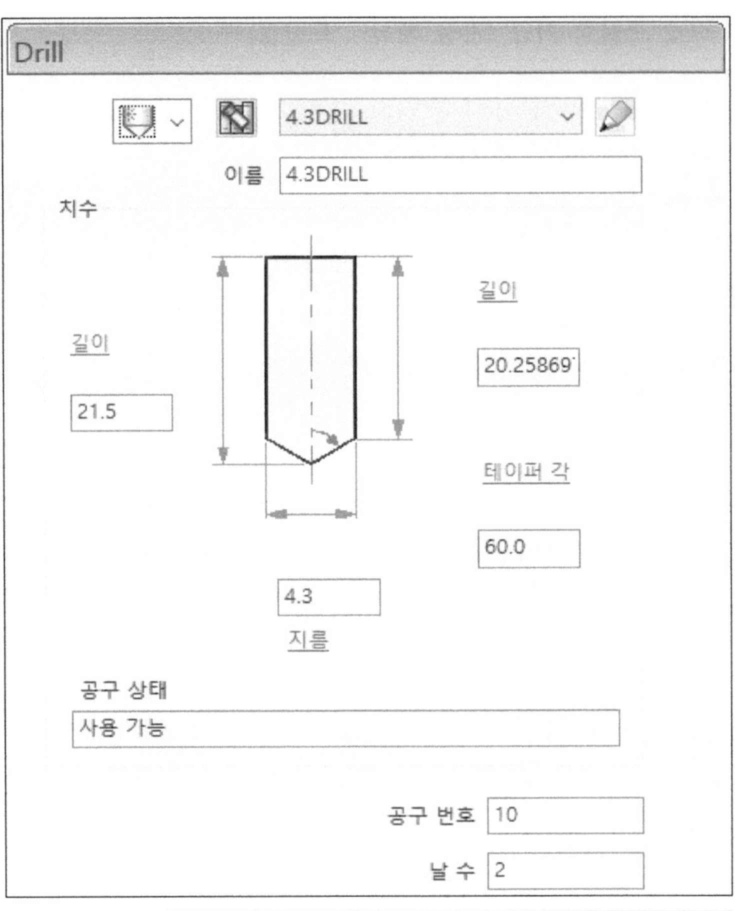

- Hole Feature Sets
선택 → 4.30 선택 → 〉(기호클릭) → 닫기

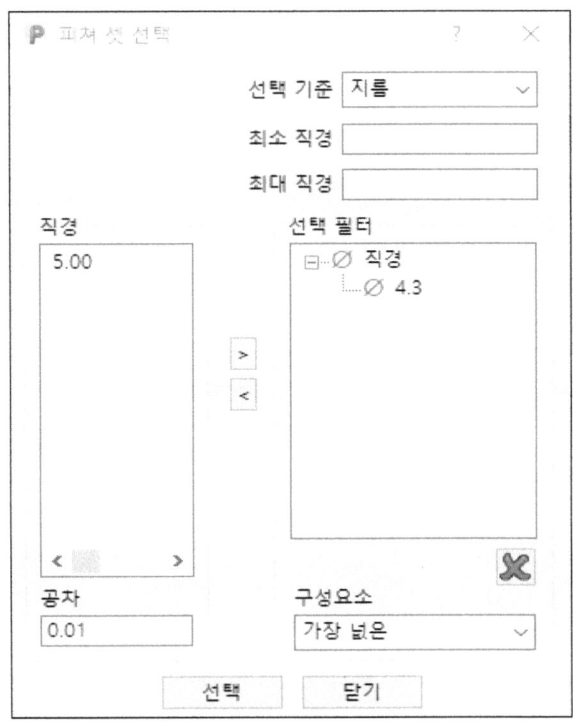

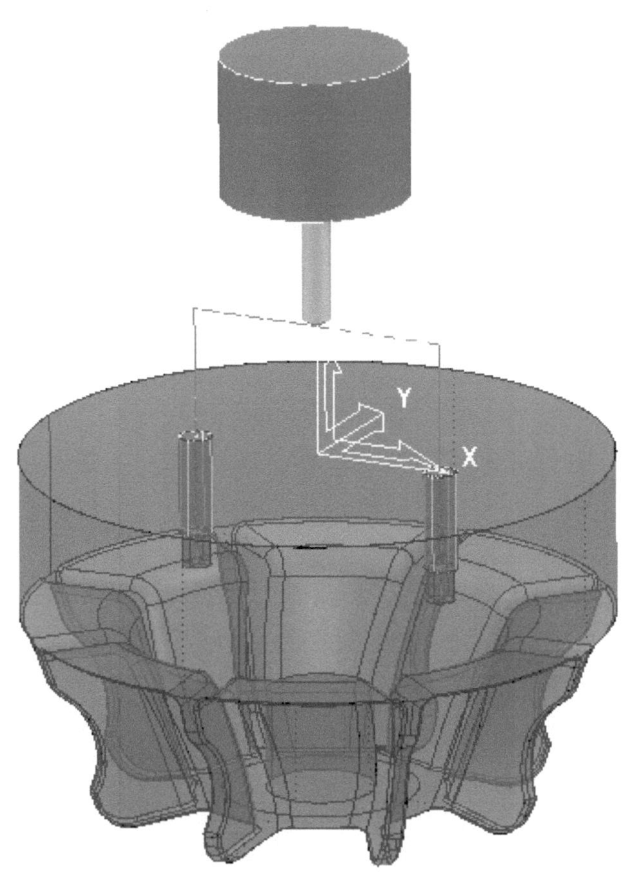

[그림5 완성된 드릴 가공 데이터]

2-3-3 탭 가공하기

- 탭(Tap) 가공옵션 설정 (가공 메뉴 : 드릴링)

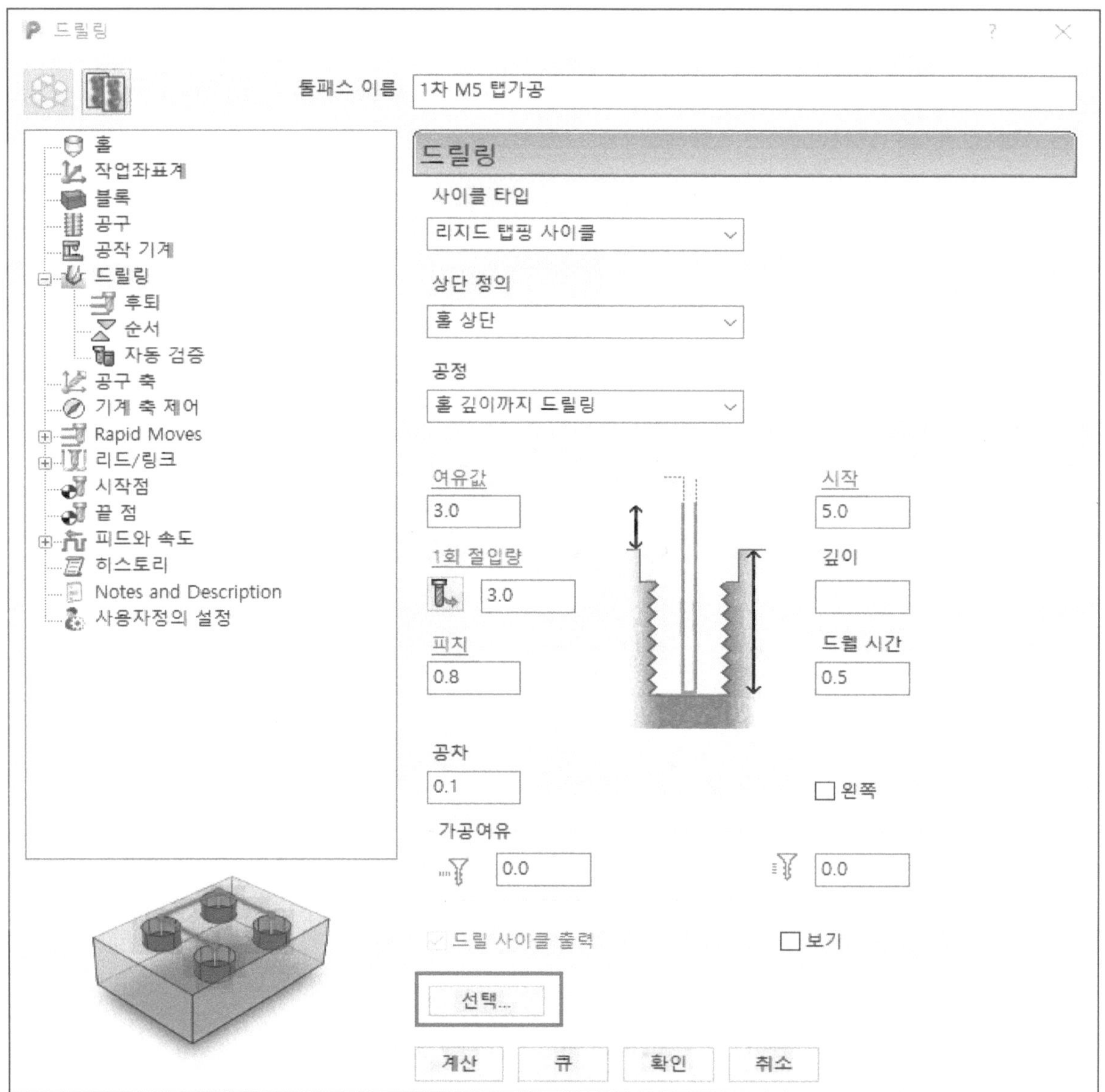

▶ 선택 → 감지된 홀 크기 선택 창

위 그림과 같이 가공 조건을 설정한다.

→ 탭 깊이 까지 1회 절입량 기준으로 순차적으로 상, 하로 이동하며 탭 가공을 진행 함.

- 설정 완료 후 계산 버튼 클릭

① 공구 설정
M5 탭 공구 생성

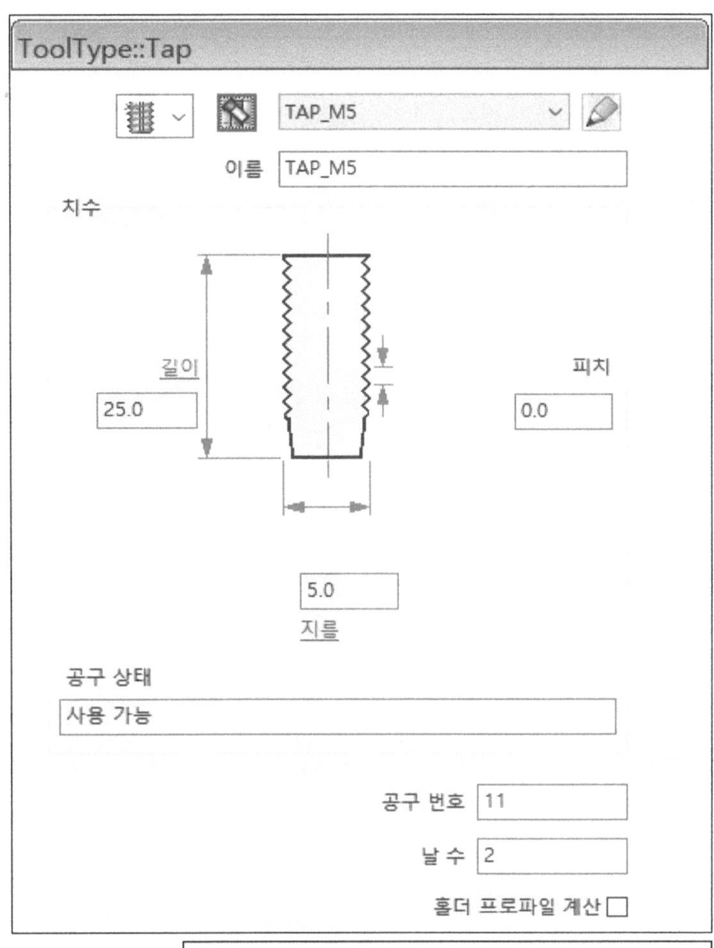

- Hole Feature Sets
선택 → 5.0 선택 → 〉(기호 클릭)→ 닫기

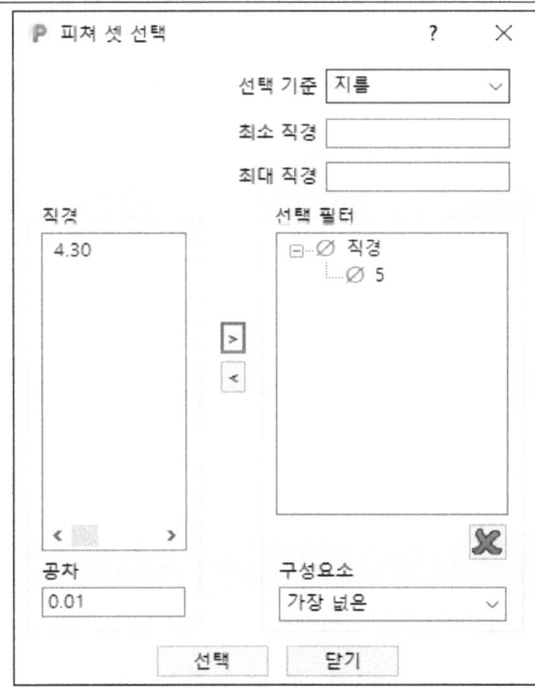

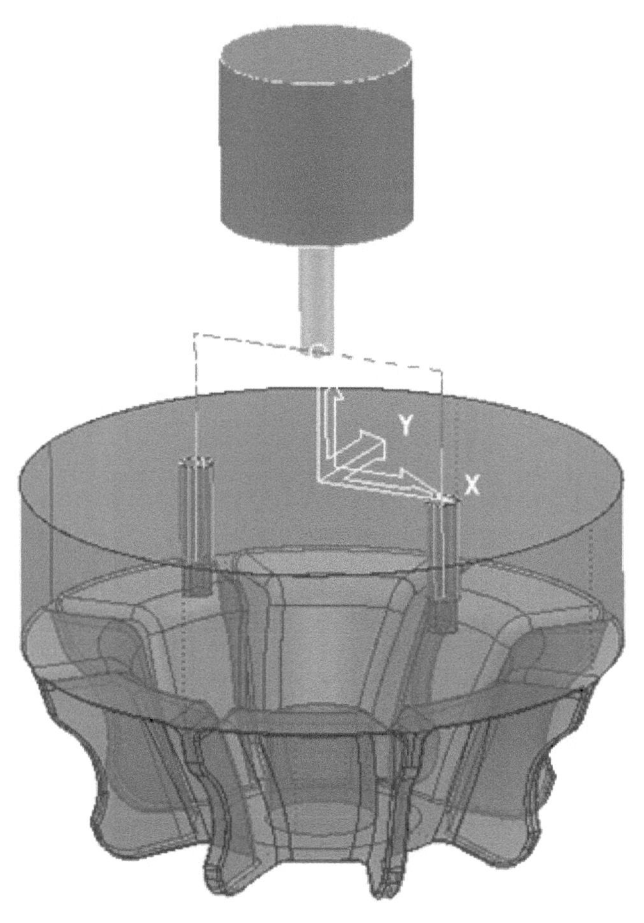

[그림6 드릴 가공데이터 생성]

2-4 모델1번 2차 가공 준비하기

-2차가공은 공작물을 원래 형상으로 회전, 이동하여 셋팅 한다.

→ 모델1번에 마우스를 위치한 후 우측 버튼 클릭 → 편집 → Transformation(모델 변환)

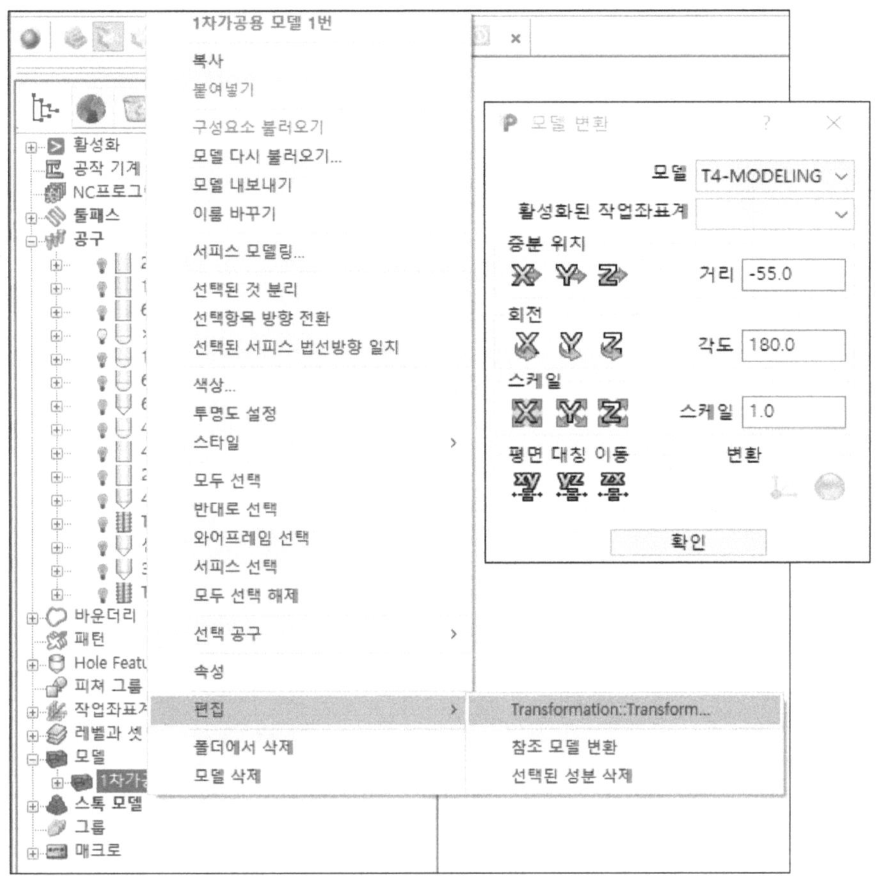

▶ 모델변환 메뉴에서

① 회전 각도 값을 180 입력 후 Y 축 버튼 클릭 → 모델링 회전 됨.

② 증분 위치 거리 값을 -55 입력 후 Z 축 버튼 클릭 → 모델링 55mm 이동 됨.

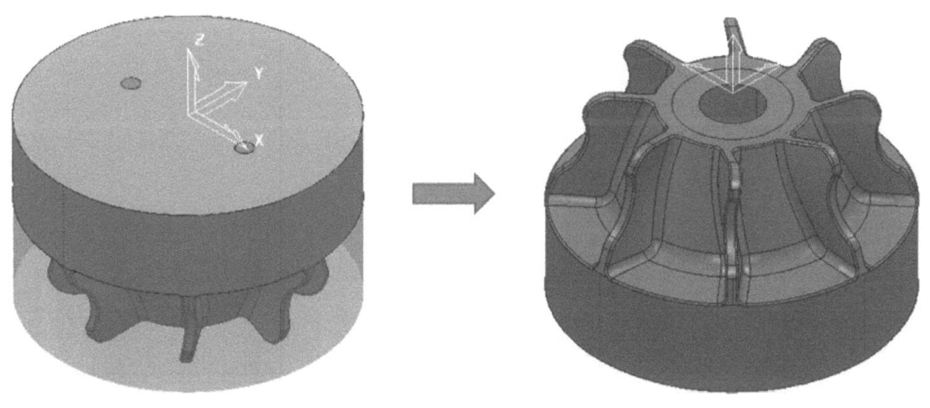

[변환 전 모델링] [변환 후 모델링]

③ 2차 가공 가공영역(블록) 설정하기

블록
정의
원통
좌표계
활성화된 작업좌표계
제한
중심 X
-0.0
중심 Y
-0.0
지름
94.0
Inner Diameter
0.0
최소
-55.0
최대
0.0
길이
55.0
추정 제한
공차
0.1
확장
3.0
타입
모델
참조 서피스 포함
계산
보기
블록 쉐이딩
확인
취소

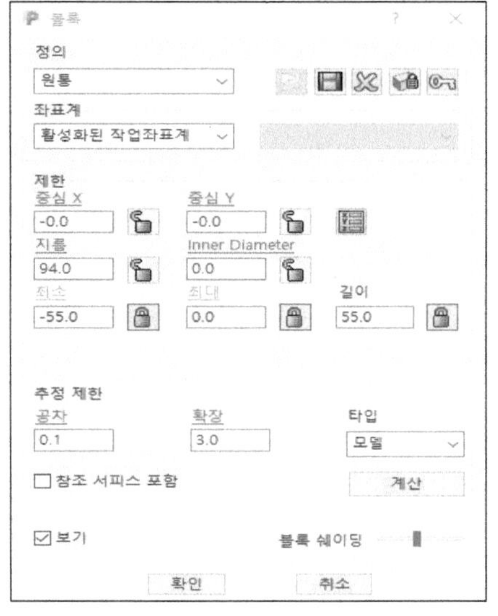

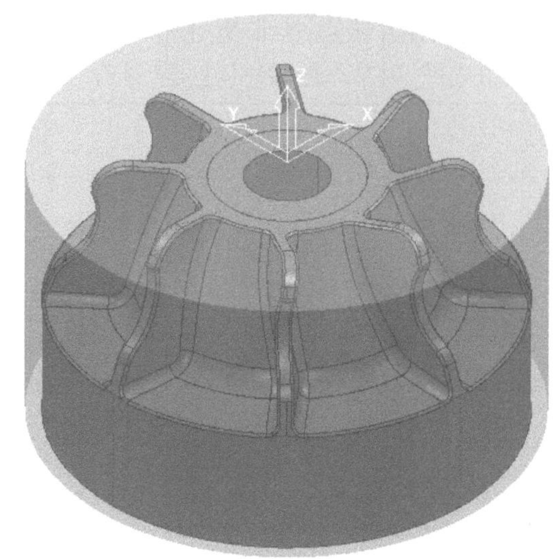

▶ 메뉴 블록 → 계산 클릭 → 제한에서 Z최대 값만 잠금 → 확장 3입력 → 계산 클릭

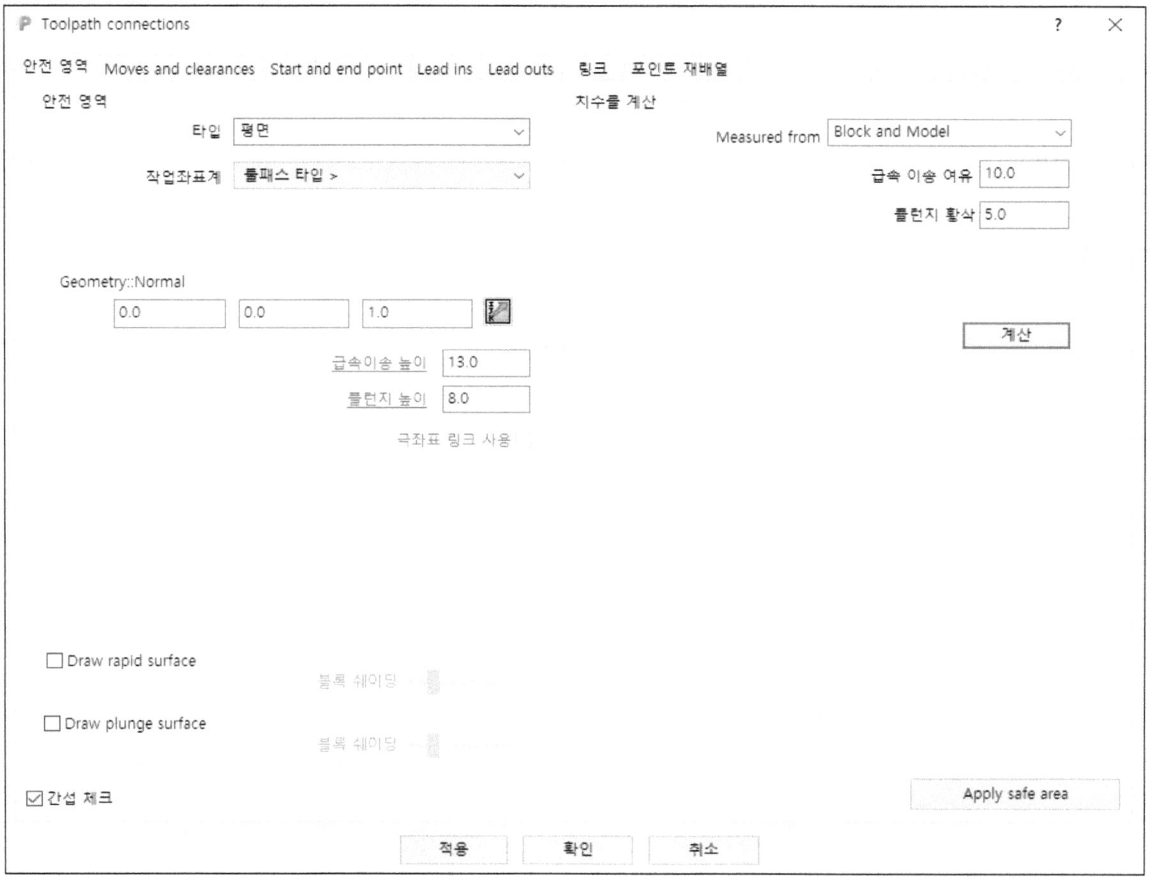

Toolpath connections
안전 영역
Moves and clearances
Start and end point
Lead ins
Lead outs
링크
포인트 재배열
안전 영역
타입
평면
작업좌표계
툴패스 타입 >
치수를 계산
Measured from
Block and Model
급속 이송 여유
10.0
플런지 활삭
5.0
Geometry::Normal
0.0
0.0
1.0
계산
급속이송 높이
13.0
플런지 높이
8.0
극좌표 링크 사용
Draw rapid surface
블록 쉐이딩
Draw plunge surface
블록 쉐이딩
간섭 체크
Apply safe area
적용
확인
취소

▶ 메뉴 급속이송 높이(안전 영역) → 계산 클릭 → 적용 클릭 → 확인 클릭

2-5 2차가공 황삭 & 황잔삭 가공 메뉴 실행하기

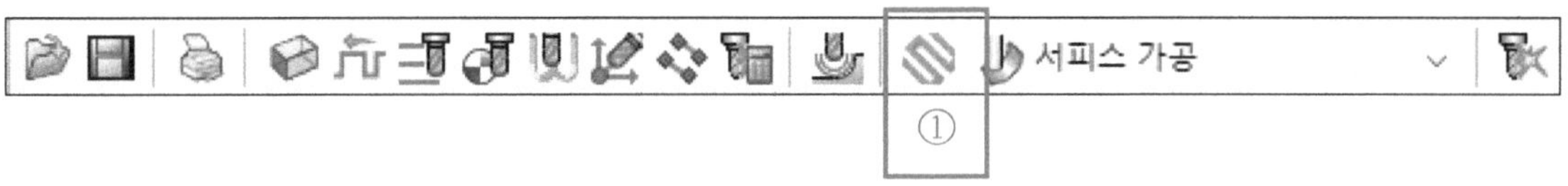

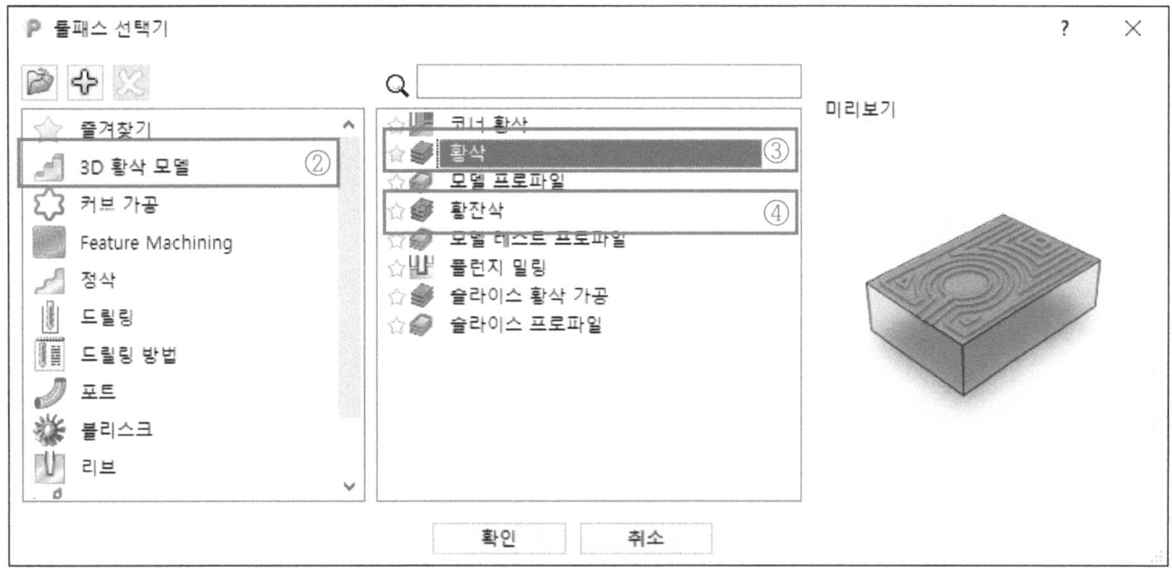

▶ 가공 메뉴 모음 클릭 → 3D 황삭 모델 클릭 → 황삭 클릭

▶ 2차 가공의 황삭은 사각 재료 상태에서 처음 가공을 할 때 사용되는 메뉴로 전체 영역에 대해서 가공을 진행할 때 사용하는 첫 번째 가공 이다.

▶ 황잔삭은 황삭 가공 후 전체 황삭 가공 공구보다 작은 공구를 이용하여 조금 더 형상에 근접하게 가공을 진행하는 것으로 황잔삭의 경우 ④번의 황잔삭 메뉴를 이용해도 되고 황삭 메뉴에서 레스트 가공 옵션을 체크하고 황잔삭 메뉴로 사용하기도 한다.

2-5-1 황삭 가공하기 Ø21평 엔드밀 (가공 메뉴 : 황삭)

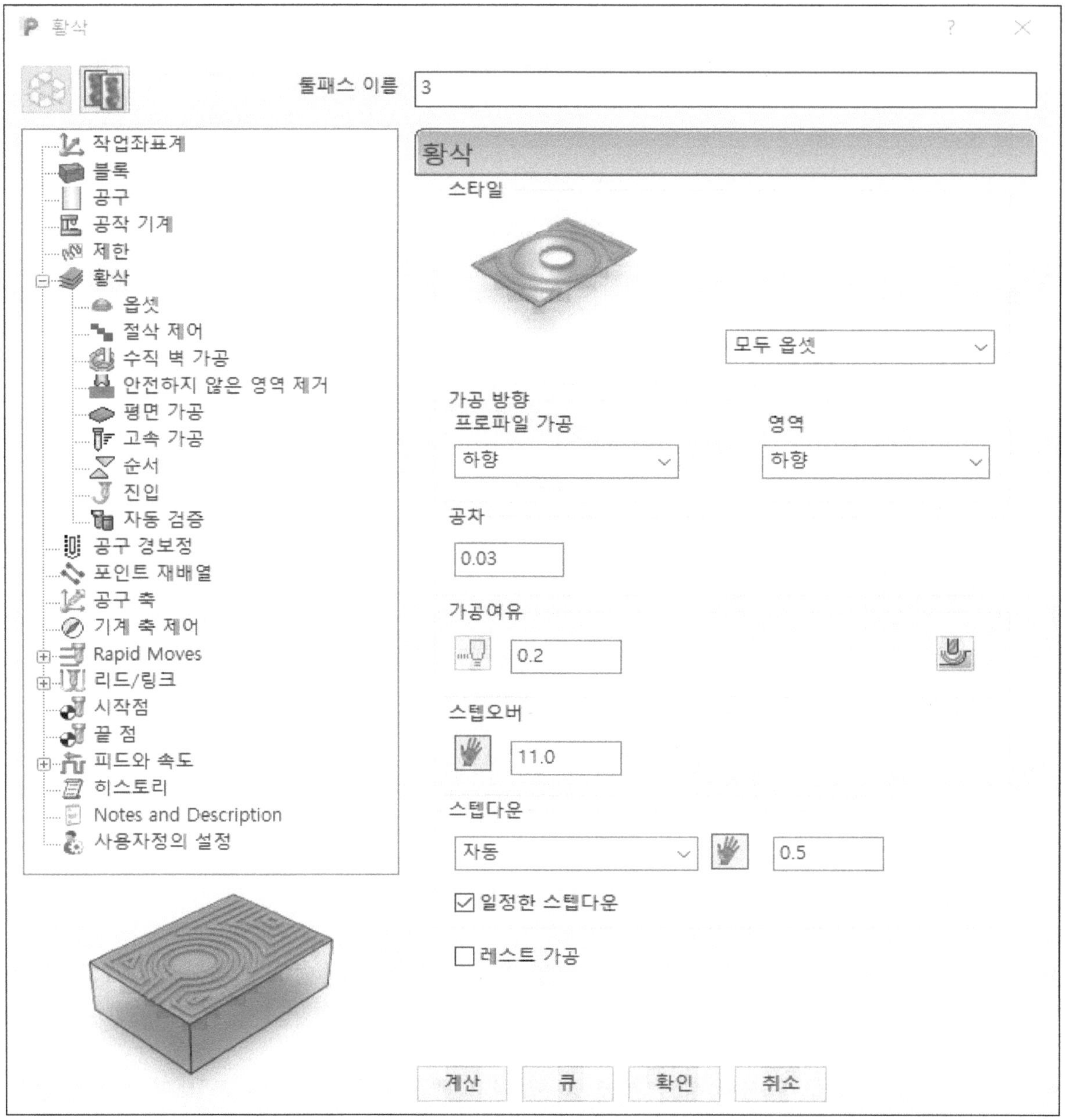

※ 전체 황삭 : 형상을 가공 할 때 바로 원래의 형상과 동일하게 가공하기는 불가능하기 때문에 형상에 근접하게 순차적으로 작업을 진행하는데 그 첫 공정이 황삭 가공 공정이다.

▶위 그림과 같이 가공 조건을 설정한다. (※ 알루미늄 기준 가공 조건이며 재질에 따라 달라짐.)

→ 가공 옵션 설정 → 공구 설정 → 옵셋 조건 설정 → 안전하지 않은 영역 제거 → 고속 가공 → 리드/링크 → 리드 인 → 링크 → 계산 버튼 클릭

① 공구 설정
→ 이번 가공에서 사용되는 황삭 공구의 크기는 Ø21(팁 인서트 방식) 평 엔드밀을 사용한다.
(형상의 크기에 맞는 적정 공구면 크기는 조금씩 달라도 무관 하다.
예 : Ø12, Ø16, Ø21 엔드밀)

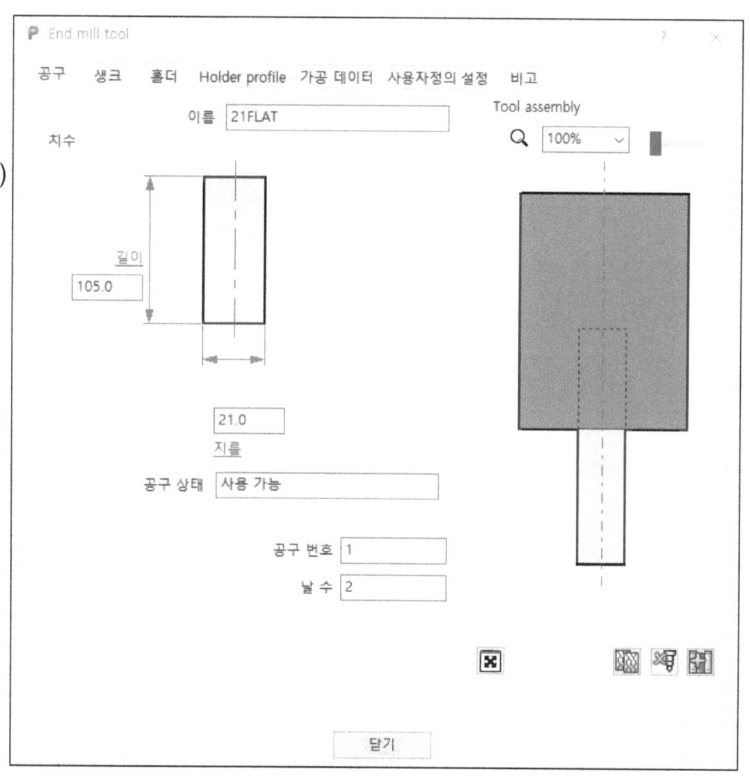

② 옵셋 조건 설정
→ 가공 방향유지 조건 체크를 풀고 방향을 밖에서 안으로 선택 하여 형상 밖에서 공구가 안전하게 떨어 저서 형상가공으로 진입할 수 있게 유도 한다.

옵셋

고급 옵셋 설정

☐ 가공 방향 유지
☐ 스파이럴
☑ 커습 제거
☐ 작은 부분 먼저 가공

가공 방향

프로파일 가공: 하향
영역: 하향

방향: 밖에서 안으로

③ 안전하지 않은 영역제거 설정
→ 공구 지름의 퍼센트로 설정하는 것으로 0.5 = 공구 지름의 50%를 설정 한 것이다. 공구의 형태에 따라 0~1까지의 조건 값을 사용한다.
특히 인서트 팁 형태의 공구의 경우 1(100%)이상을 값으로 설정하여 공구 파손을 방지 한다.

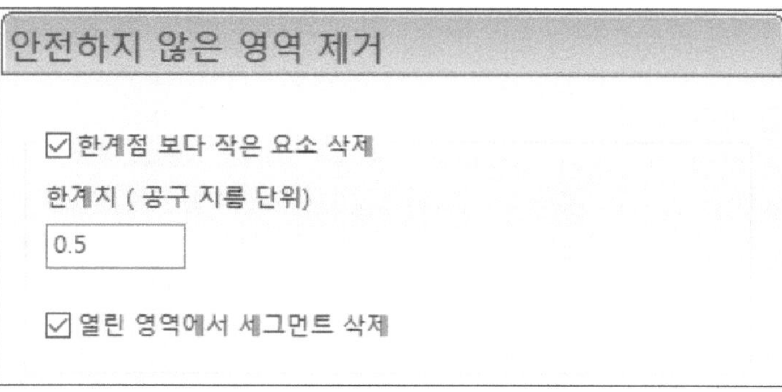

④ 고속 가공 설정
→ 프로파일 부드럽게는 가공 데이터의 꺾이는 부위 코너에 지정한 값의 라운드가 형성된다. 설정하는 값은 공구 지름의 퍼센트로 설정 된다.

→ 빠른 선택 모드는 현재의 가공 데이터와 다음 가공 데이터를 이어주는 방식을 부드러운 라운드로 연결하는 방식으로 고속 가공에서 급격한 방향 전환을 방지하는 역할을 한다.

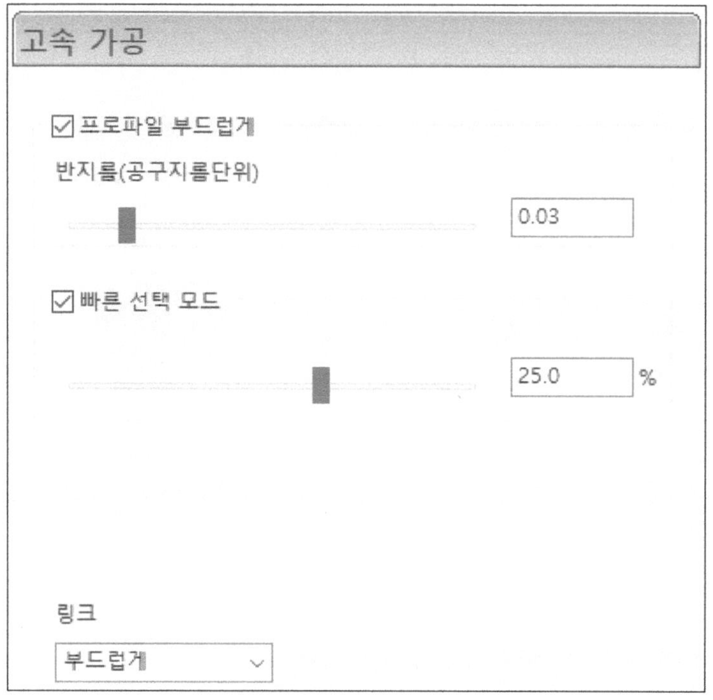

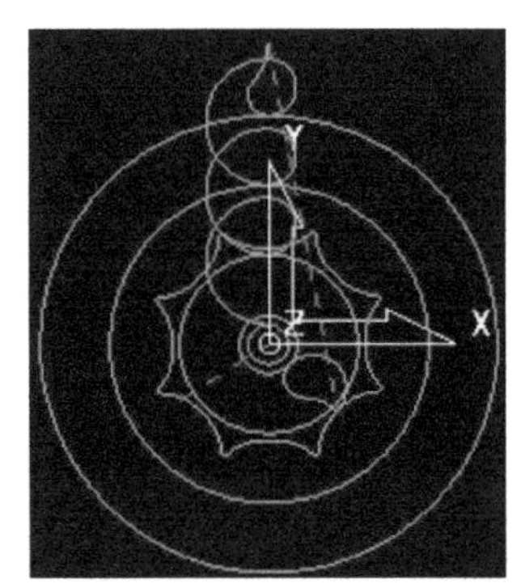

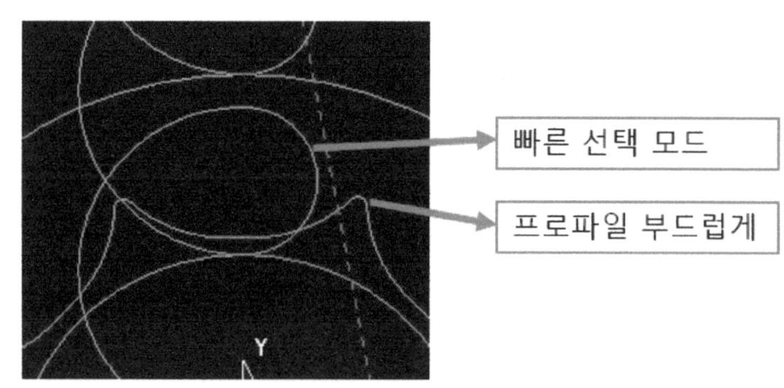

⑤ 리드/링크 설정

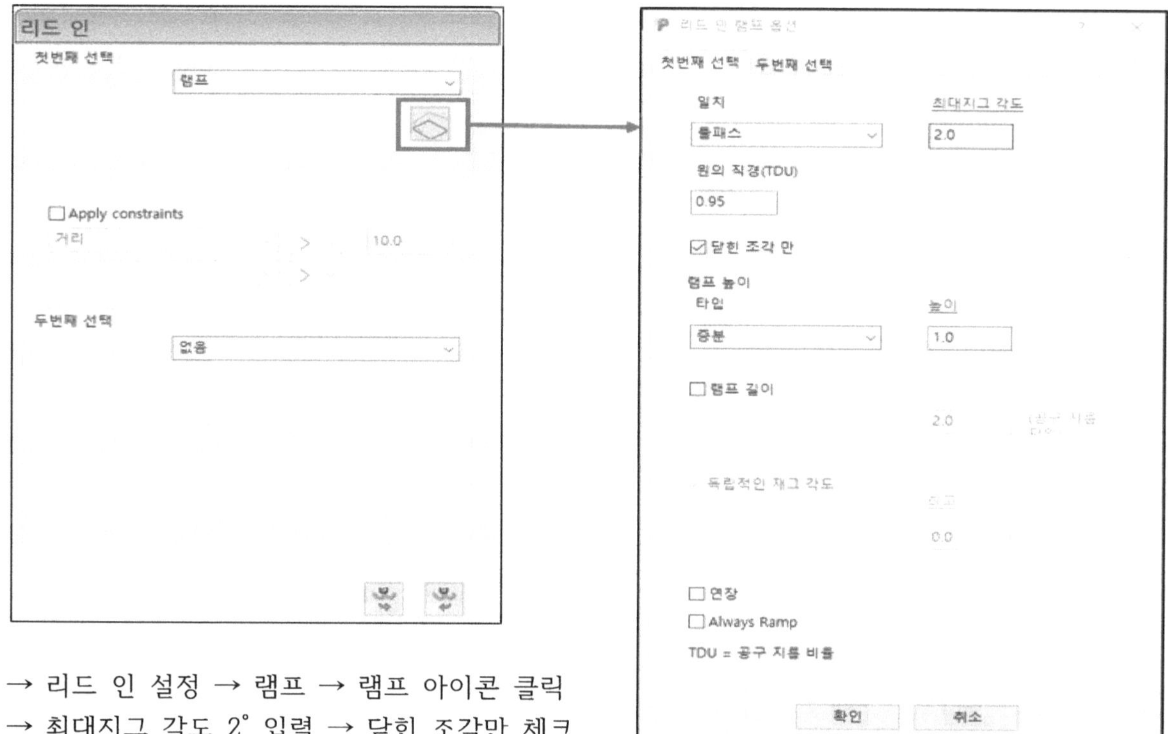

→ 리드 인 설정 → 램프 → 램프 아이콘 클릭
→ 최대지그 각도 2˚ 입력 → 닫힌 조각만 체크
→ 램프 높이 1입력
▶ 램프의 각도를 2˚로 하고 램프 시작 높이를 가공 데이터로 부터 1mm 위에서 진행 한다.

⑥ 링크 설정 (현재 툴 패스부터 다음 툴 패스를 이어주는 방식 설정)

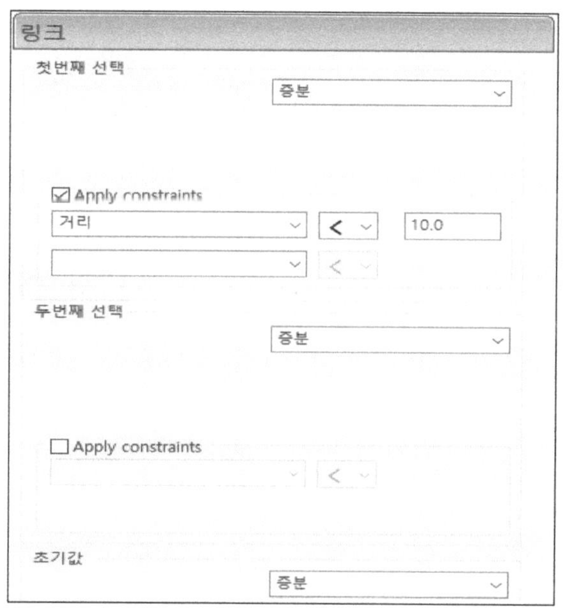

→ 첫 번째 선택 → 증분
→ Apply constraints → 거리 → 10 지정
→ 두 번째 선택 → 증분
→ 추기 값 → 증분

※ 안전한 가공에 확신이 생길 경우 첫 번째 선택 두 번째 선택 모두 스킴으로 연결하여 공구의 이동 시간을 최소로 한다. 우측 조건 값은 안전한 가공을 위하여 증분 값으로 설정한 것이다.

※ 설정이 완료 된 후 계산 버튼을 클릭하여 가공 데이터를 생성 한다

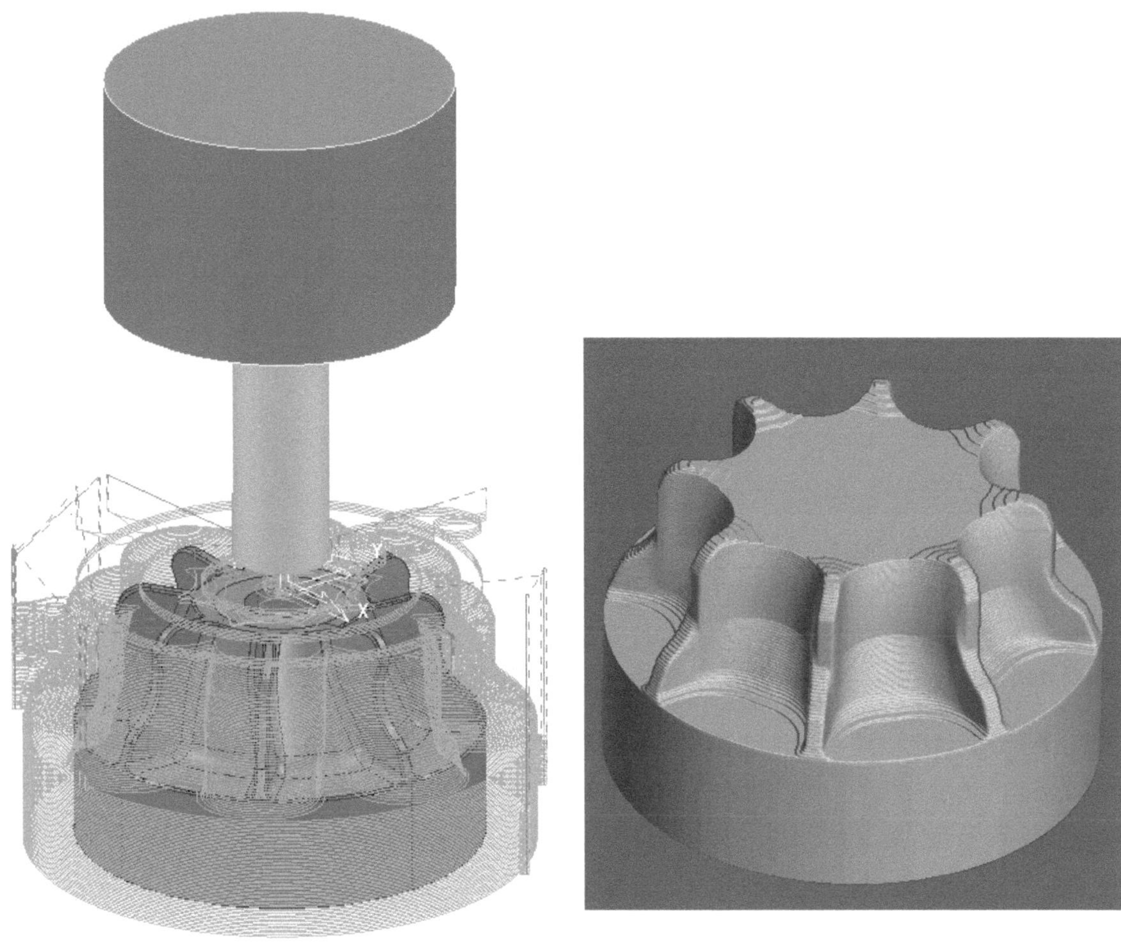

[그림 7황삭 가공데이터 생성]

2-5-2 황잔삭 가공하기 Ø12평 엔드밀 (가공 메뉴 : 황잔삭)

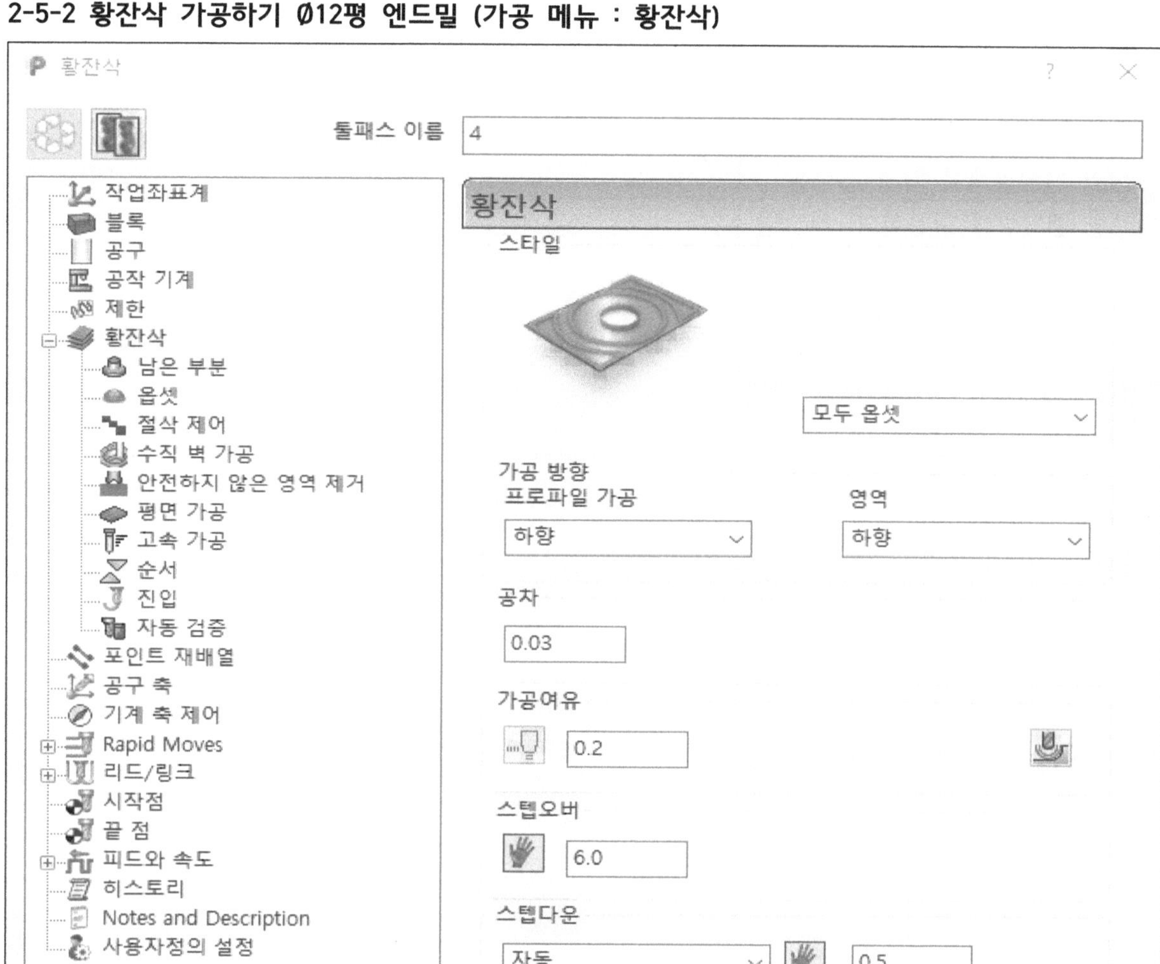

※ 전체 황삭 후 미 가공 된 좁은 형상 부위나 코너 부위를 조금 더 작은 공구를 사용하여 형상과 근접한 모양을 가공 해 나가는 과정이다.

▶위 그림과 같이 가공 조건을 설정한다. (※ 알루미늄 기준 가공 조건이며 재질에 따라 달라짐.)
▶반드시 레스트 가공에 체크가 되어 있어야 잔삭 가공이 가능하다.

→ 가공 옵션 설정 → 공구 설정 → 남은 부분 → 옵셋 → 안전하지 않은 영역 제거 → 고속 가공 → 리드/링크 → 리드 인 → 링크 → 계산 버튼 클릭

① 공구 설정
→ 이번 가공에서의 황삭 공구는 Ø12 평 엔드밀을 사용한다. (Ø21 공구로 사용하여 가공을 진행하면 그림 7번과 같이 형상의 코너 쪽에 많은 양의 미 가공부위가 발생하게 되는데 이런 상태에서 정삭 가공(정치수 가공)을 진행하기는 매우 어렵다. 그러므로 형상과 근접하는 공구로 순차적 가공을 진행하게 된다.)

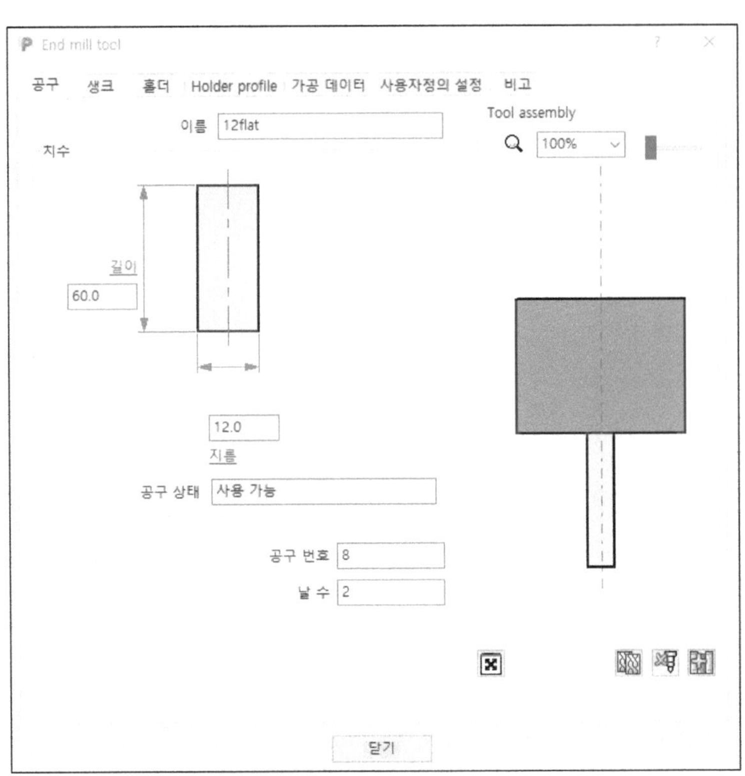

② 남은 부분
→ 이전 공구로 가공을 진행하고 남아있는 미 절삭 부위를 찾아내는 것으로 체크 방법은 두 가지 방법이 있는데 툴패스 또는 스톡 모델을 이용하는 방법이 있다. 가장 많이 사용되는 방법은 이전 가공 툴패스를 체크하여 가공데이터를 생성하는 방법이고 스톡 모델을 생성 하였다면 스톡 모델을 체크하여 툴패스를 생성해도 된다.

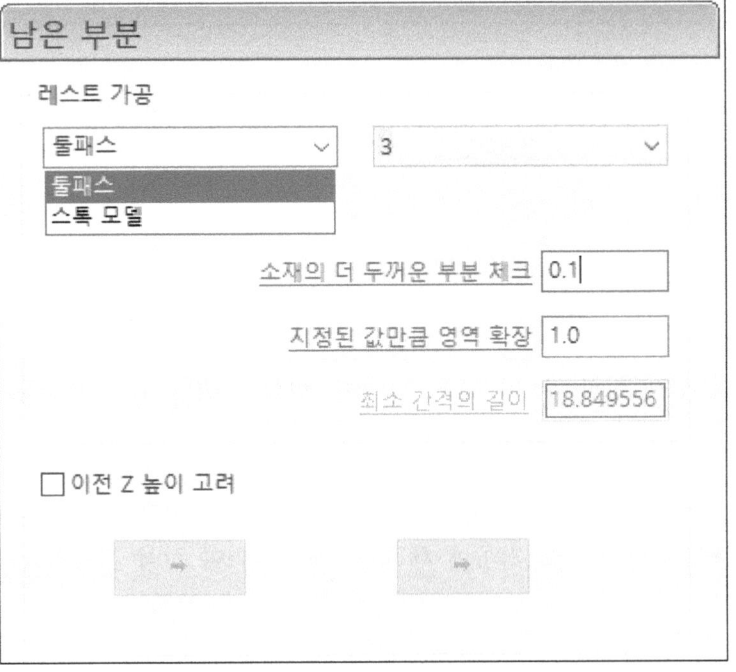

③ 옵셋 조건 설정
→ 가공 방향유지 조건 체크를 풀고 방향을 밖에서 안으로 선택 하여 형상 밖에서 공구가 안전하게 떨어 저서 형상가공으로 진입할 수 있게 유도 한다.

④ 안전하지 않은 영역제거 설정
→ 공구 지름의 퍼센트로 설정하는 것으로 0.5 = 공구 지름의 50%를 설정 한 것이다. 공구의 형태에 따라 0~1까지의 조건 값을 사용한다.

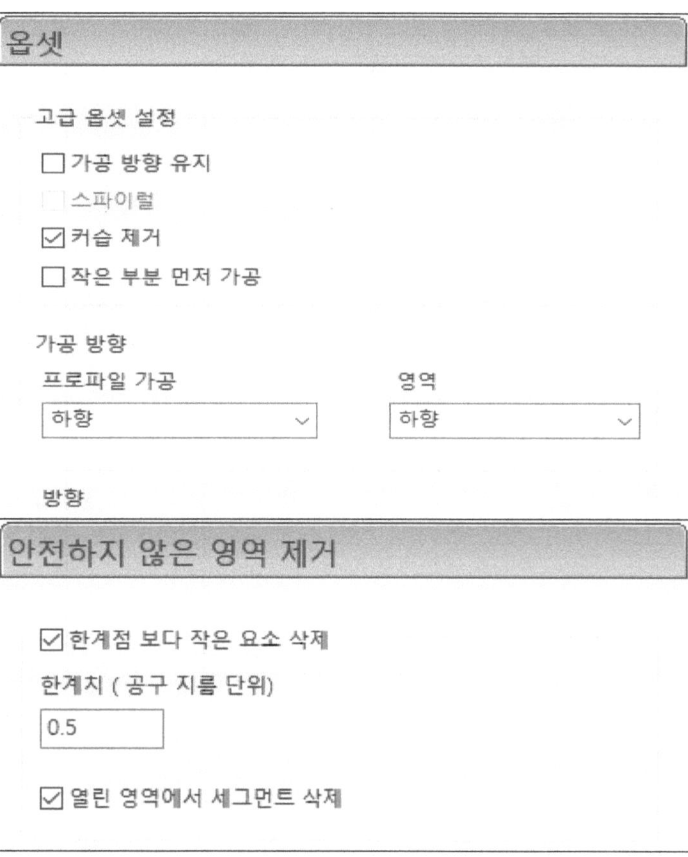

.

⑤ 고속 가공 설정
→ 프로파일 부드럽게는 가공 데이터의 꺾인 부위 코너에 지정한 값의 라운드가 형성된다. 설정하는 값은 공구 지름의 퍼센트로 설정 된다.

→ 빠른 선택 모드는 현재의 가공 데이터와 다음 가공 데이터를 이어주는 방식을 부드러운 라운드로 연결하는 방식으로 고속 가공에서 급격한 방향 전환을 방지하는 역할을 한다.

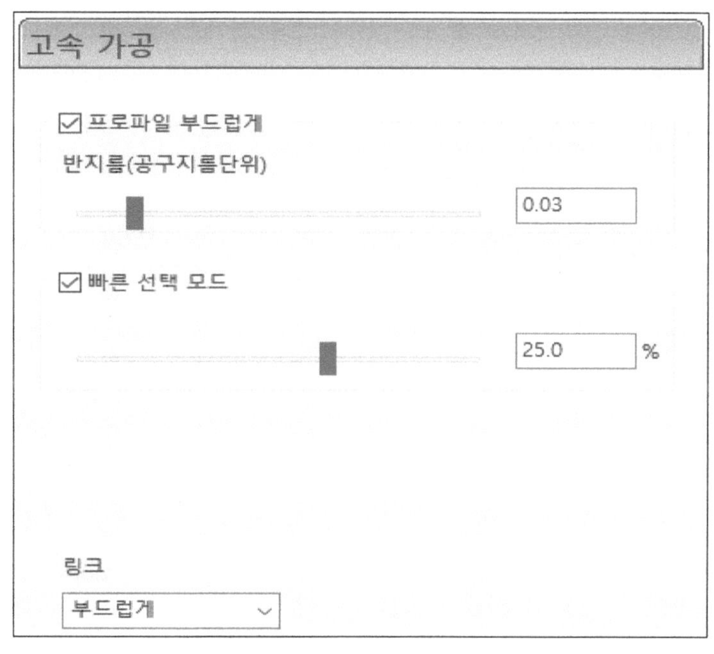

⑥ 리드/링크 설정

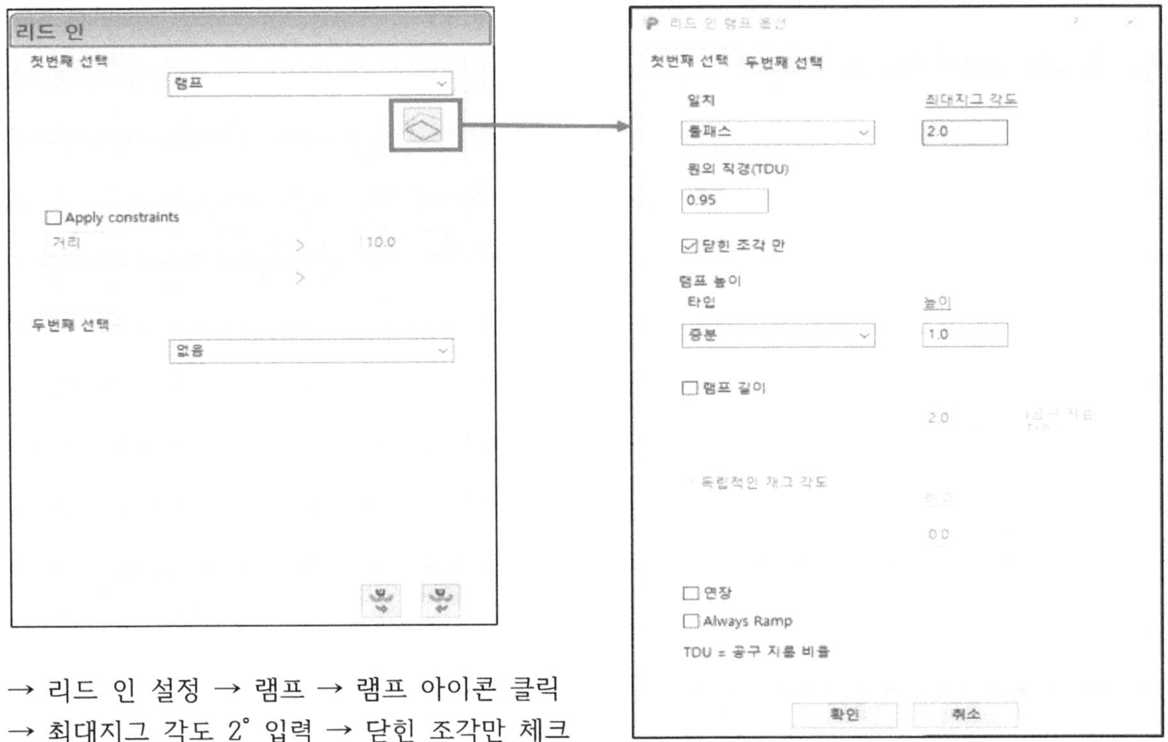

→ 리드 인 설정 → 램프 → 램프 아이콘 클릭
→ 최대지그 각도 2° 입력 → 닫힌 조각만 체크
→ 램프 높이 1입력

▶ 램프의 각도를 2°로 하고 램프 시작 높이를 가공 데이터로 부터 1mm 위에서 진행 한다.

⑦ 링크 설정 (현재 툴 패스부터 다음 툴 패스를 이어주는 방식 설정)

→ 원 및 원호로 설정한다.
→ Apply constraints → 거리 → 10 지정
→ 두 번째 선택 → 증분
→ 초기 값 → 증분

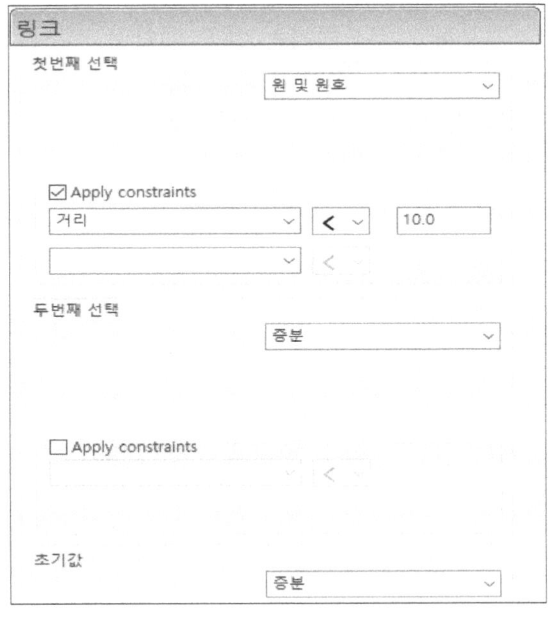

※ 설정이 완료 된 후 계산 버튼을 클릭하여 가공 데이터를 생성 한다.

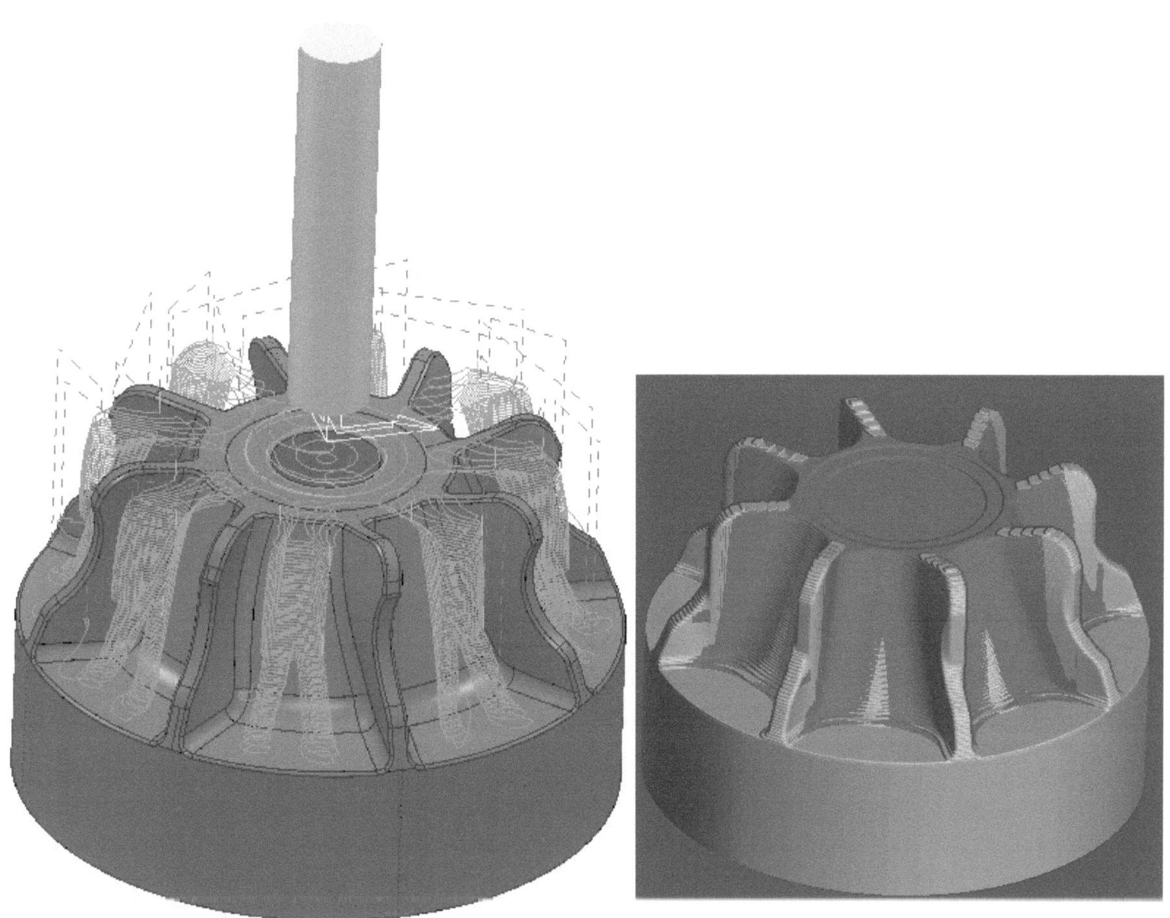

[그림8 황잔삭 가공데이터 생성]

2-5-3 황잔삭 가공하기 Ø6평 엔드밀 (가공 메뉴 : 황잔삭)

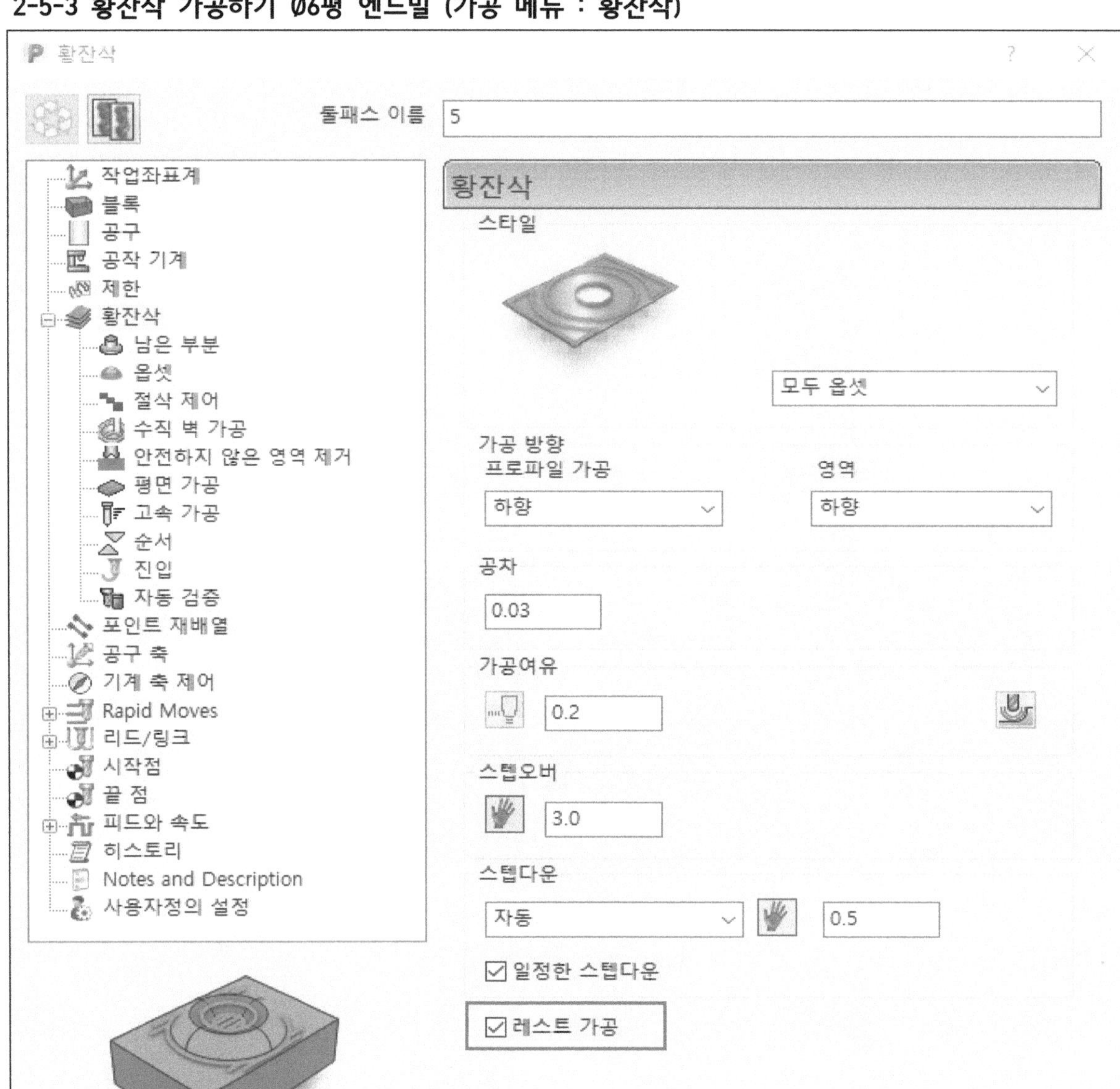

※ 전체 황삭 후 미 가공 된 좁은 형상 부위나 코너 부위를 조금 더 작은 공구를 사용하여 형상과 근접한 모양을 가공 해 나가는 과정이다.

▶위 그림과 같이 가공 조건을 설정한다. (※ 알루미늄 기준 가공 조건이며 재질에 따라 달라짐.)
▶반드시 레스트 가공에 체크가 되어 있어야 잔삭 가공이 가능하다.

→ 가공 옵션 설정 → 공구 설정 → 남은 부분 → 옵셋 → 안전하지 않은 영역 제거 → 고속 가공 → 리드/링크 → 리드 인 → 링크 → 계산 버튼 클릭

① 공구 설정

→ 이번 가공에서의 황삭 공구는 Ø6 평 엔드밀을 사용한다.
(Ø12 공구로 사용하여 가공을 진행하면 그림 8번과 같이 여전히 형상의 코너 부위에 형상보다 많은 양의 미 가공 부위가 남아있고 형상 중앙에 위치한 홀 가공이 전혀 이루어 지질 않는다.)

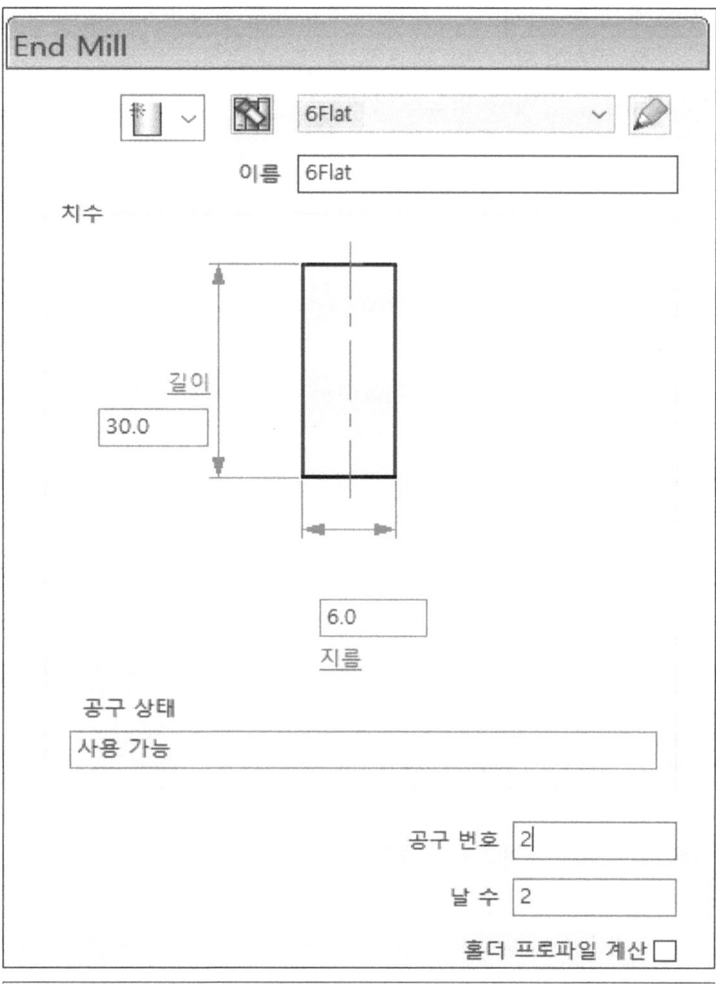

② 남은 부분

→ Ø12평 엔드밀로 가공을 진행하고 남아있는 미 절삭 부위를 찾아내는 것으로 두 번째 가공 공정이다.
체크는 이전 가공 데이터를 이용하고 형상 중앙에 위치한 홀 가공을 하는 데이터를 생성한다.

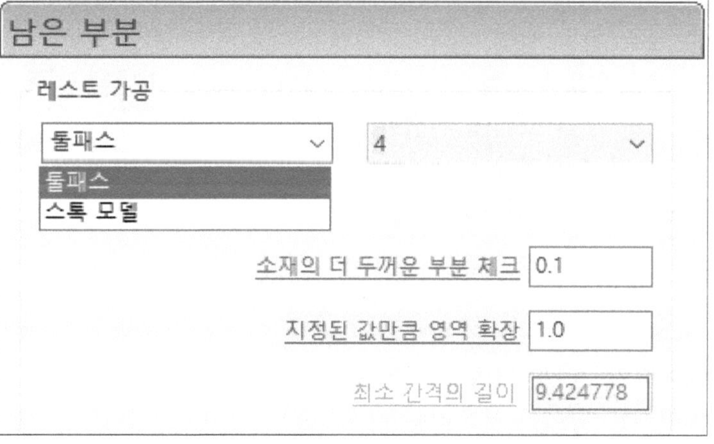

③ 옵셋 조건 설정
→ 가공 방향유지 조건 체크를 풀고 방향을 안에서 밖으로 선택한다.

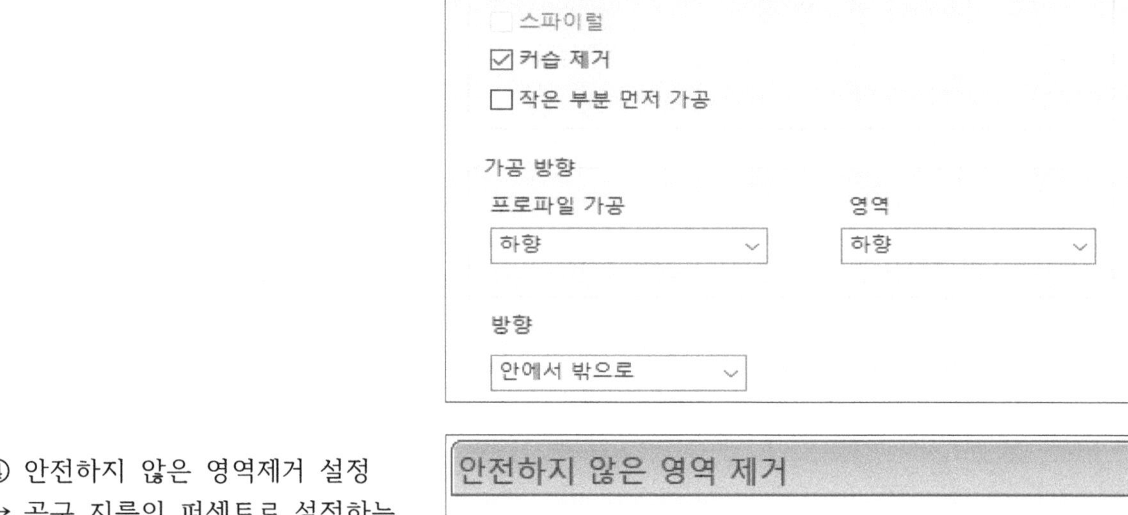

④ 안전하지 않은 영역제거 설정
→ 공구 지름의 퍼센트로 설정하는 것으로 0.3 = 공구 지름의 30%를 설정 한 것이다. 일체형 공구는 공구 바닥 날이 생성되어 있어서 한계치를 체크하지 않는 경우도 많다.
.

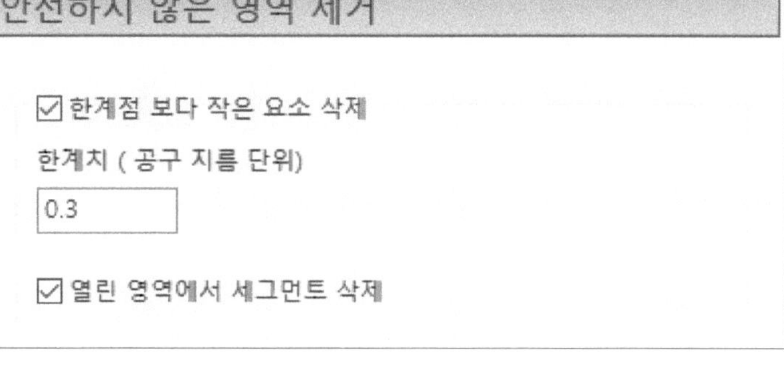

⑤ 고속 가공 설정
→ 프로파일 부드럽게는 가공 데이터의 꺾인 부위 코너에 지정한 값의 라운드가 형성된다. 설정하는 값은 공구 지름의 퍼센트로 설정 된다.

→ 빠른 선택 모드는 현재의 가공 데이터와 다음 가공 데이터를 이어주는 방식을 부드러운 라운드로 연결하는 방식으로 고속 가공에서 급격한 방향 전환을 방지하는 역할을 한다.

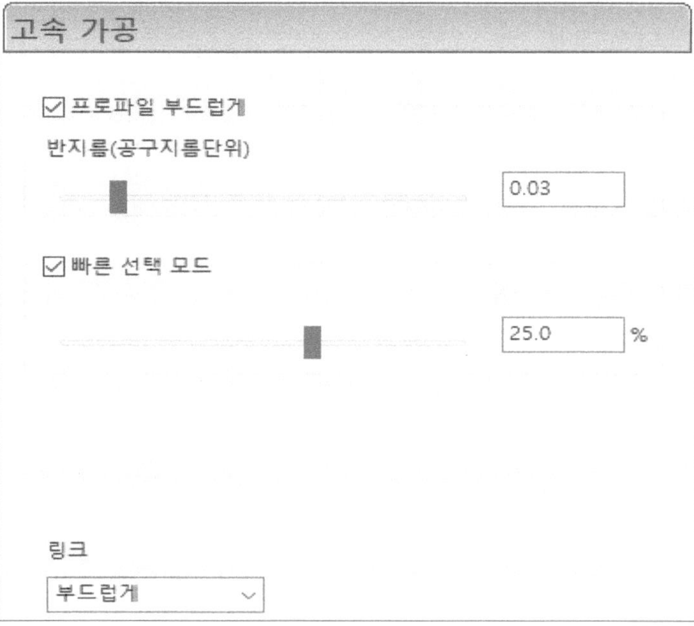

⑥ 리드/링크 설정

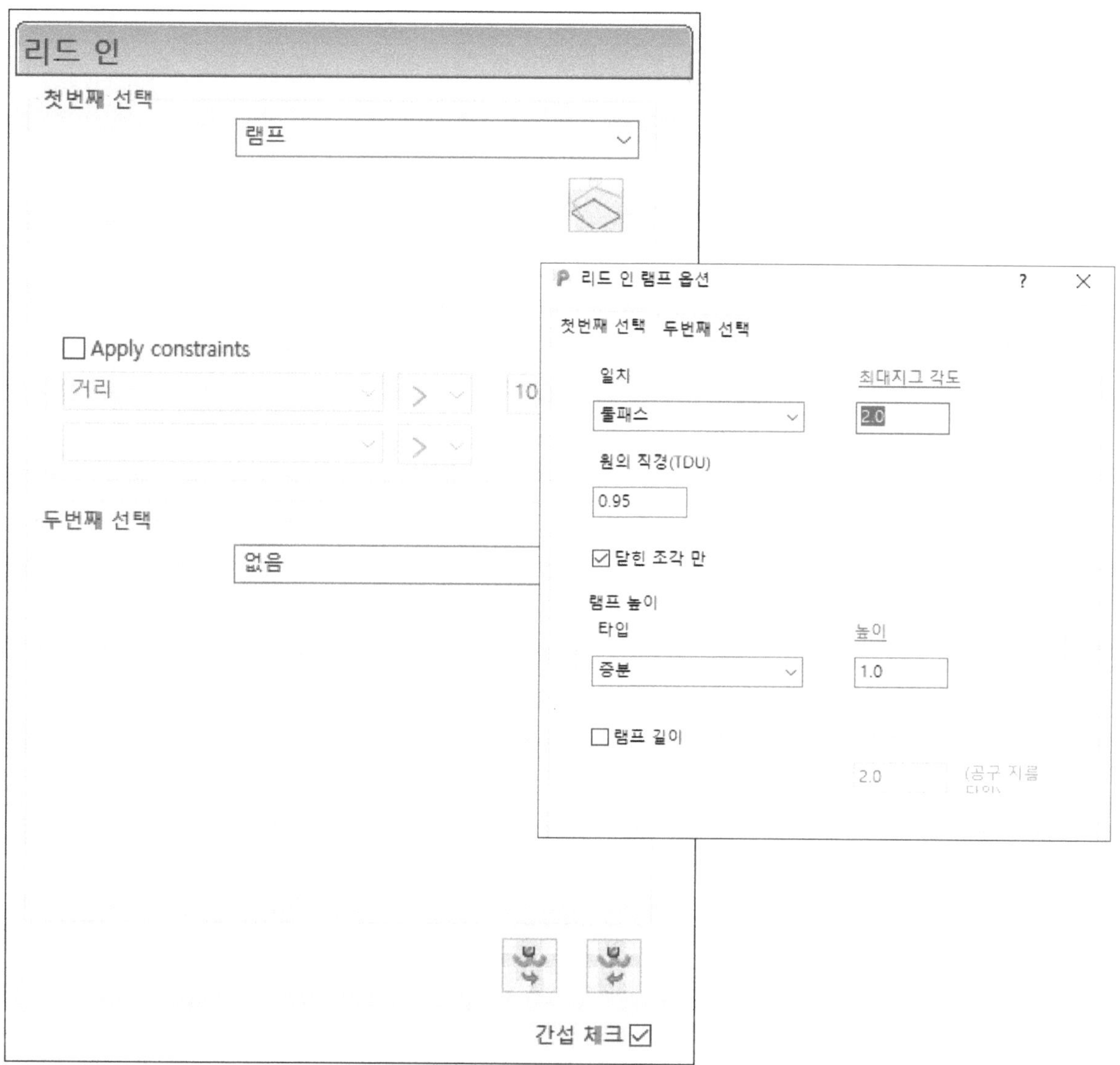

→ 리드 인 설정 → 램프 → 램프 아이콘 클릭 → 최대지그 각도 2˚ 입력 → 닫힌 조각만 체크 → 램프 높이 1입력

▶ 램프의 각도를 2˚로 하고 램프 시작 높이를 가공 데이터로 부터 1mm 위에서 진행 한다.

⑦ 링크 설정 (현재 툴 패스부터 다음 툴 패스를 이어주는 방식 설정)

→ 첫 번째 선택 → 원 및 원호
→ Apply constraints → 거리 → 10
→ 두 번째 선택 → 증분
→ 초기 값 → 증분

※ 설정이 완료 된 후 계산 버튼을 클릭하여 가공 데이터를 생성 한다.

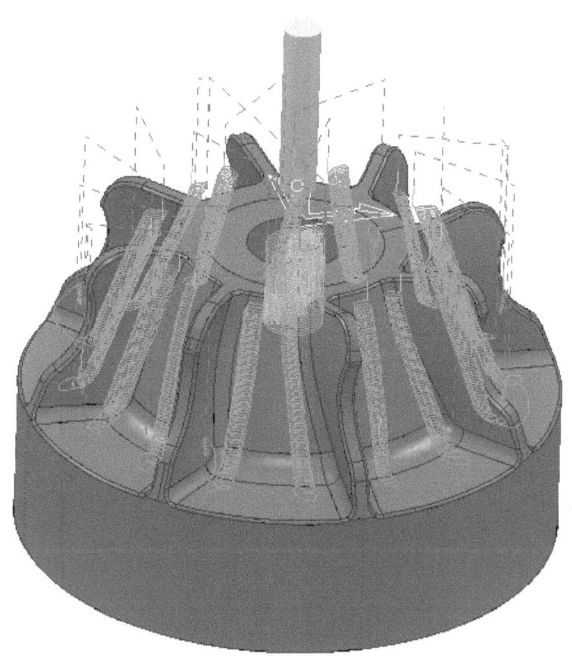

[그림9 황잔삭2 원본 가공데이터]

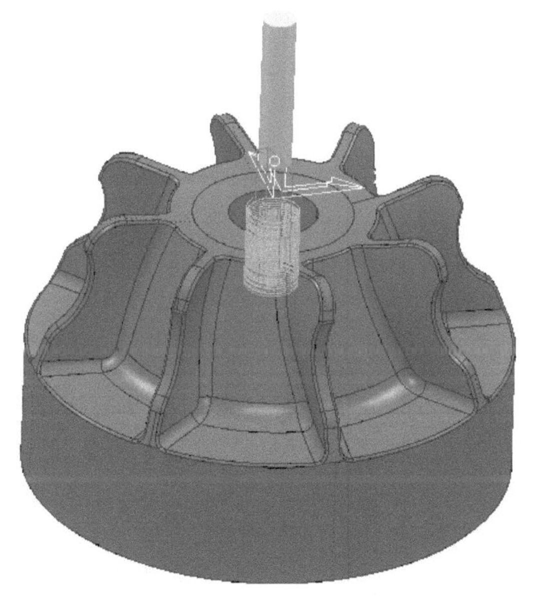

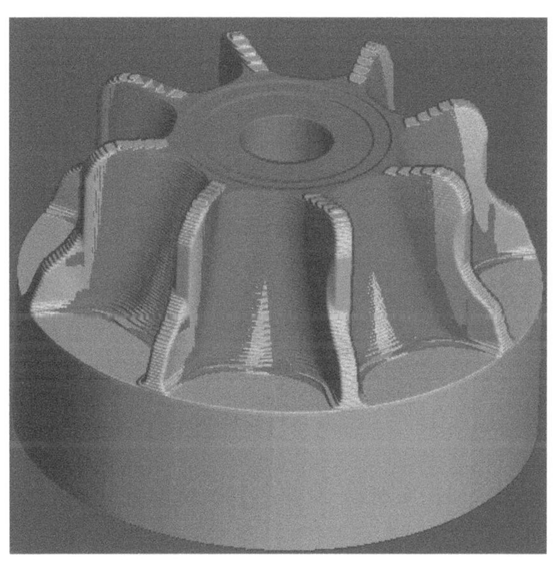

[그림10 황잔삭2 수정 가공데이터]

※ Ø6평 엔드밀 가공데이터 중에서 날개 부위에 생성된 데이터는 3+2축 가공으로 진행 될 때 제거하는 것이 효율적이므로 TOP View에서 가공할 때는 삭제하고 홀 부위만 가공 하면 된다.

2-6 2차가공 중, 정삭 가공하기 메뉴 실행하기

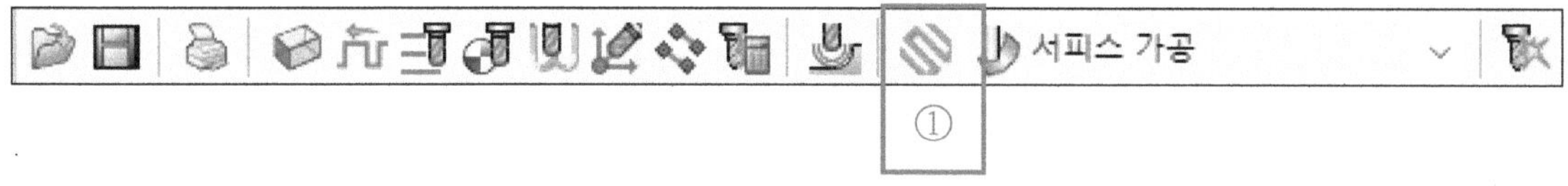

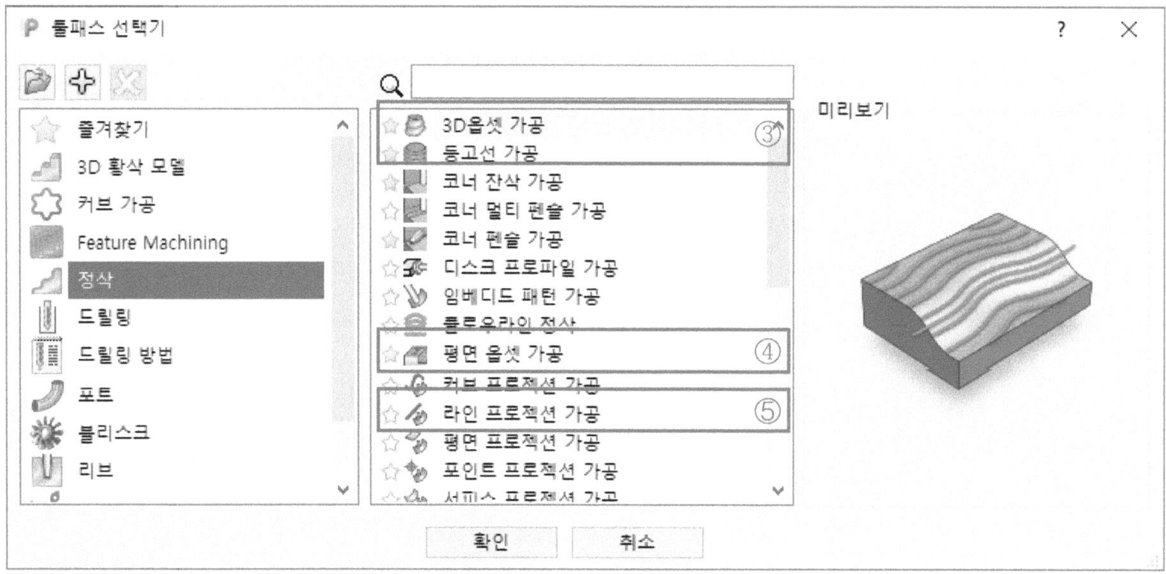

▶ 가공 메뉴 모음 클릭 → 정삭 클릭 → 해당 가공 메뉴 클릭

▶ 모델 1번에서 2차가공에서 사용되는 3축 가공, 동시 5축 가공에서 사용되는 메뉴는 평면 옵셋 가공, 등고선가공, 3D 옵셋 가공, 라인 프로젝션 가공 메뉴를 사용하여 완성 가공을 한다.

▶ 중삭과 정삭은 모두 정삭 메뉴로 가공 데이터를 생성하는 데 다만 가공 공차, 가공 여유, 스탭 오버, 스탭 다운양을 조절하여 가공 데이터를 생성 하게 된다. 그 외에 조건은 똑같이 사용해도 된다.

2-6-1 바닥 평면 가공하기 Ø6평 엔드밀 (가공 메뉴 : 옵셋 평면 정삭)

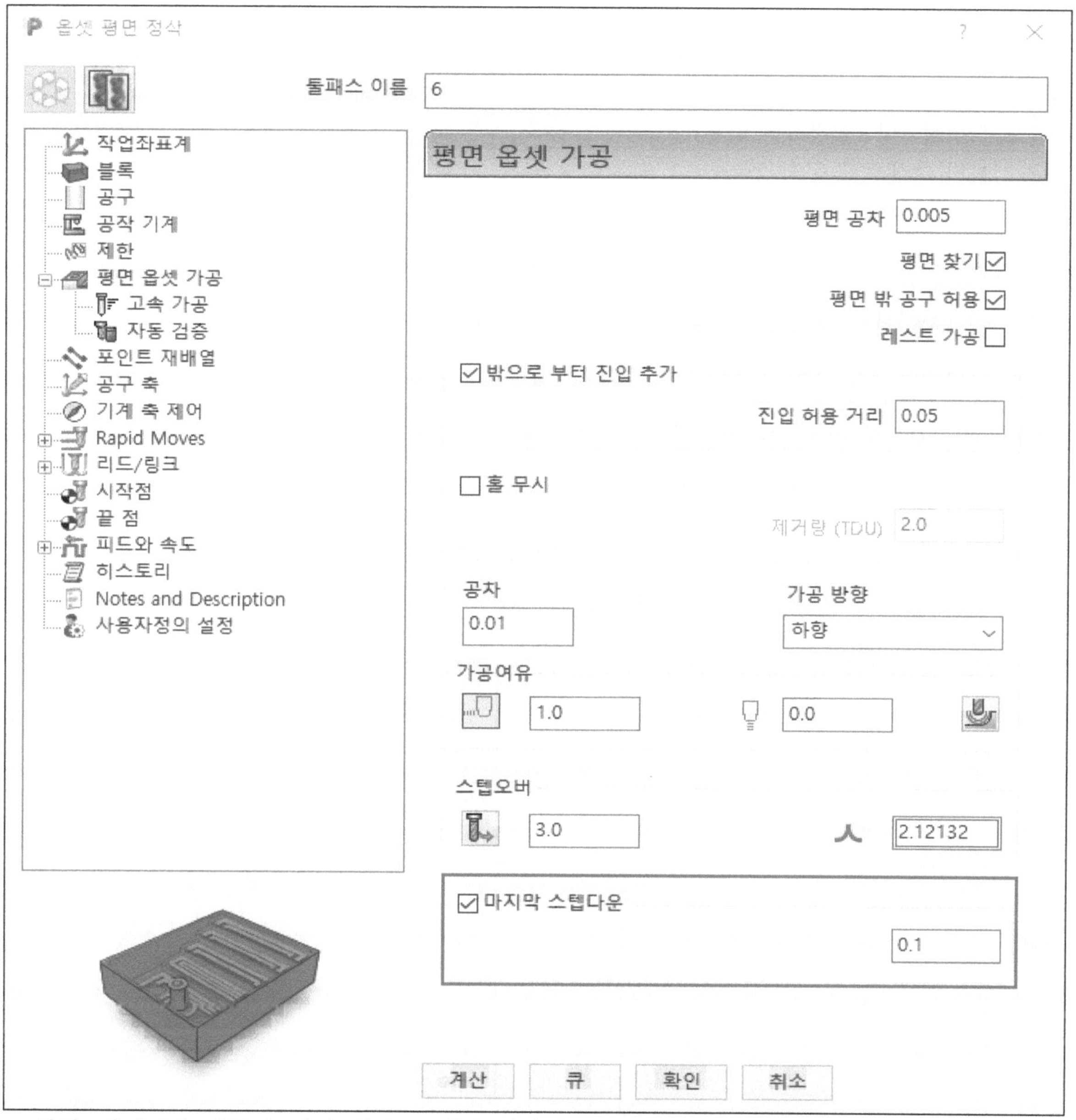

※ 황삭 데이터가 마무리 되면 형상 중에서 바닥이 평면인 부위를 가공합니다. 마지막 스텝다운 값을 0.05~0.1mm 정도 남기고 2회전 가공하게 설정 한다.
공구는 동일한 크기인 Ø6 평 엔드밀을 사용하기 때문에 별도의 공구 설정은 필요 없고 NC 가공 쪽에서 황삭과 정삭 공구를 구별하여 사용하면 되는 것이며 CAM에서 공구를 지정 해 줄 때는 공구 번호를 다르게하기 위하여 동일 크기의 공구를 새로 생성 한다. (※ 새 공구 생성 생략)

▶ 위 그림과 같이 가공 조건을 설정한다.
→ 가공 옵션 설정 → 고속 가공 → 리드/링크 → 리드 인 → 링크 → 계산 버튼 클릭

① 고속 가공 설정

→ 프로파일 부드럽게는 가공 데이터의 꺾인 부위 코너에 지정한 값의 라운드가 형성된다. 설정하는 값은 공구 지름의 퍼센트로 설정 된다.

→ 빠른 선택 모드는 현재의 가공 데이터와 다음 가공 데이터를 이어주는 방식을 부드러운 라운드로 연결하는 방식으로 고속 가공에서 급격한 방향 전환을 방지하는 역할을 한다.

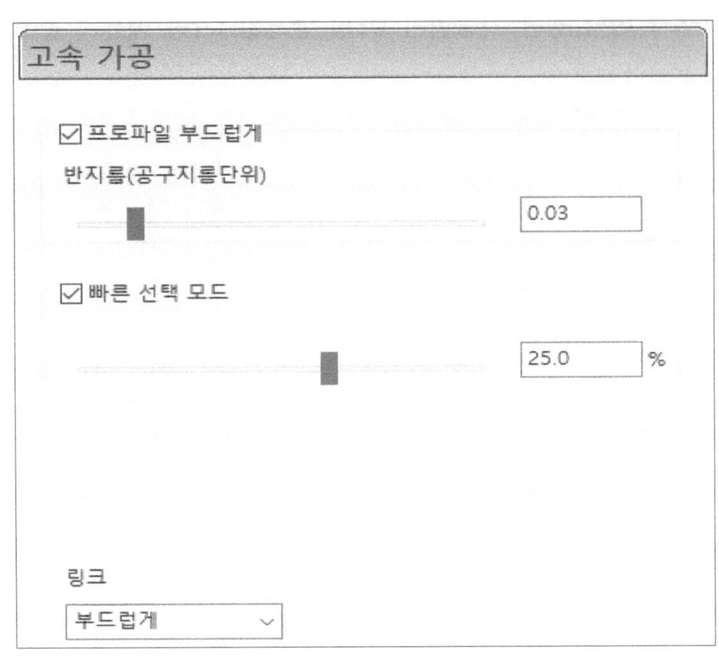

② 리드/링크 설정

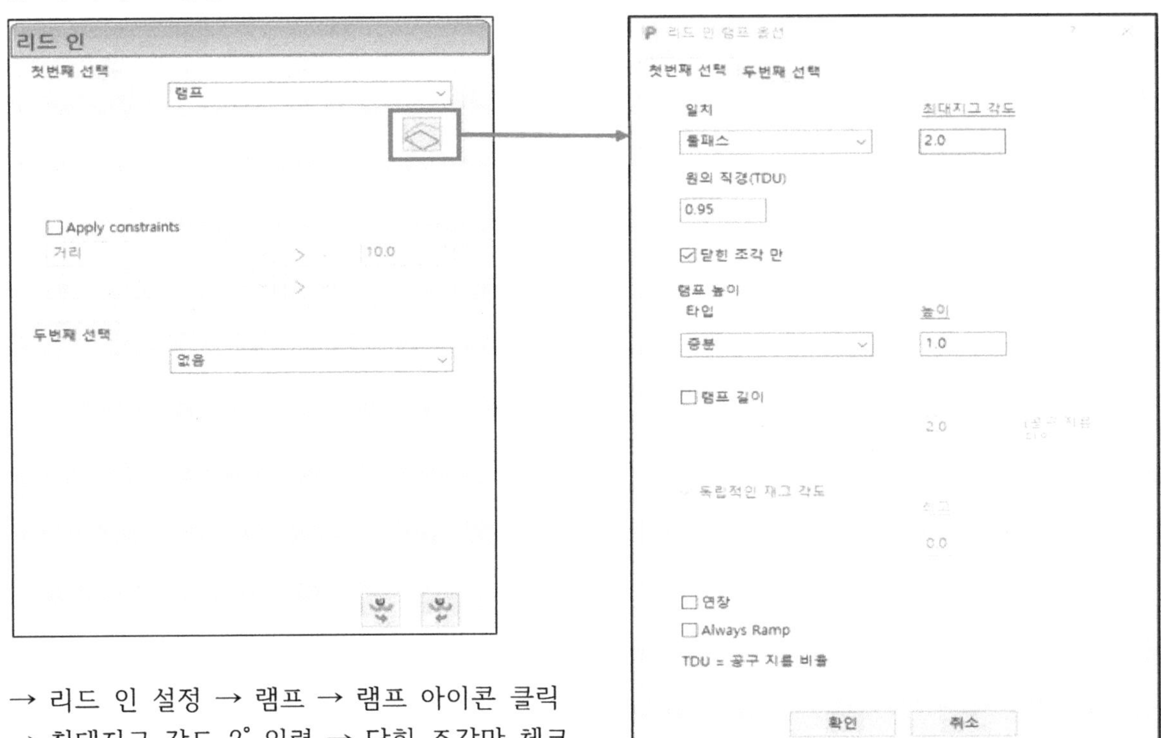

→ 리드 인 설정 → 램프 → 램프 아이콘 클릭

→ 최대지그 각도 2° 입력 → 닫힌 조각만 체크

→ 램프 높이 1입력

▶ 램프의 각도를 2°로 하고 램프 시작 높이를 가공 데이터로 부터 1mm 위에서 진행 한다.

⑦ 링크 설정 (현재 툴 패스부터 다음 툴 패스를 이어주는 방식 설정)

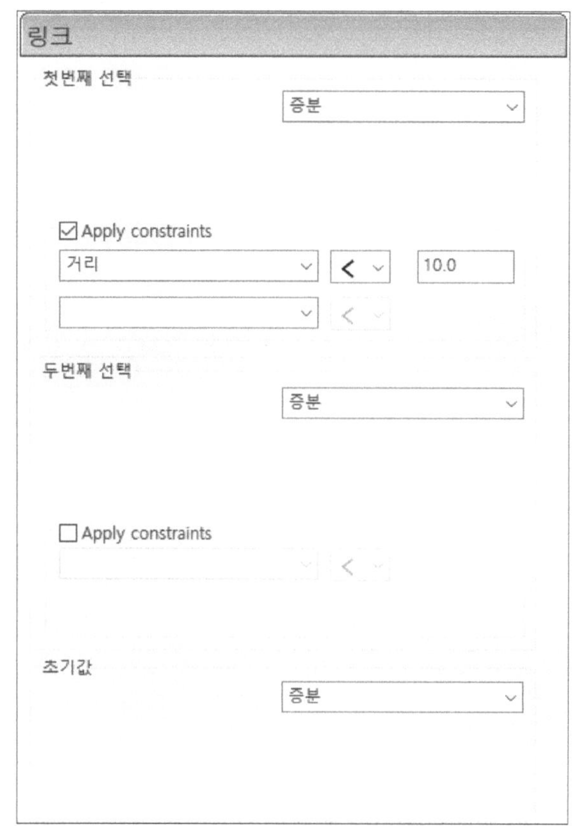

→ 첫 번째 선택 → 증분
→ Apply constraints → 거리 → 10 지정
→ 두 번째 선택 → 증분
→ 초기 값 → 증분

※ 설정이 완료 된 후 계산 버튼을 클릭하여 가공 데이터를 생성 한다.

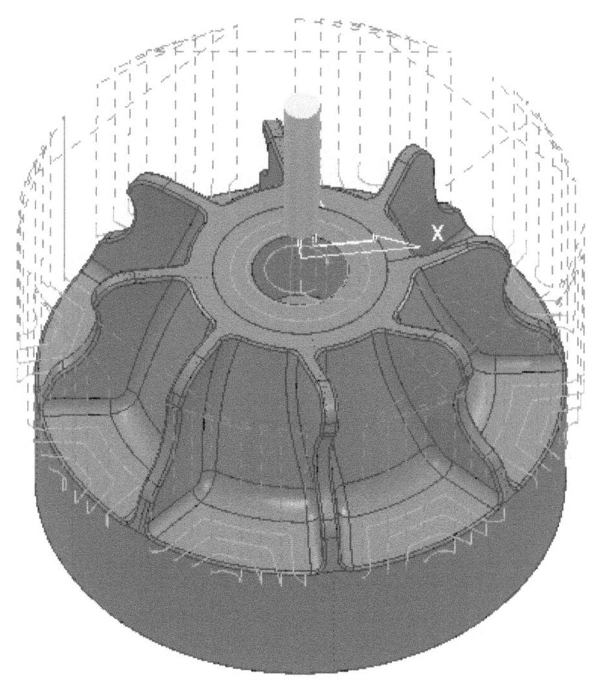

[그림11 평면가공 원본 데이터]

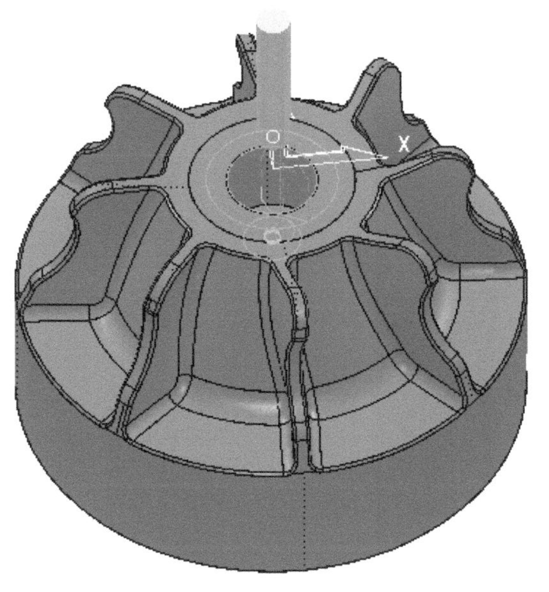

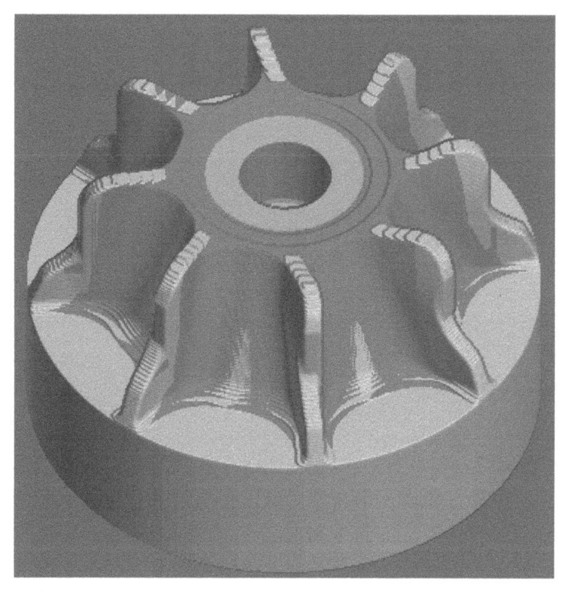

[그림12 평면가공 수정 데이터]

2-6-2 홀 측벽면 가공 중삭 Ø6평 엔드밀 (가공 메뉴 : 등고선 가공)

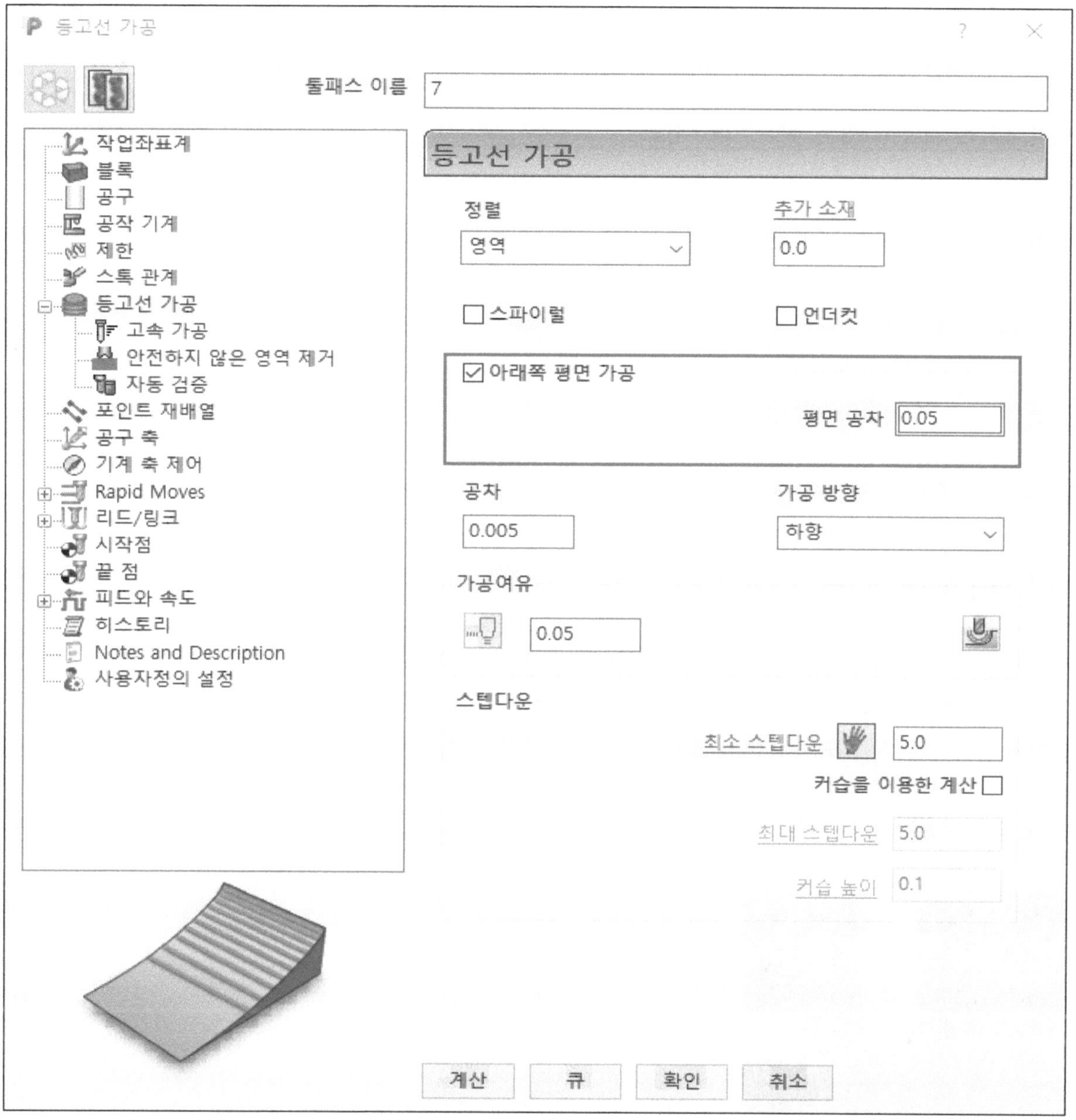

※ 바닥 평면을 가공한 후 홀의 측벽 면을 가공한다. 자유곡면을 제외한 포켓 형상을 먼저 가공한 후 자유곡면에 대한 가공데이터 생성하는데 형상가공은 볼 엔드밀을 사용하여 3D 멀티 가공데이터를 생성하게 된다. (※ Ø6평 엔드밀 동일 크기의 공구로 새 공구 생성은 생략한다.)

▶ 위 그림과 같이 가공 조건을 설정한다.

▶ 아래쪽 평면가공 옵션을 반드시 체크한다.

→ 가공 옵션 설정 → 제한(바운더리) 설정 → 고속 가공 → 리드/링크 → 리드 인 → 링크 → 계산 버튼 클릭

① 제한 설정(바운더리 설정)
※ 바운더리는 상세 가공 영역을 설정할 때 사용되는 기능으로 각각 용도에 맞는 바운더리를 선택하여 사용합니다. 이번에 사용할 바운더리는 사용자 정의 바운더리 이다.

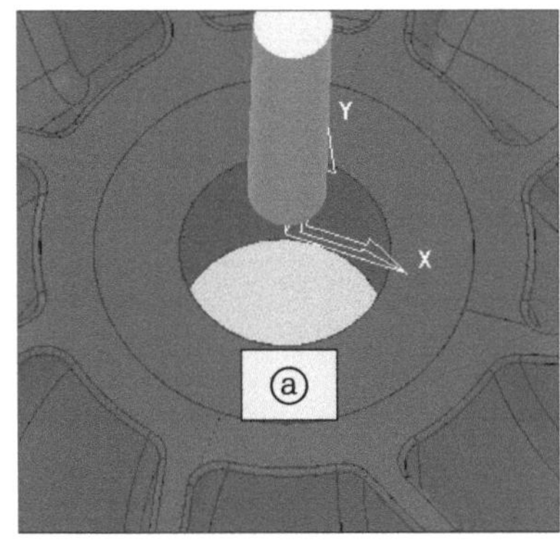

바운더리를 생성할 ⓐ면 선택 후 ⓑ사용자 정의 바운더리를 클릭합니다.

ⓒ사용자 정의 메뉴 옵션 중에서 모델 아이콘을 클립합니다. 그러면 선택한 형상 외곽선이 바운더리로 변환 됩니다.

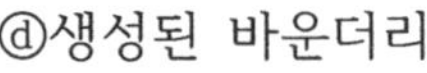
ⓓ생성된 바운더리

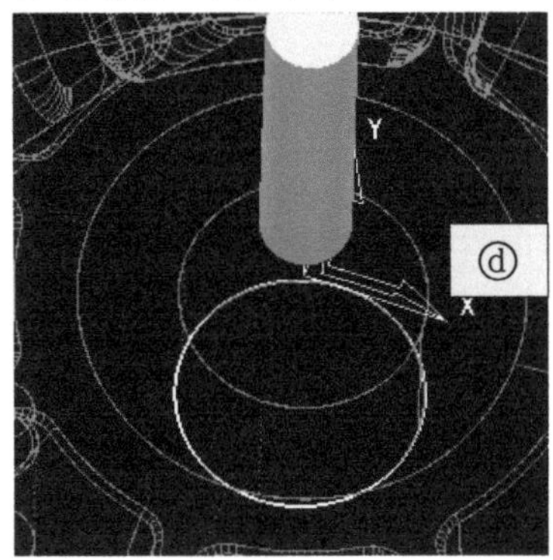

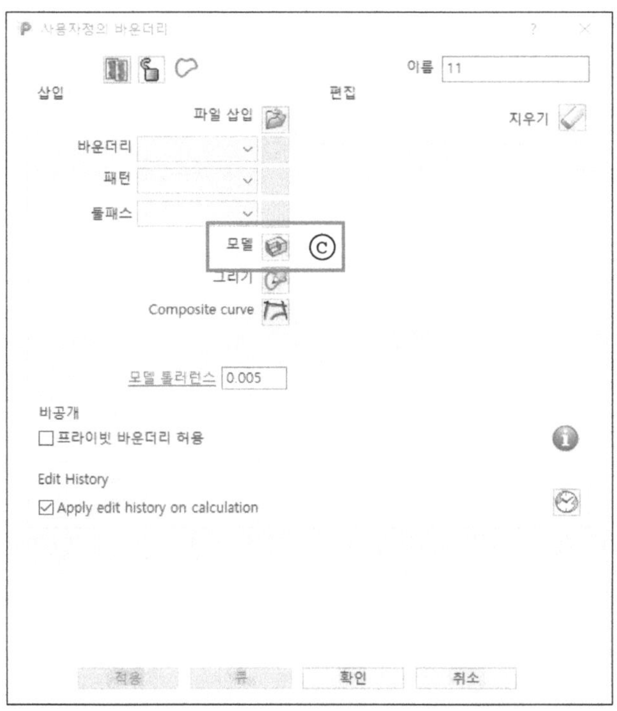

ⓔ바운더리 사용 영역은 안쪽 사용 선택

※ 사용자 정의 바운더리는 단순 외곽 선으로 형성이 되는 바운더리로 가공 조건이 적용되지 않는다. 사용자 정의 바운더리, 블록 바운더리, 논리연산 바운더리를 제외한 모든 바운더리는 가공 조건을 인식하여 생성 된다.

② 고속 가공 설정
→ 코너 원호 변환은 가공 데이터의 꺾인 부위 코너에 지정한 값의 라운드가 형성된다. 설정하는 값은 공구 지름의 퍼센트로 설정 된다.

고속 가공
☑ 코너 원호 변환
반지름(공구지름단위)
0.03

③ 리드 설정

첫 번째 선택 → 수평 원호 왼쪽
선형 이동 → 0.0
각도 → 90
반지름 → 2

Apply constraints → 체크 않함

두 번째 선택 → 없음

아웃으로 복사 아이콘 클릭
리드 어웃 동일하게 설정 한다.

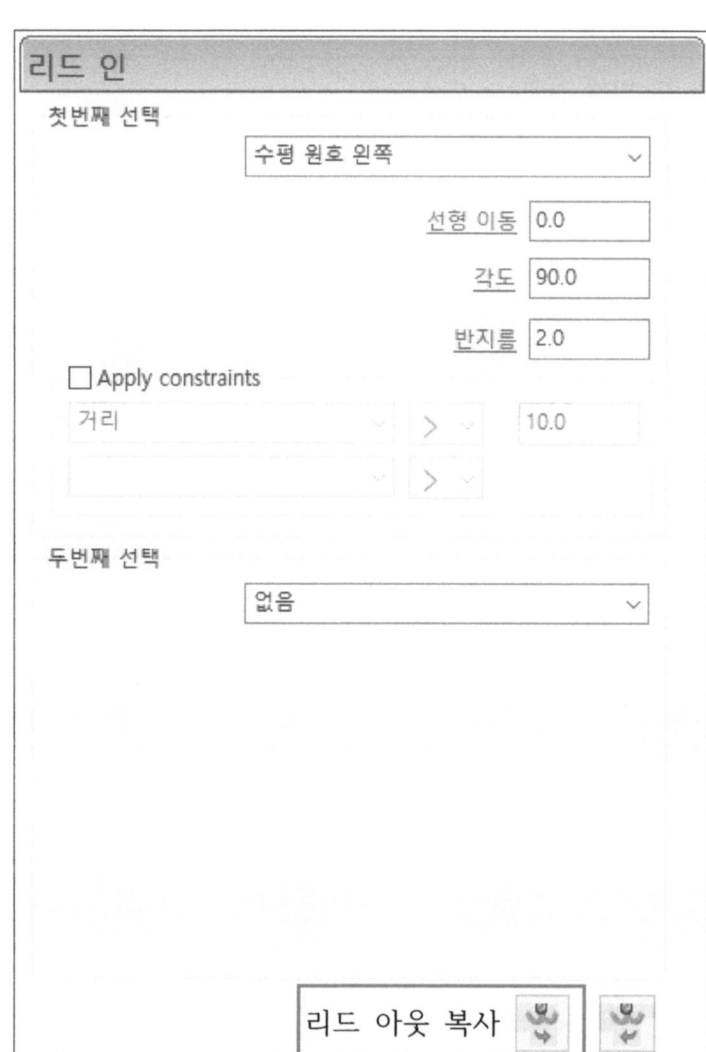

④ 링크 설정 (현재 툴 패스부터 다음 툴 패스를 이어주는 방식 설정)

→ 원 및 원호로 설정한다.

→ Apply constraints → 거리 → 10 지정

→ 두 번째 선택 → 증분

→ 초기 값 → 증분

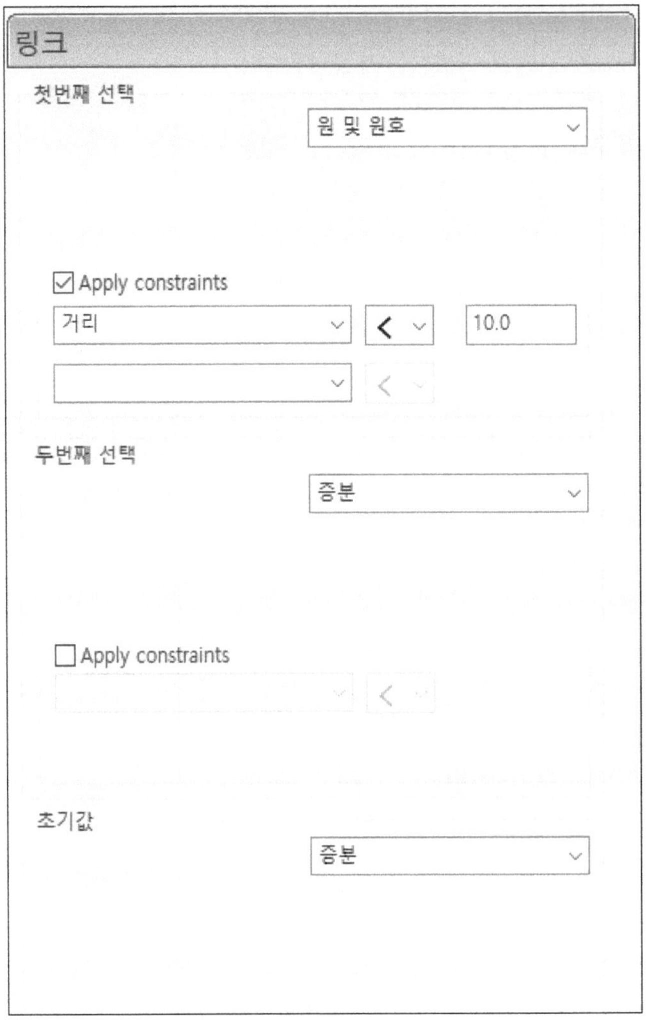

※ 설정이 완료 된 후 계산 버튼을 클릭하여 가공 데이터를 생성 한다.

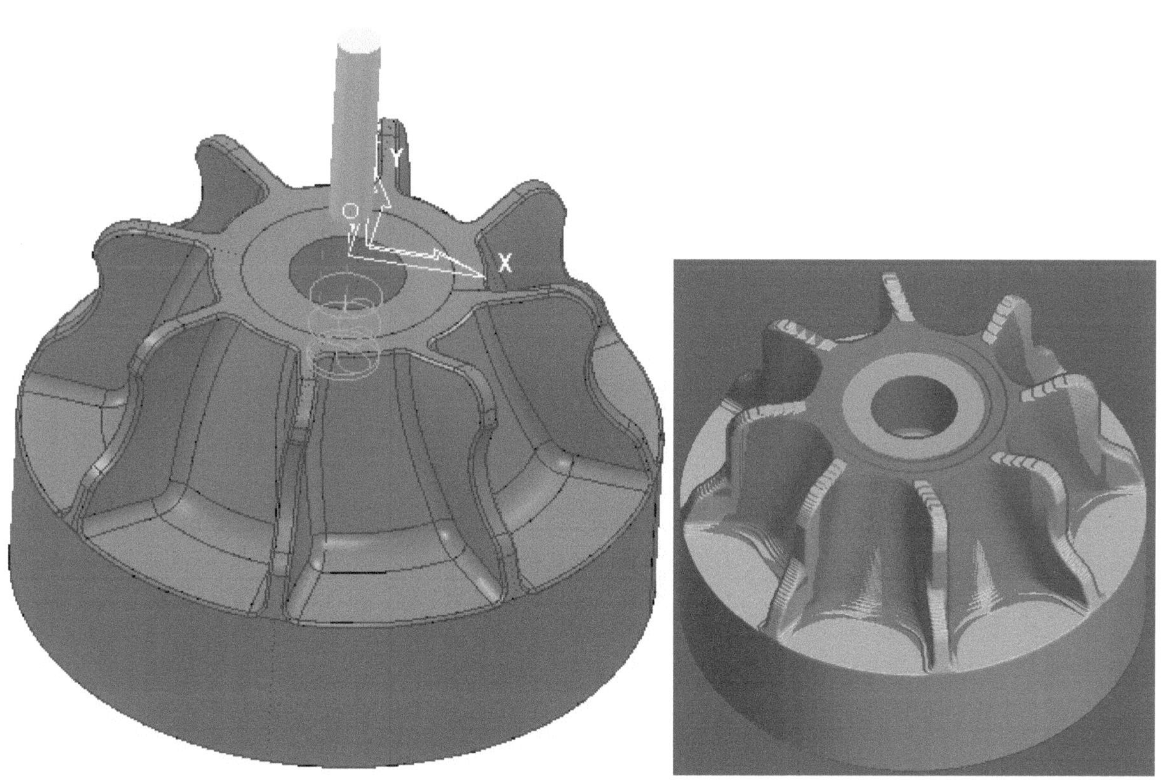

[그림13 중앙 홀 중삭 가공 데이터]

2-6-3 홀 측벽면 가공 정삭 Ø6평 엔드밀 (가공 메뉴 : 등고선 가공)

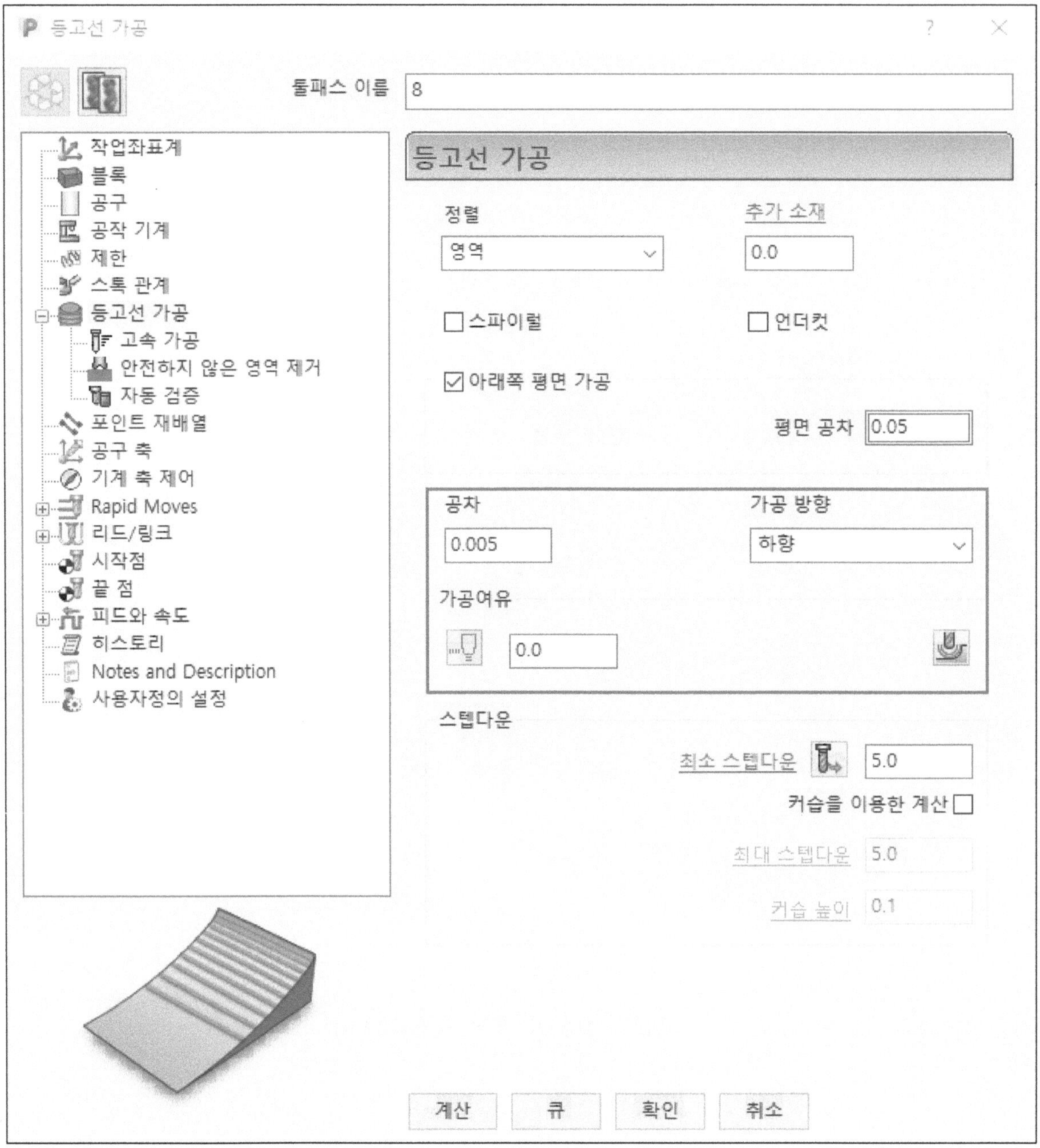

※ Ø6평 엔드밀 동일 크기의 공구로 새 공구 생성은 생략한다.

▶ 위 그림과 같이 가공 조건을 설정한다.

▶ 중삭과 동일한 방식으로 가공데이터를 생성하면 되고 다만 가공 공차와 가공여유만 위 조건과 같이 수정하여 데이터를 생성 하면 된다. 설정이 끝나면 계산 버튼을 클릭 한다.

→ 이후 모든 공정은 측벽 면 중삭 데이터와 동일하게 진행한다.

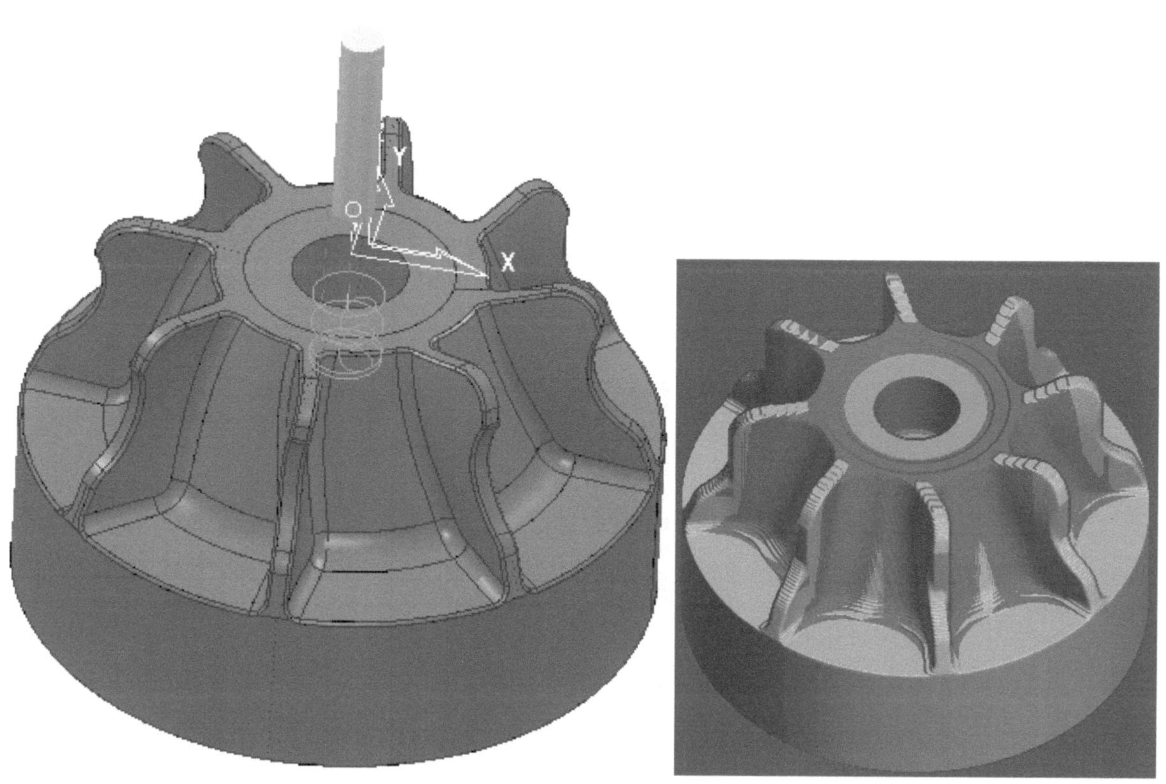

[그림14 중앙 홀 정삭 가공 데이터]

2-6-4 형상 외곽 중삭 Ø12평 엔드밀 (가공 메뉴 : 등고선 가공)

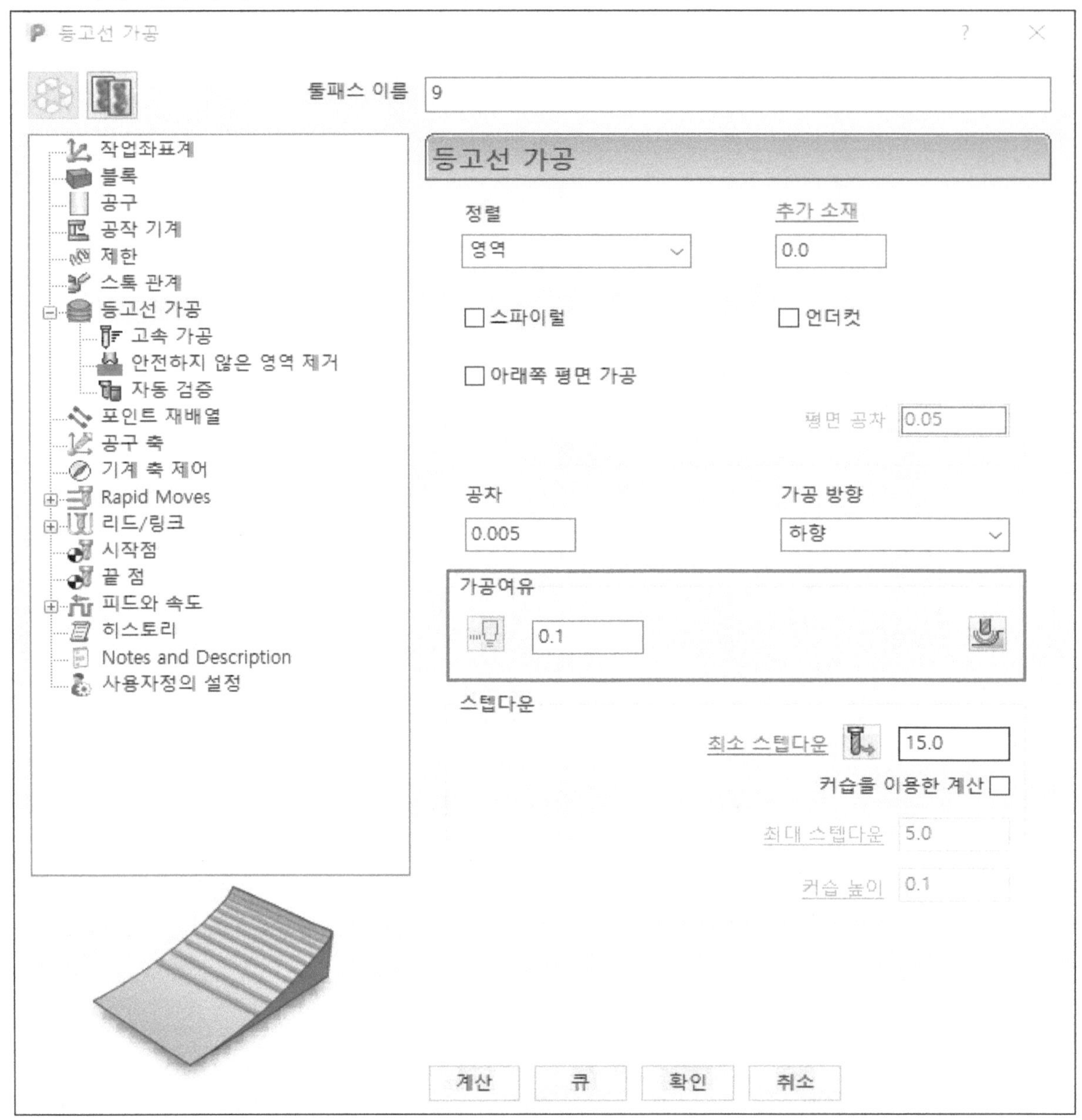

※ 형상 외곽 원통 면을 가공하는 것으로 공구는 Ø12평 엔드밀을 사용하며 동일 크기의 공구가 이미 생성되어있기 때문에 공구는 기존공구를 선택하여 사용한다. 공구 리스트에서 선택 후 등고선 메뉴를 실행시키면 된다.

▶ 위 그림과 같이 가공 조건을 설정한다.

→ 가공 옵션 설정 → 바운더리 선택 해제 → 계산 버튼 클릭

▶ 다른 조건은 수정하지 않고 그대로 적용하면 되므로 더 이상 조건을 설정 할 필요가 없다.

① 제한 설정(바운더리 설정)

※ 기존에 선택되어 있는 바운더리를 선택 취소하고 가공메뉴를 실행 시킨다. (바운더리 선택 화살표를 눌러서 없음을 선택)

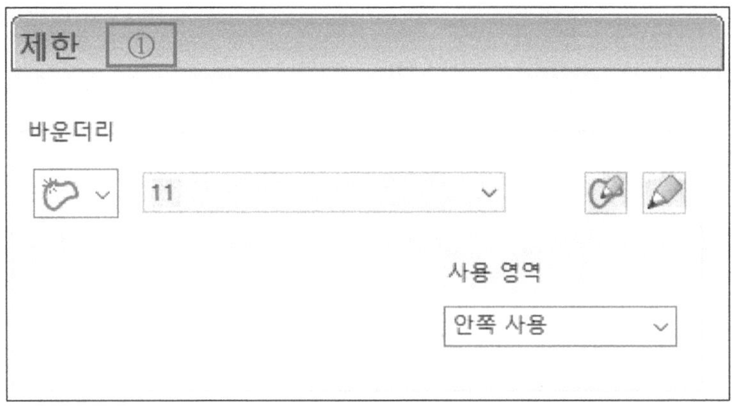

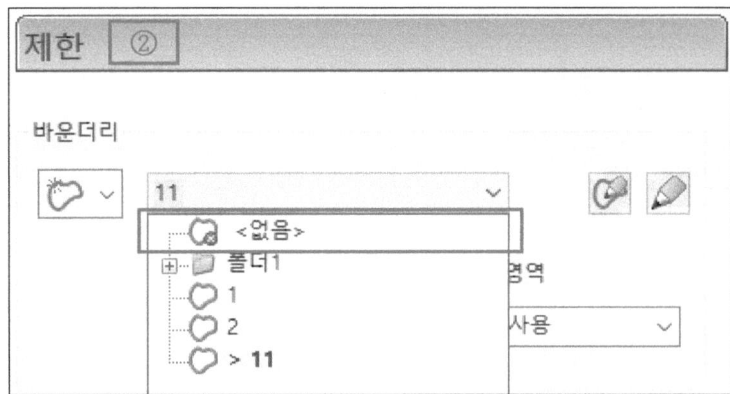

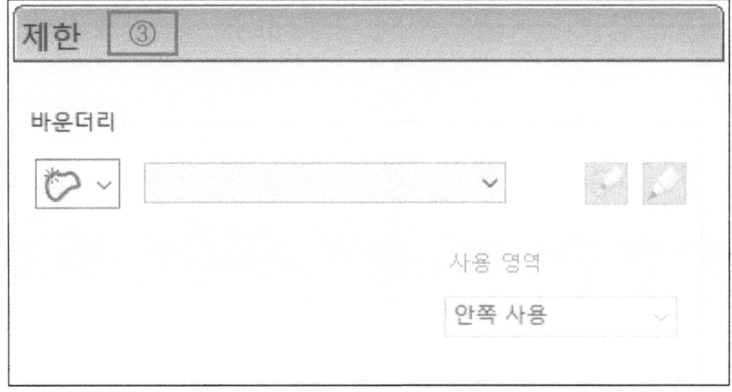

※ 설정이 완료 된 후 계산 버튼을 클릭하여 가공 데이터를 생성 한다.

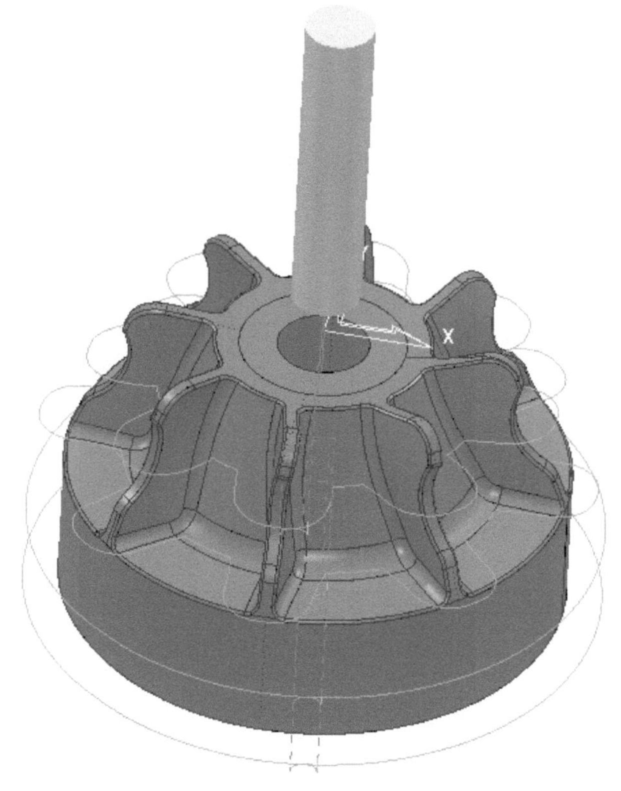

[그림13 형상 외과 중삭 가공데이터 원본]

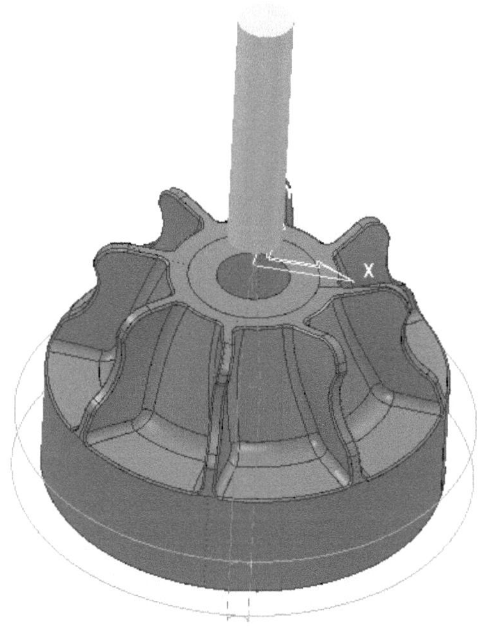

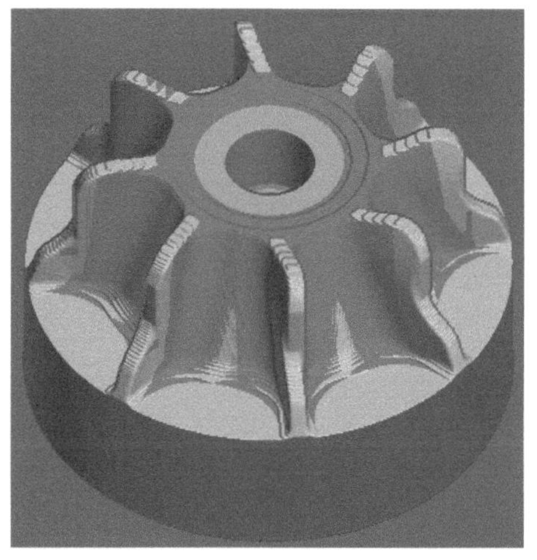

[그림14 형상 외과 중삭 가공데이터 수정]

2-6-5 형상 외곽 정삭 Ø12평 엔드밀 (가공 메뉴 : 등고선 가공)

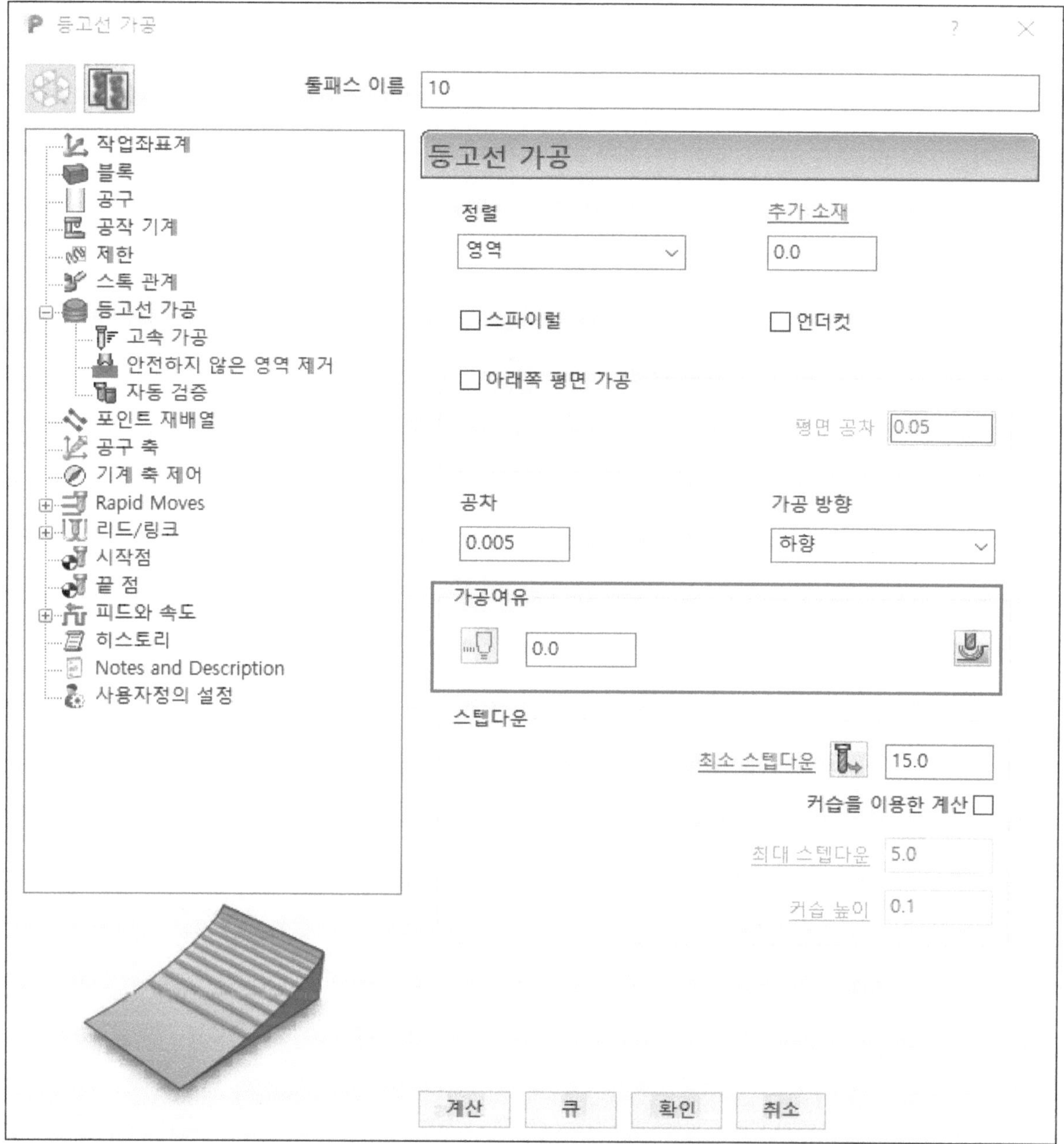

※ Ø12평 엔드밀 동일 크기의 공구로 새 공구 생성은 생략한다.

▶ 위 그림과 같이 가공 조건을 설정한다.

▶ 동일한 방식으로 가공데이터를 생성하면 되며 다만 가공 공차, 가공여유만 위와 같이 설정하고 계산 버튼을 클릭하여 데이터를 생성 하면 된다.

→ 이후 모든 공정은 중삭과 동일하다.

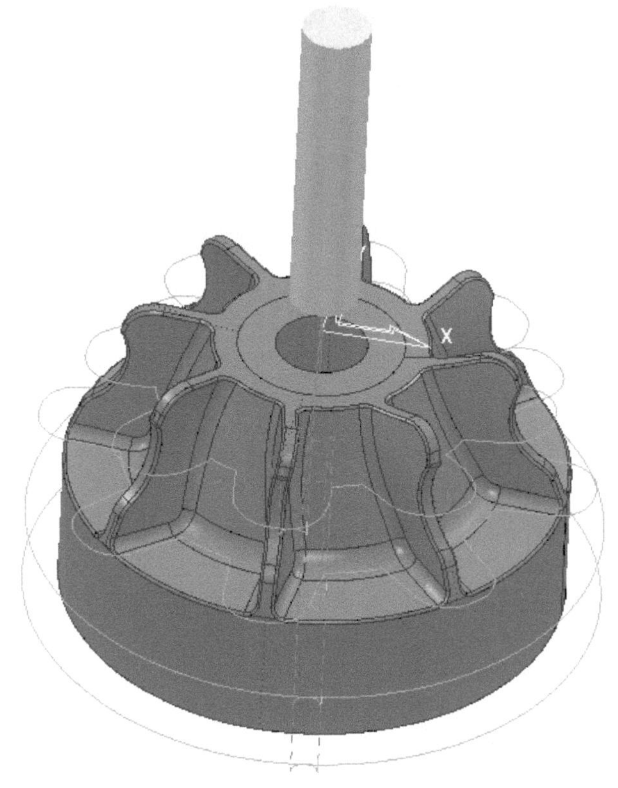

[그림15 형상 외곽 정삭 가공데이터 원본]

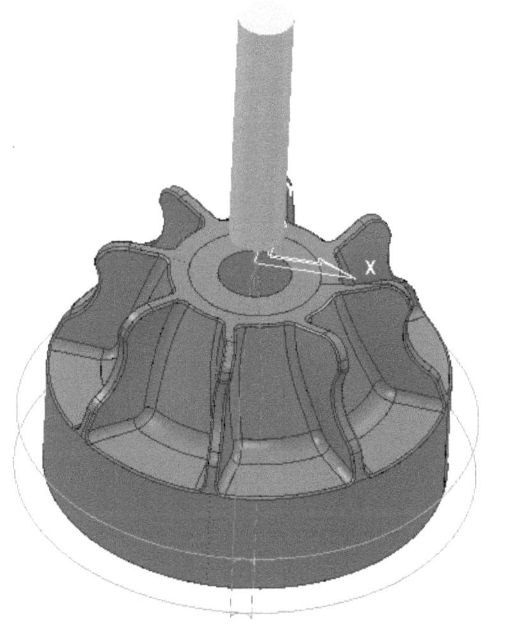

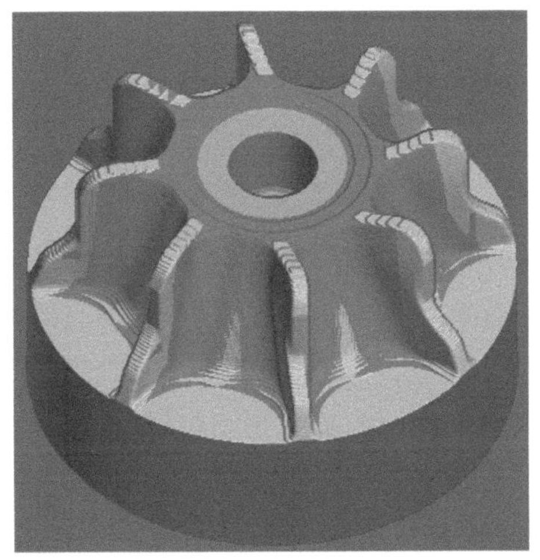

[그림16 형상 외곽 정삭 가공데이터 수정]

▶ 이로서 황삭 가공 및 모델 1번 형상 중에서 2차원(2D) 형상 가공을 마무리 하였다. 모든 일에는 공정(일하는 순서)이 있는데 기계가공 역시 공정이 매우 중요하다. 전체적인 생산 공정이 있고 각각의 파트마다 해당되는 가공 공정을 새우는데 CAM 또한 머시닝센터 가공 공정에 합당한 순서로 데이터를 생산하여 가공 파트에 제공 해 주어야 가공 공정을 새울 수 있는 것으로 매우 중요한 역할을 하게 된다.

- 모델 1번의 전체 가공 공정 살펴보기-

▶ 1단계로 지그에 장착하기 위한 탭을 가공함.
▶ 2단계로 원재료 소재에서 형상가공의 첫 번째 단계인 황삭 가공을 진행함
▶ 3단계로 형상과 근접하는 가공이 진행되어 목표형상에서 존재하는 2D 포켓 및 윤곽 가공을 진행 함.
▶ 4단계로 Top View에서 바라본 형상 중에서 3축 가공으로 가공 가능한 부위를 완성 가공을 하고 동시 5축으로 역 구배가 발생하고 있는 부위의 가공을 신행한다.
▶ 5단계로 3+2축 기능을 이용한 회전 가공으로 언더컷 부위를 완성 가공한다.

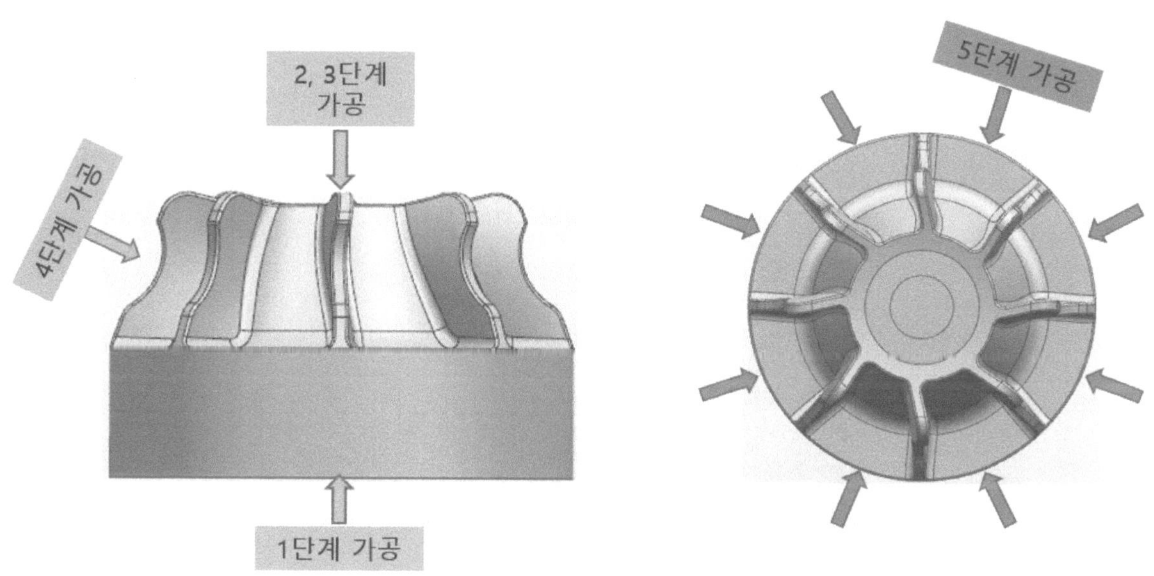

[그림17 가공 단계별 가공 공정도]

2-7 모델1번 전체 중삭, 정삭 형상 가공을 위한 준비

▶ 모델 1번의 형상 중에서 날개 형상은 3+2축을 이용한 가공으로 진행하므로 날개 형상이 외관 형상을 가공하는데 방해 요인이 되면 않되고 완성가공 후 가공 면에 발생할 수 있는 가공 단차를 방지하여야 한다. (보조 면을 불러와서 형상 외관만을 가공한다.)

① 참고 모델 불러오기 → 탐색기창 모델에서 마우스 우측 키 → 모델 불러오기 → 보조면1

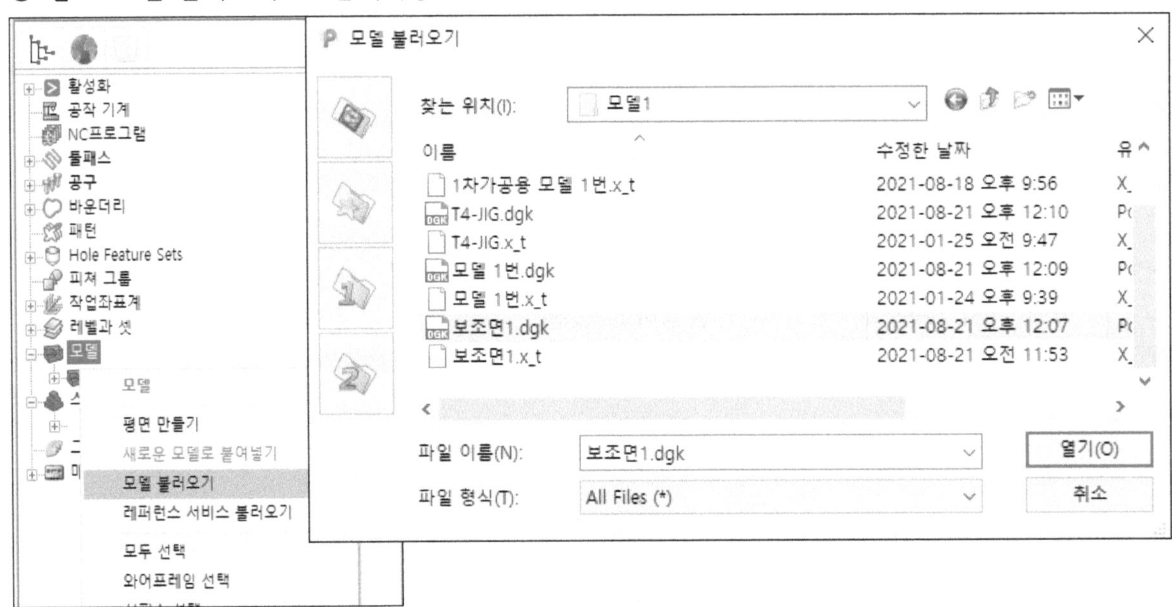

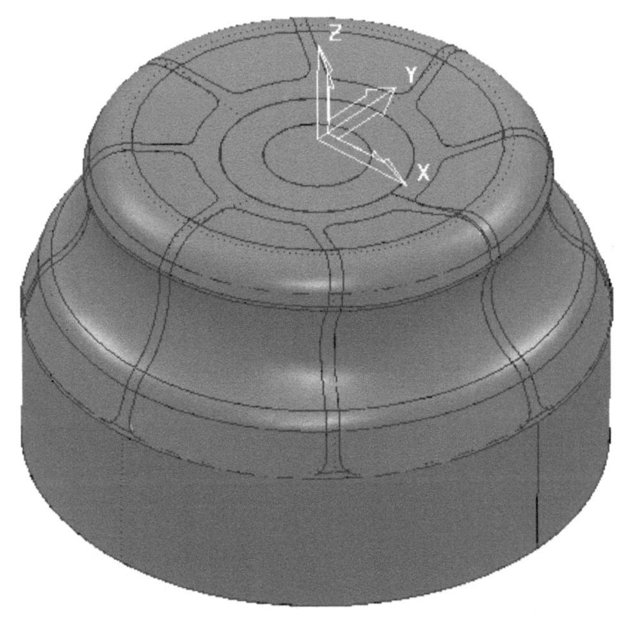

[그림18 보조면 불러 오기]

2-7-1 모델1번 전체 형상 중삭1 가공하기 Ø10볼 엔드밀 (가공 메뉴 : 등고선 가공)

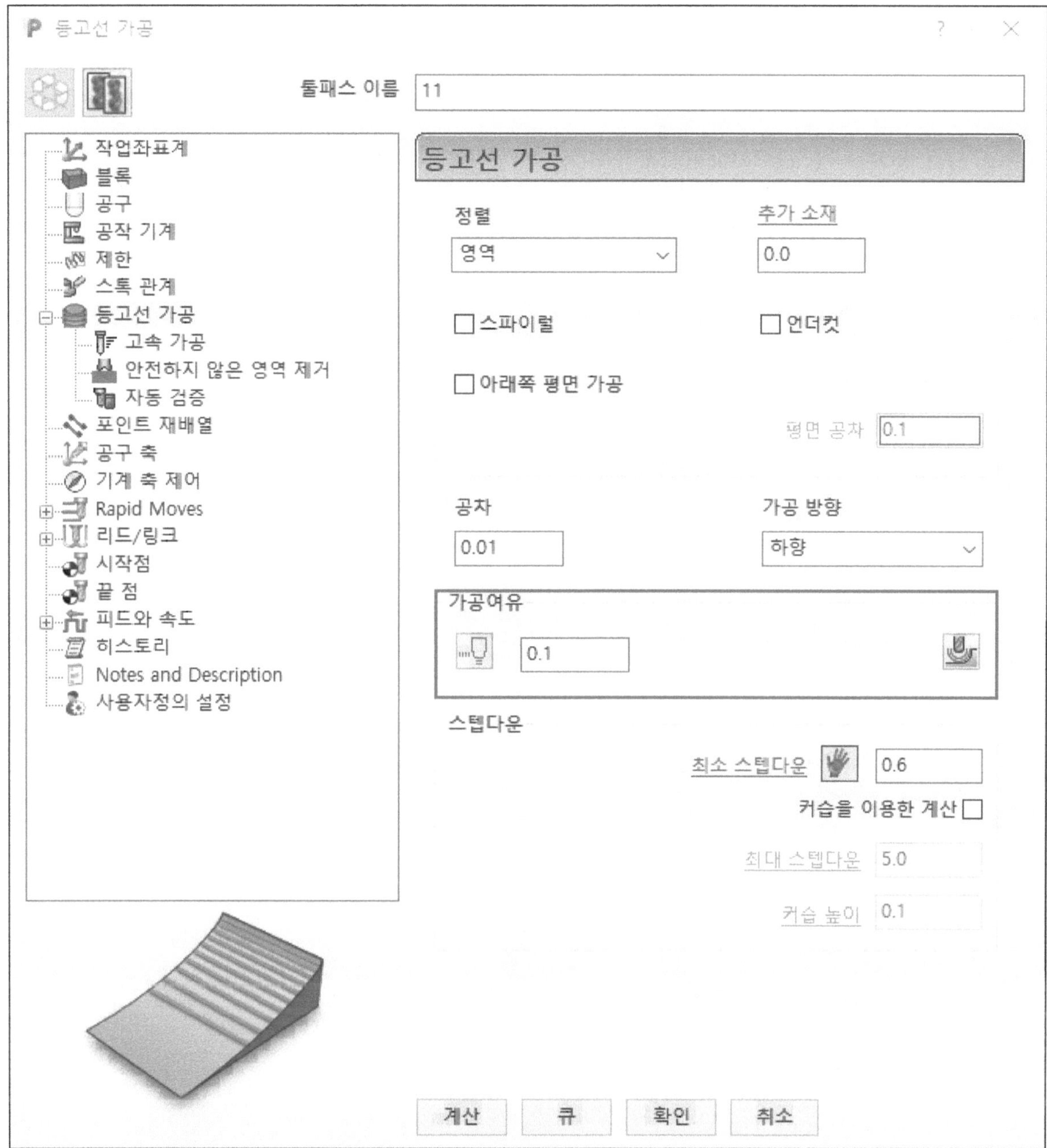

※ Ø10볼 엔드밀을 이용한 중삭 등고선 데이터 생성

▶ 위 그림과 같이 가공 조건을 설정한다.

→ 가공 옵션 설정 → 공구 설정 → 리드 인 설정 → 링크 설정 → 계산 버튼 클릭
※ 정삭 가공에서 밑줄 친 조건은 별도로 지정하지 않아도 된다.

① 공구 설정

→ 형상 전체 중, 정삭 가공에 사용되는 공구는 Ø10 볼 엔드밀을 사용한다.

(가공되는 형상의 크기나 공구의 가공 능력에 따라 적정한 공구를 선택하여도 무방하다.
보편적으로 안전하게 사용되는 공구의 길이는 공구 직경 × 5 정도로 사용한다.
예 : Ø10 × 5 = 50mm)

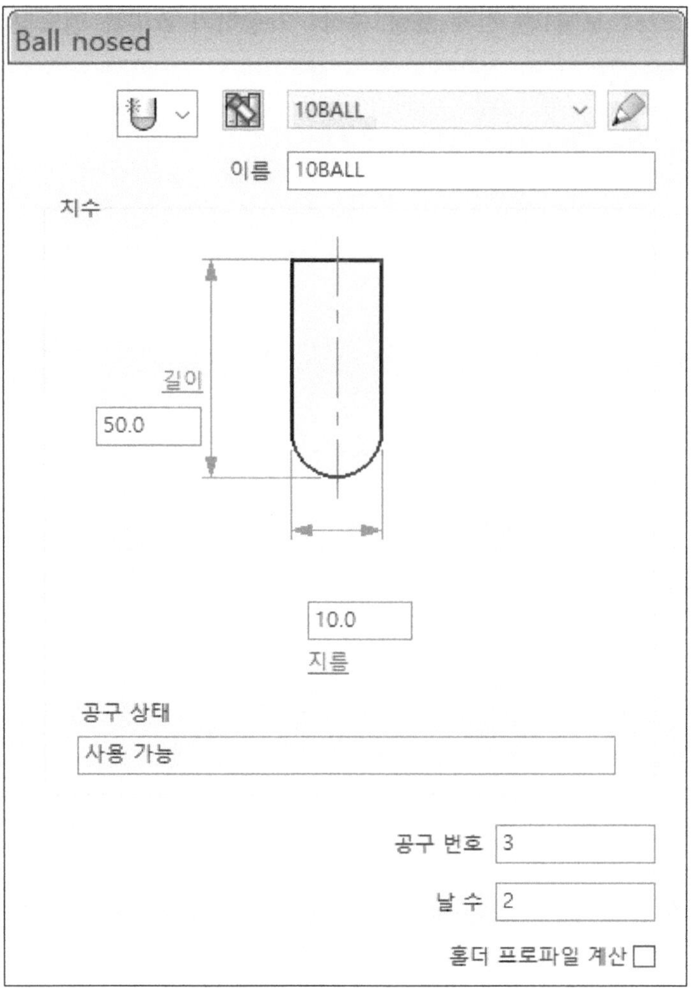

② 고속 가공 조건 설정

→ 고속가공 조건은 형상외관에 꺽인 부위가 없으므로 코너 원호 변환을 적용하지 않아도 된다.

고속 가공

☐ 코너 원호 변환

반지름(공구지름단위)

0.05

③ 리드 인 설정

첫 번째 선택 → 수평 원호 왼쪽
선형 이동 → 0.0
각도 → 90
반지름 → 1
Apply constraints → 체크 않함

두 번째 선택 → 없음

아웃으로 복사 아이콘 클릭
리드 어웃 동일하게 설정 한다.

④ 링크 설정

첫 번째 선택 → 직선 & 원 및 원호
두 가지 중에서 선택하면 됨.

Apply constraints → 거리 → 10
가공 상황에 맞는 거리 값을 지정 한다.

두 번째 선택 → 증분 & 스킴
첫 번째 선택과 두 번째 선택 조건은
가공 상황에 맞는 옵션을 선택한다.

초기 값 → 증분

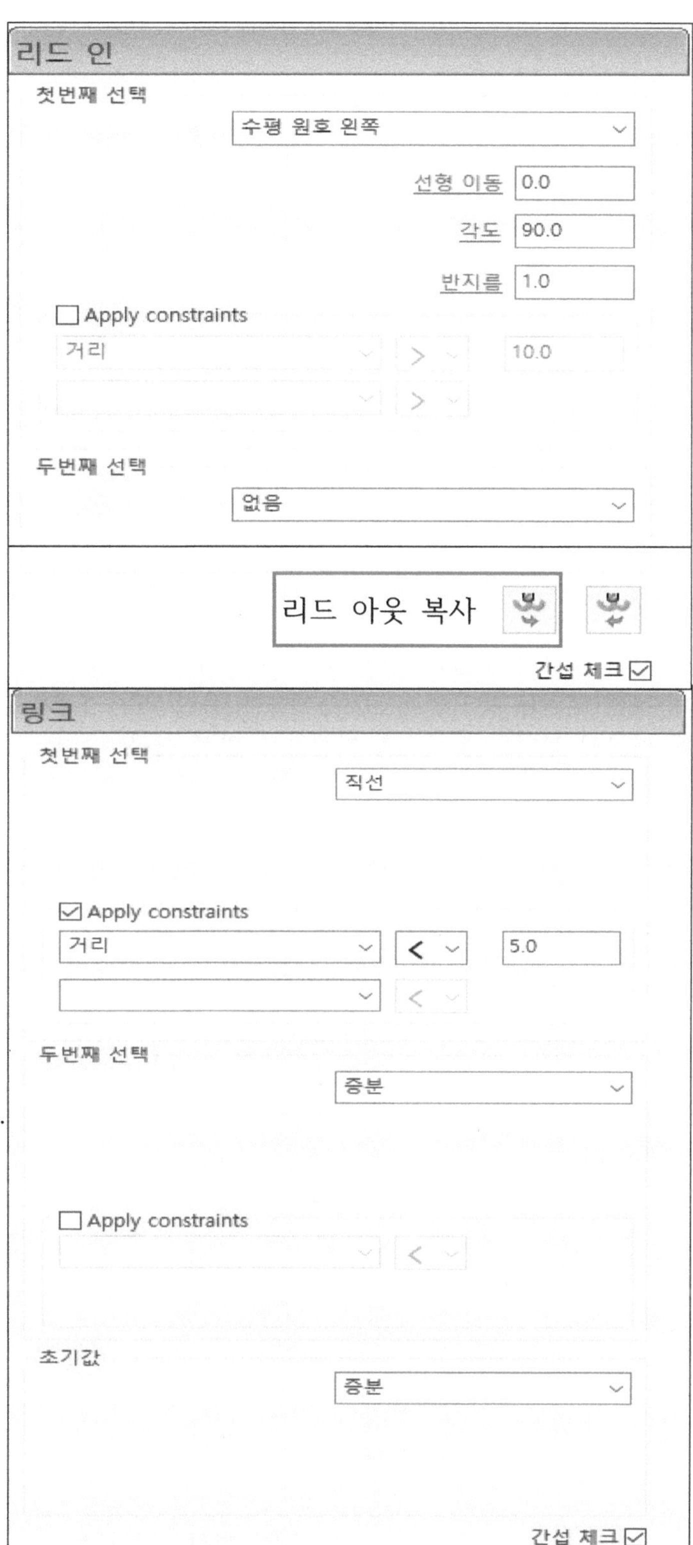

※ 설정이 완료 된 후 계산 버튼을 클릭하여 가공 데이터를 생성 한다.

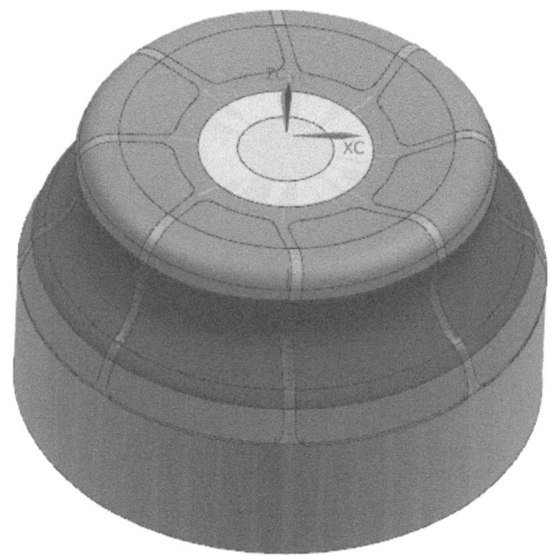

[그림19 형상 가공 부위 설명]

▶ 노란색 부위 윗면과 외곽 측벽 면은 2D가공으로 완성 가공
▶ 녹색 부위는 등고선과 3D 옵셋을 이용한 3축 가공으로 완성 가공
▶ 파란색 부위는 동시 5축 가공으로 완성 가공

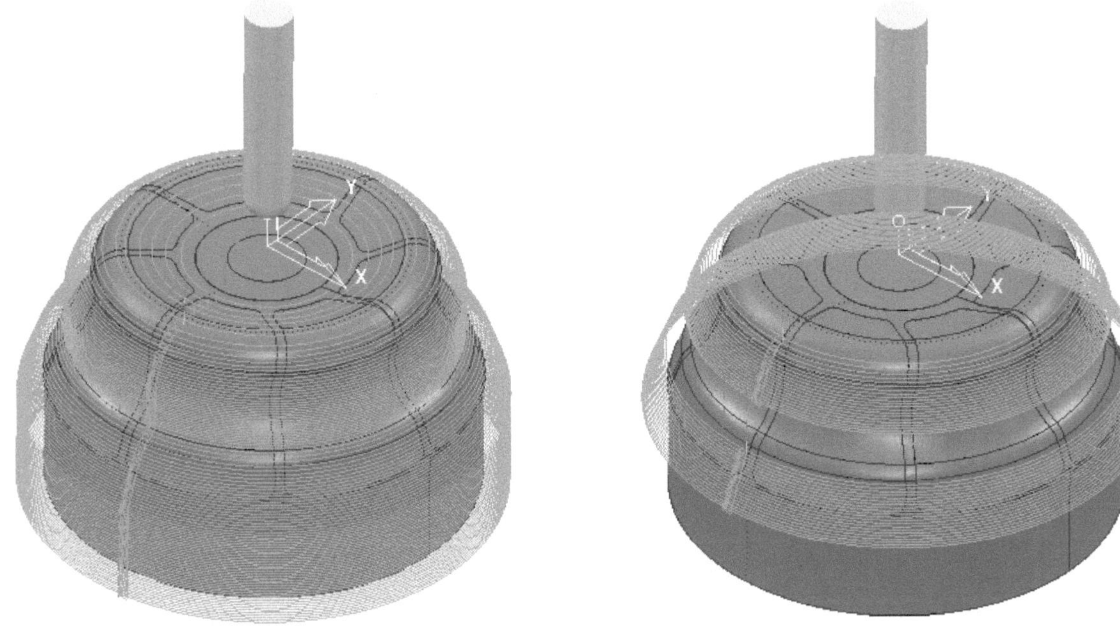

[수정 전 데이터] [수정 후 데이터]

[그림20 형상 중삭1 등고선 가공데이터]

2-7-2 모델1번 전체 형상 중삭2 가공하기 Ø10볼 엔드밀 (가공 메뉴 : 3D 옵셋 가공)

※ Ø10볼 엔드밀을 이용한 중삭 3D 옵셋 데이터 생성 (동일 공구 사용 새로 생성하지 않음.)

▶ 위 그림과 같이 가공 조건을 설정한다.

.

→ 가공 옵션 설정 → 바운더리 생성 → 리드 인 설정 → 링크 설정 → 계산 버튼 클릭

※ 정삭 가공에서 밑줄 친 조건은 별도로 지정하지 않아도 된다.

① 제한 설정(바운더리 설정)
→ 쉘로우 바운더리 생성
쉘로우 바운더리는 형상을 각도로 구분하여 가공영역을 설정하는 방식으로 측벽 형상과 완만하게 누운 형상의 가공영역을 설정할 때 가장 많이 사용되는 바운더리 형태이다.

→ 쉘로우 바운더리 설정하기

※ 우측의 메뉴와 같이 조건 값을 설정 하시오

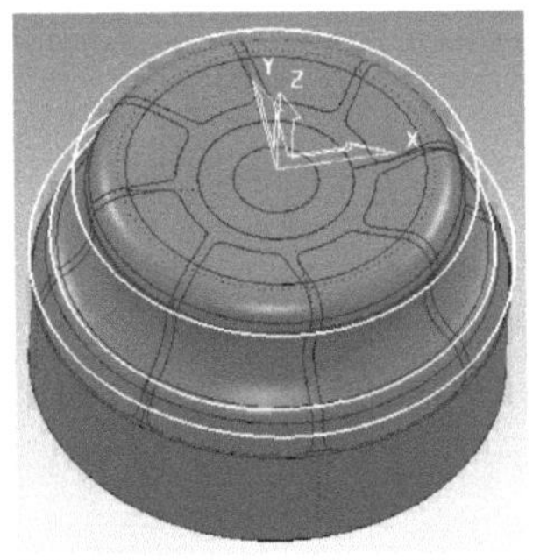

(원본 바운더리)

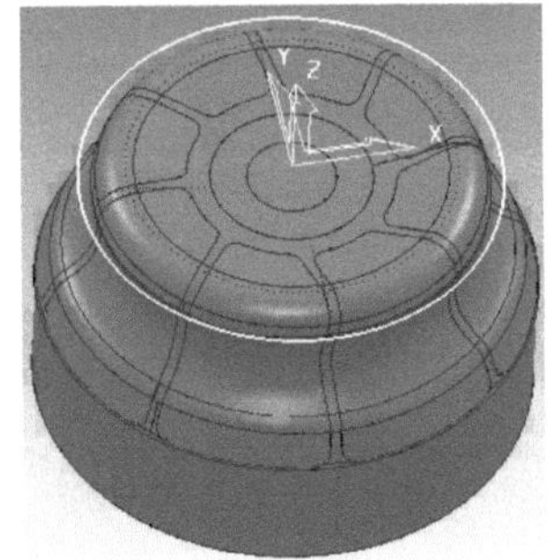

(수정 바운더리)

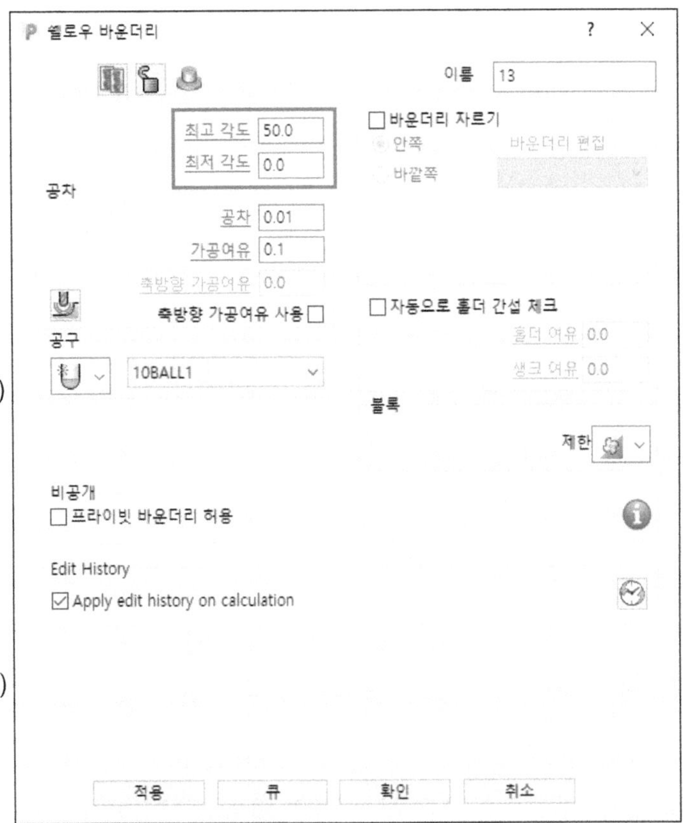

② 리드 인 설정

첫 번째 선택 → 서피스 법선 원호
선형 이동 → 0.0
각도 → 90
반지름 → 1
Apply constraints → 거리 → 5

두 번째 선택 → 없음

아웃으로 복사 아이콘 클릭
리드 어웃 동일하게 설정 한다.

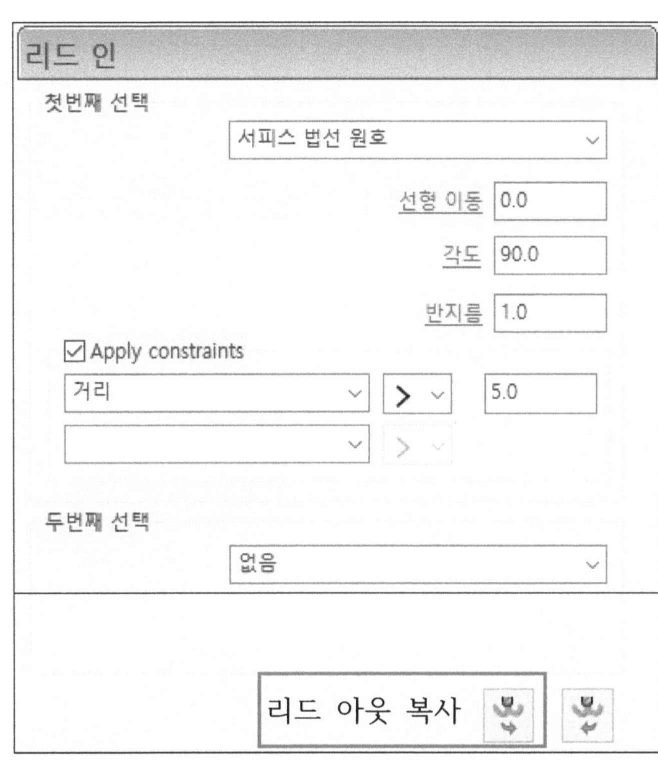

③ 링크 설정
첫 번째 선택 → 면 위로

Apply constraints → 거리 → 5
가공 상황에 맞는 거리 값을 지정 한다.

두 번째 선택 → 증분 & 스킴
첫 번째 선택과 두 번째 선택 조건은
가공 상황에 맞는 옵션을 선택한다.

초기 값 → 증분

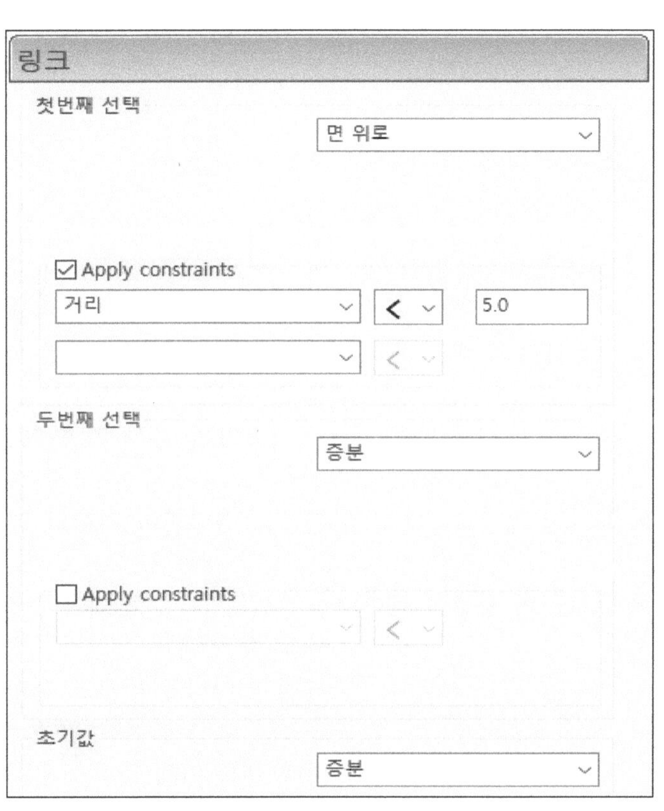

※ 설정이 완료 된 후 계산 버튼을 클릭하여 가공 데이터를 생성 한다.

[그림21 3D 옵셋 중삭2 가공데이터 수정]

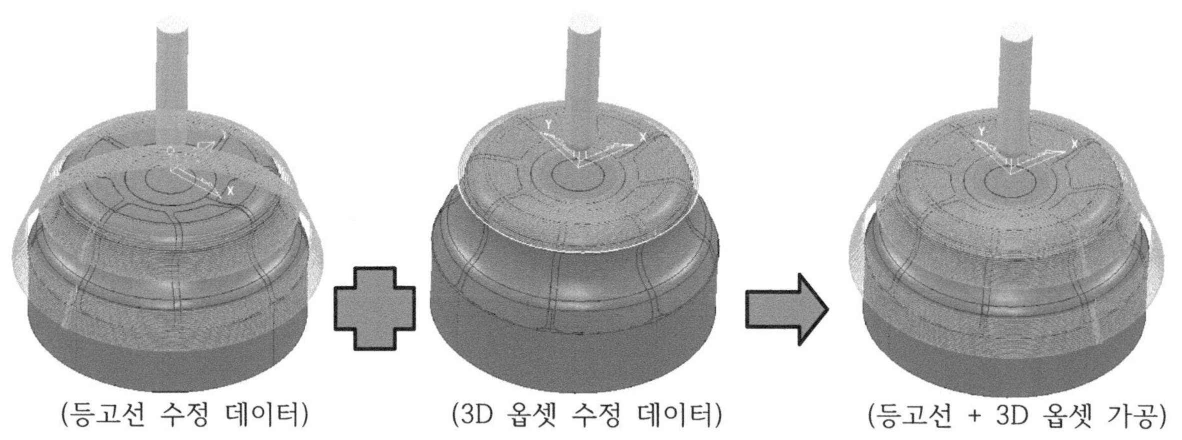

[그림22 중삭 가공 데이터 합치기]

▶ 등고선 가공과 3D 옵셋 가공을 결합하여 하나의 데이터로 만든다.

예 : 11_1번 등고선 데이터 + 12번 3D 옵셋 데이터 결합하기(작업자에 따라 가공 데이터 번호가 다를 수 있음)

12번 데이터를 마우스 왼쪽 키를 누른 상태에서 드래그하여 11_1번 등고선 수정 데이터 위에 가져다 대고 Ctrl 크를 누르면 + 표시가 나타난다. 이때 마우스 키에서 손을 때면 “툴패스를 합치겠습니까?” 라는 물음표가 나타나고 예를 클릭하면 툴패스가 합쳐진다.

2-7-3 모델1번 전체 형상 중삭3 5축 가공하기 (가공 메뉴 : 라인 프로젝션 가공)

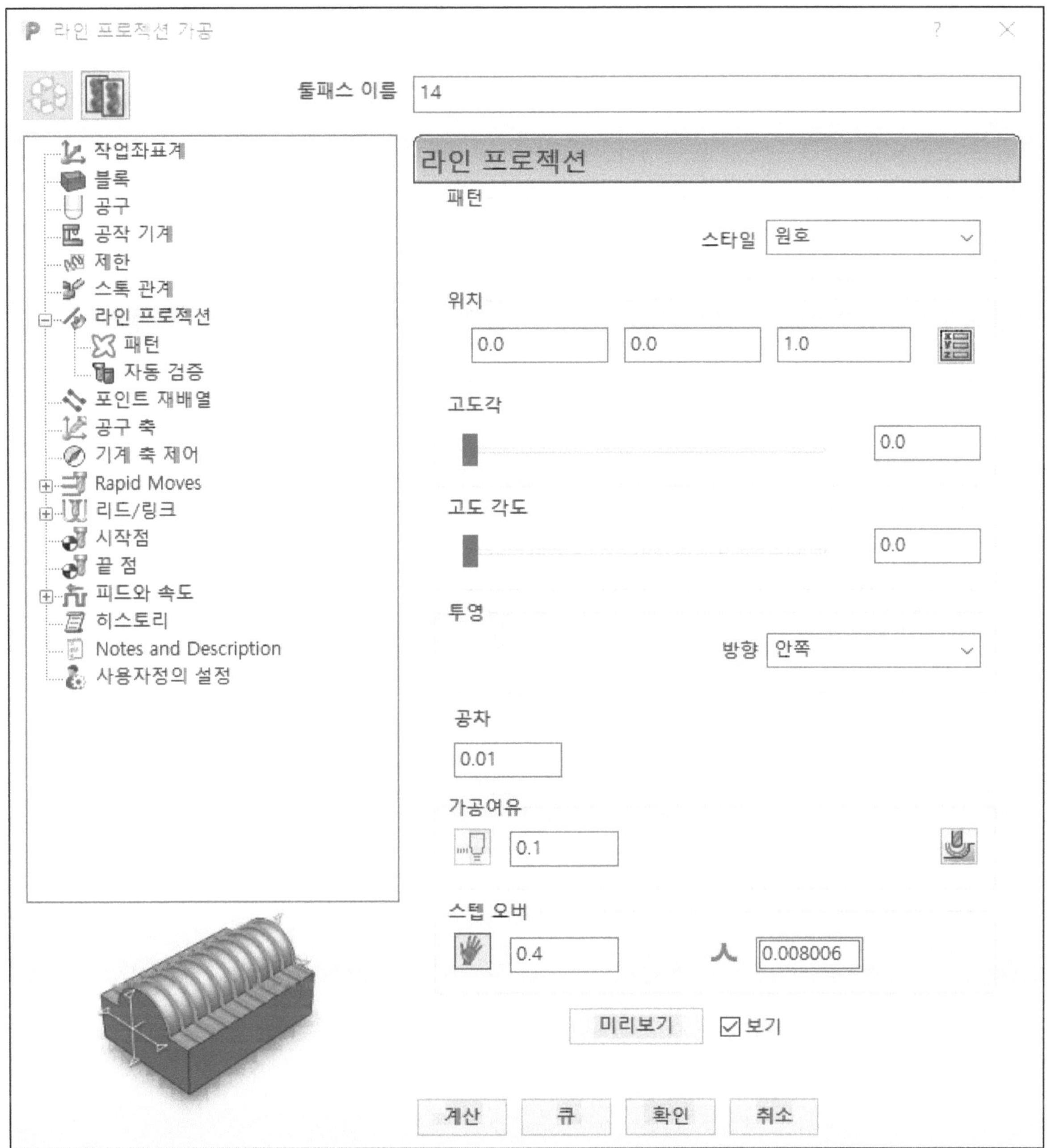

※ 5축 가공 데이터 라인 프로젝션 (동일 공구 사용 새로 생성하지 않음.)

▶ 위 그림과 같이 가공 조건을 설정한다.

.

→ 가공 옵션 설정 → 공구 축 설정 → 리드 인 설정 → 링크 설정 → 계산 버튼 클릭

※ 정삭 가공에서 밑줄 친 조건은 별도로 지정하지 않아도 된다.

① 공구 축 설정

공구 축 → 리드/린

리드 각 → 0
(가공 방향으로의 각도)
린 각 → 60
(가공 방향의 side 각도)

방 법 → Powermill 2012 R2
(라인 프로젝션의 투영되는 방법)

접점의 법선
수직
프레임 법선 미리보기
PowerMill 2012 R2

위와 같이 4가지 방법으로 가공 데이터가 형상에 투영되어 생성이 된다. 가공형상에 따라 선별하여 사용한다.)

공구 축
공구 축
리드/린
리드/린 각
리드 0.0
린 60.0
방법 PowerMill 2012 R2
각도 고정
없음 90.0
Rotary axis configuration
툴패스
공구 축 제한
자동 공구 축 변환
부드러운 공구 축
공구 축 보기

② 리드 인 설정

첫 번째 선택 → 서피스 법선 원호
선형 이동 → 0.0
각도 → 90
반지름 → 1
Apply constraints → 거리 → 5

두 번째 선택 → 없음

아웃으로 복사 아이콘 클릭
리드 어웃 동일하게 설정 한다.

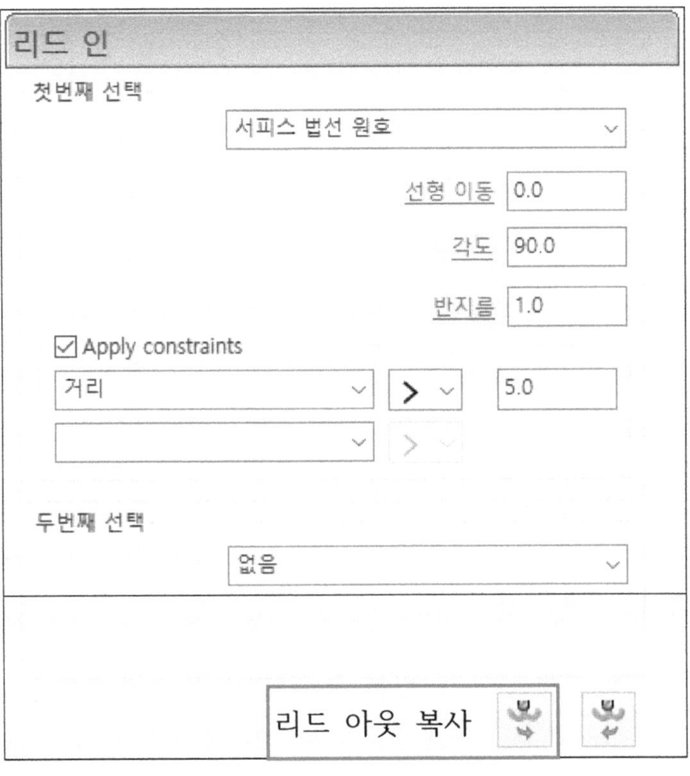

③ 링크 설정

첫 번째 선택 → 면 위로

Apply constraints → 거리 → 5
가공 상황에 맞는 거리 값을 지정 한다.

두 번째 선택 → 증분 & 스킴
첫 번째 선택과 두 번째 선택 조건은 가공 상황에 맞는 옵션을 선택한다.

초기 값 → 증분

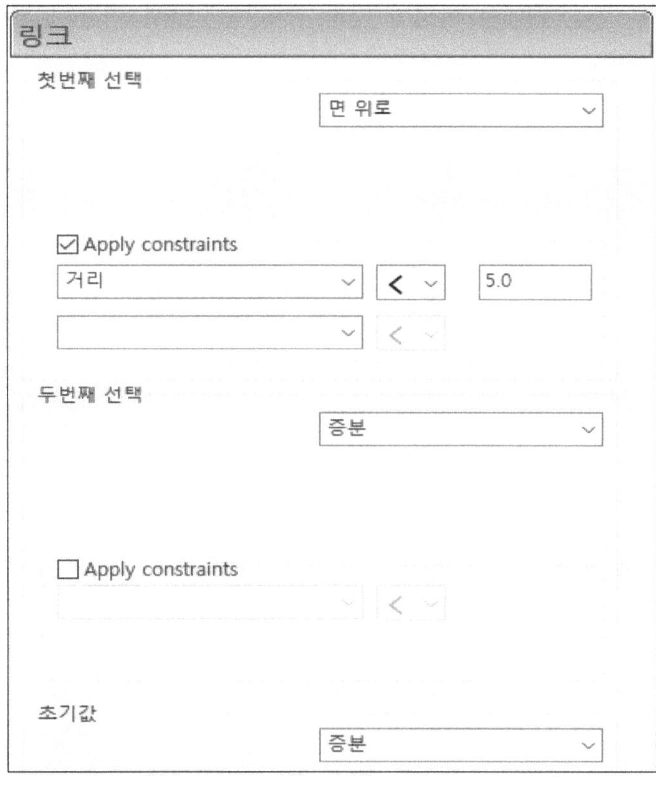

※ 설정이 완료 된 후 계산 버튼을 클릭하여 가공 데이터를 생성 한다.

▶ 그림 19에서 설명한 것과 같이 동시 5축 가공 부위에 해당하는 데이터만 남기고 삭제한다.

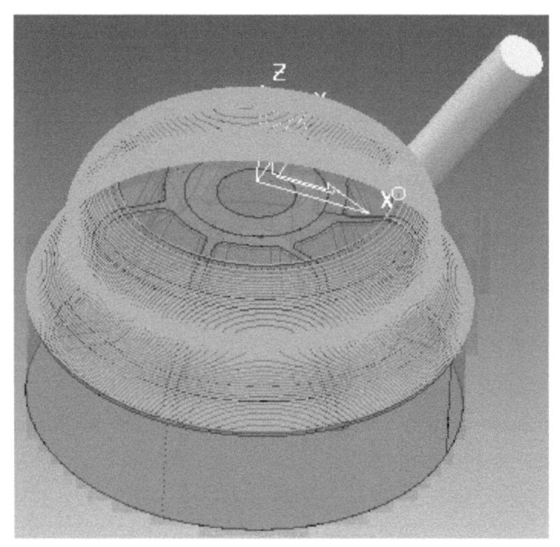

[수정 전 데이터]

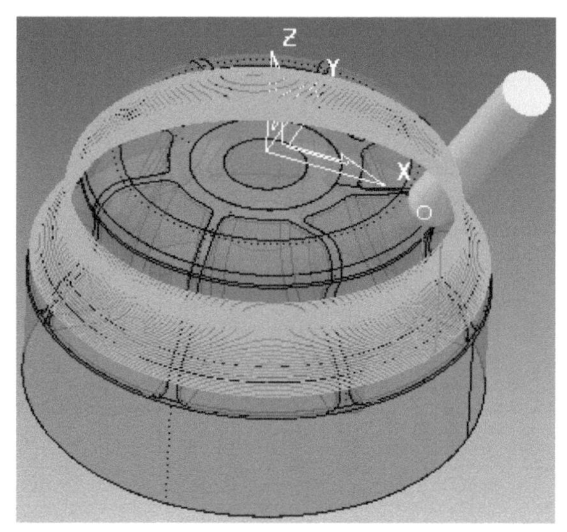

[수정 후 데이터]

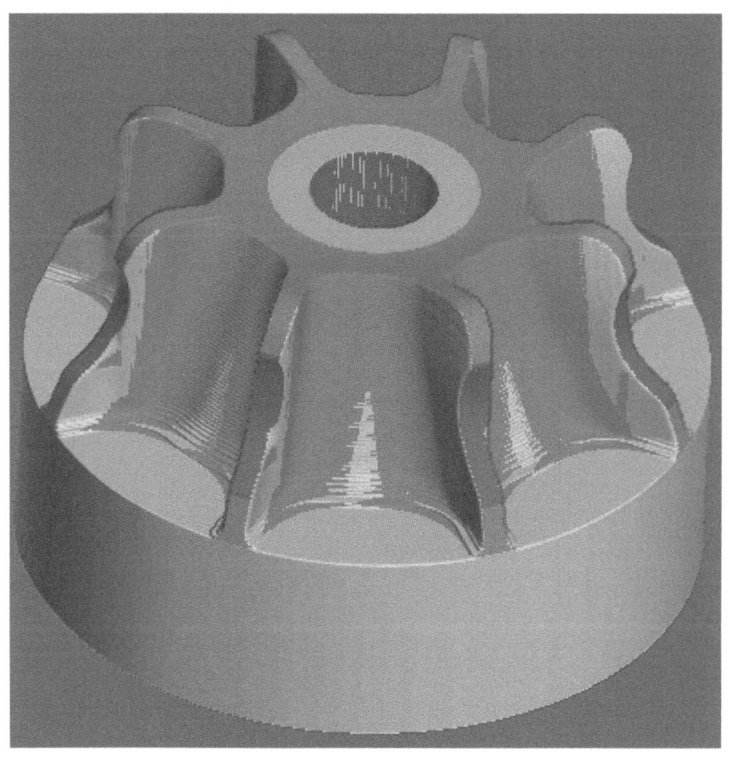

[그림23 형상 중삭1 라인 프로젝션 가공데이터]

2-7-4 모델1번 전체 형상 정삭1 가공하기 Ø10볼 엔드밀 (가공 메뉴 : 등고선 가공)

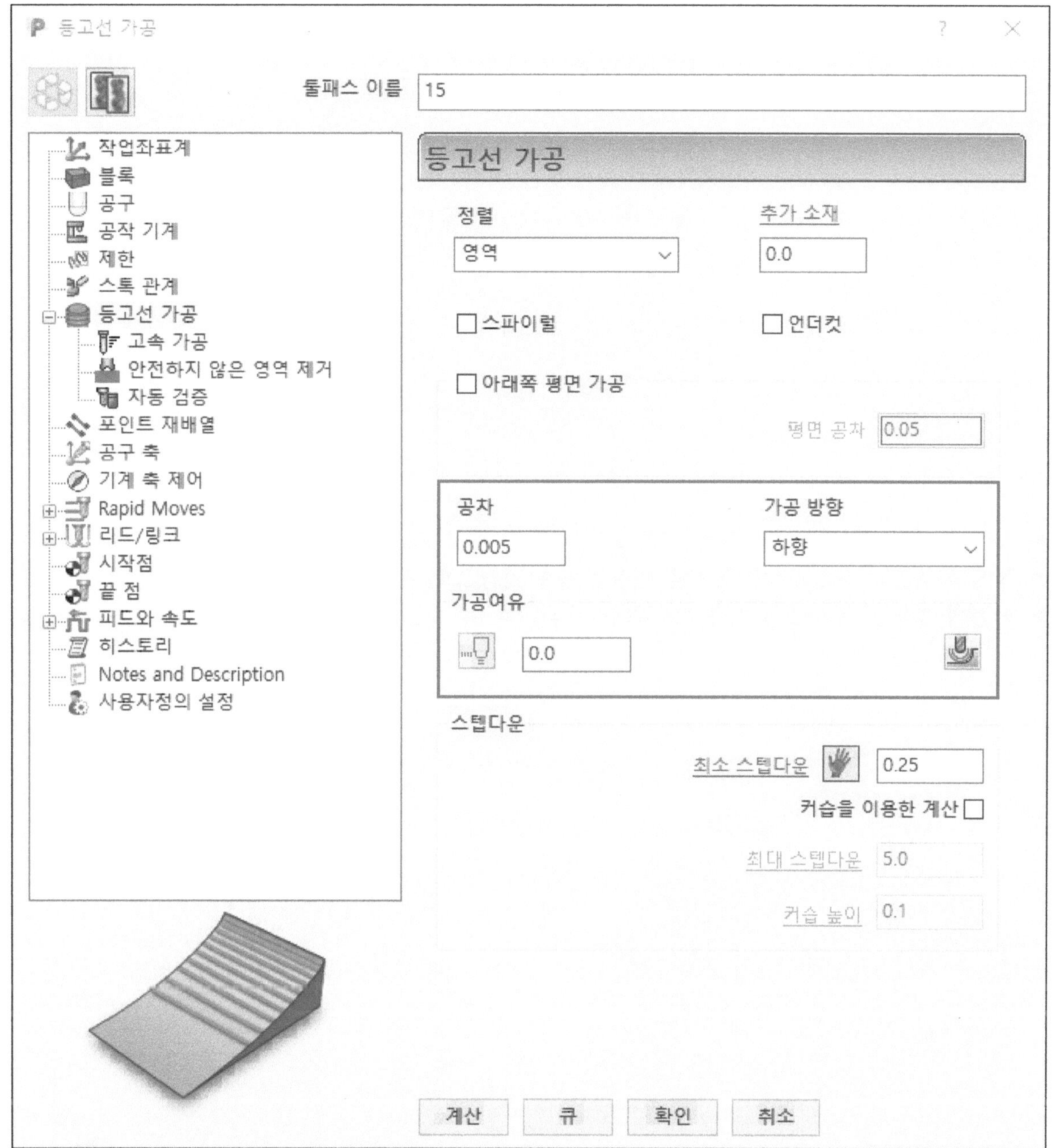

※ Ø10볼 엔드밀을 이용한 정삭 등고선 데이터 생성

▶ 중삭 등고선 가공 데이터 번호 11_1번 데이터를 더블클릭 한 후 새로운 등고선 메뉴를 실행시킨다. 그러면 중삭 등고선 가공 설정 값이 그대로 적용된다.

▶ 위 그림과 같이 가공 조건을 설정한다.

※ 중삭 가공에서 가공 공차와 가공여유, 최소 스텝다운 값만 다르고 모두 동일하다.

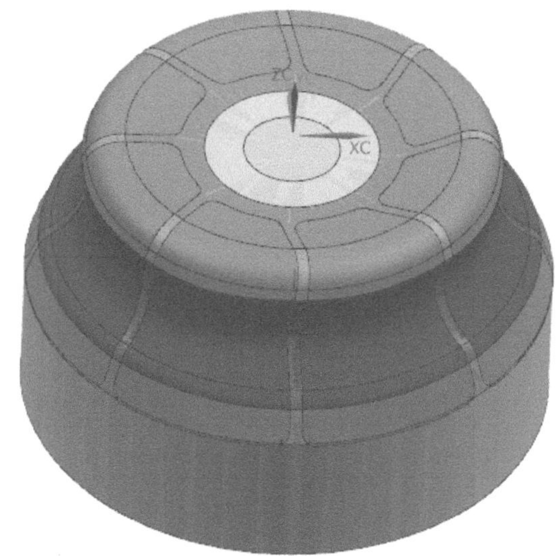

[그림24 형상 가공 부위 설명]

- ▶ 노란색 부위 윗면과 외곽 측벽 면은 2D가공으로 완성 가공
- ▶ 녹색 부위는 등고선과 3D 옵셋을 이용한 3축 가공으로 완성 가공
- ▶ 파란색 부위는 동시 5축 가공으로 완성 가공

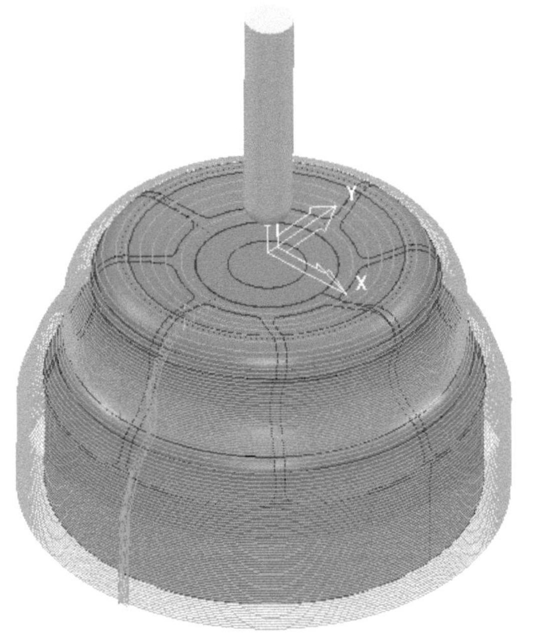

[수정 전 데이터]

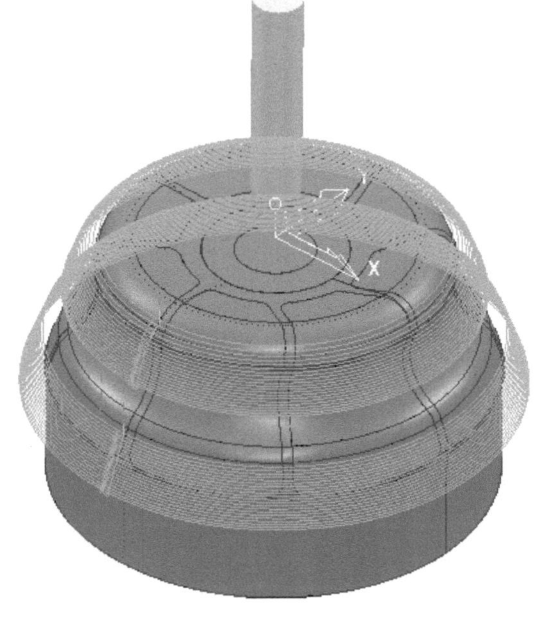

[수정 후 데이터]

[그림25 형상 정삭1 등고선 가공데이터]

2-7-5 모델1번 전체 형상 정삭2 가공하기 Ø10볼 엔드밀 (가공 메뉴 : 3D 옵셋 가공)

※ Ø10볼 엔드밀을 이용한 정삭2 3D 옵셋 데이터 생성

▶ 중삭 3D 옵셋 가공 데이터 번호 12번 데이터를 더블클릭 한 후 새로운 3D 옵셋 메뉴를 실행시킨다. 그러면 중삭 3D 옵셋 가공 설정 값이 그대로 적용된다.

▶ 위 그림과 같이 가공 조건을 설정한다.

※ 중삭 가공에서 가공 공차와 가공여유, 최소 스텝오버 값만 다르고 모두 동일하다.

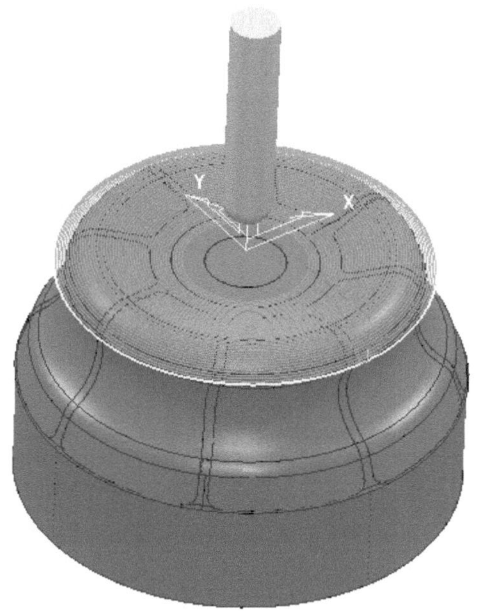

[그림26 3D 옵셋 정삭2 가공데이터 수정]

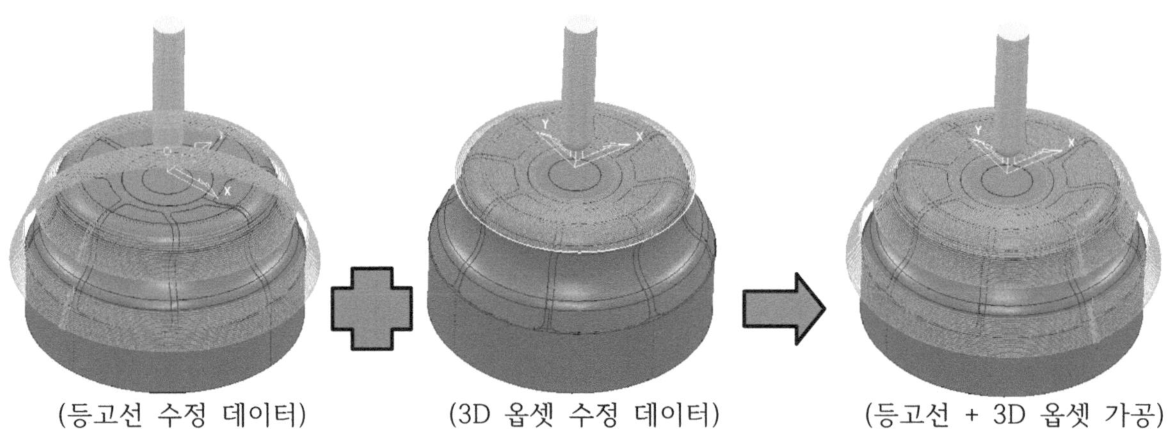

[그림27 정삭 가공 데이터 합치기]

▶ 등고선 가공과 3D 옵셋 가공을 결합하여 하나의 데이터로 만든다.

예 : 15_1번 등고선 데이터 + 16번 3D 옵셋 데이터 결합하기(작업자에 따라 가공 데이터 번호가 다를 수 있음)

16번 데이터를 마우스 왼쪽 키로 누른 상태에서 드래그하여 15_1번 등고선 수정 데이터 위에 가져다 대고 Ctrl 크를 누르면 + 표시가 나타난다. 이때 마우스 키에서 손을 때면 “툴패스를 합치겠습니까?” 라는 물음표가 나타나고 예를 클릭하면 툴패스가 합쳐진다.

2-7-6 모델1번 전체 형상 정삭3 5축 가공하기 (가공 메뉴 : 라인 프로젝션 가공)

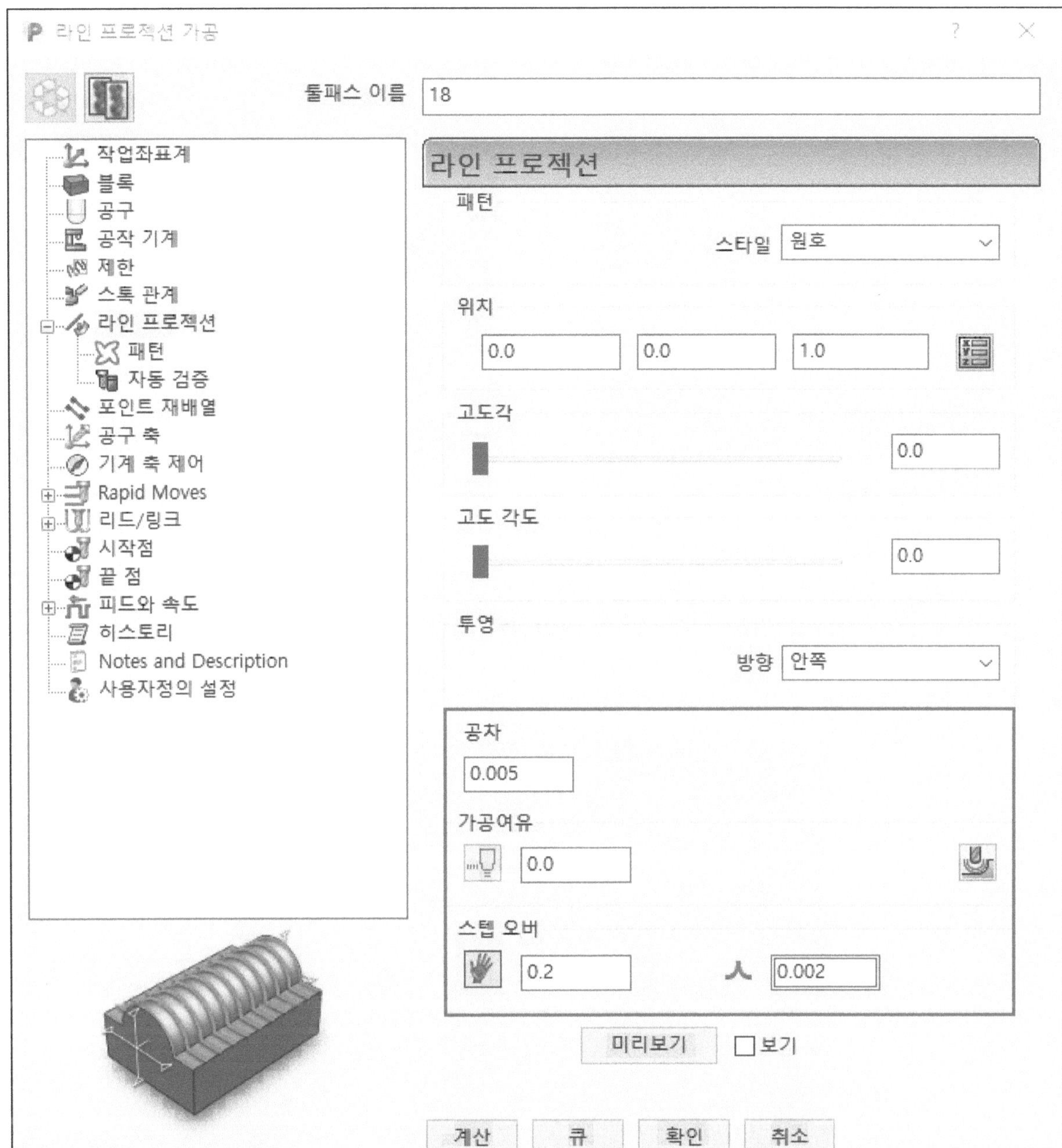

※ 정삭3 5축 가공 데이터 라인 프로젝션

▶ 중삭 라인 프러젝션 가공 데이터 번호 14_1번 데이터를 더블클릭 한 후 새로운 라인 프로젝션 메뉴를 실행 시킨다. 그러면 중삭 라인 프로젝션 가공 설정 값이 그대로 적용된다.

▶ 위 그림과 같이 가공 조건을 설정한다.

※ 중삭 가공에서 가공 공차와 가공여유, 최소 스텝오버 값만 다르고 모두 동일하다.

▶ 그림 24에서 설명한 것과 같이 동시 5축 가공 부위에 해당하는 데이터만 남기고 삭제한다.

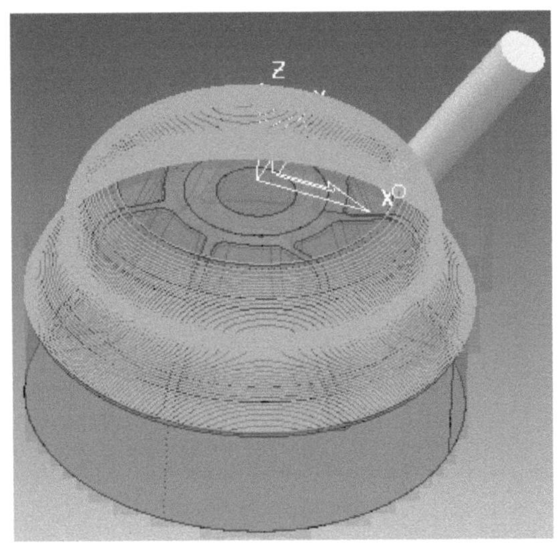

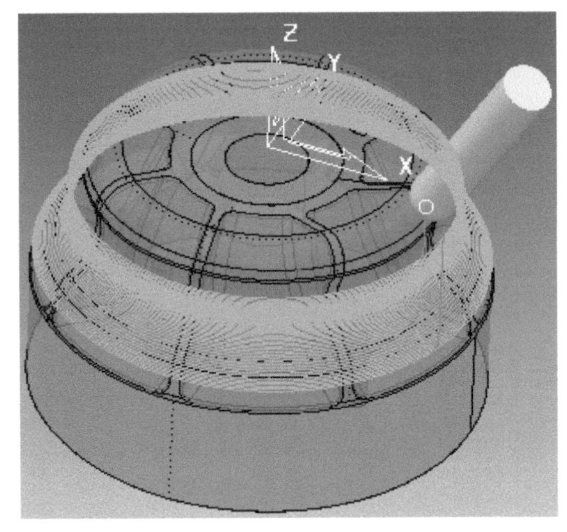

[수정 전 데이터]

[수정 후 데이터]

[그림28 형상 정삭1 라인 프로젝션 가공데이터]

▶ 그림 19에서 설명한 것과 같이 동시 5축 가공 부위에 해당하는 데이터만 남기고 삭제한다.

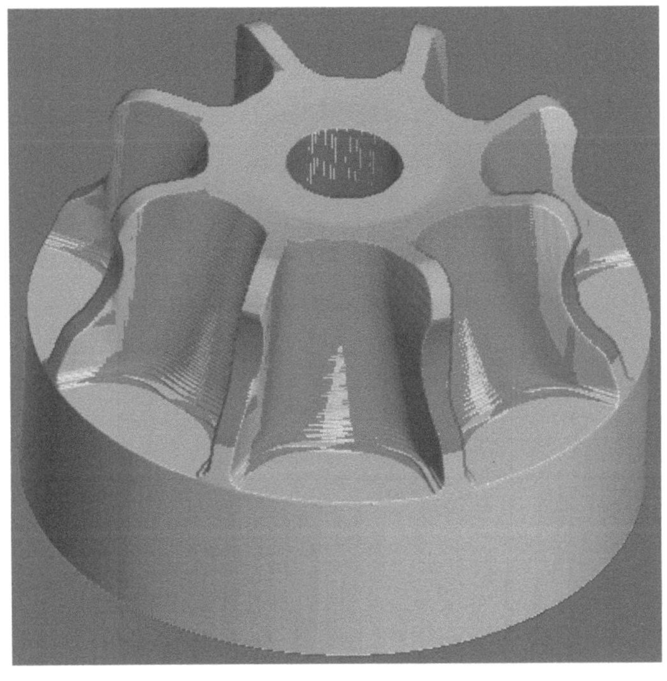

[그림29 1차 & 2차 가공 최종 가공 이미지]

2-8 3차 가공 준비하기

2-8-1 3차 8면(날개 형상) 3+2축 가공 메뉴 실행하기

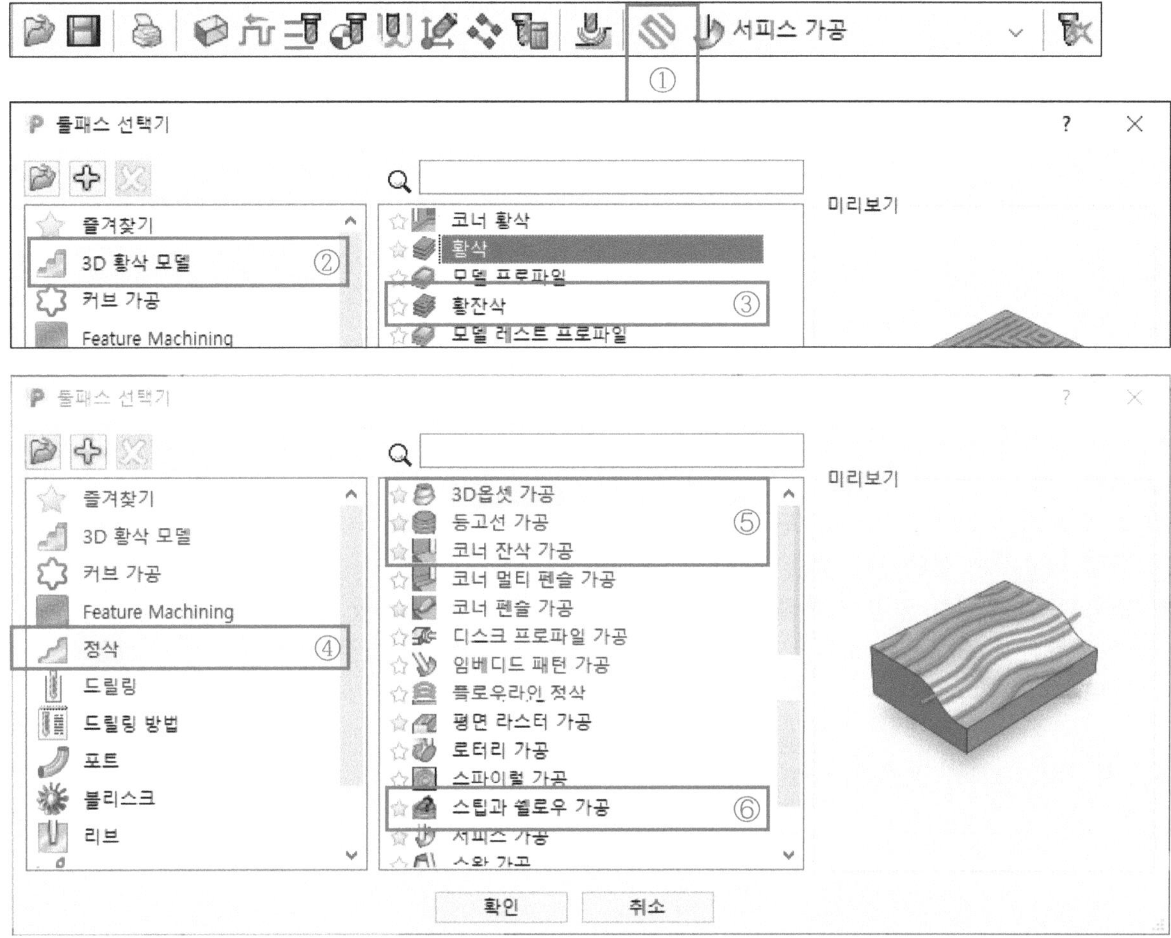

▶ 가공 메뉴 모음 클릭 → 3D 황삭 모델클릭 →황잔삭 클릭 → 정삭 클릭 → 해당 가공 메뉴 클릭

▶ 3+2축 가공은 기존의 3축 가공에서 축이 회전하여 진행되는 관계로 축이 회전한 상태에서 이전 가공 영역을 찾아내는데 어려움이 많다. 특히 황잔삭의 경우 남은 부분 옵션에서 툴패스를 이용한 체크가 안 되므로 스톡모델을 만들어서 사용하여야 한다.

▶ 중삭과 정삭은 모두 정삭 메뉴로 가공 데이터를 생성하는 데 다만 가공 공차, 가공 여유, 스탭 오버, 스탭 다운양을 조절하여 가공 데이터를 생성 하게 된다. 그 외에 조건은 똑같이 사용해도 된다.

2-8-2 3차 가공을 위한 스톡 모델 만들기

1) 스톡 모델 만들기

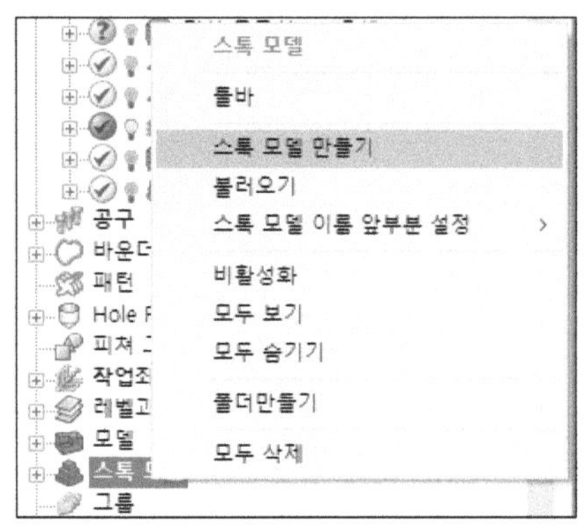

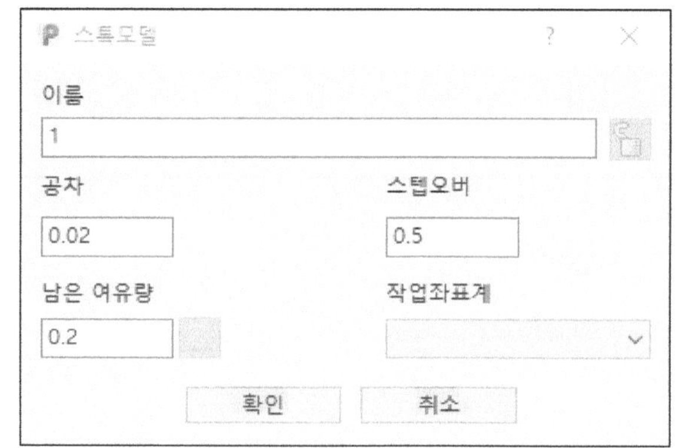

▶ 탬색기 창에서 스톡모델 → 마우스 우측 키 → 스톡 모델 만들기

▶ 스톡모델 옵션 창 설정

① 공차 : 0.1 → 0.02 입력

② 스텝 오버 : 2 → 0.5 입력 (단위 mm 소형 공작물이기 때문에 격자 간격을 0.5로 설정한다.)

③ 작업 좌표계는 선택되지 않은 상태로 스톡모델을 만든다.

▶ 스톡 모델이 생성 되면 기본적으로 선택이 된다. (우측 그림) 가공 데이터를 적용하기 위해서는 스톡모델링이 반드시 선택이 된 상태에서 적용해야 한다.

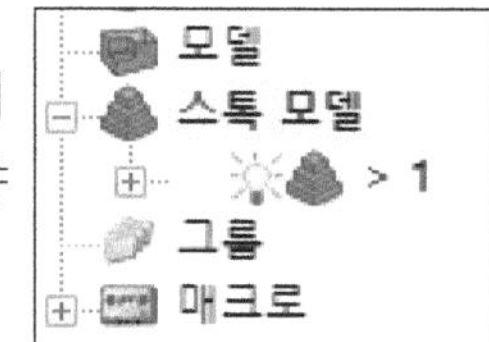

▶ 2차 가공 모드를 적용한 스톡 모델

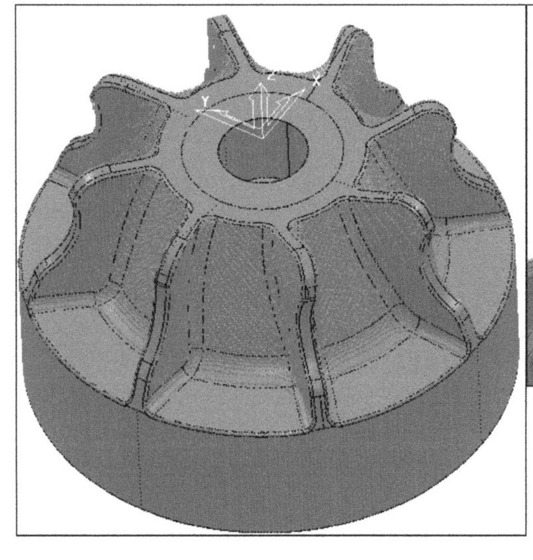

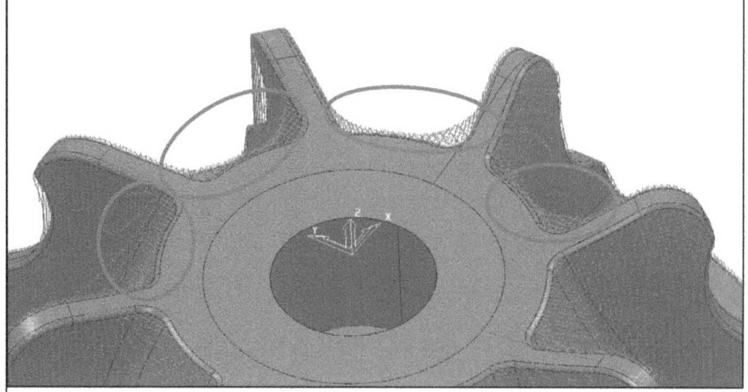

(붉은 색의 원형으로 표현된 곳을 보면 미 가공된 영역을 확인할 수 있다. 추가 적인 가공 필요)

[그림30 2차 가공 완성 스톡 모델]

2) 스톡모델에 가공 데이터 적용하기.

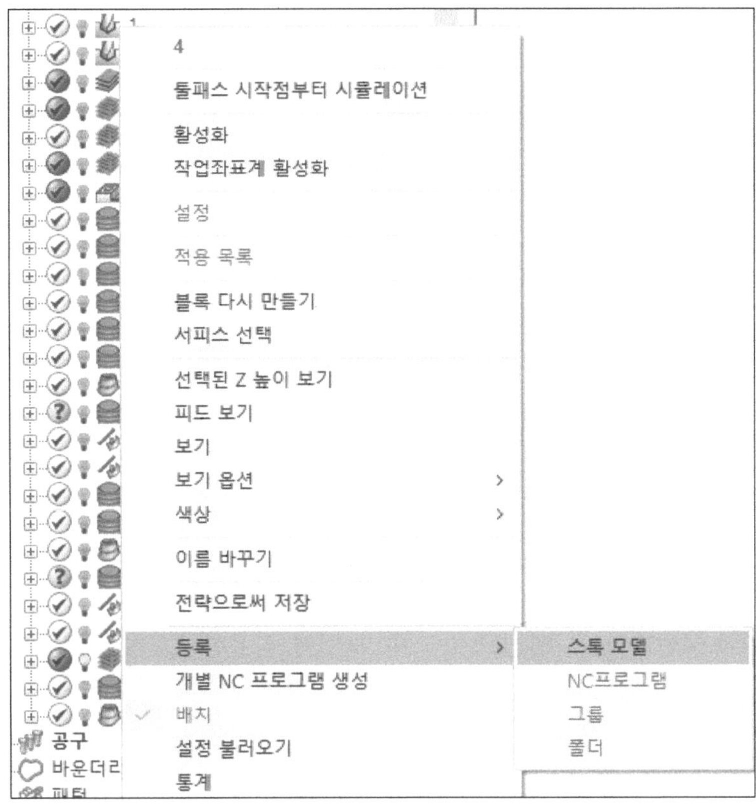

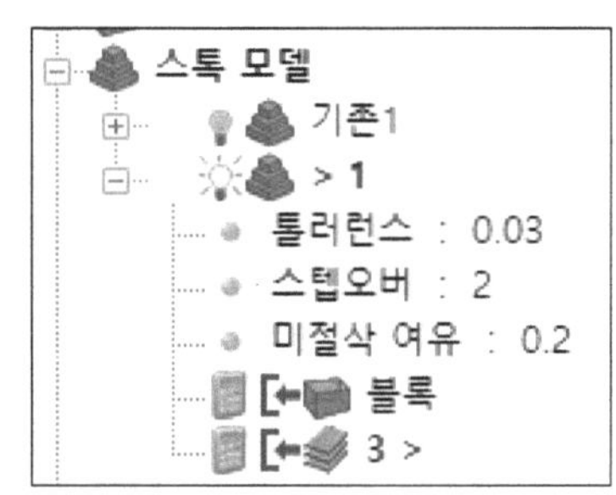

(① 가공 데이터 리스트) (② 스톡모델에 적용)

[그림31 가공 데이터 스톡모델에 적용하기]

▶ 적용하고자 하는 툴 패스에 마우스 우측 키를 누르면 선택된 툴 패스로할 수 있는 메뉴가 나타나는데 그중에서 등록에서 마우스 좌측 키로 선택 스톡 모델을 선택한다. (주의 : 적용하고자 하는 스톡모델을 먼저 선택 한 후 작업을 진행해야 한다.

※ 참고 : 파워밀은 해당 객체에서 마우스 우측 키를 누르면 선택 된 객체로 할 수 있는 기능 메뉴가 나온다.

▶ 툴패스 4번 → 마우스 우측 키 클릭 → 등록 → 스톡 모델
▶ 스톡 모델 다듬기 : 스톡 모델1 → 마우스 우측 키 클릭 → 계산

▶ 처음 툴 패스를 스톡모델에 적용하면 스톡모델 크기가 되는 블록 Size가 적용된다. 가공 데이터와 스톡모델의 크기를 다르게 할 경우에는 블록 크기를 먼저 지정하고 툴 패스를 적용 하면 원하는 크기의 스톡모델 형상을 만들 수 있다.

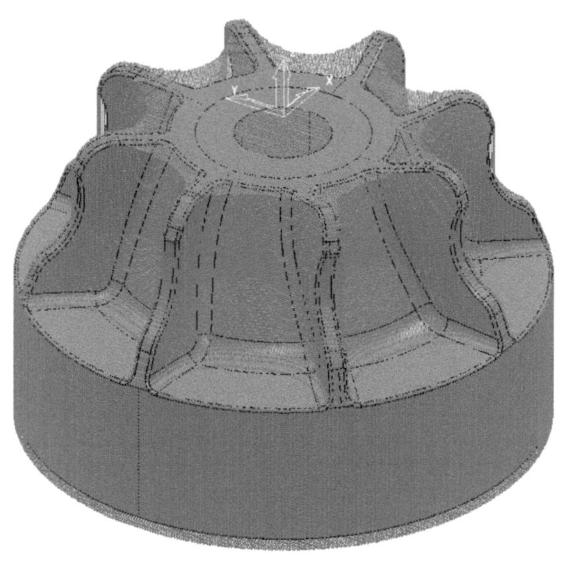

[그림32 황삭 데이터가 적용된 스톡모델에]

▶ 2차 가공의 모든 툴 패스를 툴 패스 4번과 같은 방법으로 스톡 모델에 적용한다.

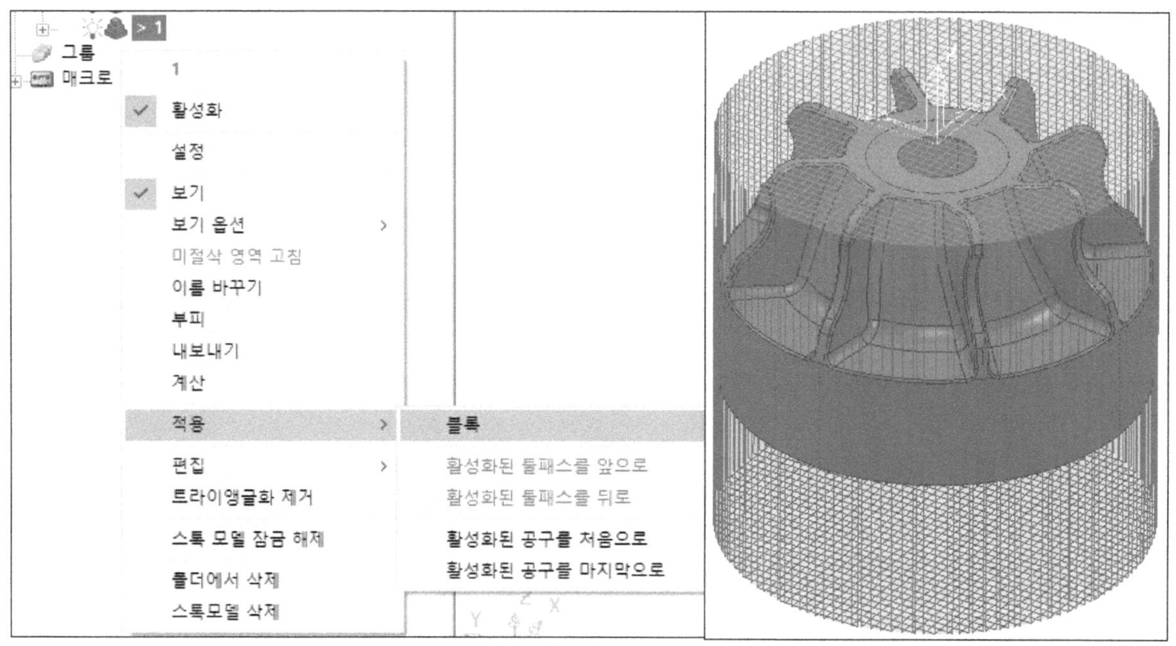

[그림33 별도의 블록 크기로 설정된 스톡모델]

▶ 스톡모델 다듬기 : 스톡모델1 → 마우스 우측 키 → 적용 → 블록 → 스톡 모델1 → 계산

2-8-3 3차 가공을 위한 축 설정하기

① 작업좌표계 만들기

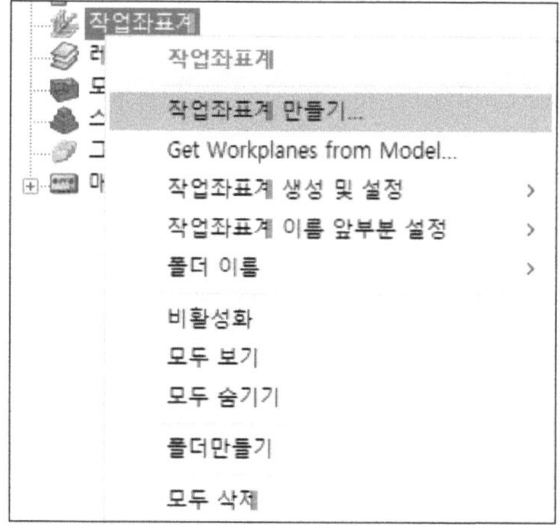

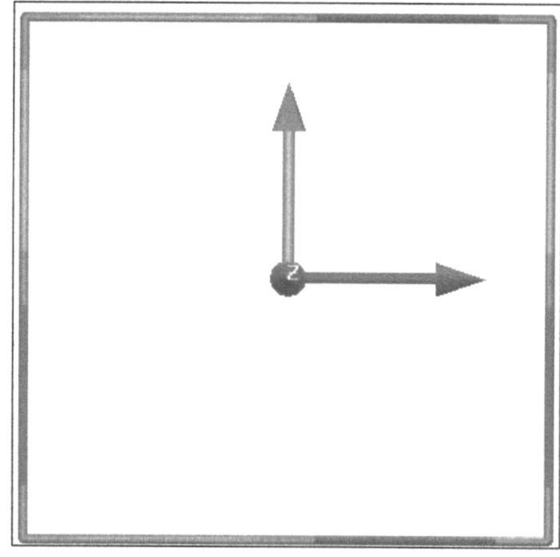

① 작업 좌표계 회전하기

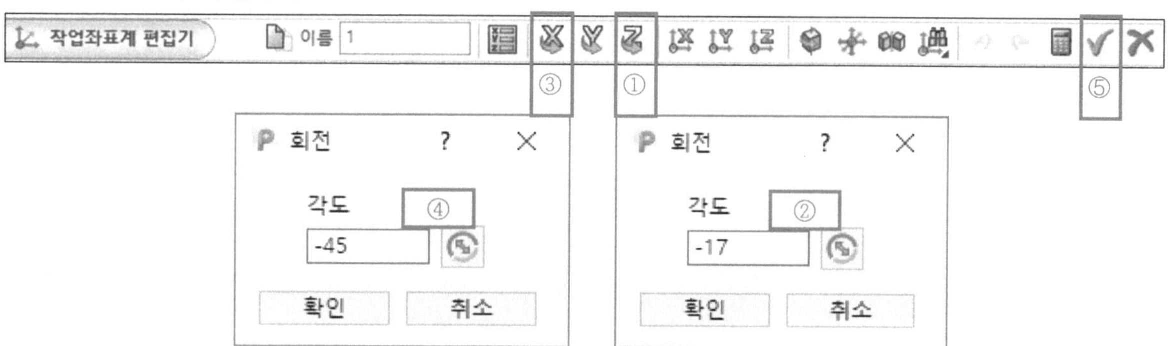

▶ 작업좌표계 생성 및 설정

자업좌표계 우측 키 클릭 → 작업좌표계 만들기 클릭 → ①작업좌표계 편집기 Z회전 축 클릭 → ②회전각도 -17 입력 → 확인 → ③X회전 축 클릭 → ④회전각도 -45 입력 → ⑤확인 ✓ 클릭

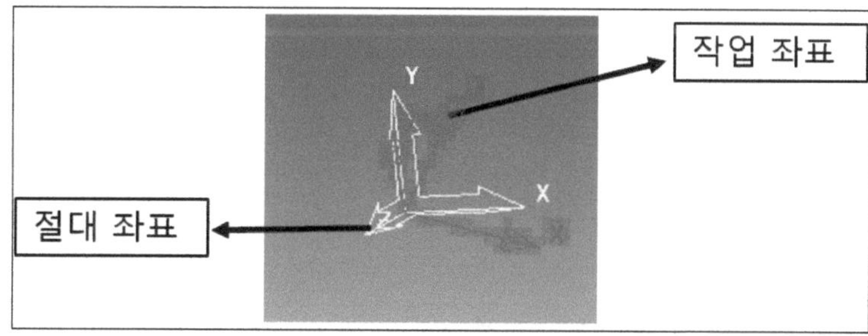

[그림34 좌표계 생성(붉은색)]

2-9 3차 8면 3+2축 황삭 가공하기. Ø6평 엔드밀 (가공 메뉴 : 황잔삭)

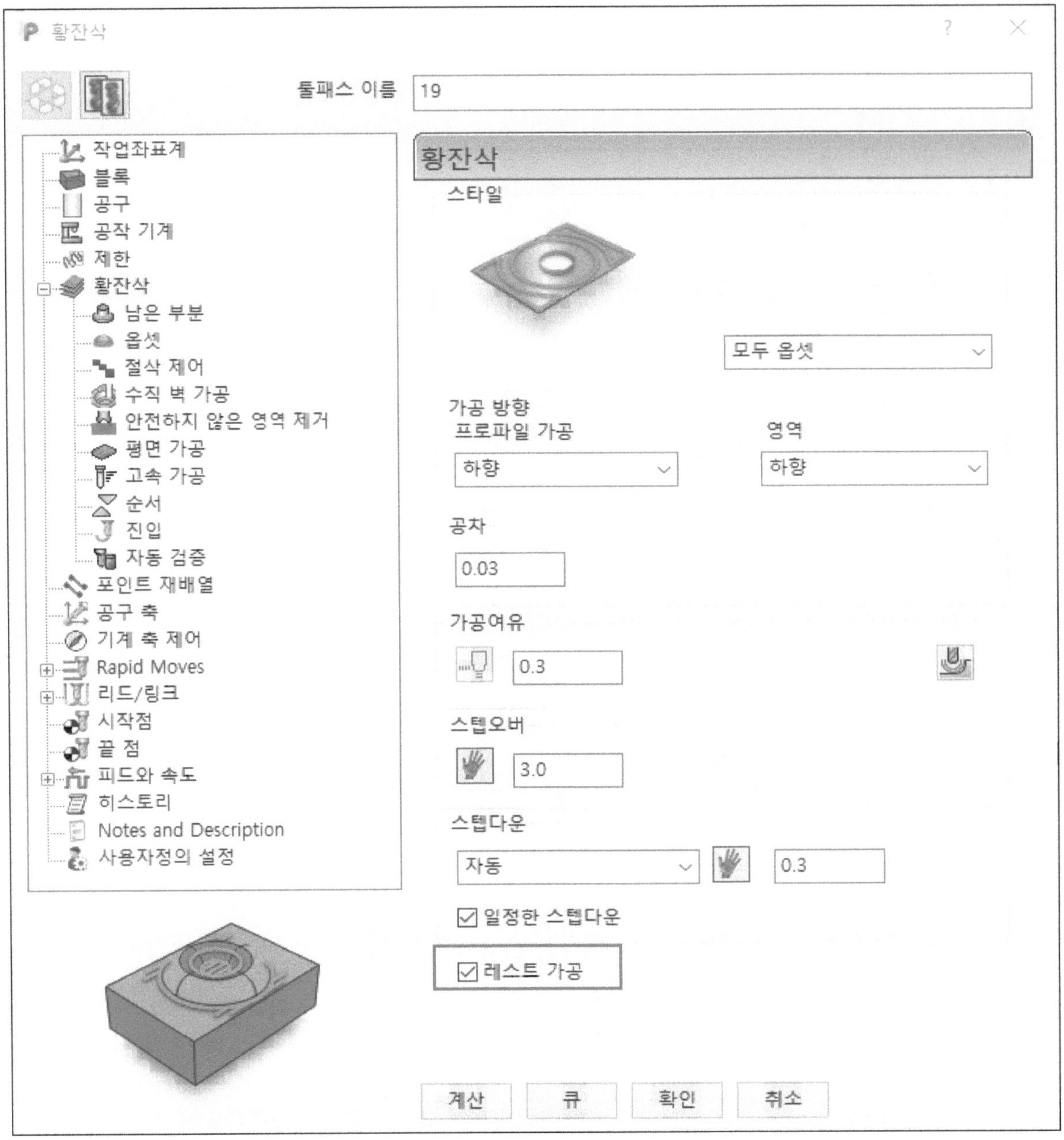

황잔삭

툴패스 이름 19

작업좌표계
블록
공구
공작 기계
제한
황잔삭
남은 부분
옵셋
절삭 제어
수직 벽 가공
안전하지 않은 영역 제거
평면 가공
고속 가공
순서
진입
자동 검증
포인트 재배열
공구 축
기계 축 제어
Rapid Moves
리드/링크
시작점
끝 점
피드와 속도
히스토리
Notes and Description
사용자정의 설정

황잔삭
스타일
모두 옵셋
가공 방향
프로파일 가공 하향
영역 하향
공차 0.03
가공여유 0.3
스텝오버 3.0
스텝다운 자동 0.3
☑ 일정한 스텝다운
☑ 레스트 가공
계산 큐 확인 취소

▶위 그림과 같이 가공 조건을 설정한다. (※ 알루미늄 기준 가공 조건이며 재질에 따라 달라짐.)

▶ 반드시 레스트 가공에 체크가 되어 있어야 잔삭 가공이 가능한다.

▶ 공구는 기존에 있는 Ø6평 엔드밀을 선택 후 메뉴를 실행 시킨다.

→ 가공 옵션 설정 → 공구 설정 → 남은 부분 → 옵셋 → 안전하지 않은 영역 제거 → 고속 가공 → 리드/링크 → 리드 인 → 링크 → 계산 버튼 클릭

① 남은 부분
→ 이전 가공 영역이 축을 회전하기 전이기 때문에 수직 축에서 가공한 툴 패스를 체크하지 못한다. 그렇기 때문에 스톡 모델을 사용하여 미가공 영역을 찾아낸다.

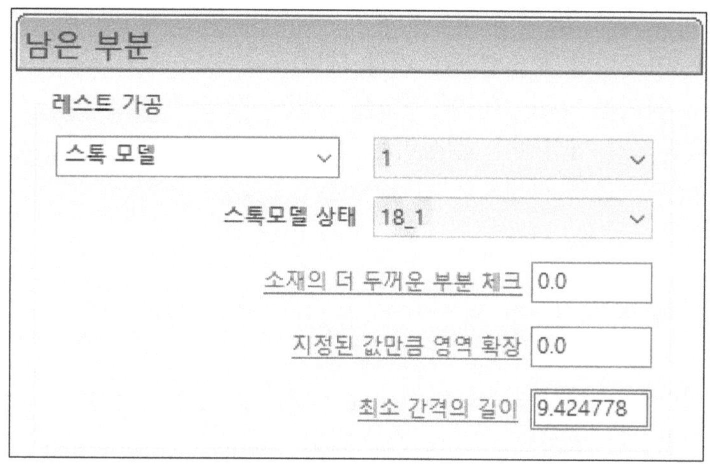

② 옵셋 조건 설정
→ 가공 방향유지 조건 체크를 풀고 방향을 밖에서 안으로 선택하여 형상 밖에서 공구가 안전하게 떨어 저서 형상가공으로 진입할 수 있게 유도 한다.

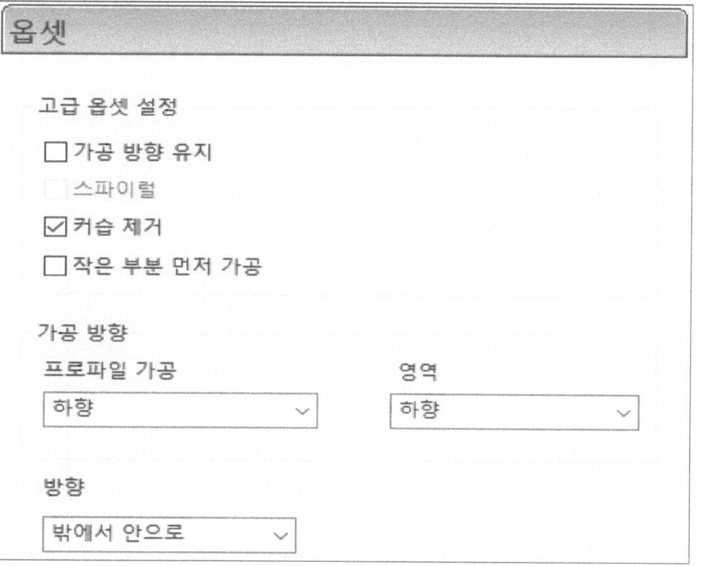

③ 안전하지 않은 영역제거 설정
→ 공구 지름의 퍼센트로 설정하는 것으로 0.3 = 공구 지름의 30%를 설정 한 것이다. 일체형 공구는 공구 바닥 날이 생성되어 있어서 한계치를 체크하지 않는 경우도 많다.

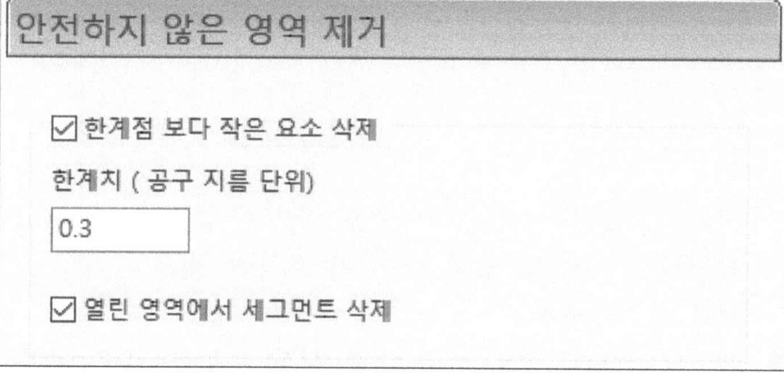

④ 고속 가공 설정
→ 프로파일 부드럽게는 가공 데이터의 꺾이는 부위 코너에 지정한 값의 라운드가 형성된다. 설정하는 값은 공구 지름의 퍼센트로 설정 된다.

→ 빠른 선택 모드는 현재의 가공 데이터와 다음 가공 데이터를 이어주는 방식을 부드러운 라운드로 연결하는 방식으로 고속 가공에서 급격한 방향 전환을 방지하는 역할을 한다.

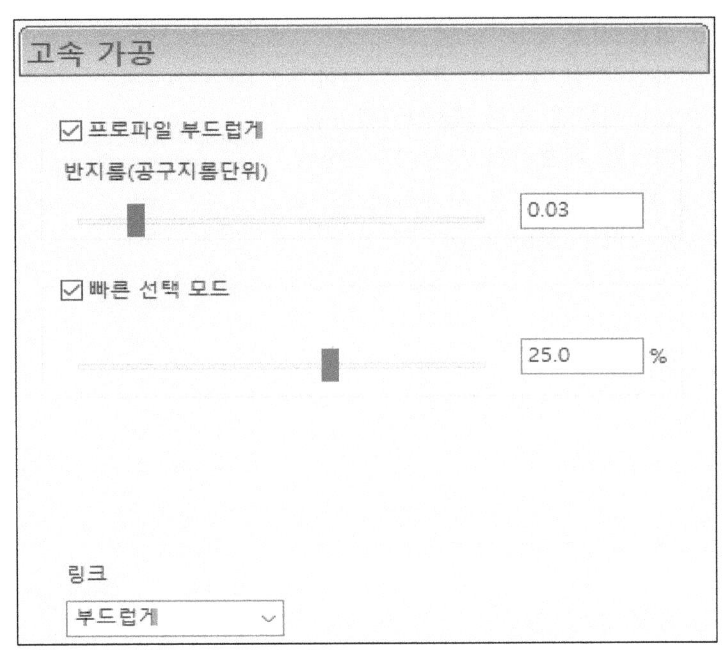

⑤ 리드인 설정

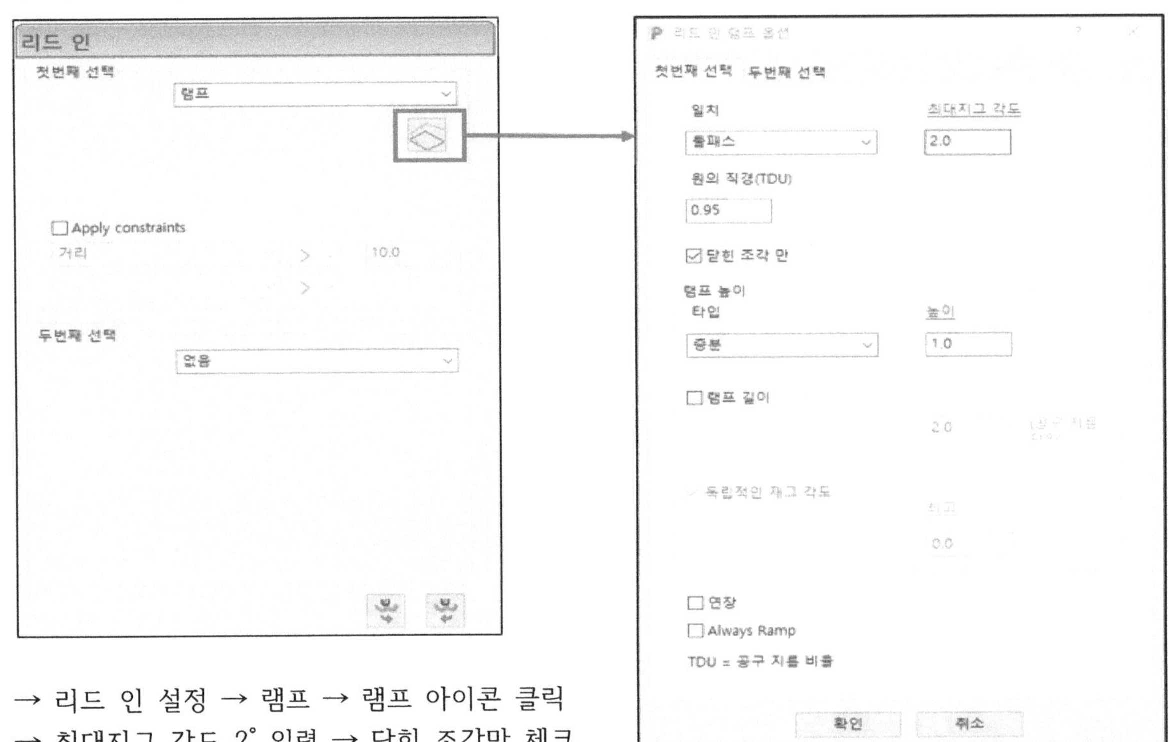

→ 리드 인 설정 → 램프 → 램프 아이콘 클릭
→ 최대지그 각도 2˚ 입력 → 닫힌 조각만 체크
→ 램프 높이 1입력
▶ 램프의 각도를 2˚로 하고 램프 시작 높이를 가공 데이터로 부터 1mm 위에서 진행 한다.

⑥ 링크 설정 (현재 툴 패스부터 다음 툴 패스를 이어주는 방식 설정)

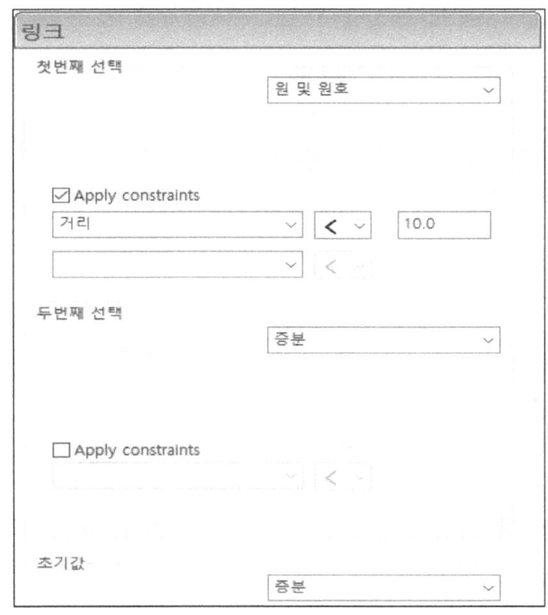

→ 원 및 원호로 설정한다.
→ Apply constraints → 거리 → 10 지정
→ 두 번째 선택 → 증분
→ 초기 값 → 증분

※ 설정이 완료 된 후 계산 버튼을 클릭하여 가공 데이터를 생성 한다.

[황삭 수정 전 데이터]

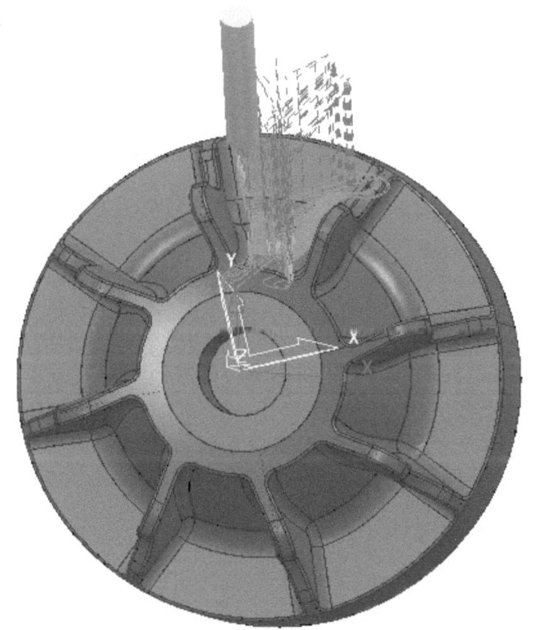

[화악 수정 후 데이터]

[그림35 3+2축 황삭 가공 데이터 원본]

2-10 3차 8면 3+2축 황삭 가공 데이터 회전하기

▶ 날개 형상 8개가 동일한 형상과 등 간격으로 회전된 위치에 있기 때문에 이후 7곳은 가공 데이터를 회전 복사하여 사용한다.

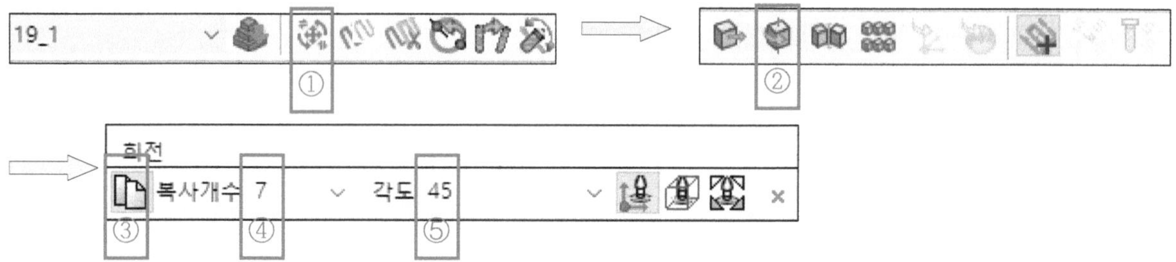

▶ 절대 좌표계로 설정 → ①툴패스 변환(Transform Toolpath) → ②툴패스 회전 → ③복사 클릭 → ④복사 개수 7입력 → ⑤각도 45도 입력 → 승인 클릭

※ PowerMill 오류 메시지 발생 → 툴패스가 복사될 때 좌표계도 같이 복사되므로 각기 다른 각도의 좌표계가 생성 된다. 다른 좌표계에서 생성된 툴패스는 하나로 합칠 수 없으므로 그 내용에 대한 에러가 발생했다는 것으로 그냥 확인 버튼을 클릭하면 된다.

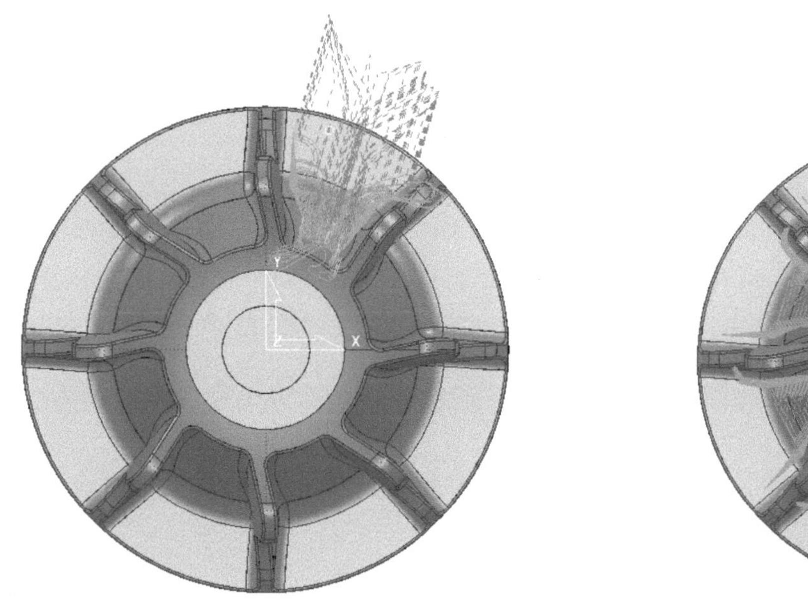

[황삭 기준 툴패스]

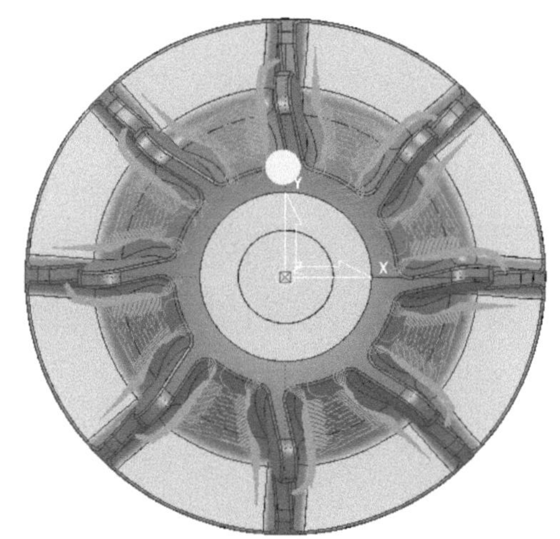

[회전 복사 될 툴패스 미리보기]

[그림36 3+2축 황삭 가공 데이터 회전 복사하기]

▶ 황삭 기준 툴패스 19_1번과 복사된 툴패스 19_1_1번 ~ 19_1_7번 툴패스가 생성된다.
→ 탐색기 창 확인

2-11 3차 8면 3+2축 중삭 가공

2-11-1 3차 8면 3+2축 중삭 등고선1 가공하기 (가공 메뉴 : 등고선 가공)

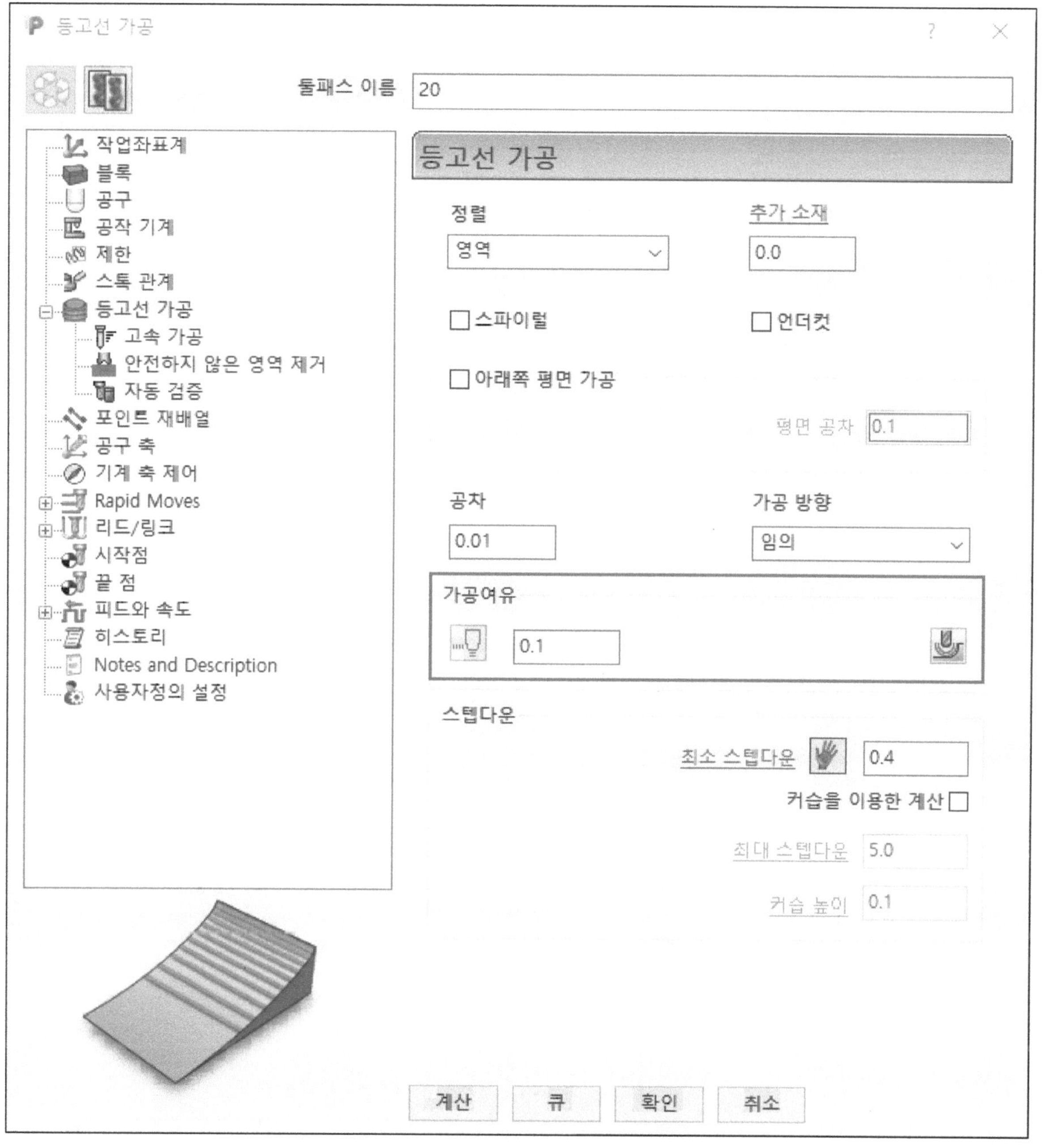

※ 공구는 기존에 있는 Ø6볼 엔드밀을 선택 후 메뉴를 실행 시킨다.

▶ 좌표계 1번 선택(활성화) 후 가공메뉴 실행

▶ 위 그림과 같이 가공 조건을 설정한다.

→ 가공 옵션 설정 → 제한 → 고속 가공 → 리드 인 설정 → 링크 설정 → 계산 버튼 클릭

① 제한 설정(바운더리 설정)

가공할 형상 면 선택 → 선택된 서피스 바운더리 선택 → 적용

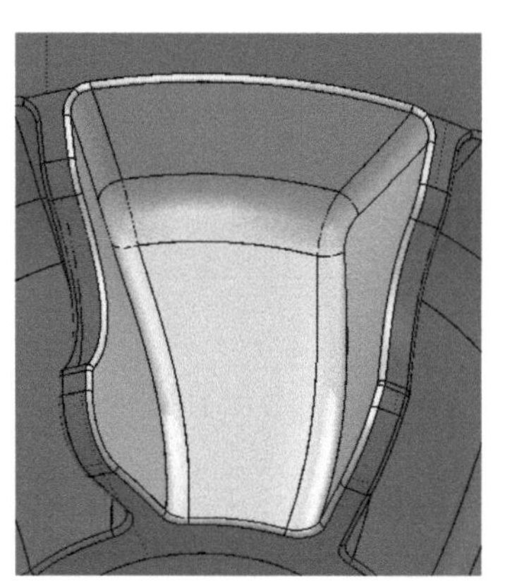

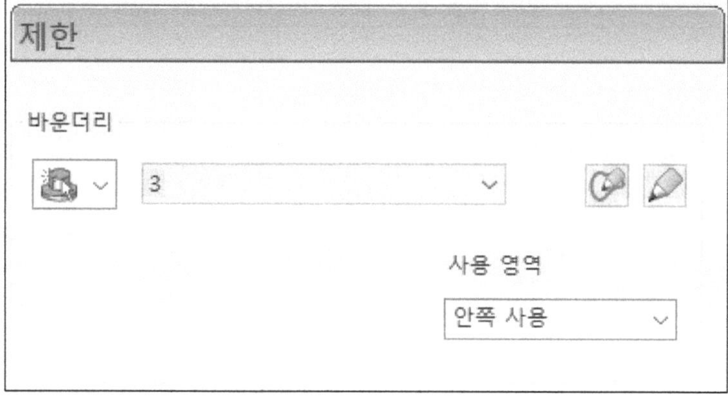

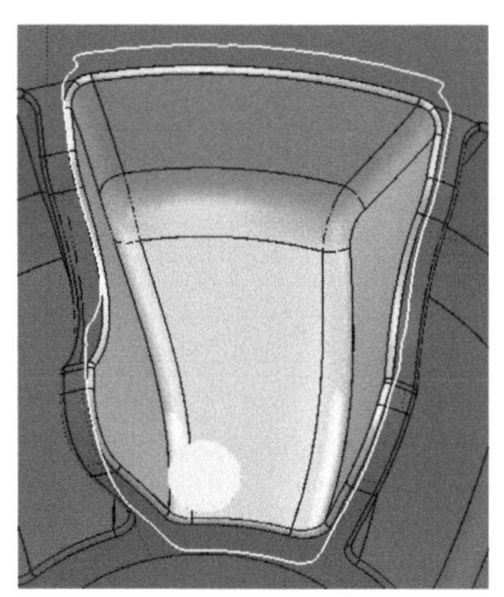

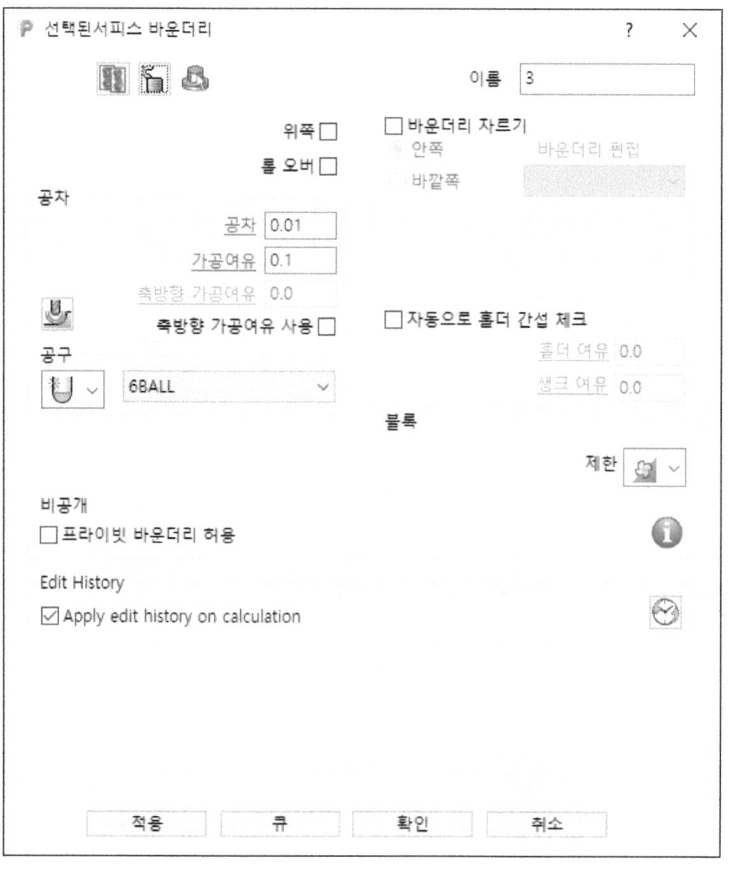

※ 정삭 가공 시 같은 면을 다시 선택해야하므로 레벨과 셋에서 셋을 만들어 생성된 셀에 선택한 면을 넣어 둔다.

▶ 모델 선택 → 탐색기 레벨과 셋 우측 키 → 셋 만들기
→ 셋 위에서 마우스 우측 키 클릭 → 모델의 선택된 부분을 넣기

② 고속 가공 조건 설정
→ 고속가공 조건은 공구 지름의 3%
정도로 설정 해 준다.

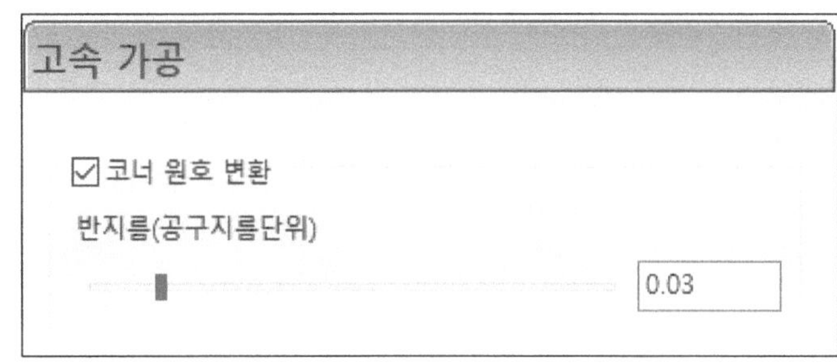

② 리드 인 설정

첫 번째 선택 → 서피스 법선 원호
선형 이동 → 0.0
각도 → 90
반지름 → 1
Apply constraints → 거리 → 5

두 번째 선택 → 서피스 법선 원호
선형 이동 → 0.0
각도 → 90
반지름 → 0.3
Apply constraints → 거리 → 5

아웃으로 복사 아이콘 클릭
리드 어웃 동일하게 설정 한다.

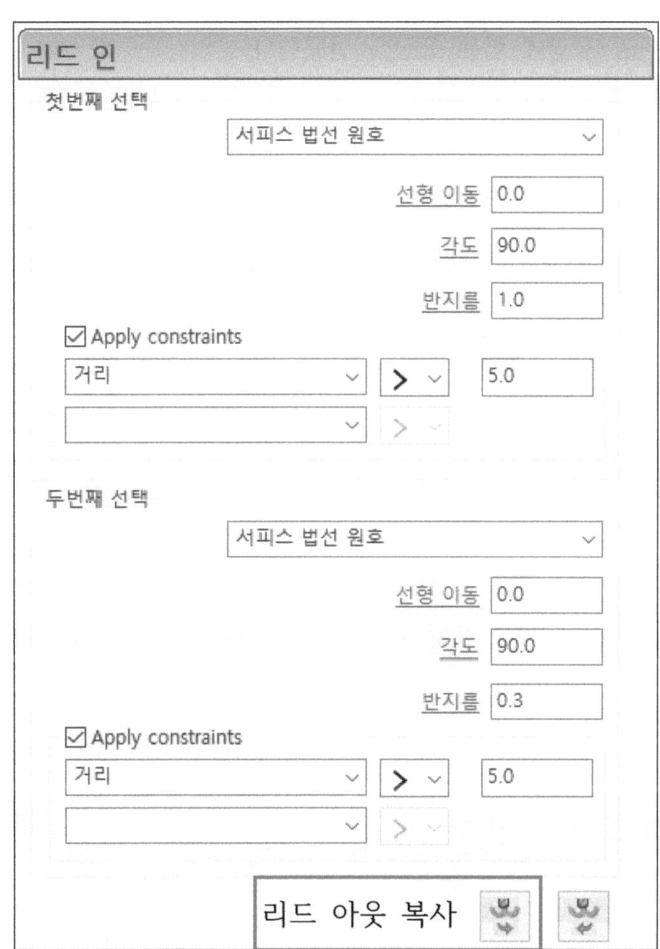

※ 좁은 구간에서도 리드(접근 거리)가 적용될 수 있게 두 번째 선택에서 첫 번째 선택 반지름 값 보다 작은 반지름 값을 부여 한다.

③ 링크 설정

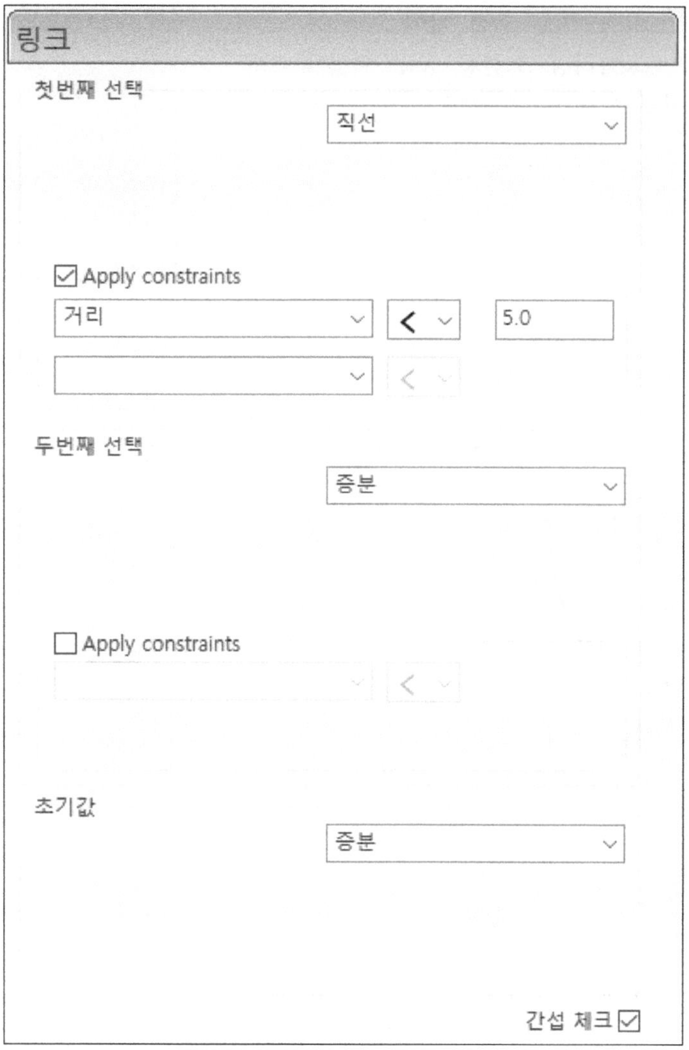

첫 번째 선택 → 직선 & 원 및 원호
두 가지 중에서 선택하면 됨.

Apply constraints → 거리 → 5
가공 상황에 맞는 거리 값을 지정 한다.

두 번째 선택 → 증분 & 스킴
첫 번째 선택과 두 번째 선택 조건은
가공 상황에 맞는 옵션을 선택한다.

초기 값 → 증분

※ 설정이 완료 된 후 계산 버튼을 클릭하여 가공 데이터를 생성 한다.

▶ 툴패스 회전 복사 : 앞에서 설명한 황삭 가공 데이터 복사와 동일한 방법으로 데이터를 복사하여 사용하는데 일부 형상의 윗면 쪽에 간섭이 발생하여 한칸 건너 한칸씩 복사를 한다. 원본 데이터 2개를 생성하여 따로 복사한 후 전체가공 데이터로 사용한다.

▶ 절대 좌표계로 설정 → 툴패스 변환(Transform Toolpath) → 툴패스 회전 →복사 클릭 → 복사 개수 3입력 → 각도 90도 입력 → 승인 클릭

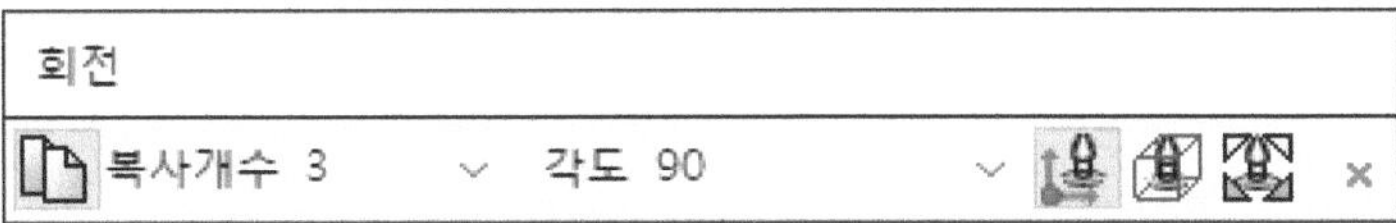

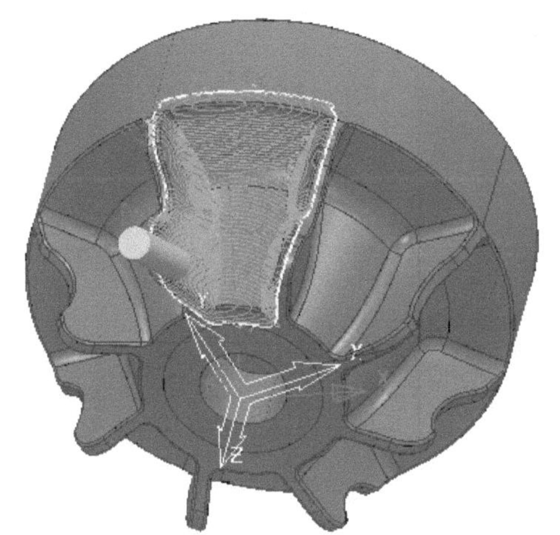

(가공 데이터 원본)

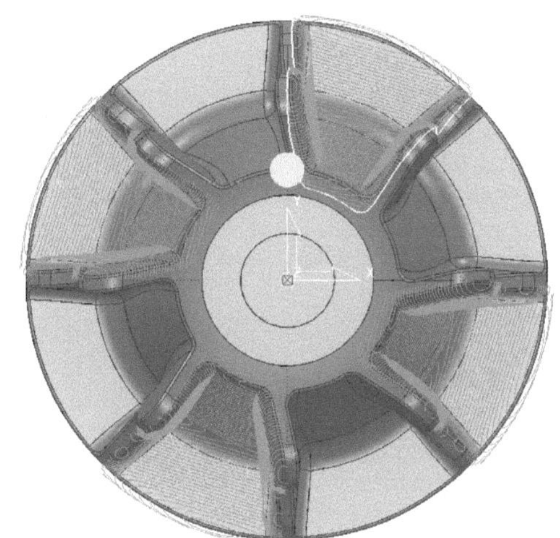

(회전 복사 가공 데이터)

[그림37 3+2축 중삭 등고선 데이터 회전 복사하기]

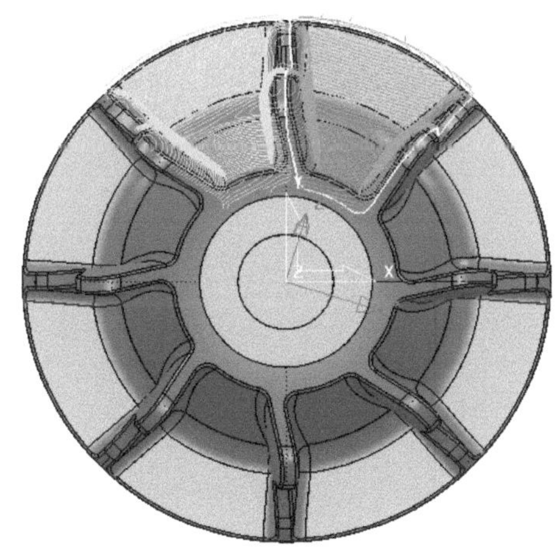

[그림38 2-11-1 중삭 등고선1]

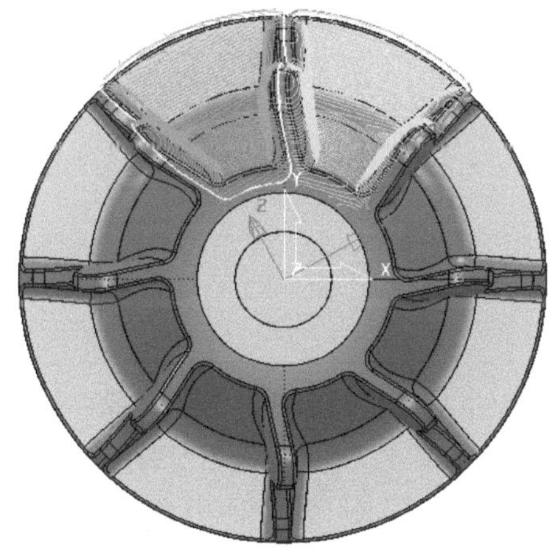

[그림39 2-11-2 중삭 등고선2]

※ 등고선 2-11-2번 등고선2번 데이터도 그림37번과 같이 회전 복사한다.

2-11-2 3차 8면 3+2축 중삭 등고선2 가공하기 (가공 메뉴 : 등고선 가공)

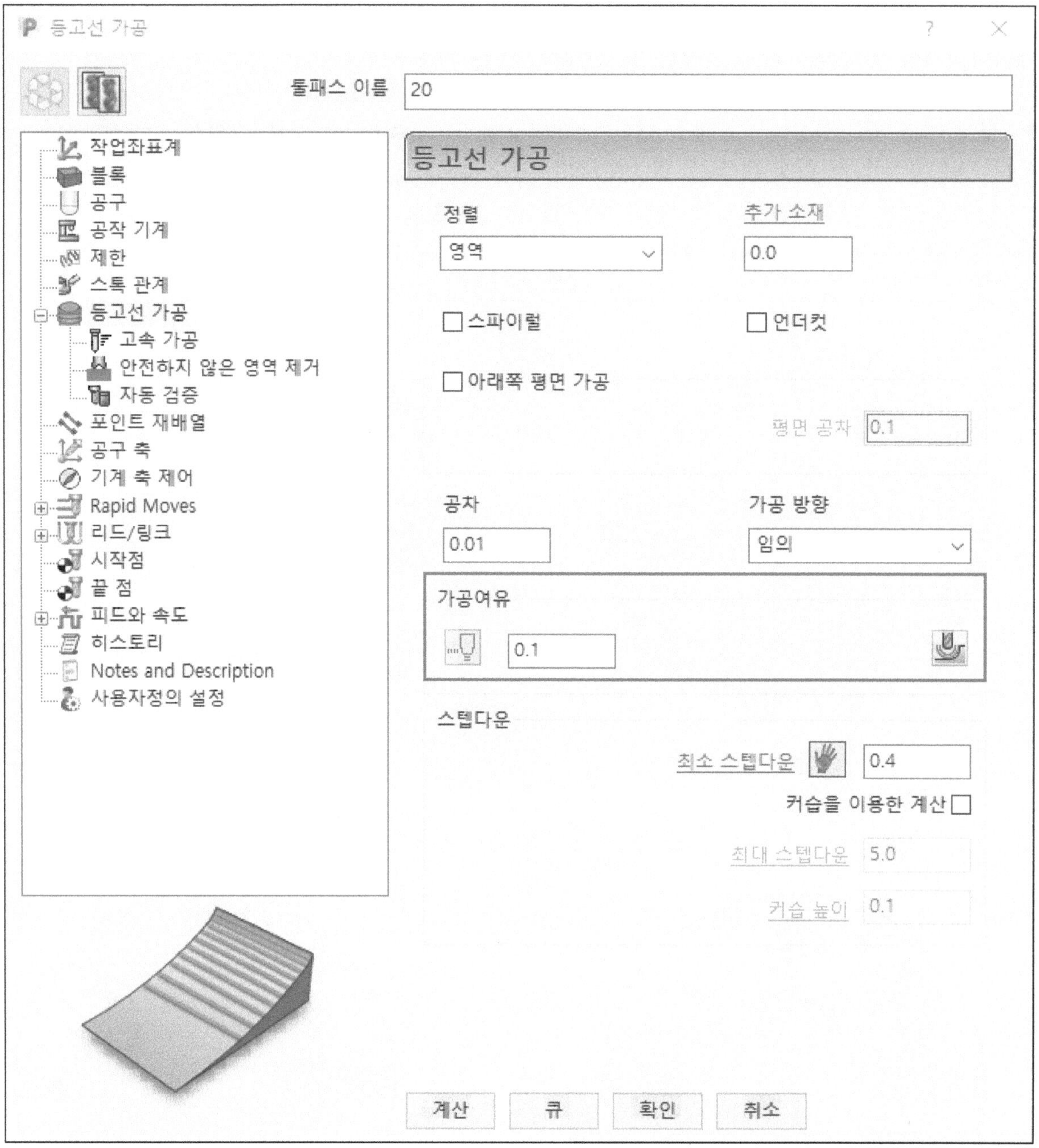

※ 공구는 기존에 있는 Ø6볼 엔드밀을 선택 후 메뉴를 실행 시킨다.

▶ 좌표계 1-1번 선택(활성화) 후 가공메뉴 실행

▶ 앞에 가공한 형상의 바로 옆 형상 가공

※ 2-10-1번 등고선 가공과 똑같은 방법으로 가공 데이터를 생성한다.

※ 바운더리는 3번 바운더리와 같이 옆칸의 형상 면을 선택 후 새로 셋을 생성하고 셋2번에 넣고 선택된 서피스 바운더리 4번 만들고 등고선 가공데이터를 생성한다.

2-11-3 3차 8면 3+2축 중삭 3D 옵셋1 가공하기 (가공 메뉴 : 3D 옵셋 가공)

※ 공구는 기존에 있는 Ø6볼 엔드밀을 선택 후 메뉴를 실행 시킨다.

▶ 위 그림과 같이 가공 조건을 설정한다.
▶ 좌표계 1번 선택(활성화) 후 가공메뉴 실행

→ 가공 옵션 설정 → 제한 → 링크 설정 → 계산 버튼 클릭

① 제한 설정(바운더리 설정)
쉘로우 바운더리 생성 (바운더리 자르기 기능사용)

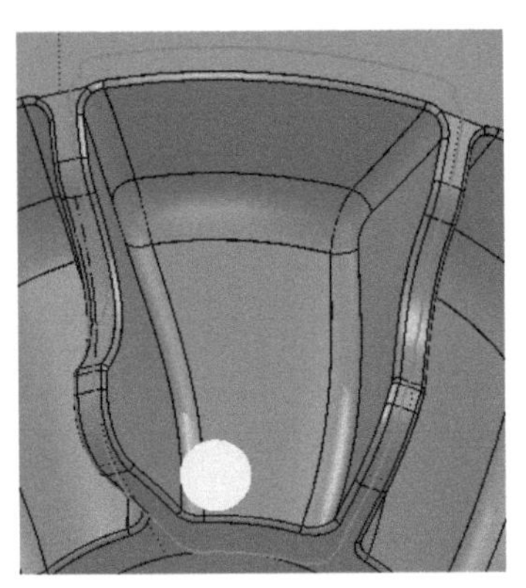

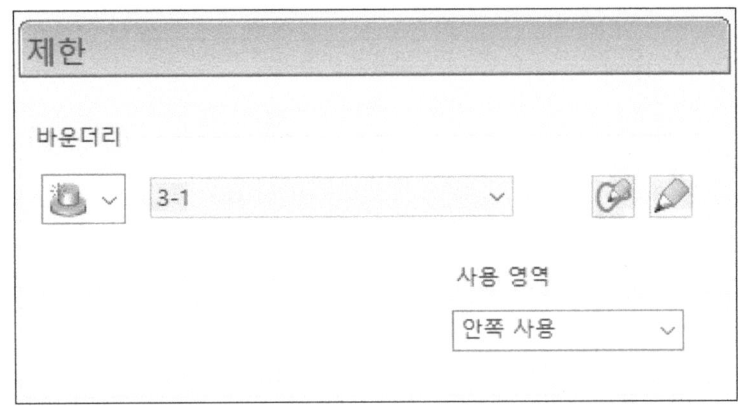

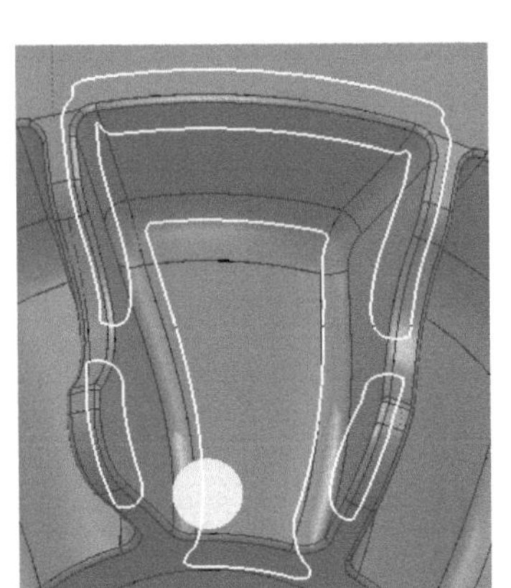

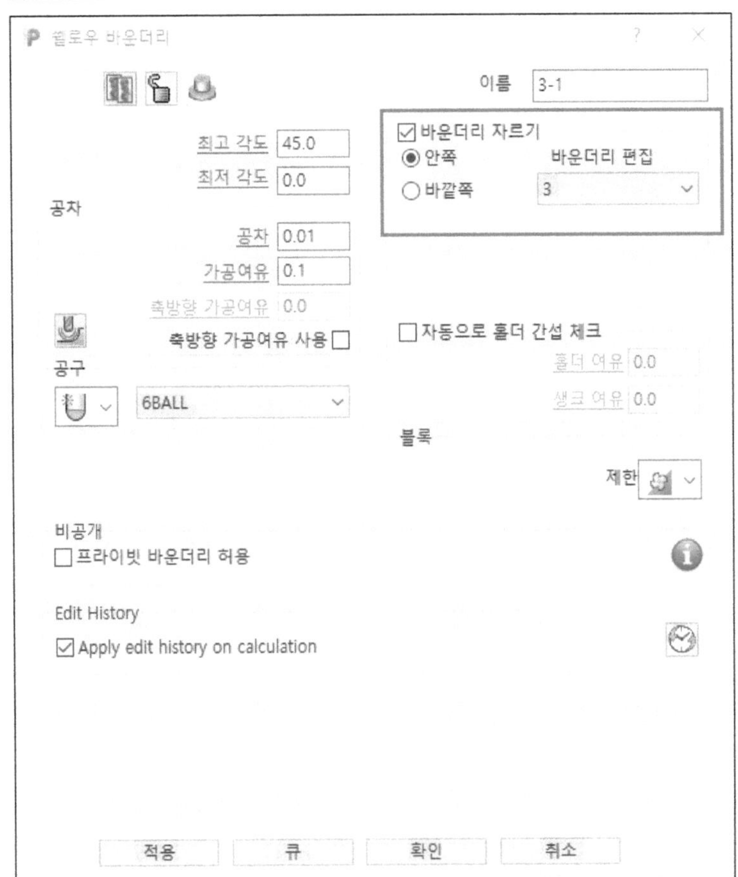

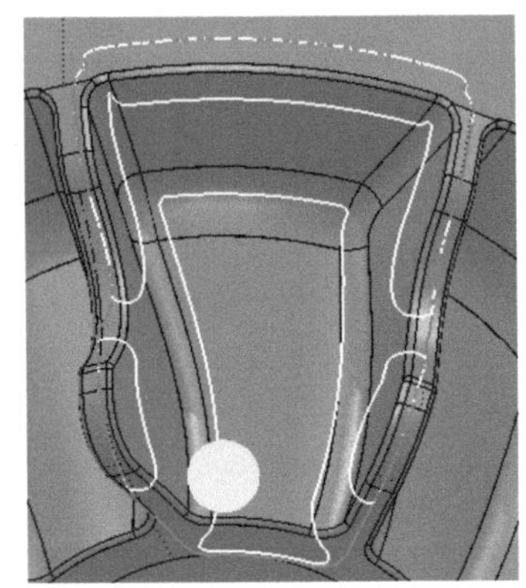

※ 가공하고자 하는 전체 영역을 설정한 바운더리 3번을 이용하여 전체 가공영역을 벗어나지 않고 목표 형상영역 안에서 쉘로우 바운더리를 생성 한다. (불필요한 영역에 생되지 않게 한다.)

③ 링크 설정

첫 번째 선택 → 면 위로

Apply constraints → 거리 → 5
가공 상황에 맞는 거리 값을 지정 한다.

두 번째 선택 → 증분 & 스킴
첫 번째 선택과 두 번째 선택 조건은
가공 상황에 맞는 옵션을 선택한다.

초기 값 → 증분

※ 설정이 완료 된 후 계산 버튼을 클릭하여 가공 데이터를 생성 한다.

▶ 툴패스 회전 복사 : 앞에서 설명한 중삭 가공 데이터 복사와 동일한 방법으로 데이터를 복사하여 사용하는데 형상의 윗면 쪽에 간섭이 발생하여 한칸 건너 한칸씩 복사를 한다. 원본 데이터 2개를 생성하여 따로 복사한 후 전체가공 데이터로 사용한다.

▶ 절대 좌표계로 설정 → 툴패스 변환(Transform Toolpath) → 툴패스 회전 →복사 클릭 → 복사 개수 3입력 → 각도 90도 입력 → 승인 ✓ 클릭

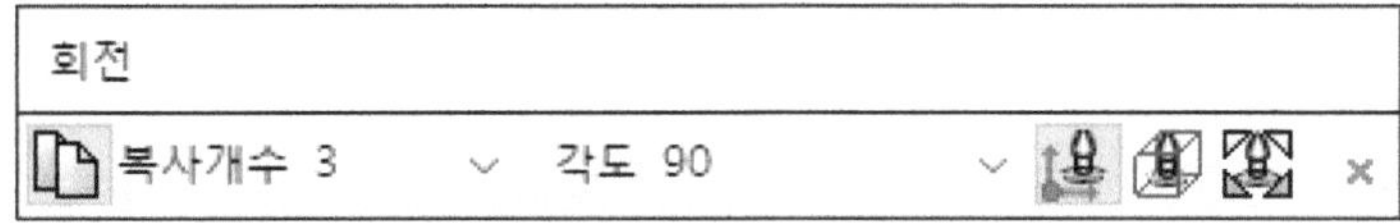

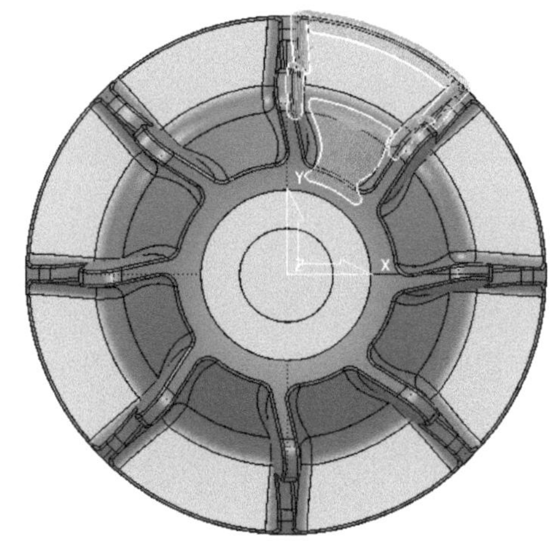
(가공 데이터 원본)

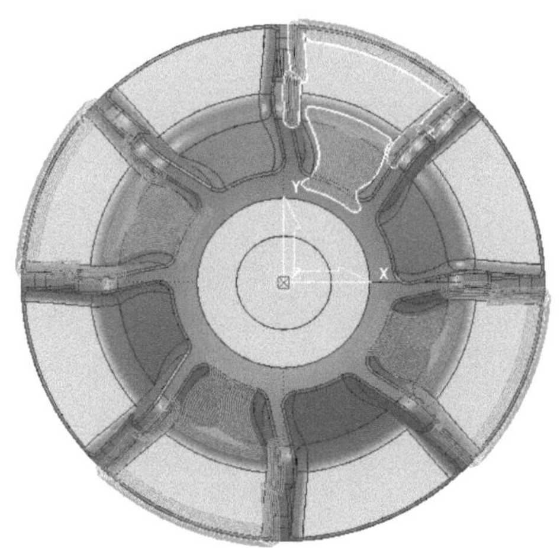
(회전 복사 가공 데이터)

[그림40 3+2축 중삭 3D 옵셋 데이터 회전 복사하기]

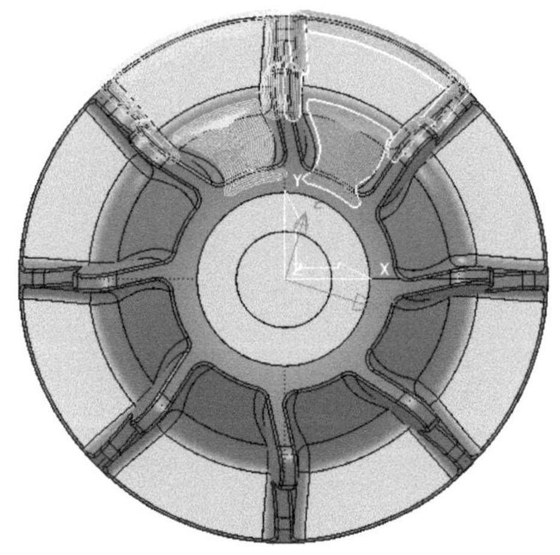
[그림41 2-11-3 중삭 3D 옵셋1]

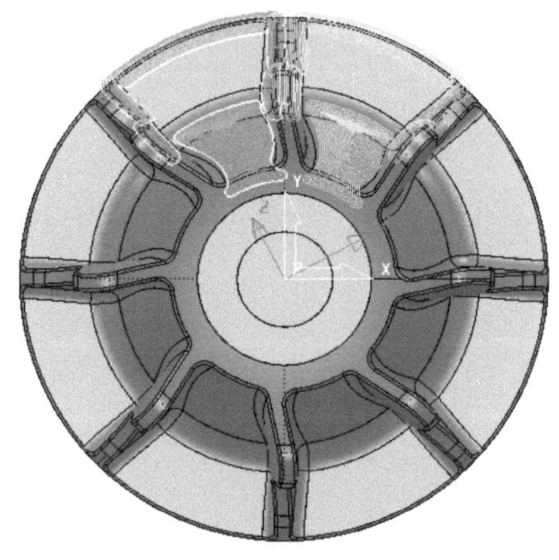
[그림42 2-11-4 중삭 3D 옵셋2]

※ 등고선 2-11-2번 3D 옵셋2번 데이터도 그림40번과 같이 회전 복사한다.

2-11-4 3차 8면 3+2축 중삭 3D 옵셋2 가공하기 (가공 메뉴 : 3D 옵셋가공)

※ 공구는 기존에 있는 Ø6볼 엔드밀을 선택 후 메뉴를 실행 시킨다.

▶ 좌표계 1-1번 선택(활성화) 후 가공메뉴 실행

▶ 앞에 가공한 형상의 바로 옆 형상 가공

※ 2-11-1번 3D 옵셋 가공과 똑같은 방법으로 가공 데이터를 생성한다.

※ 바운더리는 4번을 바운더리 자르기에 체크를 걸고 쉘로우 바운더리 각도 45도를 지정하여 쉘로우 바운더리를 만들어서 3D 옵셋가공 데이터를 생성한다. (바운더리 이름을 4-1로 수정한다.)

2-12 3차 8면 3+2축 정삭 가공

2-12-1 3차 8면 3+2축 정삭 가공하기1 (가공 메뉴 : 스팁과 쉘로우 가공)

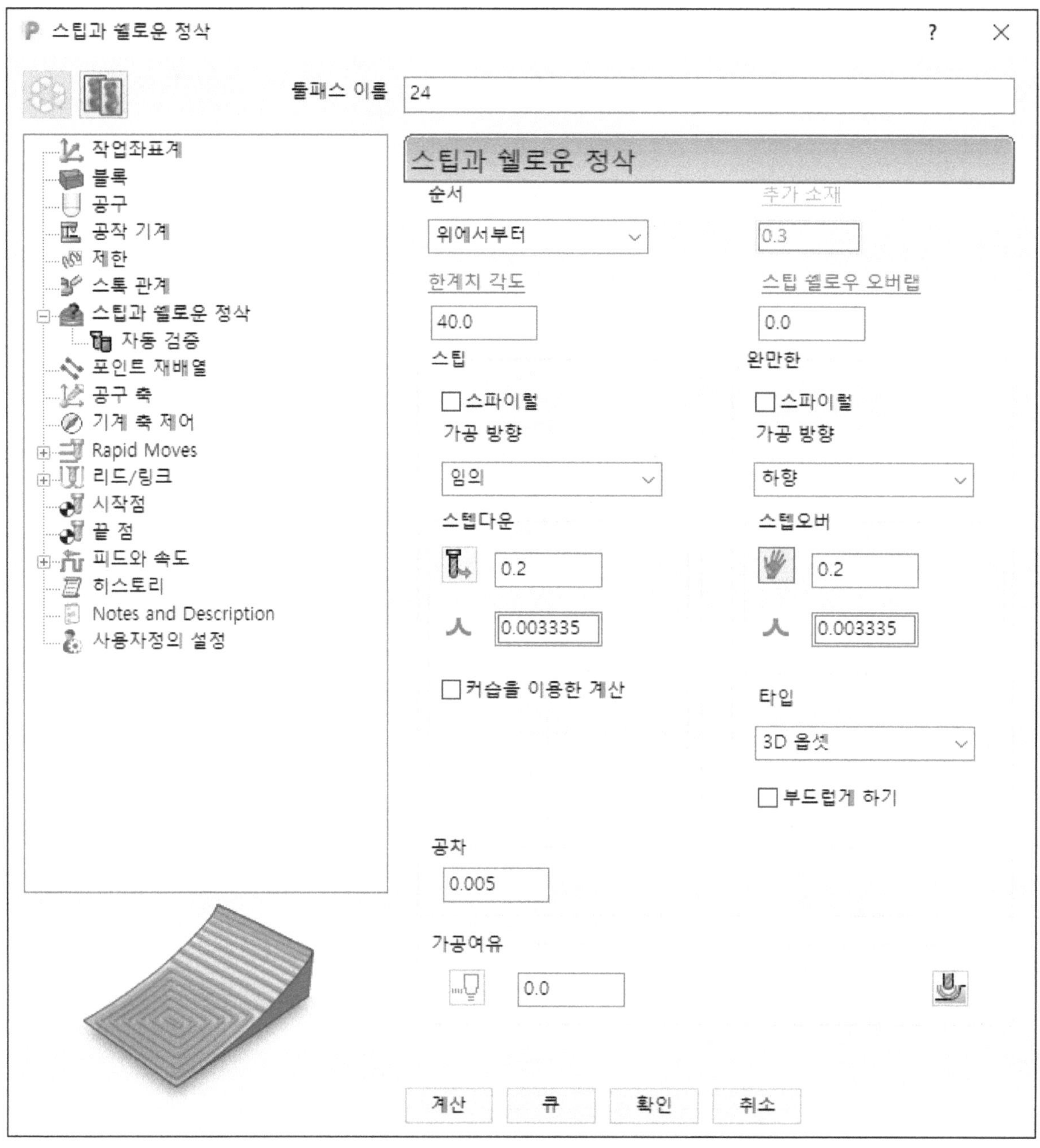

※ 공구는 기존에 있는 Ø6볼 엔드밀을 선택 후 메뉴를 실행 시킨다.
측벽과 완만한 형상을 동시에 가공한다.

▶ 좌표계 1번 선택(활성화) 후 가공메뉴 실행

▶ 위 그림과 같이 가공 조건을 설정한다.

→ 가공 옵션 설정 → 제한 → 계산 버튼 클릭

① 가공 영역지정(가공 할 모델링 선택)

▶ 셋1번에서 마우스 우측 키 → 모두 선택 → 선택된 서피스 바운더리 선택 → 적용

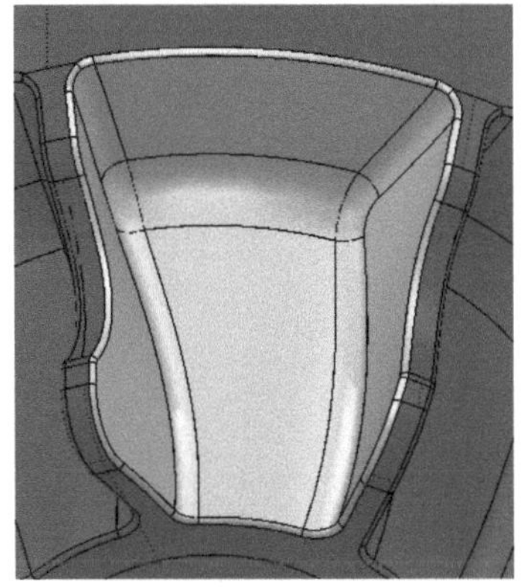

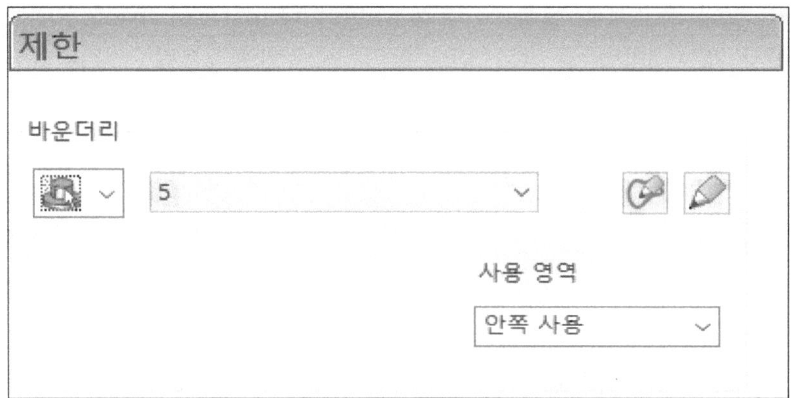

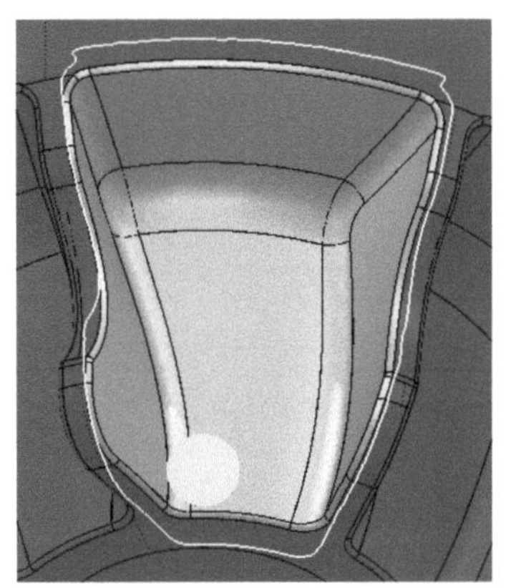

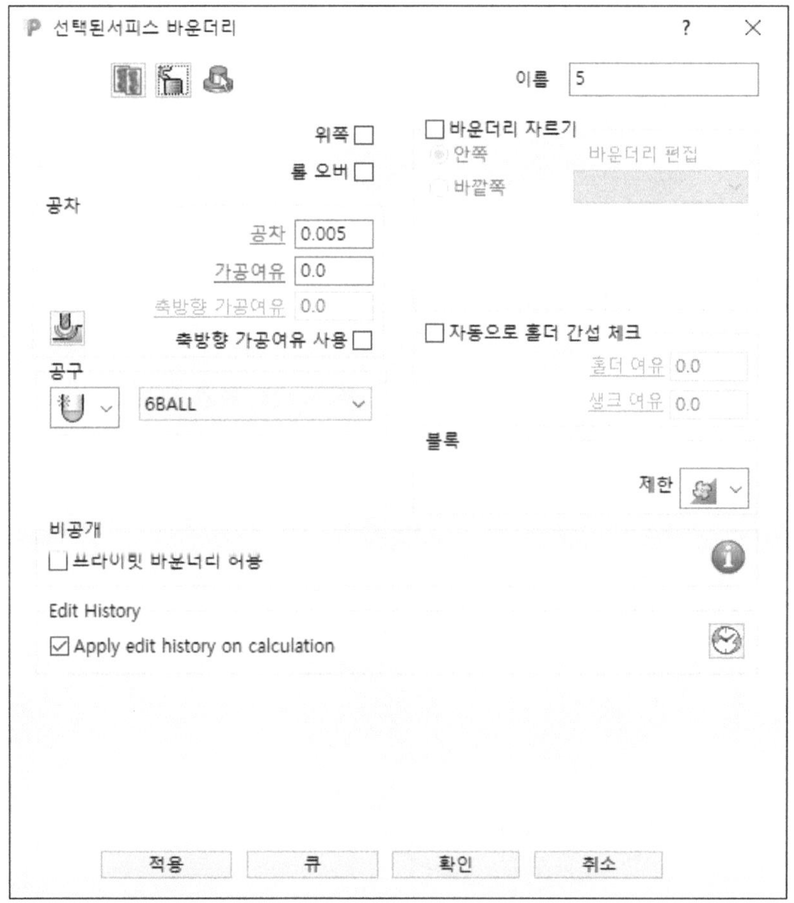

▶ 리드/링크는 3D 옵셋 과 동일하게 셋팅한다.

▶ 회전 복사는 중삭가공과 같은 방법으로 진행한다.

▶ 툴패스 회전 복사 : 앞에서 설명한 중삭 가공 데이터 복사와 동일한 방법으로 데이터를 복사하여 사용하는데 형상의 윗면 쪽에 간섭이 발생하여 한칸 건너 한칸씩 복사를 한다. 원본 데이터 2개를 생성하여 따로 복사한 후 전체가공 데이터로 사용한다.

▶ 절대 좌표계로 설정 → 툴패스 변환(Transform Toolpath) → 툴패스 회전 →복사 클릭 → 복사 개수 3입력 → 각도 90도 입력 → 승인 ✔ 클릭

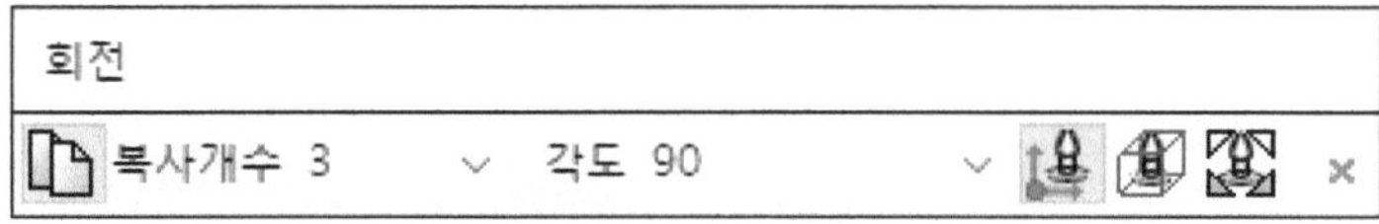

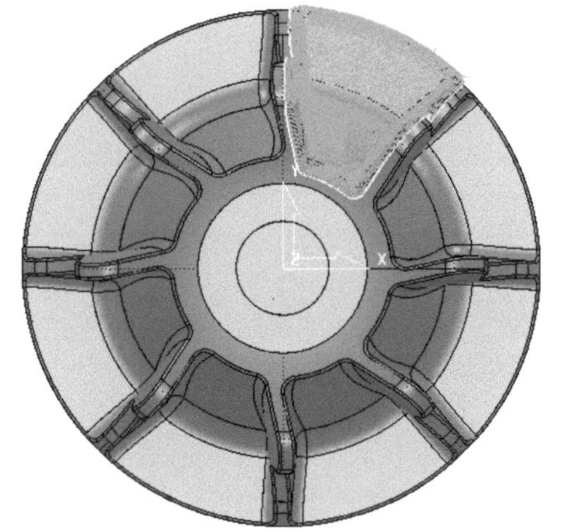

(가공 데이터 원본)

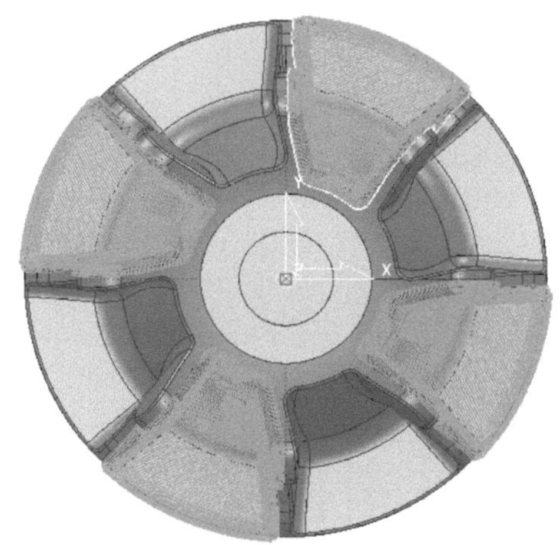

(회전 복사 가공 데이터)

[그림43 3+2축 중삭 3D 옵셋 데이터 회전 복사하기]

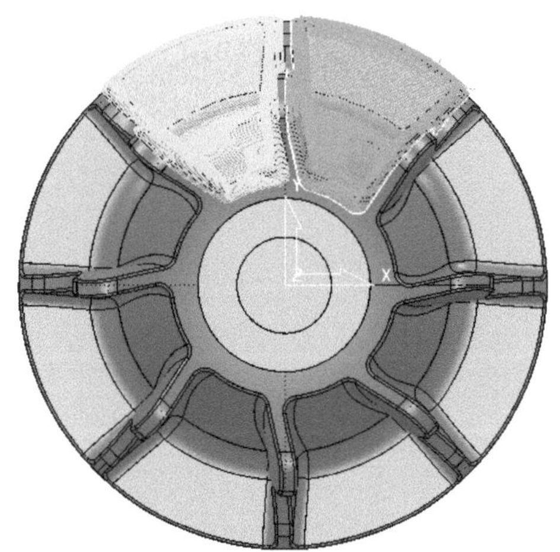

[그림44 2-12-1 정삭 스텝과 쉘로우1]

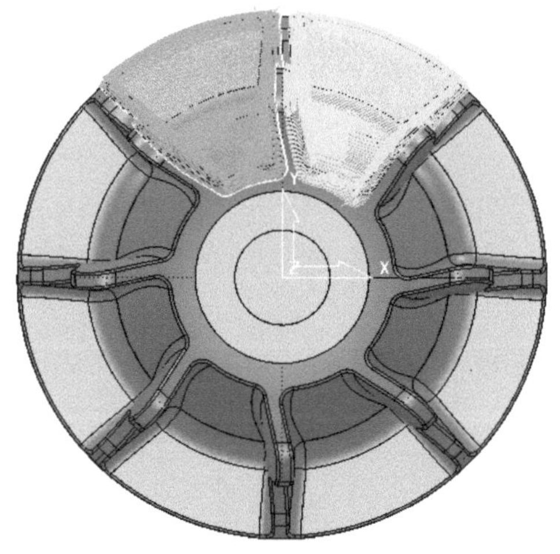

[그림45 2-12-2 정삭 스텝과 쉘로우2]

※ 등고선 2-11-2번 등고선2번 데이터도 그림43번과 같이 회전 복사한다.

2-12-2 3차 8면 3+2축 정삭 가공하기2 (가공 메뉴 : 스팁과 쉘로우 가공)

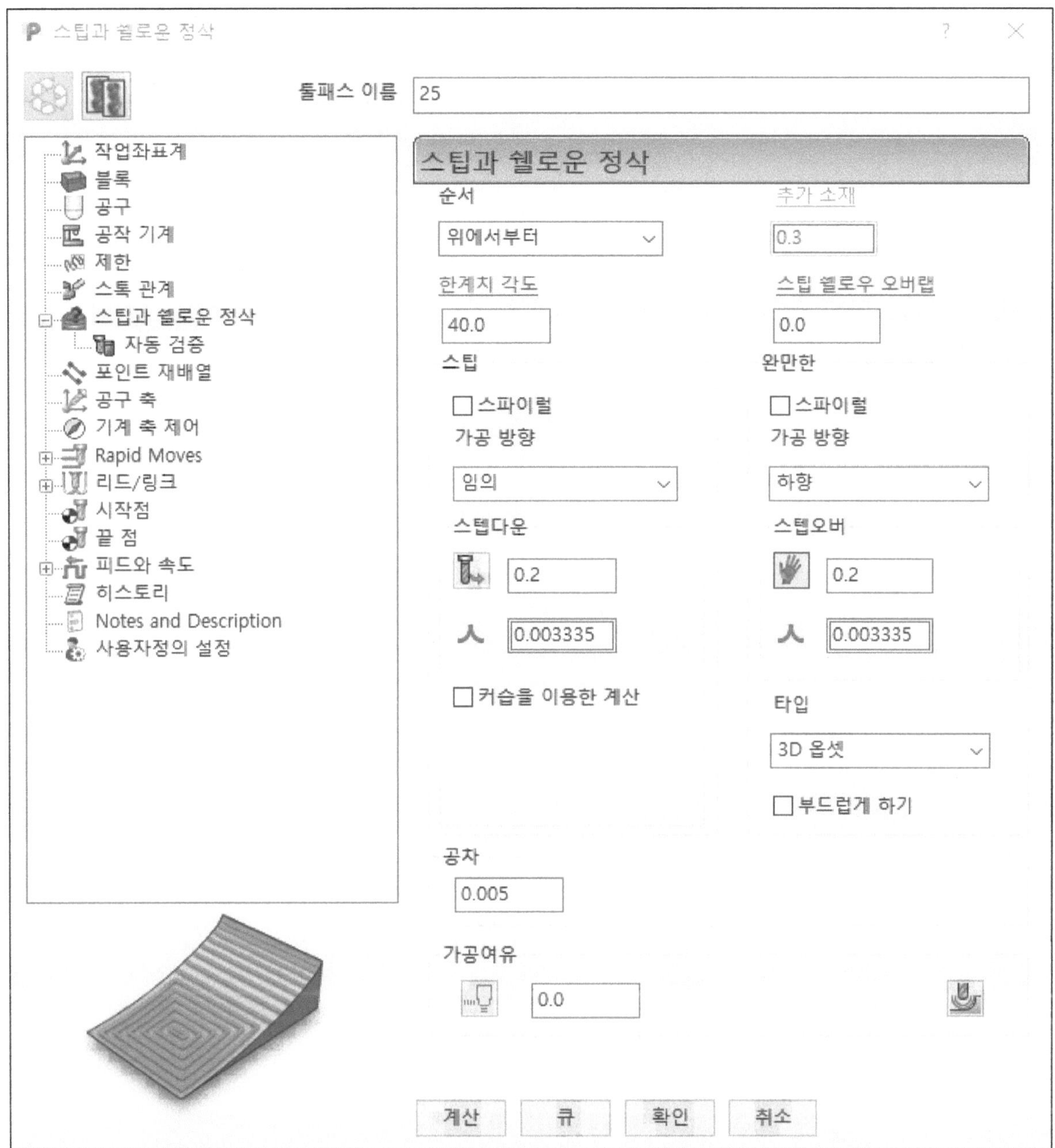

※ 공구는 기존에 있는 Ø6볼 엔드밀을 선택 후 메뉴를 실행 시킨다.

▶ 앞에 가공한 형상의 바로 옆 형상 가공
▶ 좌표계 1-1번 선택(활성화) 후 가공메뉴 실행
▶ 셋2번에서 마우스 우측 키 → 모두 선택 → 선택된 서피스 바운더리 선택 → 적용
※ 2-12-1번 스팁과 쉘로우 가공과 똑같은 방법으로 가공 데이터를 생성한다.

2-12-3 3차 8면 3+2축 잔삭 가공하기 (가공 메뉴 : 코너 잔삭 가공)

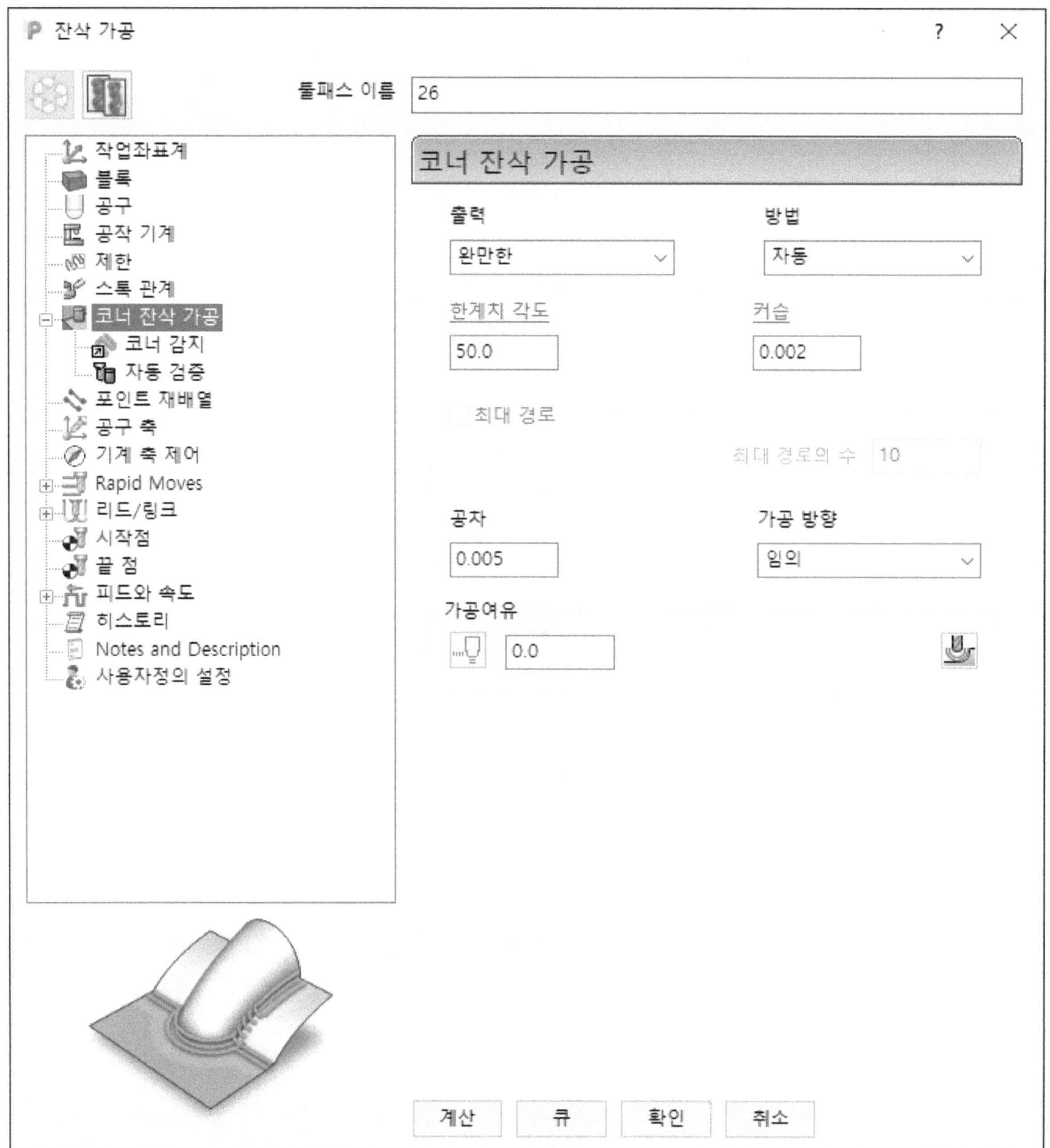

※ 잔삭 공구 Ø4볼 엔드밀을 새로 생성한다. 측벽과 완만한 형상을 동시에 가공 함.

▶ 좌표계 1번 선택(활성화) 후 가공메뉴 실행

▶ 위 그림과 같이 가공 조건을 설정한다.

→ 가공 옵션 설정 → 공구 설정 → 제한 → 코너 감지 → 계산 버튼 클릭

① 공구 설정
→ 형상코너 부위가 R2이기 때문에 잔삭용 Ø4볼 공구를 만든다.

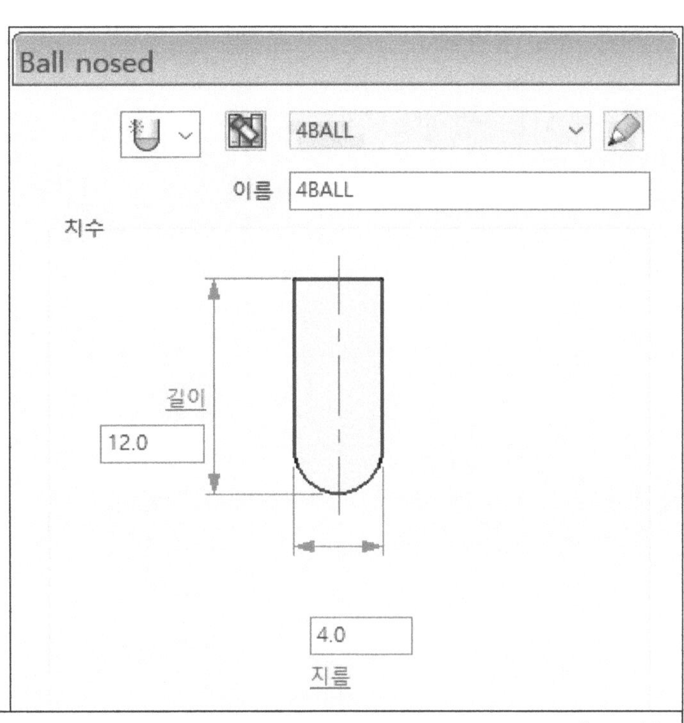

(Ø6이하 공구부터는 공구지름과 섕크의 지름이 다르다 Ø4볼의 경우 섕크의 지름은 Ø6으로 설정하여 공구를 만든다. 아래의 그림과 같이 만든다.)

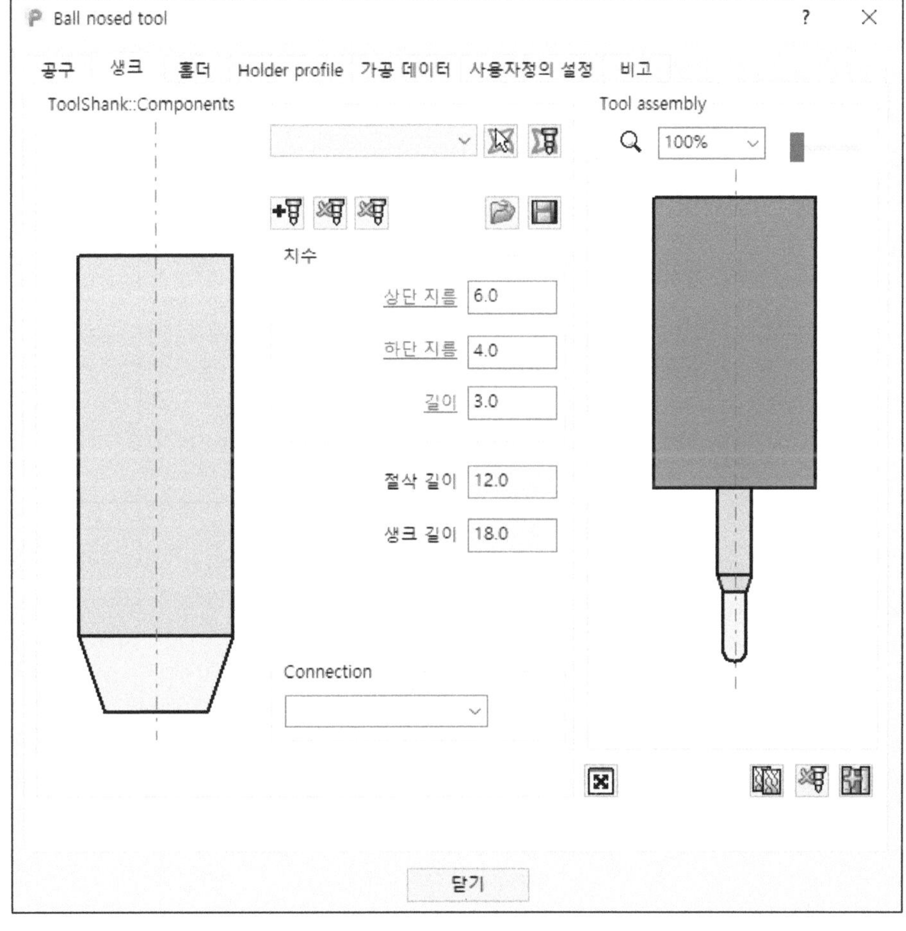

② 제한 가공 영역설정

→ 기존에 만든 5번 바운더리를 선택한다.

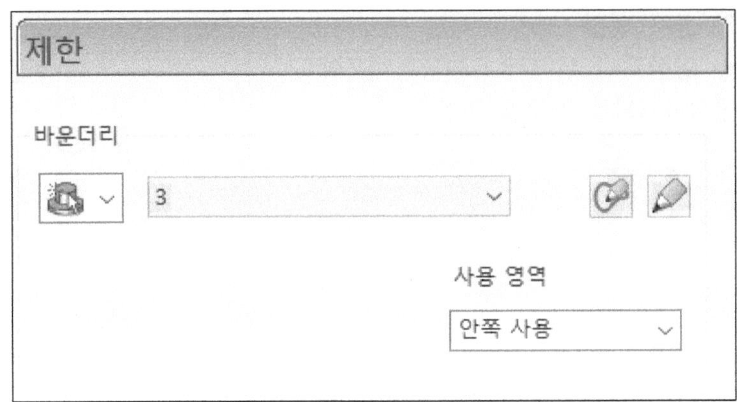

※ 바운더리 에러 메시지가 나타나는데 무시한다.

③ 코너 감지

→ 참조 공구 지정 : 현재 가공 전 가공에 사용된 공구를 지정하여 이전 공구로 가공하지 못하는 미 가공영역을 찾아내어 가공 데이터를 자동 생성한다.

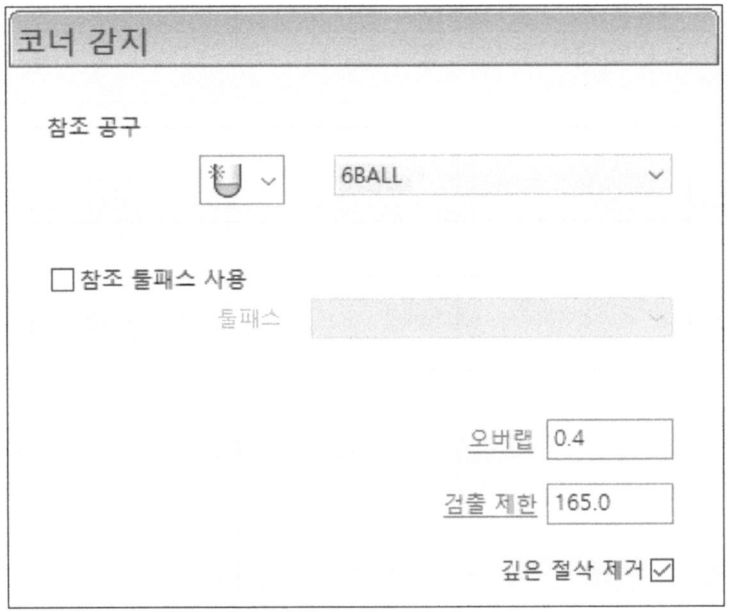

▶ 툴패스 회전 복사 : 앞에서 설명한 황삭 가공 데이터 복사와 동일한 방법으로 데이터를 복사하여 사용한다.

▶ 절대 좌표계로 설정 → 툴패스 변환(Transform Toolpath) → 툴패스 회전 →복사 클릭 → 복사 개수 3입력 → 각도 90도 입력 → 승인 ✓ 클릭

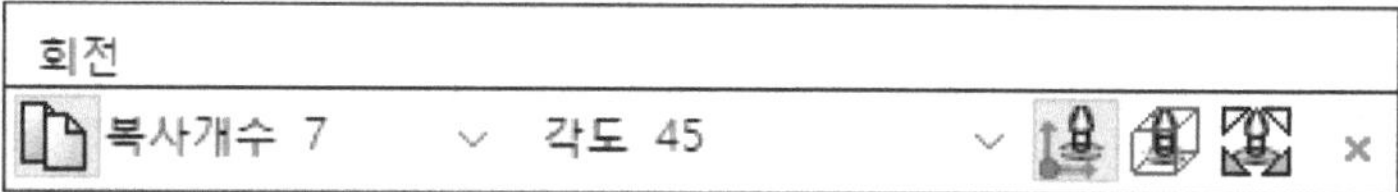

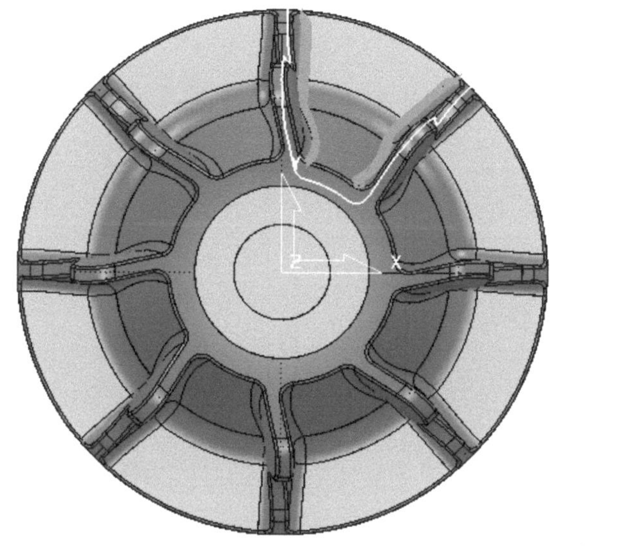

(가공 데이터 원본)

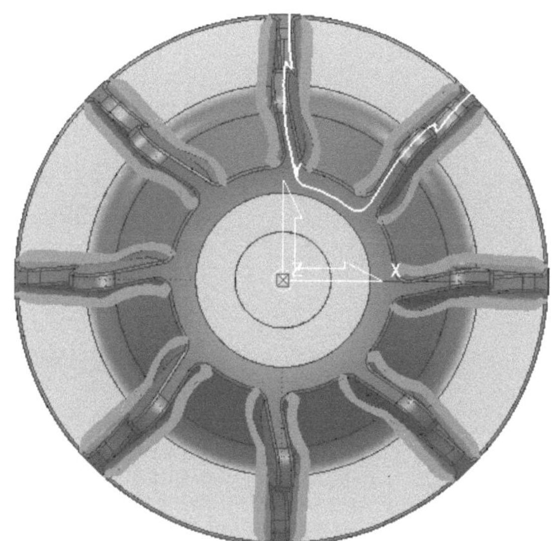

(회전 복사 가공 데이터)

[그림46 3+2축 정삭 코너 잔삭 회전 복사하기]

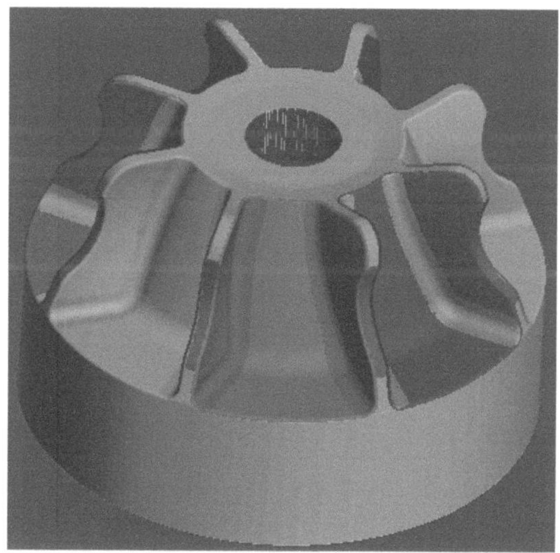

[그림47 완성 가공 이미지]

▶ 데이터 정리하기 :

원본 리스트에서 수정 전 데이터는 폴더를 만들어서 보관을 하고 노란색 물음표? 붙은 툴패스는 툴패스 검증메뉴 → 체크 옵션에서 과절삭으로 설정하고 검증하여 정리된 데이터 리스트와 같이 이상 유,무를 반드시 확인한 후 현장에 배포되어야 한다.
(홀더 간섭까지 검증하면 툴패스 앞부분의 체크표시가 파란색으로 전환된다.)

(원본 데이터 리스트)

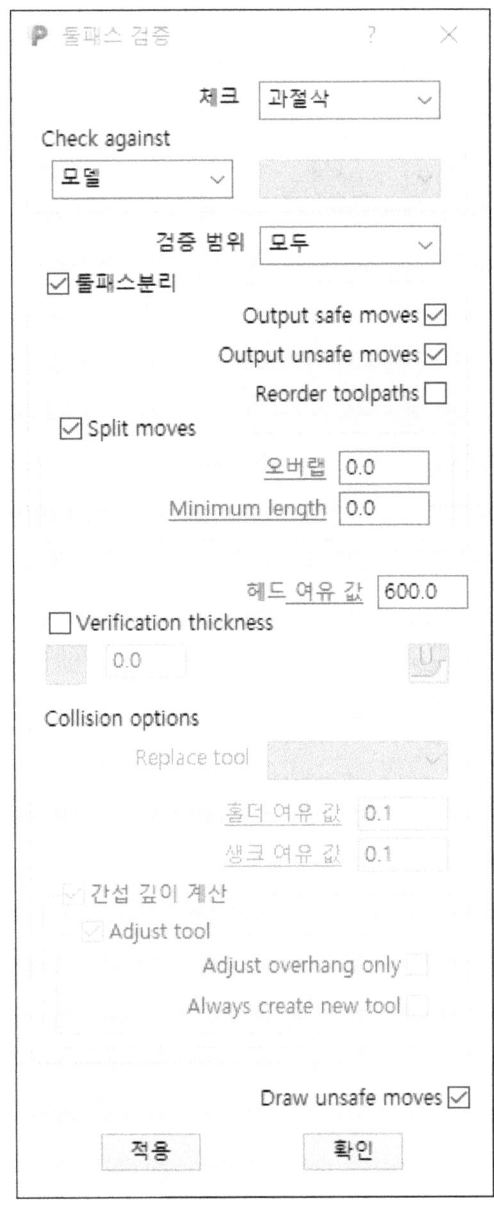

(툴패스 검증)

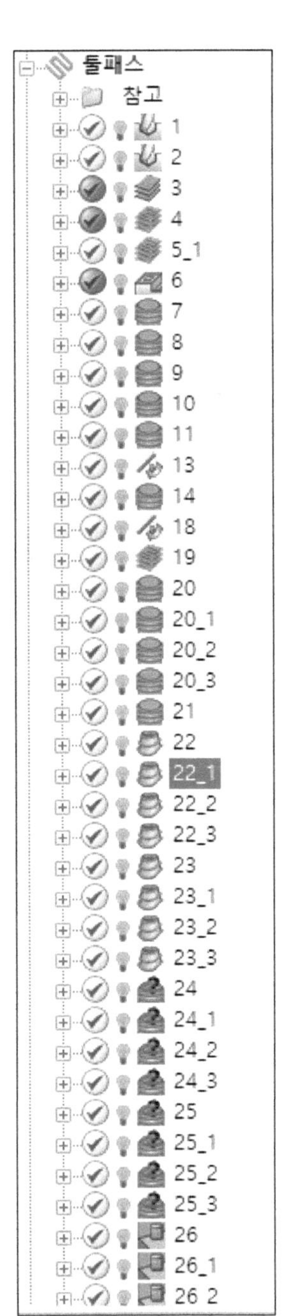

(정리 데이터 리스트)

▶ 가공데이터 출력하기 (NC프로그램 환경 설정)

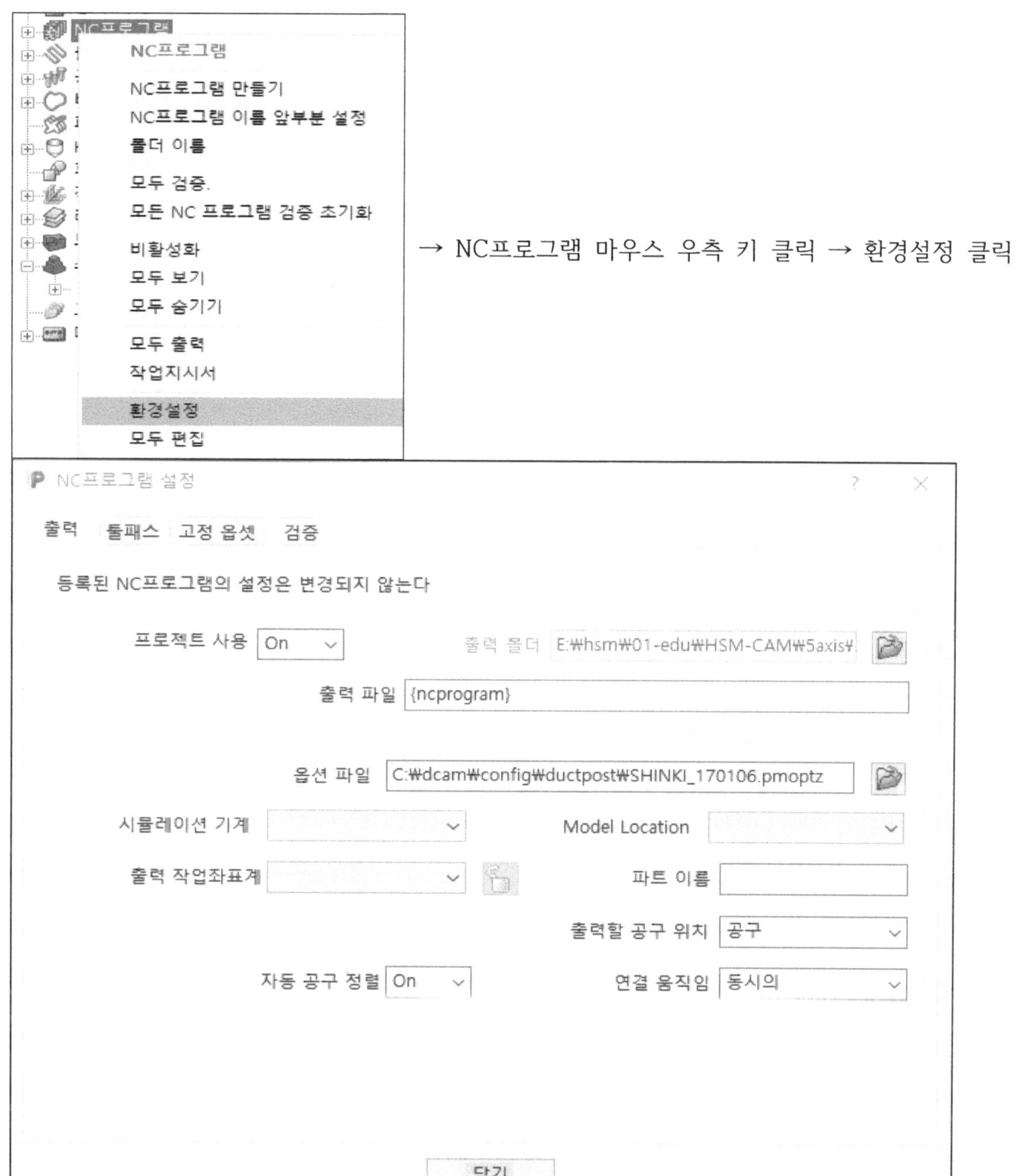

▶ 프로젝트 사용 : On 프로젝트 파일 밑에 ncprograms 폴더를 만들고 가공데이터를 출력함.

▶ 프로젝트 사용 : Off 가공데이터가 출력될 폴더를 지정할 수 있다.

▶ 출력 파일 : {ncprogram}은 변수 값이라 수정되면 안되고 .nc를 입력하며 이름.nc로 nc데이터가 출력된다. 파워밀은 원하는 확장자를 지정할 수 있다. (기본 값은 이름.tap)

▶ 옵션 파일 : NC프로그램 옵션파일을 지정한다.(반드시 지정해야 됨. 가공 조건을 설정함.)

▶ 툴패스 NC데이터로 내보내기

→ 하나의 툴패스 또는 여러개를 선택한 후 마우스 우측 키 클릭 → NC프로그램에 등록(한 개씩 등록할 때는 개별 NC프로그램 생성)을 클릭한다. → 목록 확인 → NC프로그램 폴더 위에서 마우스 우측 키 클릭 → 모두 출력 클릭 → NC데이터로 변환되는 창이 진행됨.

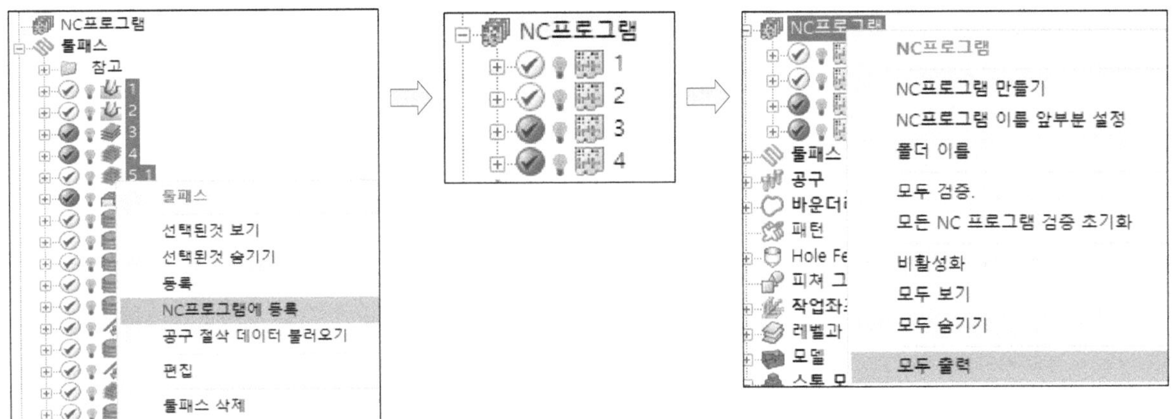

▶ 여러개의 툴패스를 하나의 NC데이터로 내보내기

예) 작성한 데이터 중에서 20번 데이터 23_3번 데이터까지는 하나의 데이터로 내보내야한다.

→ 작업 좌표계 선택 취소 → 20번 데이터 마우스 우측 키 클릭(주의 : 툴패스를 선택하지 않는다) → 개별 NC프로그램 생성 → 20_1번 데이터부터 23_3번 데이터를 순차적으로 마우스 왼쪽 키로 드래그하여 20번 NC프로그램에 겹친 상태에서 마우스 버튼에서 손을 땐다.

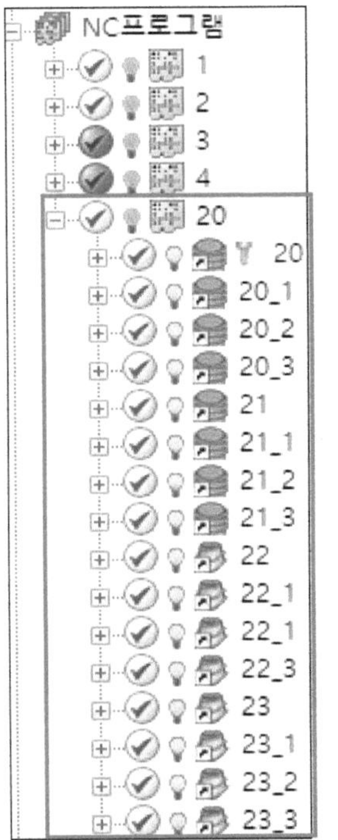

(등록된 NC프로그램에서 확인하기

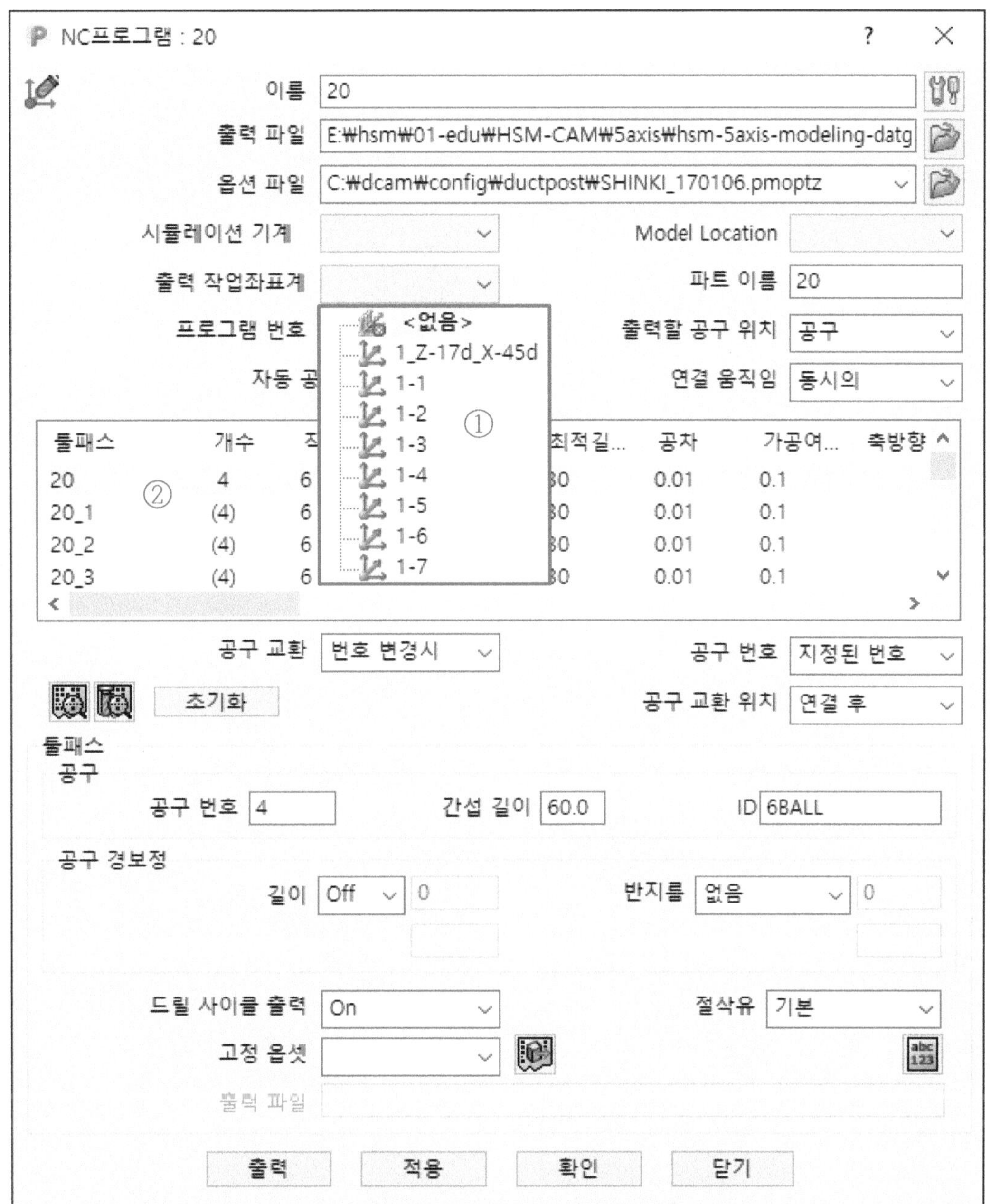

(가공 조건 확인 & 작업 좌표계 확인)

▶ 20번 NC프로그램에 우측 키를 클릭하여 설정 창을 열어 ①출력 작업좌표계의 화살표를 눌러서 좌표계가 잘 들어가 있는지를 확인하고 ②툴패스 리스트를 확인하여 포스트하고자 하는 가공 데이터가 모두 있는지를 반드시 확인한다.

(제품 바닥 M5 탭)

(완성제품 Top View)

(완성제품 사진 ISO1 View)

(완성제품 사진 ISO3 View)

[그림48 완성 가공 제품]

2장 컴퓨터 응용가공 산업기사

1. 컴퓨터 응용가공 산업기사 공개문제 1번 모델링하기

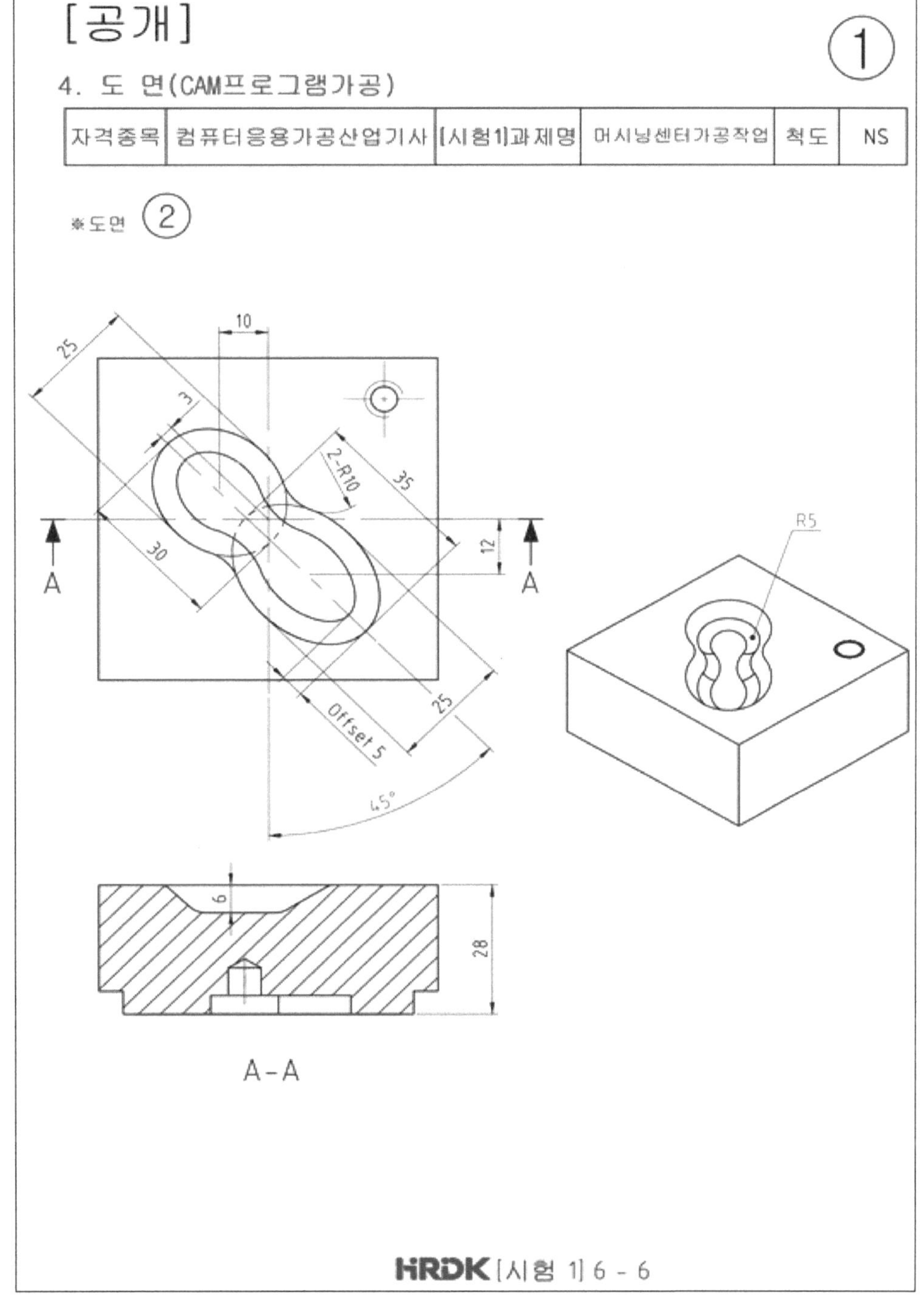

※ 모델링 시작 전 도면파악을 면밀히 진행하고 모델링을 어떤 순서로 진행할 지를 생각한 후 모델링 작업에 임한다. 생산, 가공 등에서 가공 공정이 있는 것처럼 모델링 역시 모델링 순서가 중요하다.

1-1 NX 시작하기

NX 10버전을 이용하여 공개도면 1번 모델링을 진행한다.

① 새로운 작업 공간 만들기 (새로 만들기 Ctrl + N)

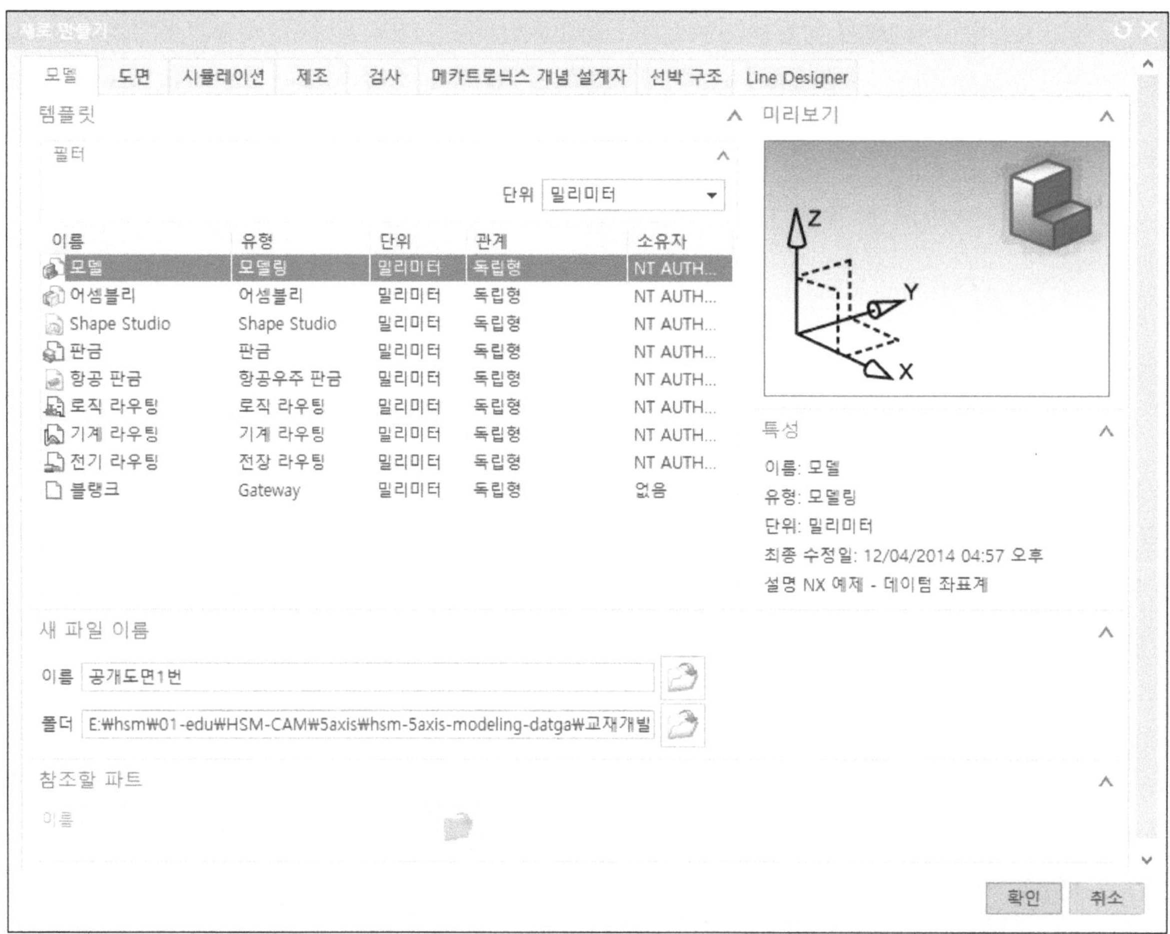

▶ 이름 칸의 탐색기 버튼을 클릭하여 저장할 폴더로 이동 후 공개도면 1번이라는 이름으로 방을 만든다.

이름 지정과 동시에 작업 폴더가 지정이 된다.

▶ 새로 만들기에서 기본 설정 그대로 작업 방을 생성한다. 모델 템플릿을 사용해야 하므로 다른 템플릿이 선택되지 않게 조심해야 한다.

1-2 스케치 그리기

1) 도면 파악 : 1번 도면의 경우 평면도만 작도하면 완성 모델링이 됨.

2) 평면도 스케치하기 데이텀 평면 만들기

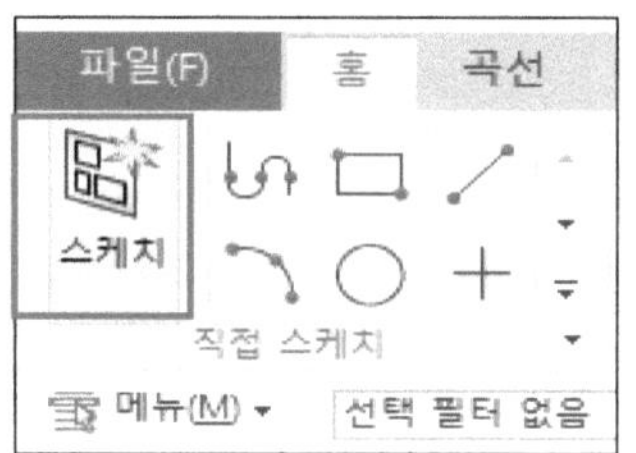

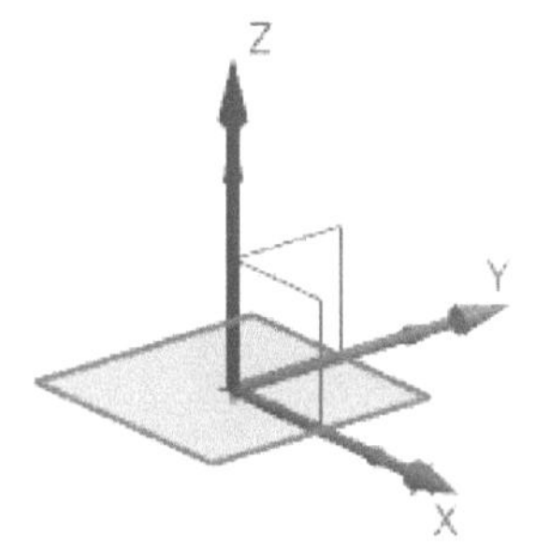

(X Y 평면에 데이텀 생성)

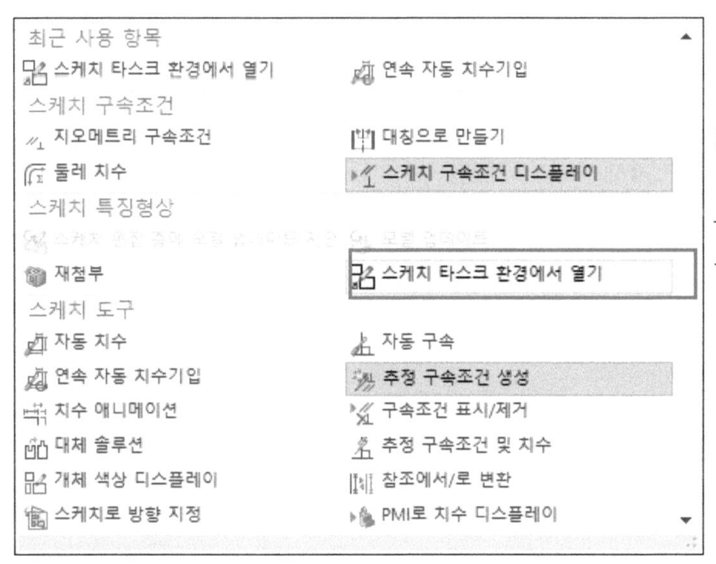

▶ 타스크 환경에서 작업을 진행 한다.

→ 스케치 환경 메뉴에서 더보기 버튼 클릭 → 스케치 타스크 환경에서 열기 버튼 클릭

▶ 스케치 타스크 환경 메뉴로 작업하는 것이 메뉴를 모두 볼 수 있기 때문에 작업이 용의 해진다.

▶ 스케치 작업하기 (기본적인 메뉴를 이용한 작업은 생략한다.)

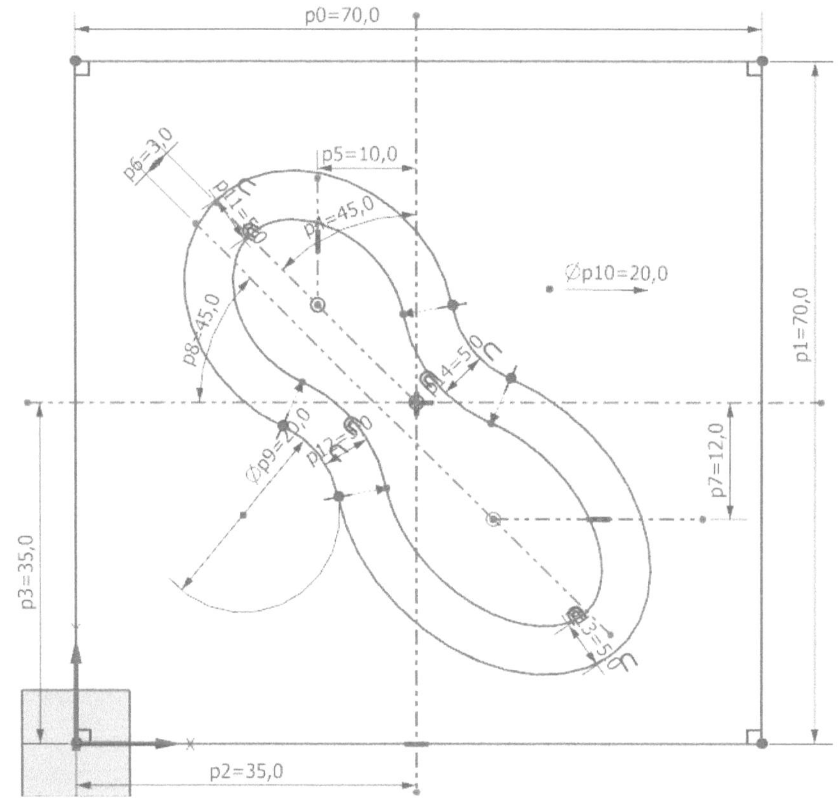

[그림1 과제 1번 스케치]

▶ 스케치 마침(종료)

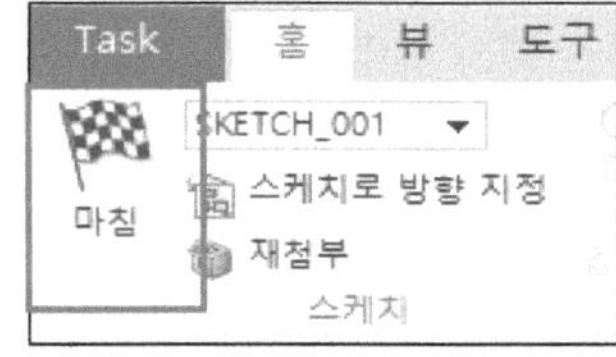

▶ 공개도면 1-1번을 보고 모델의 전체 높이(28mm)와 X, Y 길이 값을 확인 한다.

1-3 공개도면 1번 모델링하기

1) 바디 모델링 (동출 메뉴 활용)

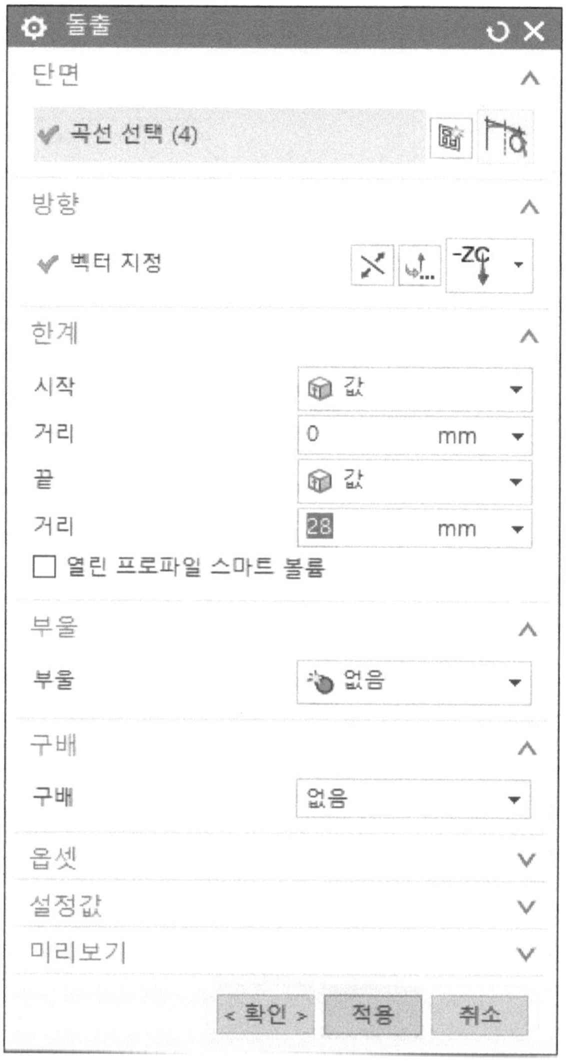

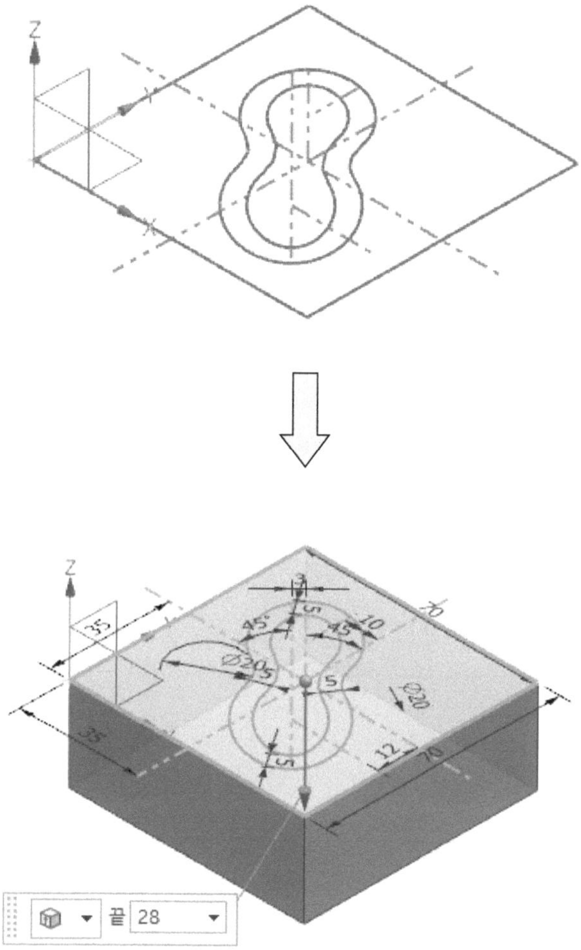

▶ 위의 그림과 같이 돌출 조건 값을 입력하여 메인 바디를 모델링 한다.
→ 돌출 → 스케치 라인(사각 외곽 선) 선택 → 설정 값 적용 → 적용 클릭

▶단면 A-A를 확인 해 보면 Z기준 0.0과 Z-6mm 에 땅콩모양의 스케치 외곽 라인과 5mm 옵셋 라인이 위치하는 경사면으로 이루어진 형상임을 알 수 있다.

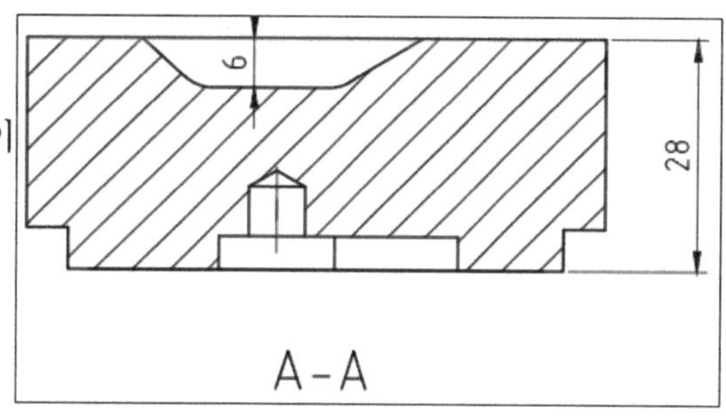

[그림2 과제 1번 단면도 A-A]

2) 형상 면 모델링하기

① 돌출

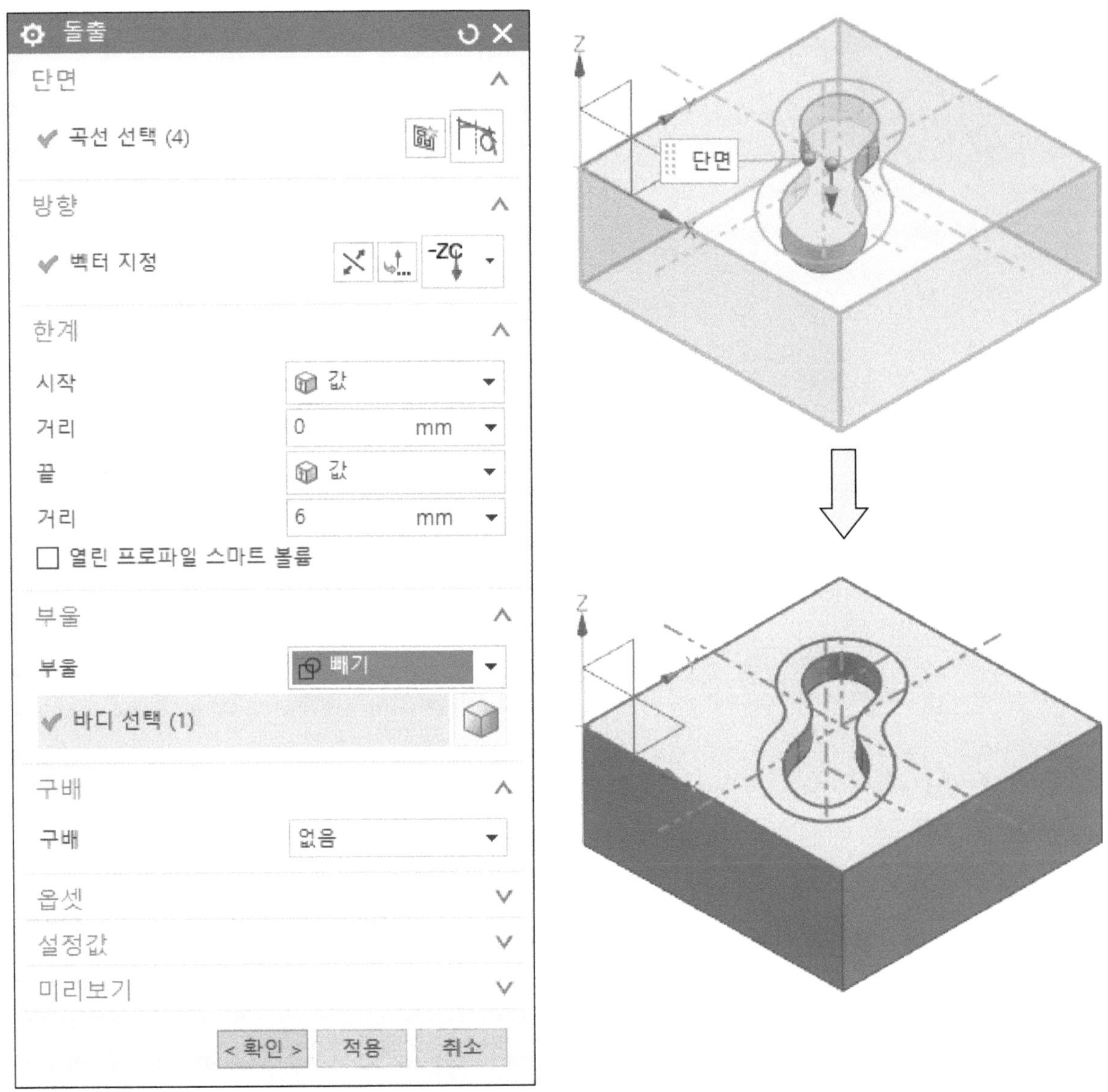

▶ 위의 그림과 같이 돌출 조건 값을 입력하여 메인 바디를 모델링 한다.
→ 돌출 → 스케치 라인(5mm 옵셋 된 안쪽 선) 선택 → 벡터 -Z → 한계 시작0.0, 끝 6 입력 → 부울 빼기 선택 → 적용 클릭

▶ 5mm 옵셋 된 안쪽 선을 윗면에서 Z-6mm로 내리는 역할을 한다.

② Ruled 형상 만들기 : 자유 곡면을 만드는 기능이지만 닫힌 커브를 이용하기 때문에 솔리드 모델링이 생성 된다.

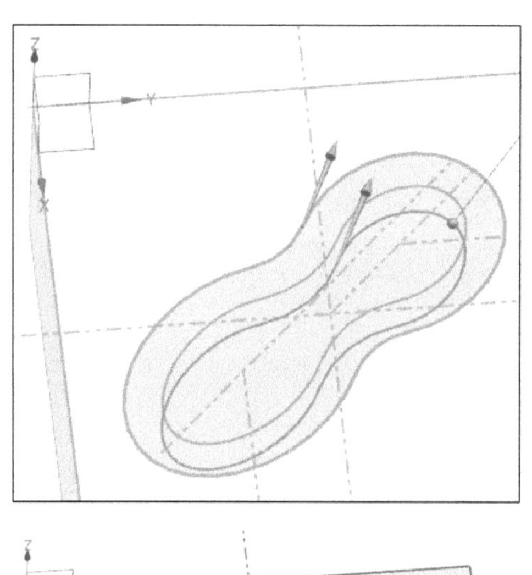

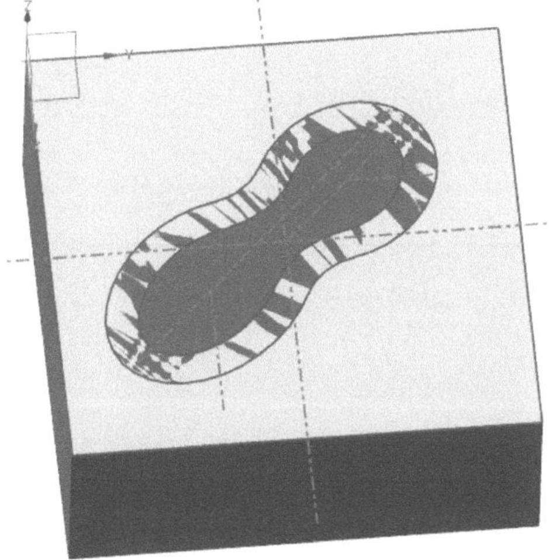

▶ 위의 그림과 같이 Ruled 조건을 설정 솔리드 바디를 생성한다.

→ Ruled → 단면 스트링1 (형상 외곽 곡선) 선택 → 단면 스트링 2 (5mm 옵셋 한 안쪽 선) 선택 → 확인 클릭 (분홍색으로 표현된 솔리드 바디가 생성된다.)

③ 빼기 (메인 형상에서 Ruled 기능으로 생성된 형상을 이용하여 빼기를 한다.)

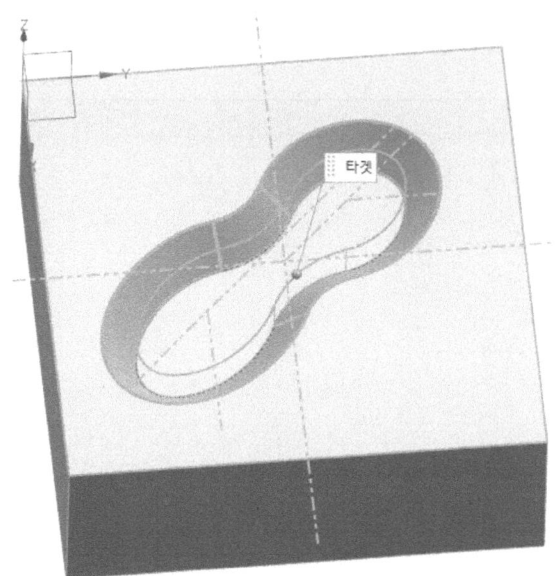

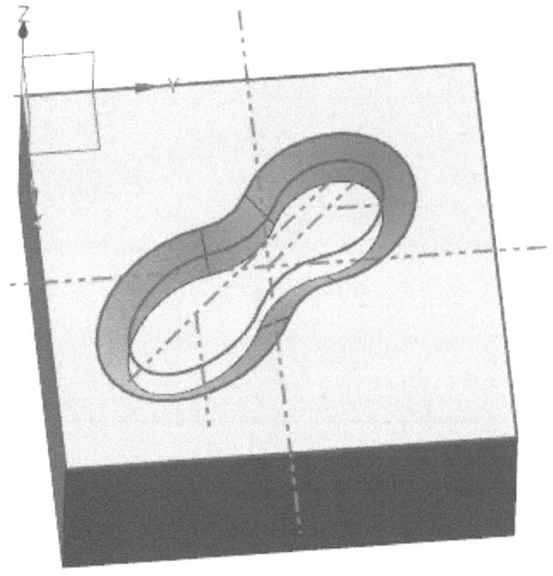

▶ 위의 그림과 같이 빼기 조건을 생성 한다.

→ 빼기 → 타겟 바디 선택 (메인 바디 선택) → 공구 바디 선택 (Ruled 바디 선택 → 확인 클릭

▶ 메인 바디에서 Ruled 형상 면을 덜어낸다.

④ 모서리 블렌드 (바닥 부위 코너에 있는 R3 형상을 만든다.)

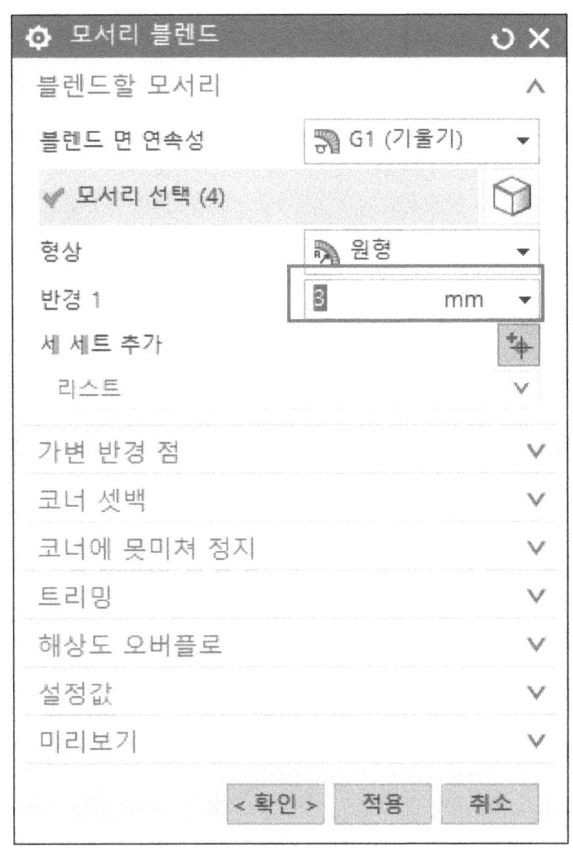

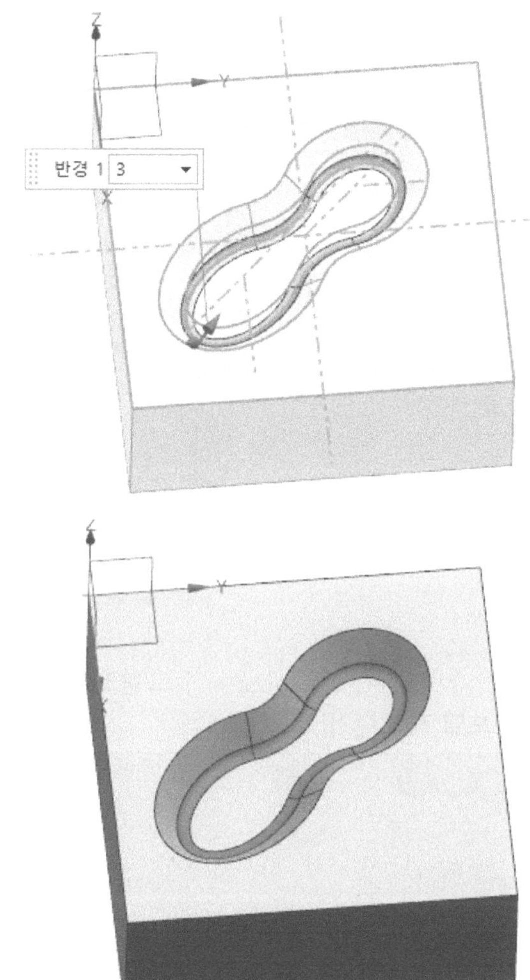

▶ 위의 그림과 같이 모서리 블렌드 조건을 설정 한다.

→ 모서리 블렌드 → 반경 1 R3 지정 → 바닥 코너 엣지(모서리) 선택 → 확인 클릭

▶ 바닥 코너 전주에 녹색으로 표현된 R3 형상이 생성된다.

[그림3 완성된 공개 도면 1번 형상 모델링]

▶ 모델 내보내기

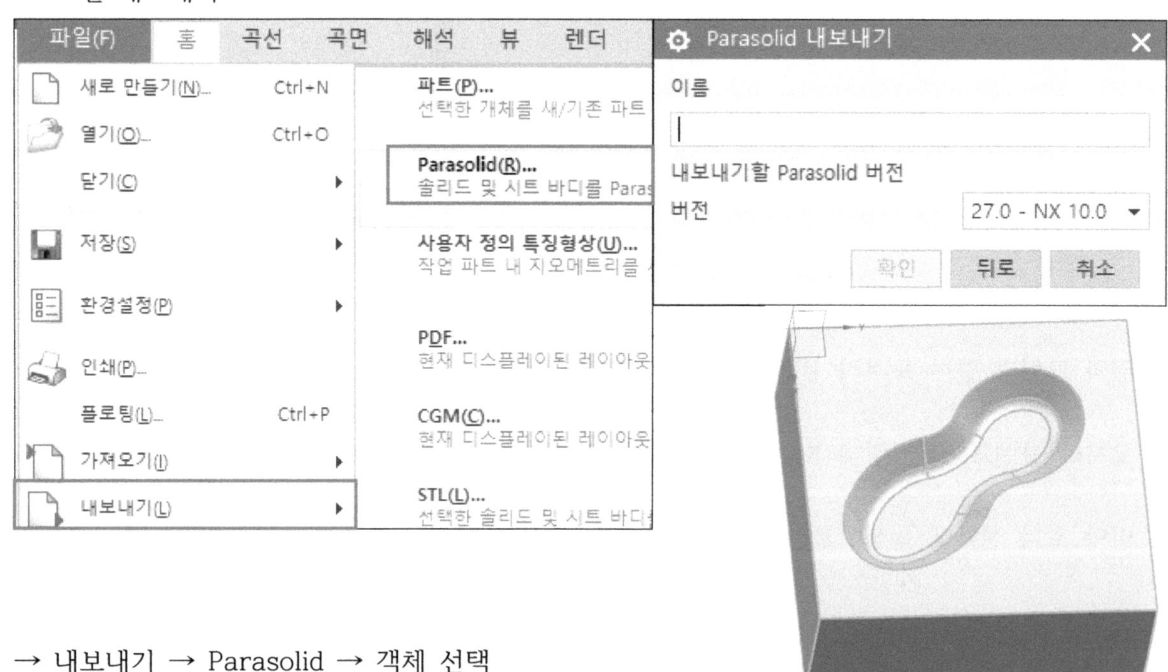

→ 내보내기 → Parasolid → 객체 선택
→ 탐색기창 폴더 찾아가기 → 이름 과제1번 → 저장
※ 저장한 폴더 위치를 찾아가서 저장된 파일을 확인한다.

1-4 가공 조건 확인하기

[공개]

3. 지급재료 목록			자격종목	컴퓨터응용가공산업기사	
일련번호	재 료 명	규 격	단 위	수 량	비 고
	머시닝센터작업				
1	쾌삭알루미늄판 [AL6061(T6)]	t30×70×70	개	1	1인당
2	평엔드밀	2날-Ø10	개	1	2인당
3	볼엔드밀	Ø6	개	1	2인당
4	센터드릴	Ø3.0 A형	개	1	4인당
5	드릴	6.8	개	1	4인당
6	탭	M8 × 1.25	개	1	2인당
7	절삭유	수용성 그린 절삭유 2종1호(원액20L)	통	1	검정장당
8	USB 메모리	16GB 이상	개	1	1인당
		- 이 하 여 백 -			

[그림4 과제 1번 검정 재료지급 품목]

▶ 위의 조건 표는 공개된 컴퓨터응용산업기사 과제1 문제시 중에 있는 가공 조건 표입니다. 조건 표 중에서 CAM 가공을 위해 사용되는 공구는 황삭 가공용으로 사용할 Ø10평 엔드밀과 정삭 가공용으로 사용될 Ø6볼 엔드밀입니다.

▶ 가공 공정 세우기

→ Ø10평 엔드밀을 이용한 황삭 → Ø6볼 엔드밀을 이용한 정삭입니다.

황삭 : 3D 황삭 메뉴사용 가공데이터 생성

정삭 : 황잔삭, 스팁 앤 쉘로우, 3D 옵셋가공 메뉴를 사용하여 가공 데이터 생성

1-5 파워밀 기본옵션 설정하기

파워밀 실행하기 : 파워밀 아이콘을 더블클릭하여 실행 한다.

1-5-1 가공준비

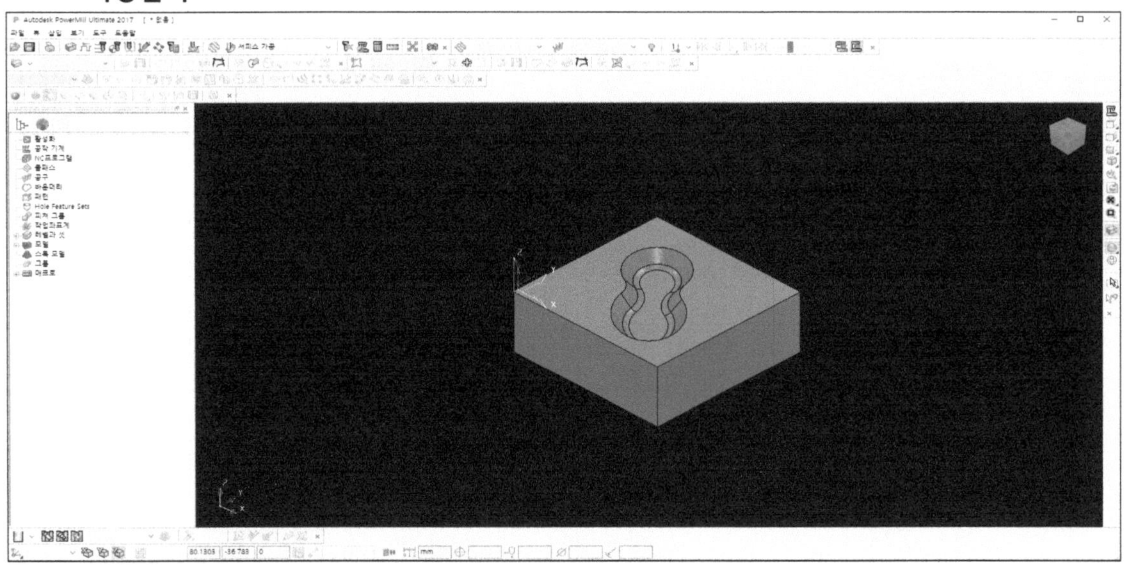

① 가공 모델 불러오기 : 파일→모델 불러오기→폴더이동→과제1번.x_t (열기)

② 가공영역(블록) 설정하기

→ 정의 (박스) → 계산 클릭

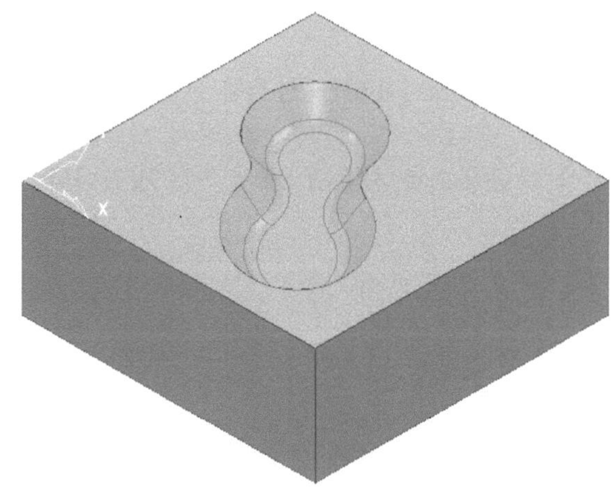

③ 안전영역 설정 : 급속이송 높이 및 플런지 높이 설정

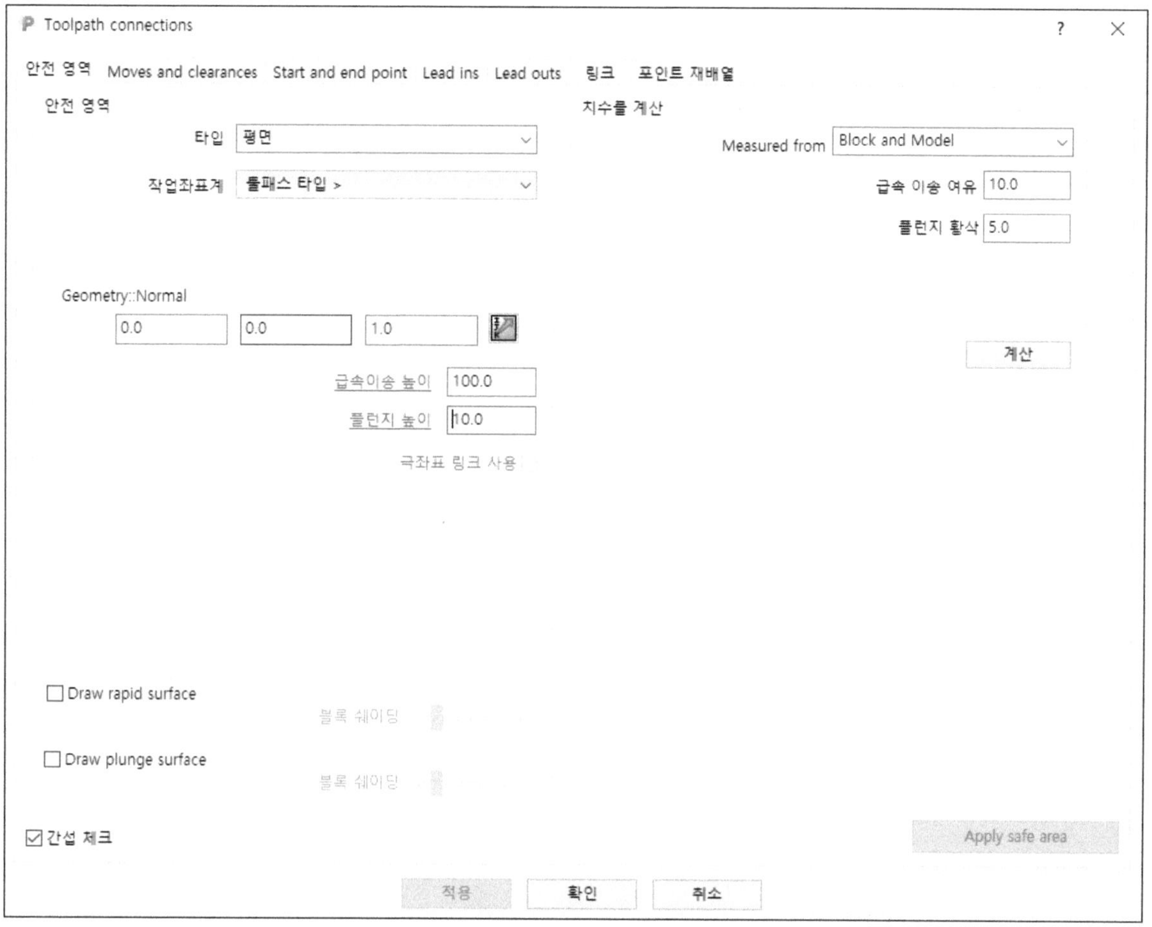

▶ 위의 그림과 같이 조건을 설정 한다.

ⓐ 급속이송 높이 설정 : 가공의 안전을 확보 하기 위하여 100mm로 설정하여 공구가 처음 진입할 때 작업자가 확인할 수 있게 높게 설정 해준다.

ⓑ 플런지 높이 설정 : 플는지 높이 역시 안전하게 작업이 가능하게 블록 Z최대 높이(모든 과제가 제일 윗면이 Z0.0 이기 때문에 가공 안전을 위하여 10mm로 설정하여 가공을 진행할 수 있게 유도한다.

④ 스킴 높이 설정

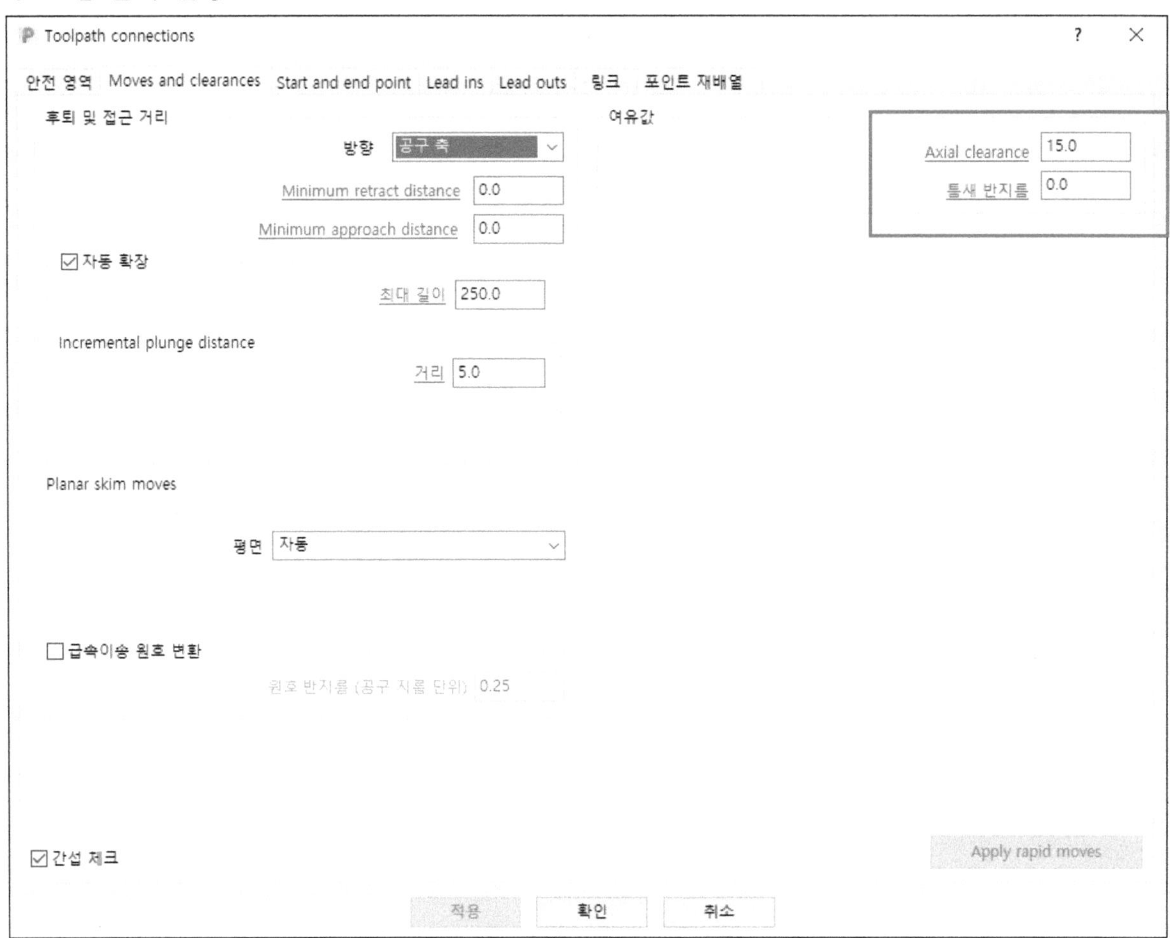

▶ 위의 그림과 같이 조건을 설정 한다.

→ Axial clearance 값은 스킴 높이를 결정하는 값으로 가공 데이터부터 증분 값으로 15mm 위에서 스킴으로 움직인다는 것이다.

⑤ 피드와 속도 설정 (주축 회전수와 가공 속도(피드) 설정)

▶ 위의 그림과 같이 조건을 설정 한다.

ⓐ 붉은색 사각 빅스 인에 조긴을 수정힌다.
→ 스핀들 속도 (주축 회전 수) → 2500rpm
→ 정삭 피드 → 300mm/min
→ 플런지 피드 → 300mm/min
→ 스킴 피드 비율 300mm/min

※ 위의 조건은 절대적인 조건은 아니고 기계 능력에 따라 달라 질수 있으며 안전성을 고려한 조건입니다.

1-6 황삭 & 황잔삭 가공 메뉴 실행하기

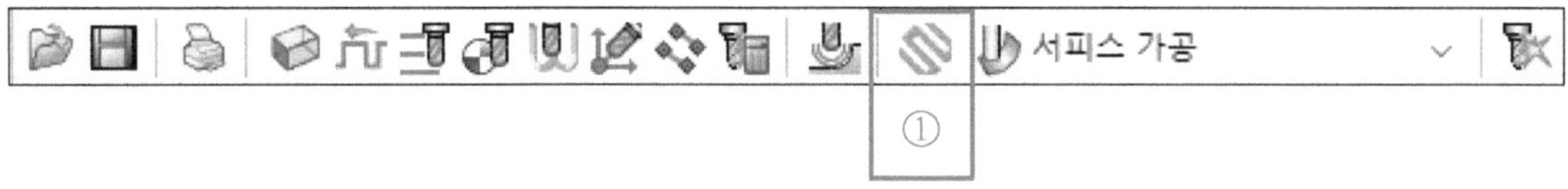

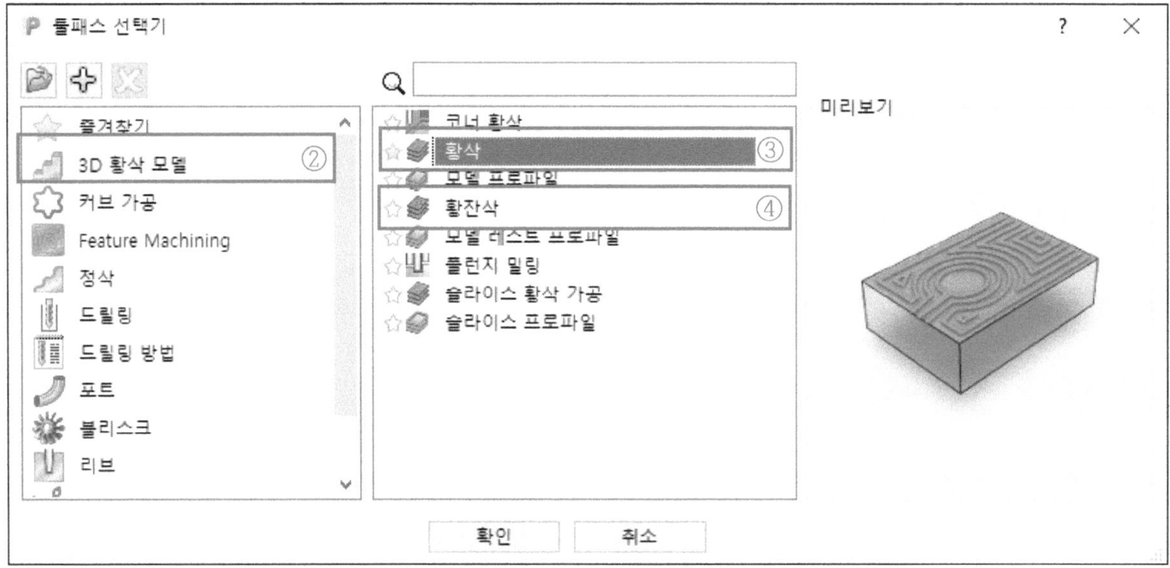

▶ 가공 메뉴 모음 클릭 → 3D 황삭 모델 클릭 → 황삭 클릭

▶ 황삭은 사각 재료 상태에서 처음 가공을 할 때 사용되는 메뉴로 전체 영역에 대해서 가공을 진행할 때 사용하는 첫 번째 가공 이다.

▶ 황잔삭은 황삭 가공 후 전체 황삭 가공 공구보다 작은 공구를 이용하여 조금 더 형상에 근접하게 가공을 진행하는 것이다. 그러나 컴퓨터 응용가공 산업기사에서는 가공 시간이 한정되어 있기 때문에 황잔삭을 생략하고 바로 정삭으로 가공하는데 형상에 따라서 Ø10평 엔드밀이 못 들어가는 부위가 자주 발생을 한다. 그러므로 황삭 가공에서 정삭 가공 옵션 값으로 설정하여 바로 정삭가공을 진행한다. 알루미늄(AL) 재질이라서 크게 가공 부하가 발생하지 않고 원활한 가공이 가능하다.

1-7 황삭 가공하기 Ø10평 엔드밀 (가공 메뉴 : 황삭)

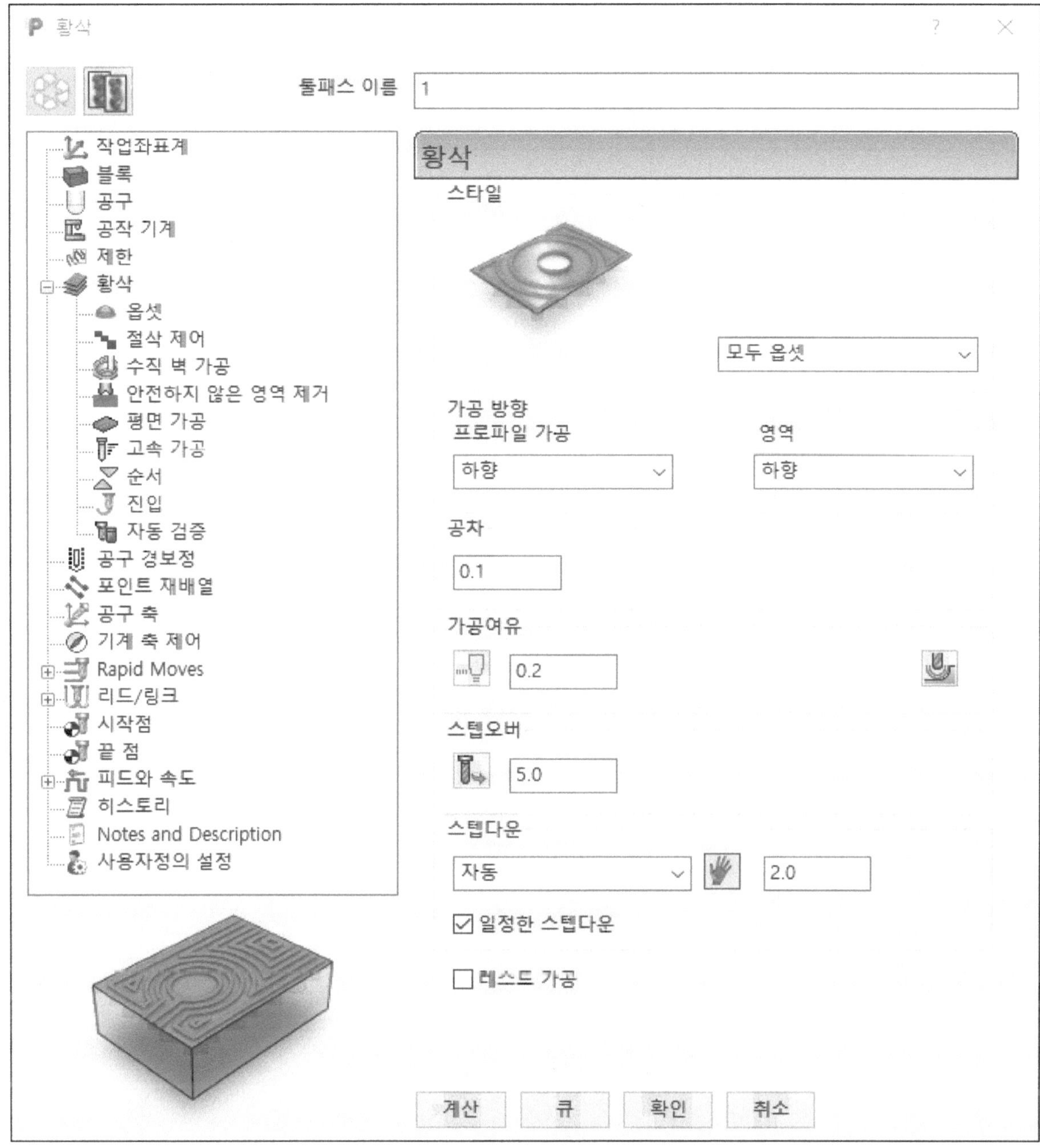

※ 전체 황삭 : 형상을 가공 할 때 바로 원래의 형상과 동일하게 가공하기는 불가능하기 때문에 형상에 근접하게 순차적으로 작업을 진행하는데 그 첫 공정이 황삭 가공 공정이다.

▶위 그림과 같이 가공 조건을 설정한다.

→ 가공 옵션 설정 → 공구 설정 → 옵셋 조건 설정 → 안전하지 않은 영역 제거 → 고속 가공 → 리드/링크 → 리드 인 → 링크 → 계산 버튼 클릭

① 공구 설정
→황삭 공구의 크기는 제시된 가공 조건 표 대로 Ø10평 엔드밀을 사용한다.

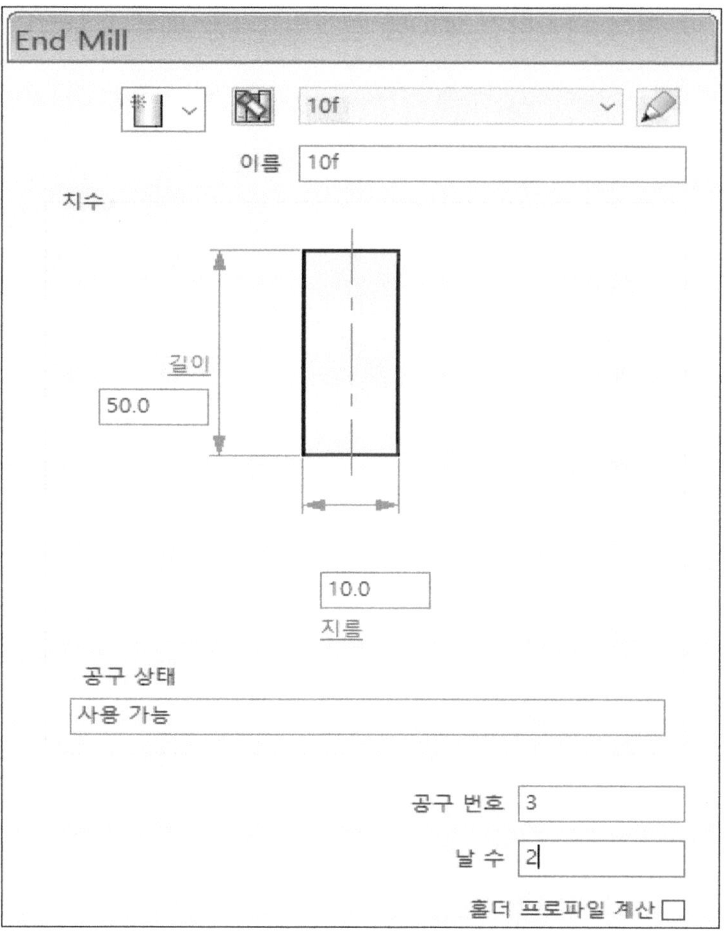

② 옵셋 조건 설정
→ 가공 방향유지 조건 체크를 풀고 커습 제거 조건도 체크를 풀어준다. 그리고 방향을 안에서 밖으로를 선택한다.

옵셋

고급 옵셋 설정

☐ 가공 방향 유지
☐ 스파이럴
☐ 커습 제거
☐ 작은 부분 먼저 가공

가공 방향

프로파일 가공: 하향
영역: 하향

방향

안에서 밖으로

③ 안전하지 않은 영역제거 설정
→ 공구 지름의 퍼센트로 설정하는 것인데 Ø10 평 엔드밀 경우 일체형 공구로 바닥 날이 생성되어있기 때문에 한계치 값을 설정하지 않고 툴패스를 생성한다.

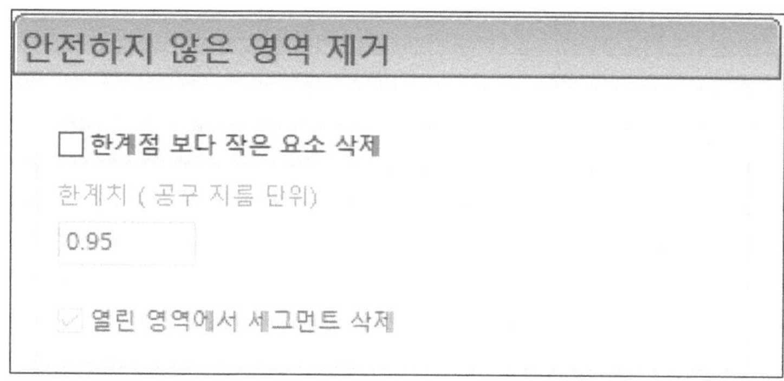

④ 고속 가공 설정
→ 프로파일 부드럽게는 가공 데이터의 꺾이는 부위 코너에 지정한 값의 라운드가 형성된다. 설정하는 값은 공구 지름의 퍼센트로 설정 된다.

→ 빠른 선택 모드는 현재의 가공 데이터와 다음 가공 데이터를 이어주는 방식을 부드러운 라운드로 연결하는 방식으로 고속 가공에서 급격한 방향 전환을 방지하는 역할을 한다.

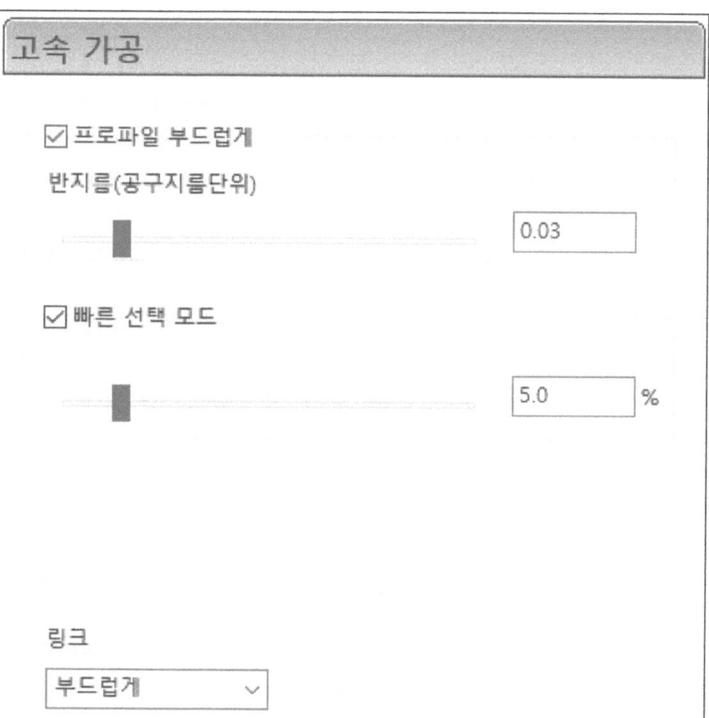

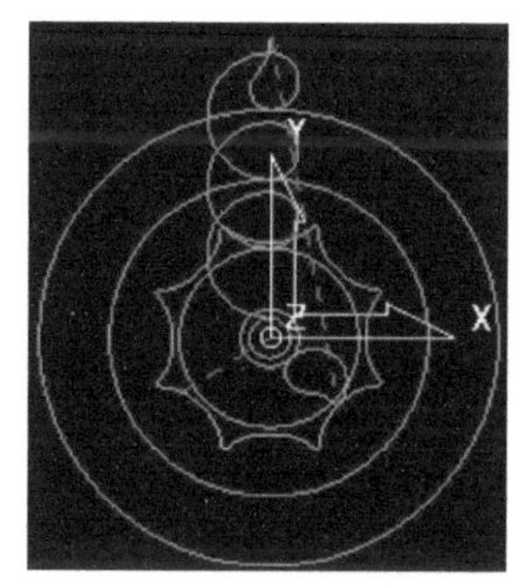

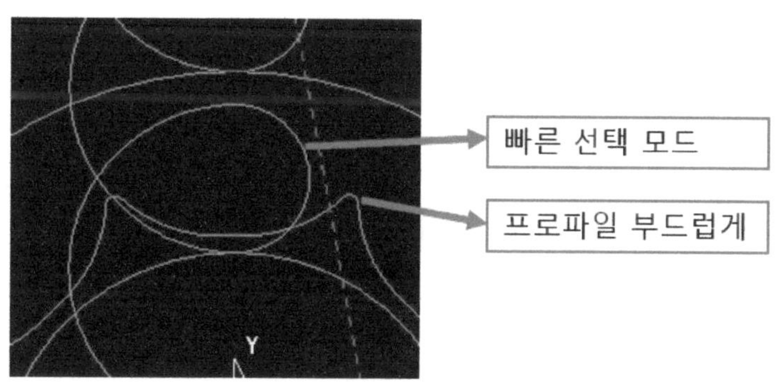

[그림5 툴패스 고속가공 옵션 적용 툴패스]

⑤ 리드/링크 설정

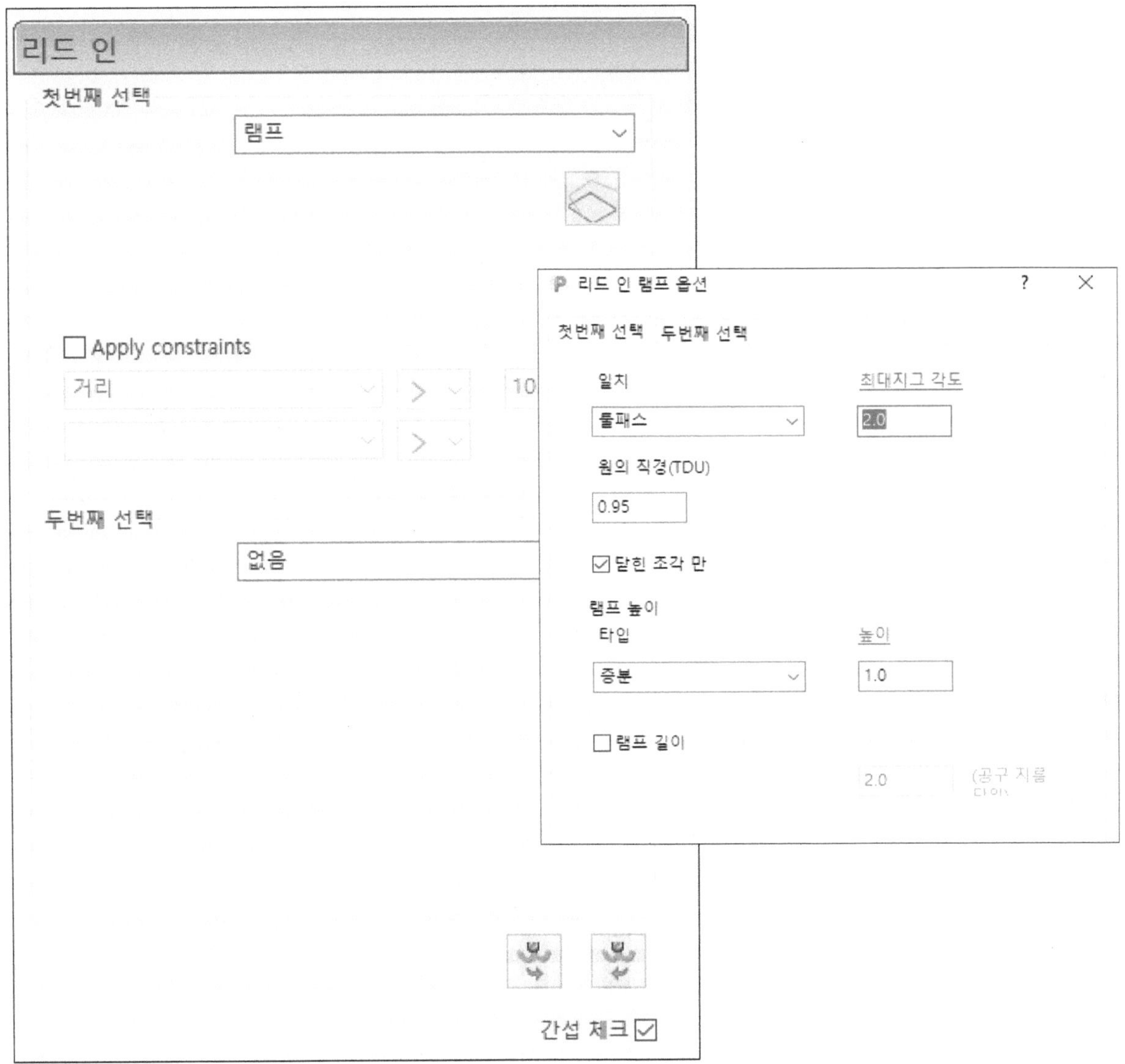

→ 리드 인 설정 → 램프 → 램프 아이콘 클릭 → 최대지그 각도 2° 입력 → 닫힌 조각만 체크 → 램프 높이 1입력

▶ 램프의 각도를 2°로 하고 램프 시작 높이를 가공 데이터로 부터 1mm 위에서 진행 한다. 각도가 너무 크면 수직으로 내려가는 것과 같은 것으로 램프 각도는 2°이하로 설정하는 것이 좋다.

⑥ 링크 설정 (현재 툴 패스부터 다음 툴 패스를 이어주는 방식 설정)

→ 첫 번째 선택 → 증분
→ Apply constraints → 거리 → 10 지정
→ 두 번째 선택 → 증분
→ 초기 값 → 증분

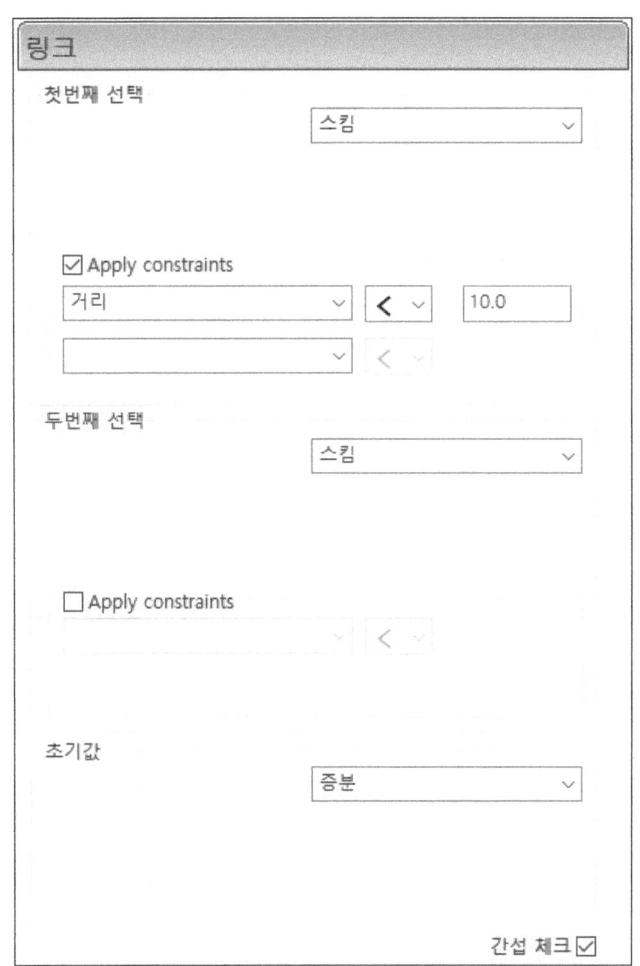

※ 첫 번째 선택, 두 번째 선택 모두 스킴으로 연결하여 공구의 이동 시간을 최소로 한다. 스킴 높이를 사전에 15mm로 설정을 했기 때문에 스킴으로 급속으로 이동을 해도 소재 위에서 공구가 움직인다. (가공 깊이 6mm, 스킴높이 15mm)

※ 설정이 완료 된 후 계산 버튼을 클릭하여 가공 데이터를 생성 한다

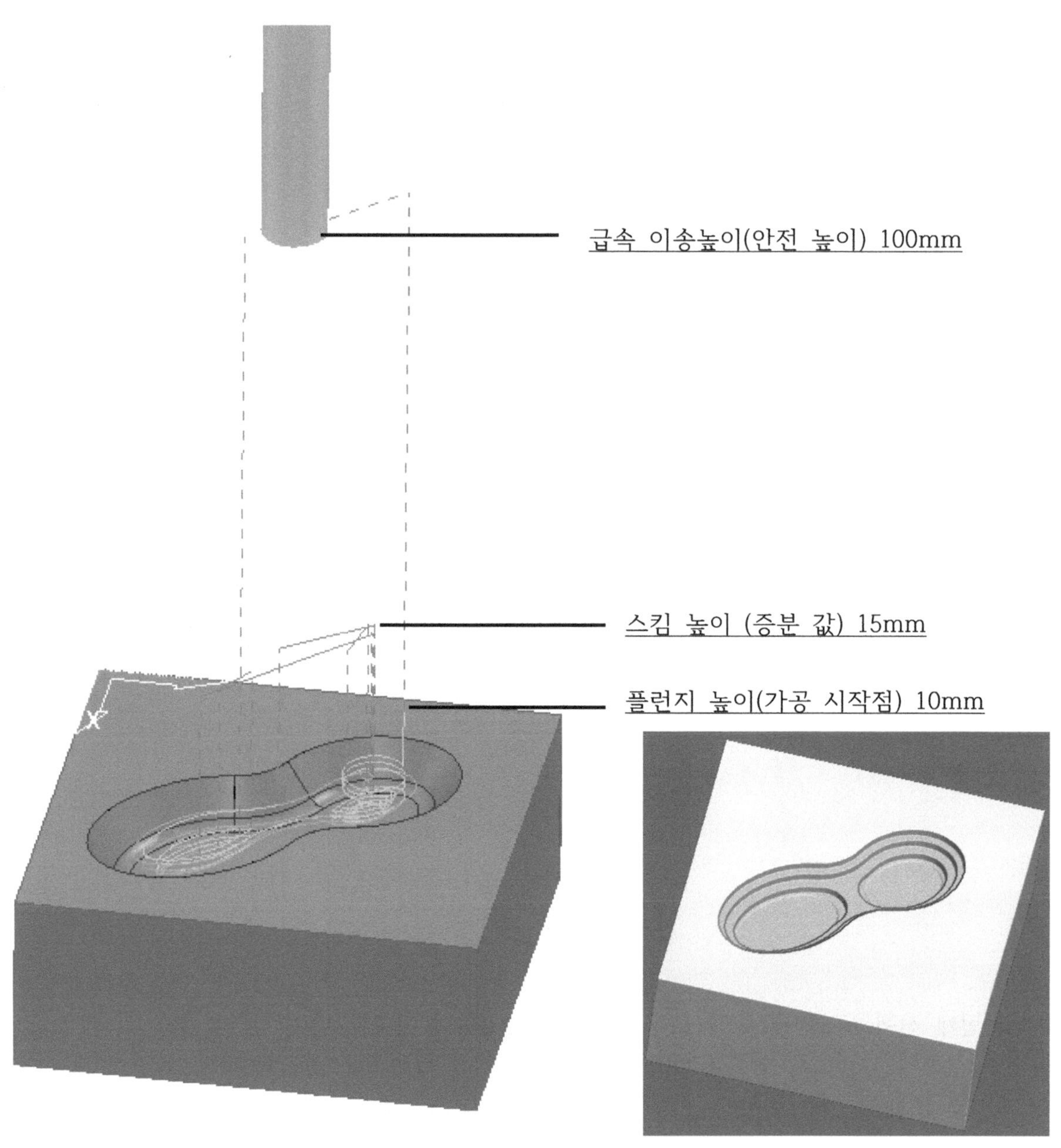

[그림6 과제 1번 황삭 완성된 가공 데이터]

1-8 황잔삭을 이용한 정삭 가공하기 Ø6볼 엔드밀 (가공 메뉴 : 황잔삭)

※ 전체 황삭 후 미 가공 된 부위를 조금 더 작은 공구를 사용하여 형상과 근접한 모양을 가공하는 공정이지만 가공여유와 공차를 다르게 하여 중삭이나 정삭으로도 이용한다.

▶위 그림과 같이 가공 조건을 설정한다.

▶반드시 레스트 가공에 체크가 되어 있어야 잔삭 가공이 가능하다.

→ 가공 옵션 설정 → 공구 설정 → 남은 부분 → 옵셋 → 고속 가공 → 리드/링크 → 리드 인 → 링크 → 계산 버튼 클릭

① 공구 설정
→ 이번 가공에서 사용되는 공구는 Ø6볼 엔드밀을 사용한다.
(재료가 알루미늄이고 자격증 시험에서는 시간제한이 있으므로 중간 가공 공정을 하지 않고 바로 정삭가공을 진행한다.)

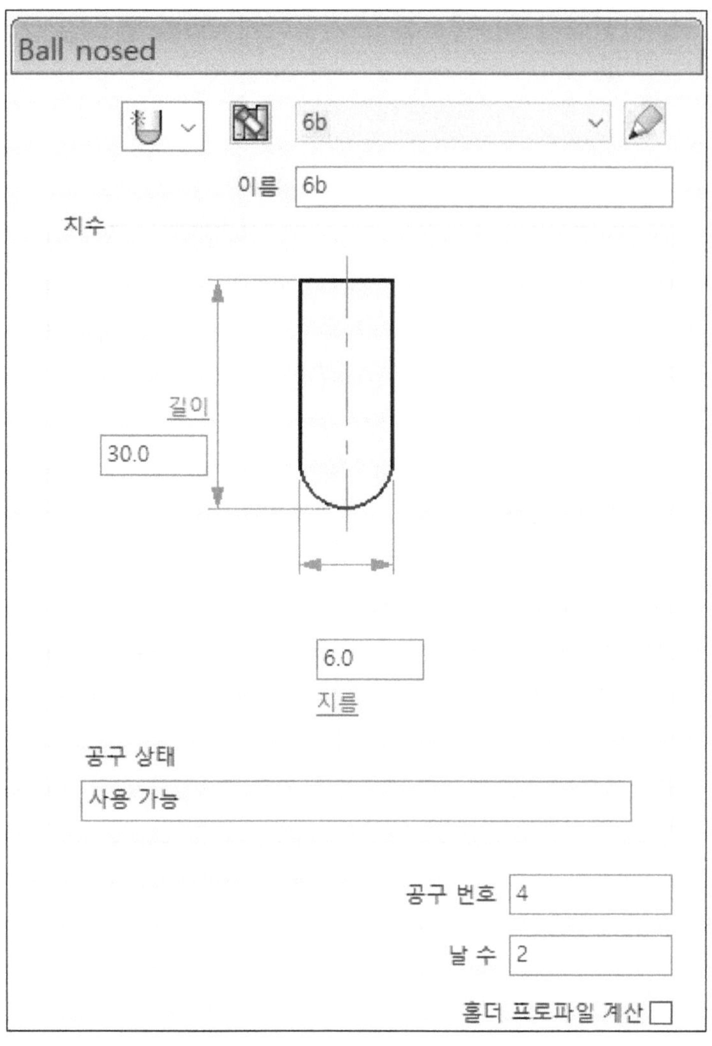

② 남은 부분
→ 이전 공구로 가공을 진행하고 남아있는 미 절삭 부위를 찾아내서 가공하는 가공 공정이다.
이번에는 황삭용 데이터를 생성하는 것이 아니라 바로 정삭 가공 데이터를 생성한다.

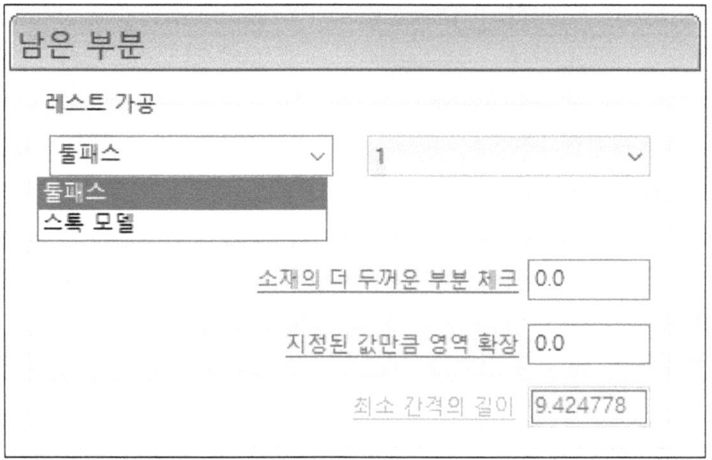

③ 옵셋 조건 설정
→ 가공 방향유지와 커습 제거 조건 체크를 풀고 방향을 안에서 밖으로 선택 한다.

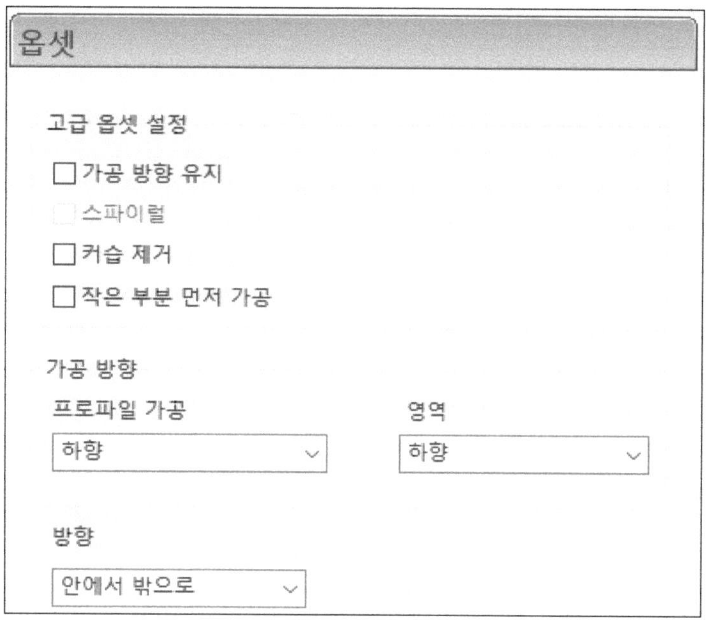

④ 고속 가공 설정
→ 프로파일 부드럽게는 가공 데이터의 꺾인 부위 코너에 지정한 값의 라운드가 형성된다. 설정하는 값은 공구 지름의 퍼센트로 설정 된다.

→ 빠른 선택 모드는 현재의 가공 데이터와 다음 가공 데이터를 이어주는 방식을 부드러운 라운드로 연결하는 방식으로 고속 가공에서 급격한 방향 전환을 방지하는 역할을 한다.

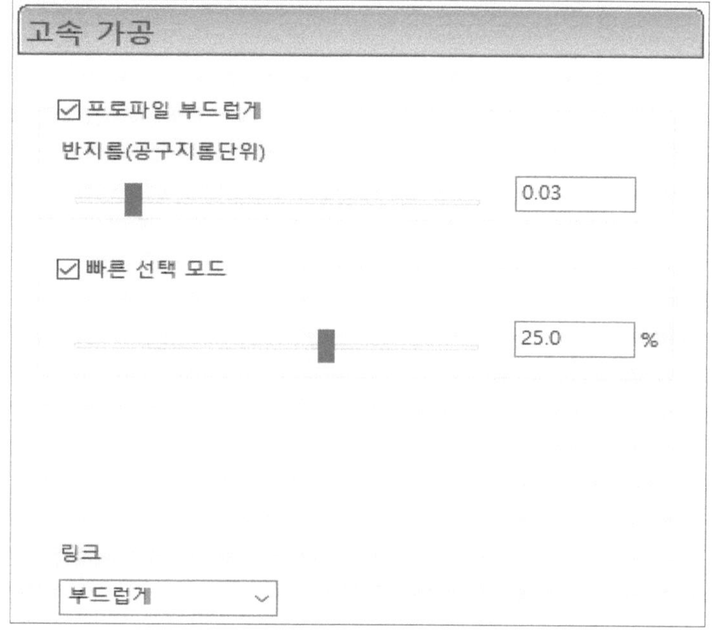

⑤ 리드/링크 설정

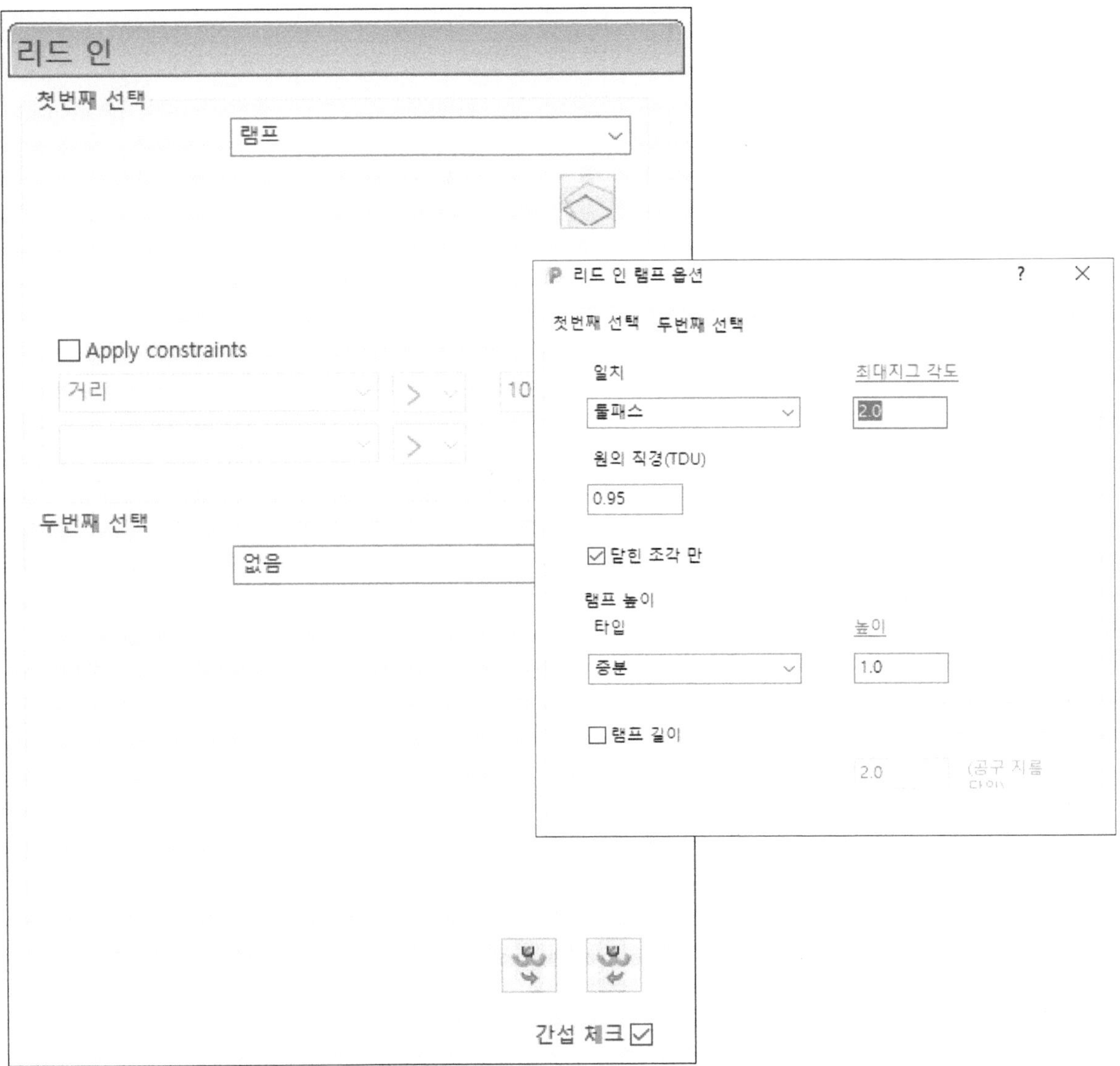

→ 리드 인 설정 → 램프 → 램프 아이콘 클릭 → 최대지그 각도 2° 입력 → 닫힌 조각만 체크 → 램프 높이 1입력

▶ 램프의 각도를 2°로 하고 램프 시작 높이를 가공 데이터로 부터 1mm 위에서 진행 한다.

⑥ 링크 설정 (현재 툴 패스부터 다음 툴 패스를 이어주는 방식 설정)

→ 첫 번째 선택 → 스킴 설정한다.
→ Apply constraints → 거리 → 10
→ 두 번째 선택 → 증분
→ 초기 값 → 증분

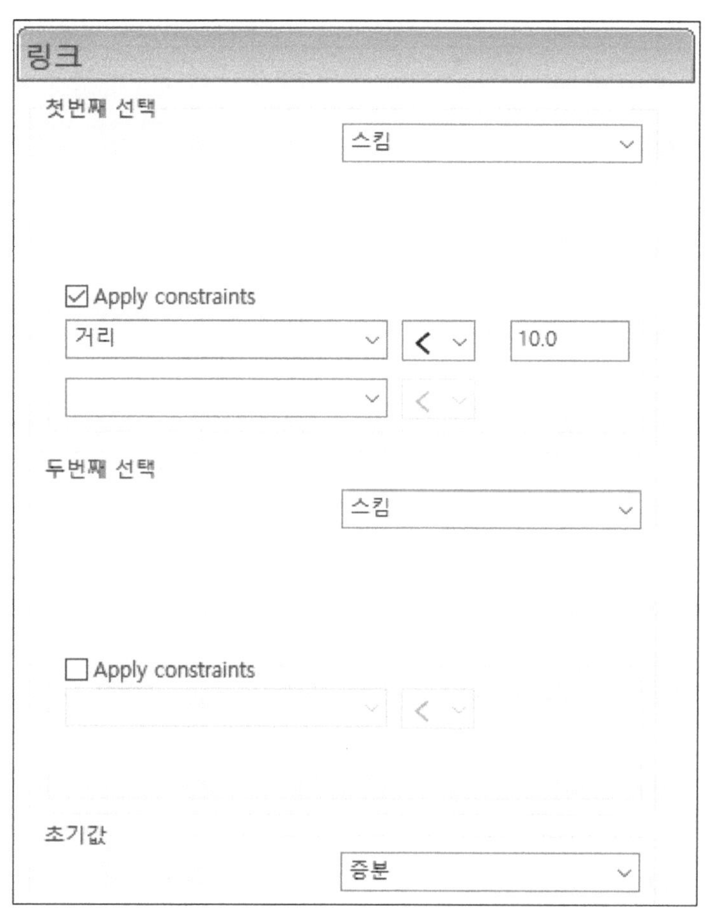

※ 설정이 완료 된 후 계산 버튼을 클릭하여 가공 데이터를 생성 한다.

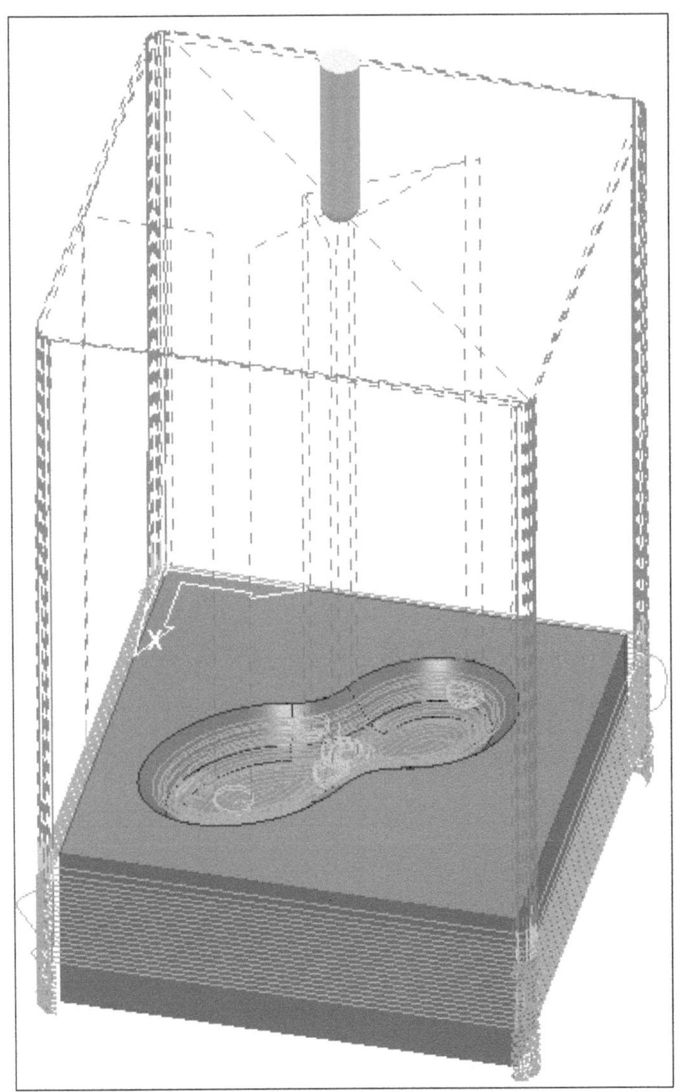

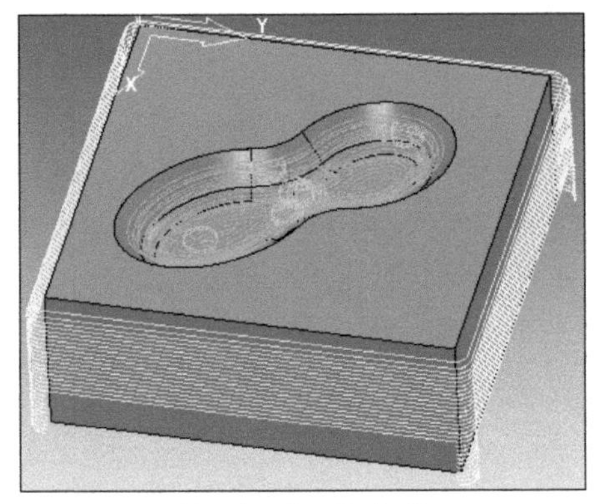

(수정 전 데이터)

→ 삭제할 툴패스 선택 → 마우스 우측 키 클릭 → 편집 → 선택된 성분 삭제

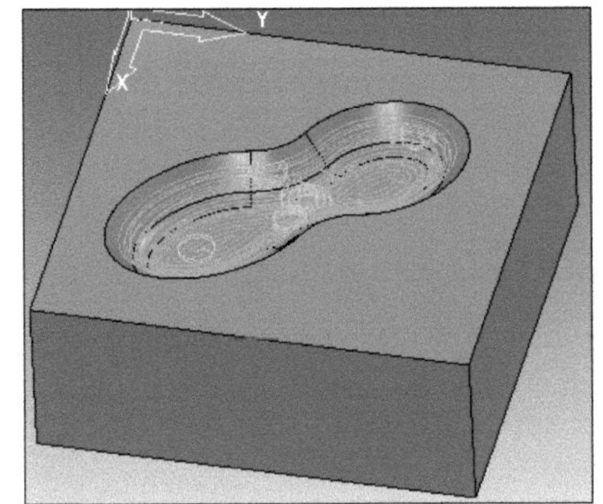

(수정 후 데이터)

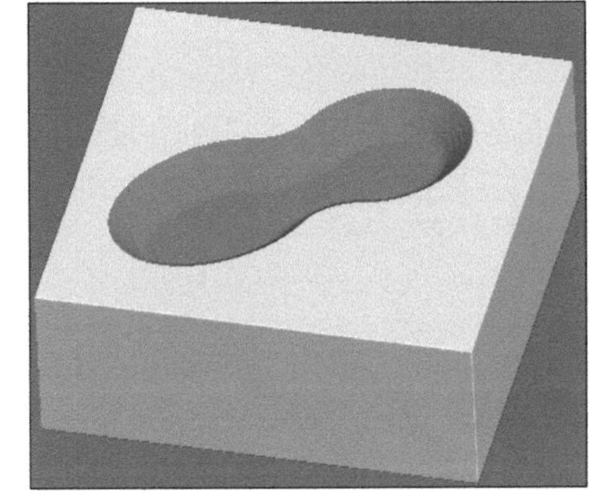

[그림7 과제 1번 황잔삭을 이용한 정삭 완성된 가공 데이터]

1-9 NC프로그램 출력하기

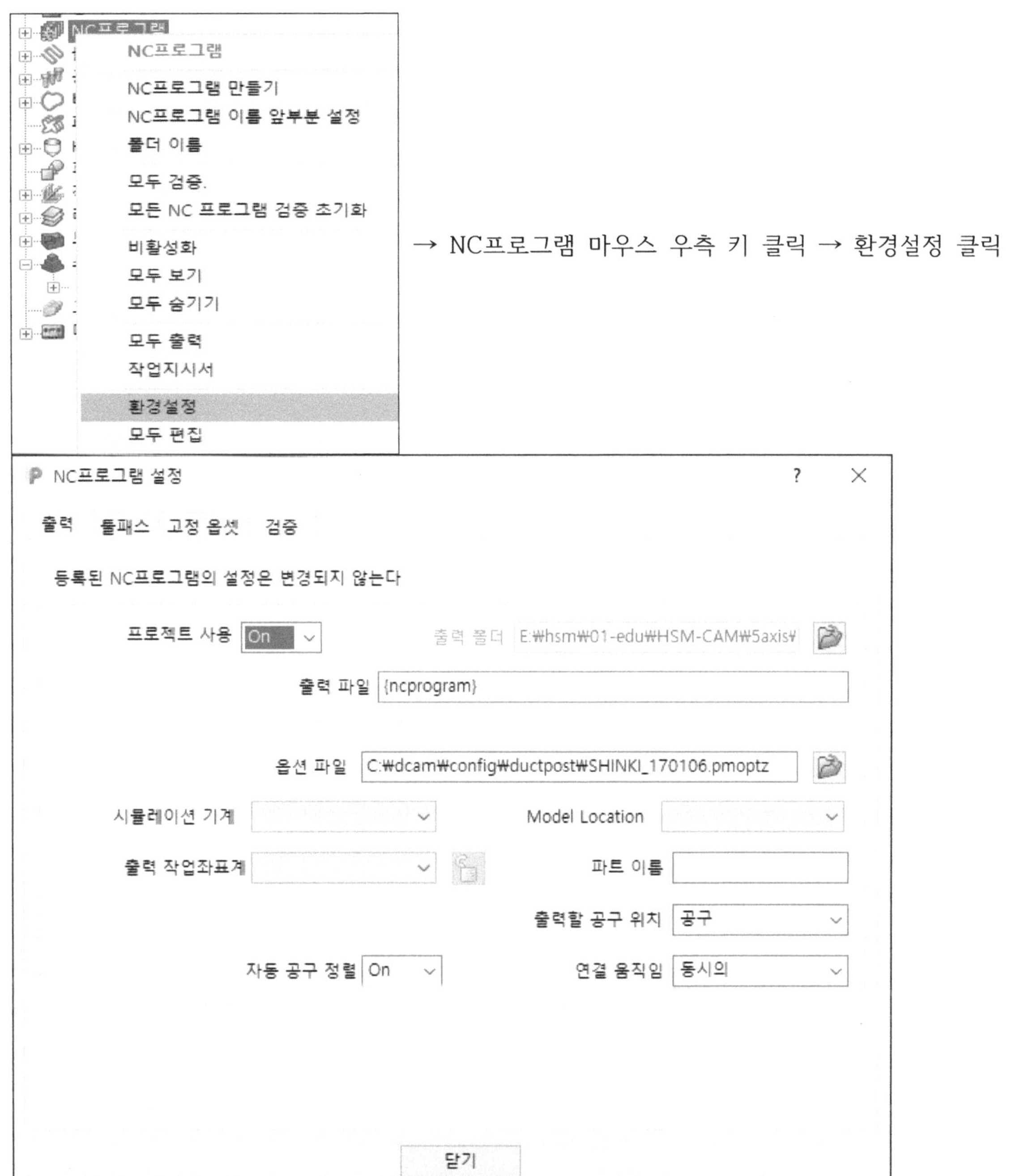

→ NC프로그램 마우스 우측 키 클릭 → 환경설정 클릭

▶ 프로젝트 사용 : On 프로젝트 파일 밑에 ncprograms 폴더를 만들고 가공데이터를 출력함.

▶ 프로젝트 사용 : Off 가공데이터가 출력될 폴더를 지정할 수 있다.

▶ 출력 파일 : {ncprogram}은 변수 값이라 수정되면 안 되고 .nc를 입력하며 이름.nc로 nc데이터가 출력된다. 파워밀은 원하는 확장자를 지정할 수 있다. (기본 값은 이름.tap)

▶ 옵션 파일 : NC프로그램 옵션파일을 지정한다.(반드시 지정해야 됨. 가공 조건을 설정함.)

▶ 툴패스 NC데이터로 내보내기

→ 툴패스 위에서 마우스 우측 키 클릭 → 개별 NC프로그램 생성 클릭한다. → NC프로그램 목록 확인 →

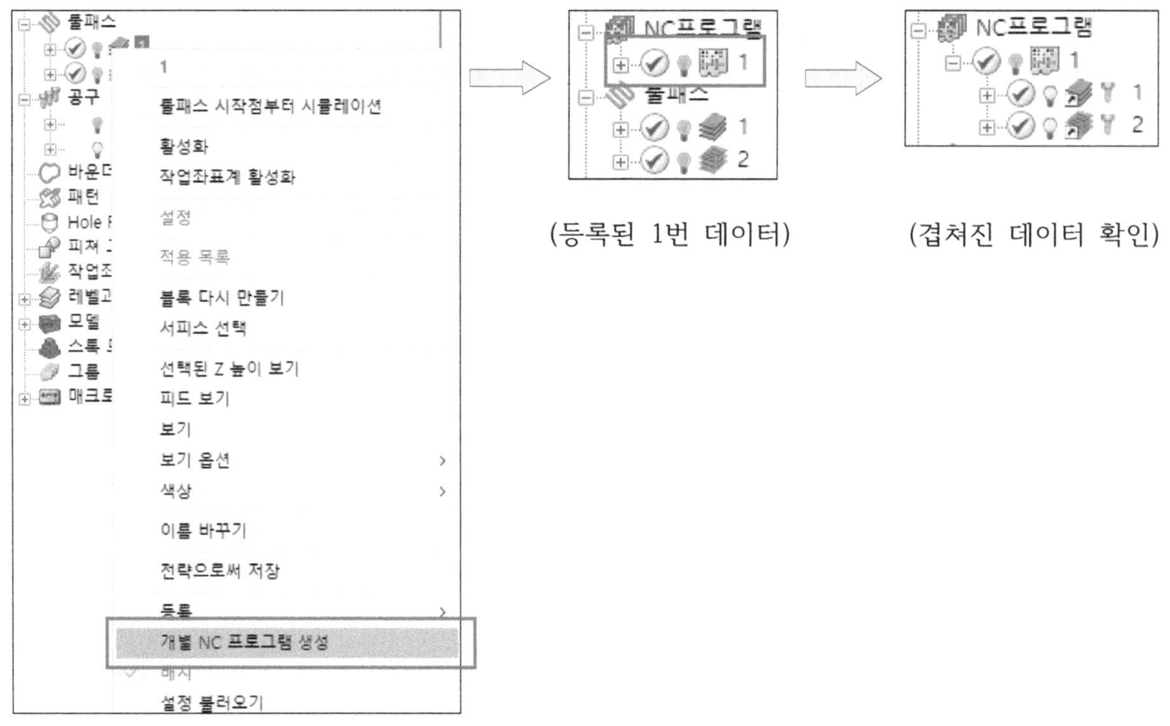

(등록된 1번 데이터) (겹쳐진 데이터 확인)

▶ 여러 개의 툴패스를 하나의 NC데이터로 내보내기

→ 1번 데이터를 NC프로그램에 등록을 한다. → 2번 데이터를 마우스 좌측 키로 클릭하여 드래그 해서 생성된 NC프로그램1번 위에 겹친다.(결합) → 1번 NC데이터에서 마우스 우측 키 클릭 → 설정을 선택 → 설정 창에서 데이터를 확인 한다.

▶ NC프로그램 1번 설정 창 확인

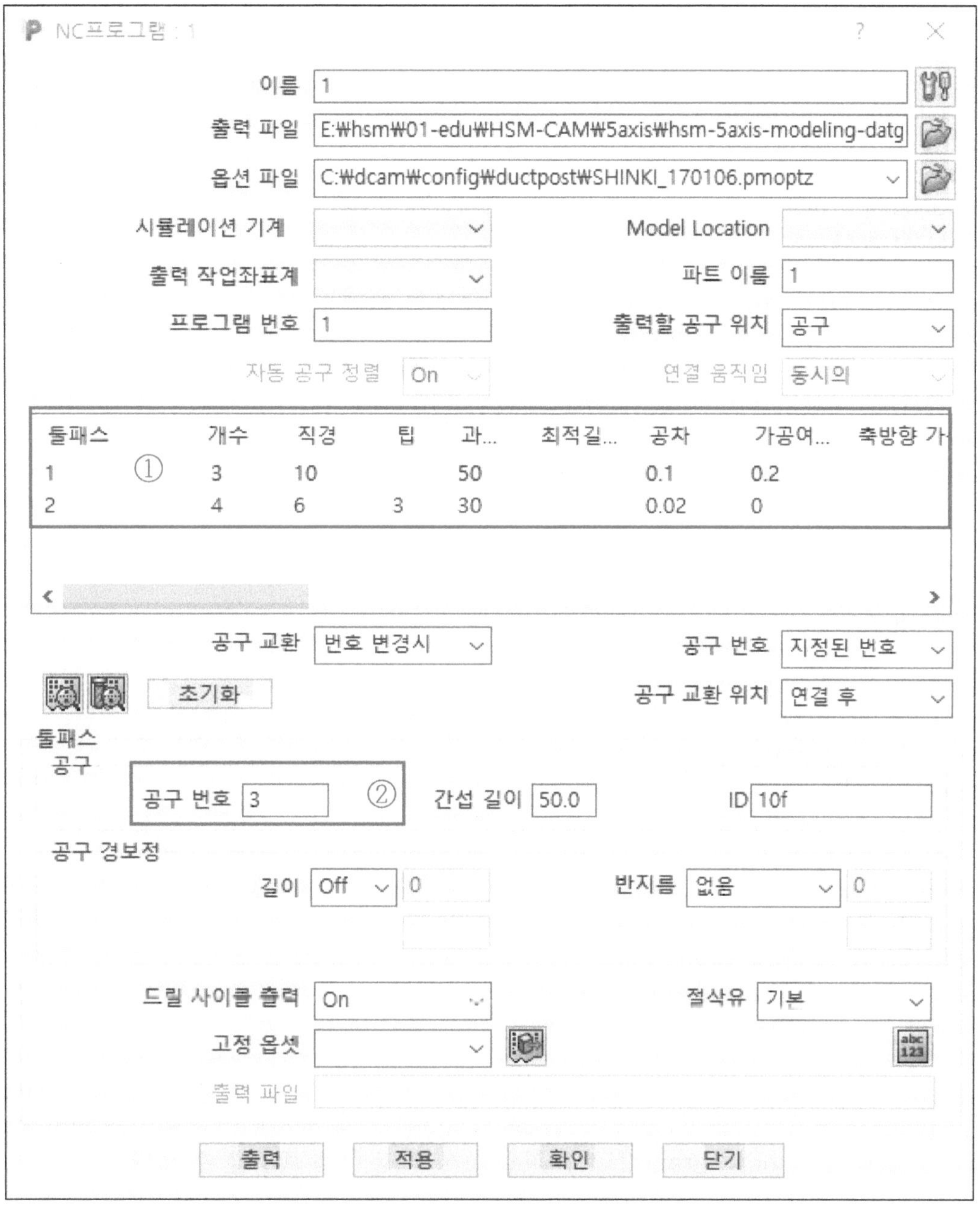

NC프로그램 : 1

이름 1

출력 파일 E:₩hsm₩01-edu₩HSM-CAM₩5axis₩hsm-5axis-modeling-datg

옵션 파일 C:₩dcam₩config₩ductpost₩SHINKI_170106.pmoptz

시뮬레이션 기계 Model Location

출력 작업좌표계 파트 이름 1

프로그램 번호 1 출력할 공구 위치 공구

자동 공구 정렬 On 연결 움직임 동시의

툴패스		개수	직경	팁	과...	최적길...	공차	가공여...	축방향 가
1	①	3	10		50		0.1	0.2	
2		4	6	3	30		0.02	0	

공구 교환 번호 변경시 공구 번호 지정된 번호

초기화 공구 교환 위치 연결 후

툴패스 공구

공구 번호 3 ② 간섭 길이 50.0 ID 10f

공구 경보정

길이 Off 0 반지름 없음 0

드릴 사이클 출력 On 절삭유 기본

고정 옵셋

출력 파일

출력 적용 확인 닫기

(가공 조건 확인 & 작업 좌표계 확인)

① 칸에서 가공 데이터 이름과 개수를 확인한다.

② 공구 번호를 확인한다.

③ 출력 버튼을 클릭 하거나 탐색기창 NC프로그램 메뉴에서 마우스 우측 키를 클릭하여 모두 출력 버튼을 클릭 한다.

▶ 생성된 NC프로그램 1번

```
%
(******************************)
( File Name =1)
( TOOL Diameter =10,000)
(Coner R=        0)
( Thickness=     ,200)
( Tolerance =    ,100)
(******************************)
G28 G91 X0. Y0. Z0.
G90 G80 G49 G17 G40
T3M6
S2500M3
G43Z100.H3
G0X20.771Y49.827M3
Z10.M8
G1Z1.F300
X19.876Y49.098Z.96
X19.223Y48.234Z.922
X18.822Y47.363Z.888
X18.622Y46.549Z.859
X18.566Y45.822Z.834
X18.622Y45.096Z.808
X18.822Y44.282Z.779
X19.223Y43.411Z.746
X19.876Y42.546Z.708
X20.806Y41.789Z.666
X21.986Y41.262Z.621
X23.316Y41.072Z.574
X24.646Y41.262Z.527
X25.825Y41.789Z.482
X26.755Y42.546Z.44
X27.408Y43.411Z.402
X27.809Y44.282Z.369
```

▶ 저장 위치 : 프로젝트 사용이 ON으로 설정되어있기 때문에 파워밀 프로젝트 파일(과제1번 파워밀데이터) 폴더 안에 ncprograms/1.tap 파일로 생성 된 것을 확인할 수 있다.

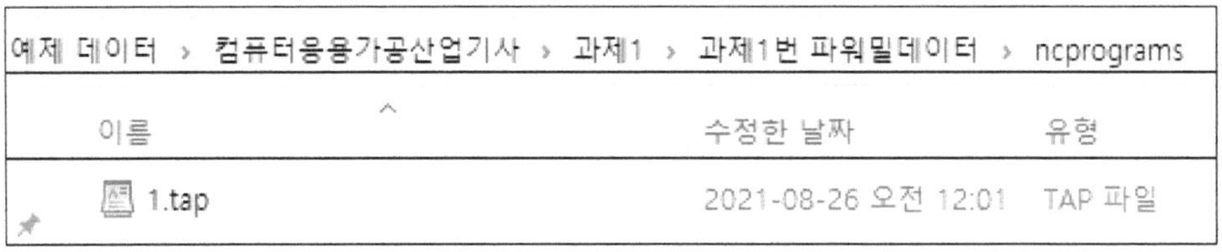

예제 데이터 › 컴퓨터응용가공산업기사 › 과제1 › 과제1번 파워밀데이터 › ncprograms

이름	수정한 날짜	유형
1.tap	2021-08-26 오전 12:01	TAP 파일

2. 컴퓨터 응용가공 산업기사 공개문제 3번 모델링하기

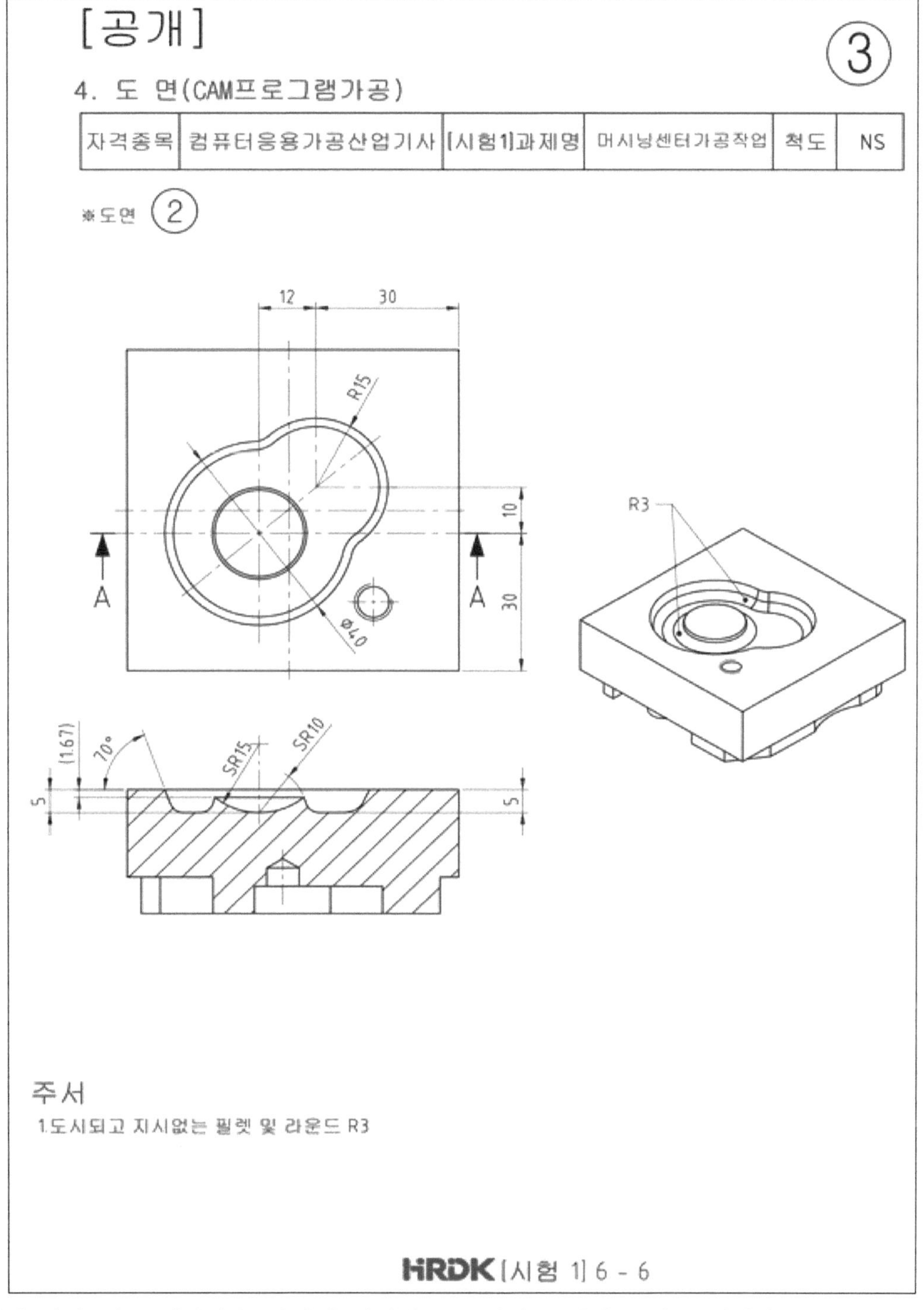

※ 모델링 시작 전 도면파악을 면밀히 진행하고 모델링을 어떤 순서로 진행할 지를 생각한 후 모델링 작업에 임한다. 생산, 가공 등에서 가공 공정이 있는 것처럼 모델링 역시 모델링 순서가 중요하다.

2-1 NX 시작하기

NX 10버전을 이용하여 공개도면 3번 모델링을 진행한다.

① 새로운 작업 공간 만들기 (새로 만들기 Ctrl + N)

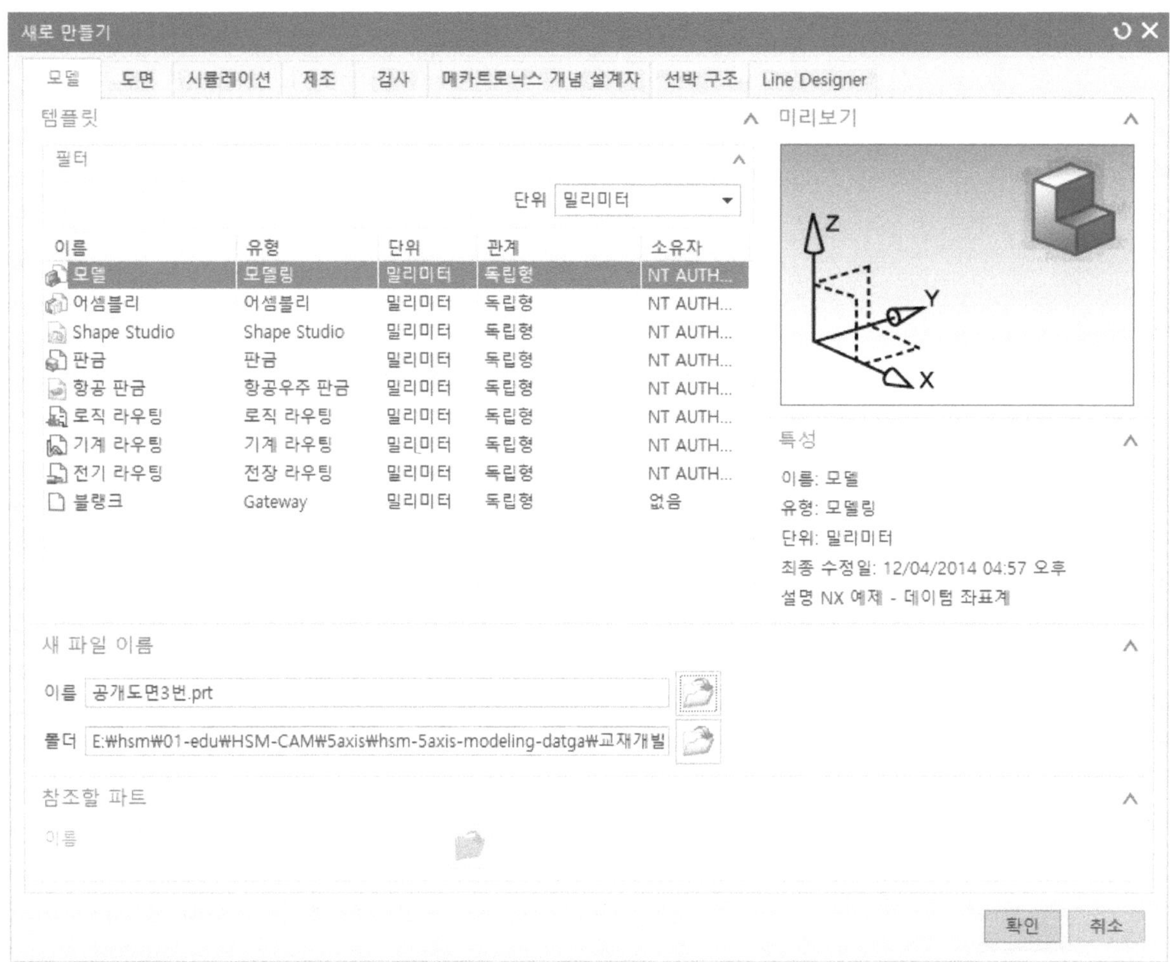

▶ 이름 칸의 탐색기 버튼을 클릭하여 저장할 폴더로 이동 후 공개도면 3번이라는 이름으로 방을 만든다.
이름 지정과 동시에 작업 폴더가 지정이 된다.

▶ 새로 만들기에서 기본 설정 그대로 작업 방을 생성한다. 모델 템플릿을 사용해야 하므로 다른 템플릿이 선택되지 않게 조심해야 한다.

2-2 스케치 그리기

1) 도면 파악 : 3번 도면의 경우 평면도만 작도하면 완성 모델링이 됨.

2) 평면도 스케치하기 데이텀 평면 만들기

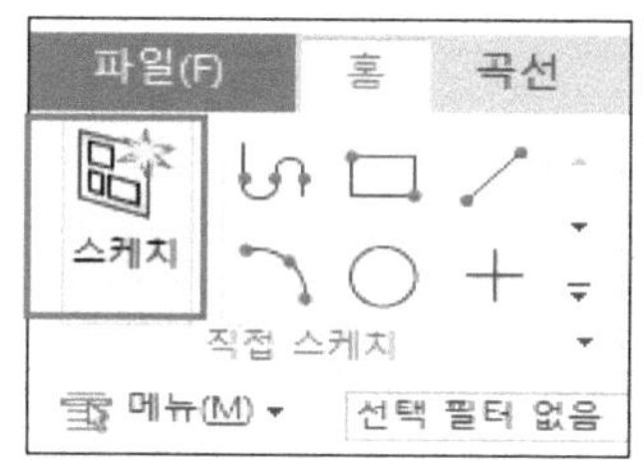

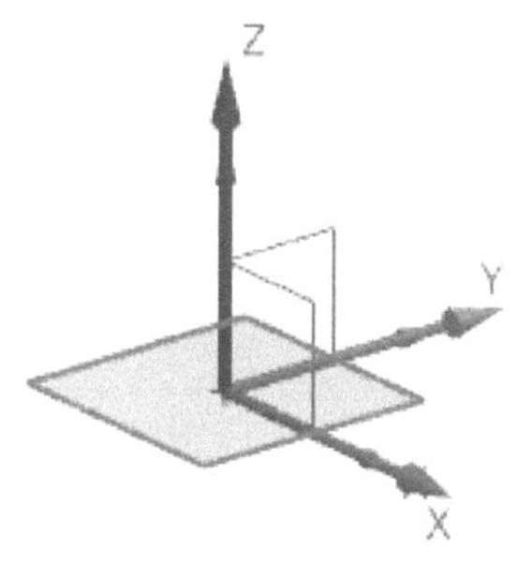

(X Y 평면에 데이텀 생성)

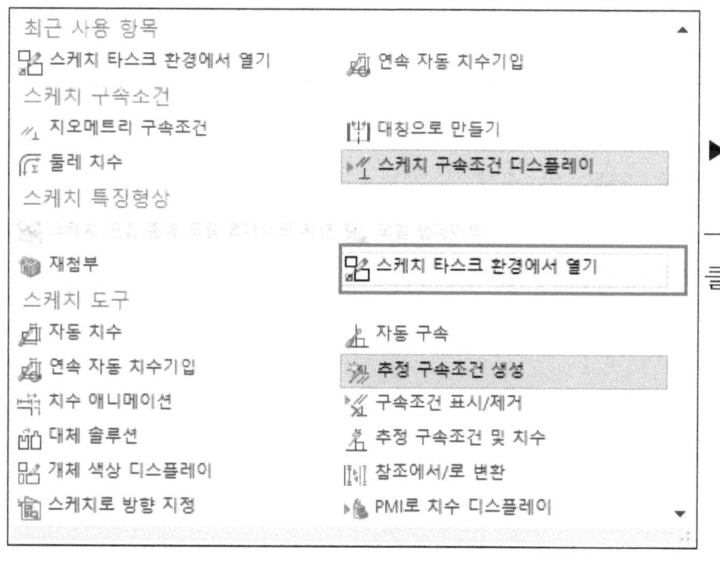

▶ 타스크 환경에서 작업을 진행 한다.

→ 스케치 환경 메뉴에서 더보기 버튼 클릭 → 스케치 타스크 환경에서 열기 버튼 클릭

▶ 스케치 타스크 환경 메뉴로 작업하는 것이 메뉴를 모두 볼 수 있기 때문에 작업이 용의 해진다.

▶ 스케치 작업하기 (기본적인 메뉴를 이용한 작업은 생략한다.)

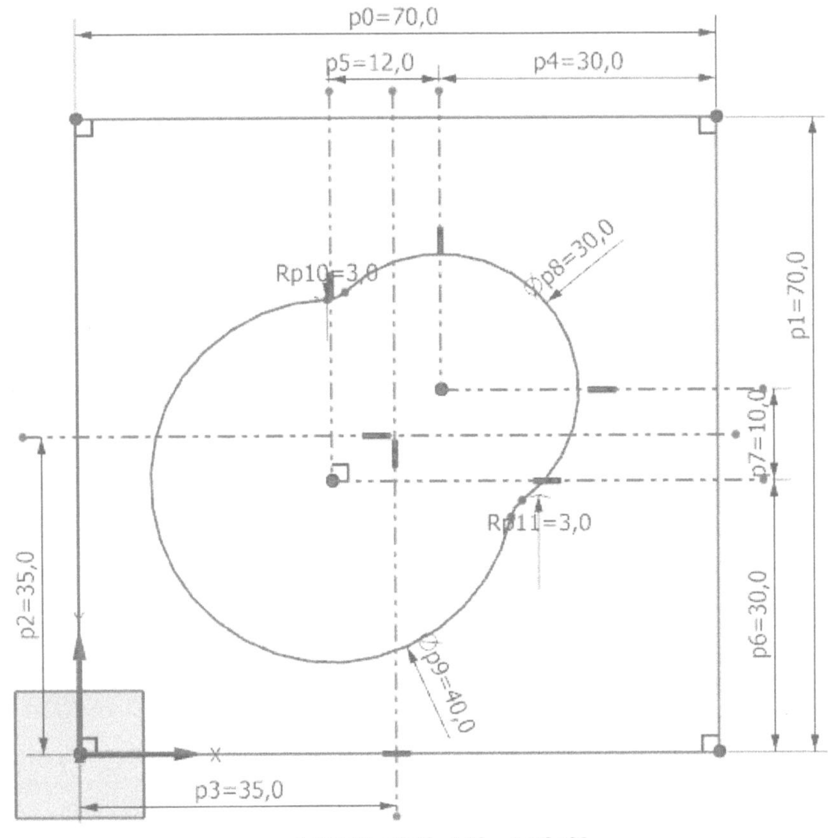

[그림8 과제 1번 스케치]

▶ 스케치 마침(종료)

▶ 공개도면 3-1번을 보고 모델의 전체 높이(28mm)와 X, Y 길이 값을 확인 한다.

2-3 공개도면 3번 모델링하기

1) 바디 모델링 (동출 메뉴 활용)

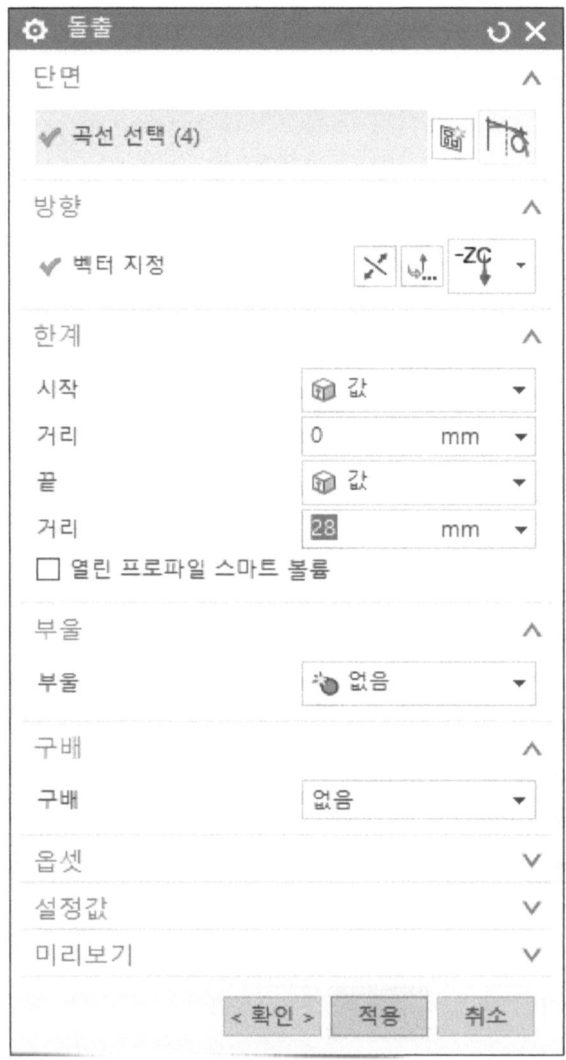

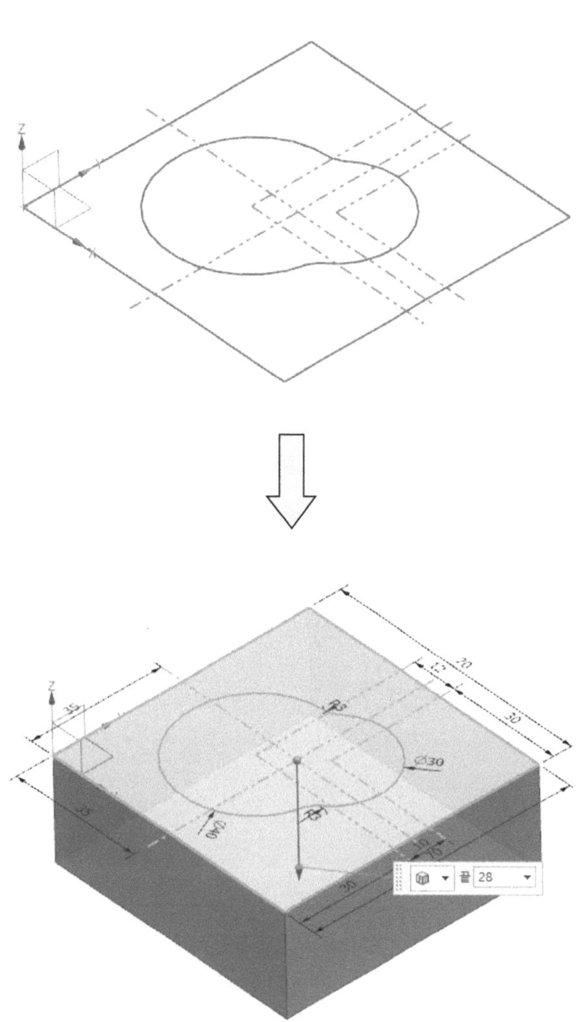

▶ 위의 그림과 같이 돌출 조건 값을 입력하여 메인 바디를 모델링 한다.

→ 돌출 → 스케치 라인(사각 외곽 선) 선택 → 설정 값 적용 → 적용 클릭

▶단면 A-A를 확인 해 보면 Z기준 0.0에서 Z-5mm까지 기울기가 70˚인 측벽으로 구성되어 있으며 SR15와 SR10 구 형상으로 이루어져 있다. 구 모델링은 특징형상 설계 기능을 이용하여 모델링을 진행한다.

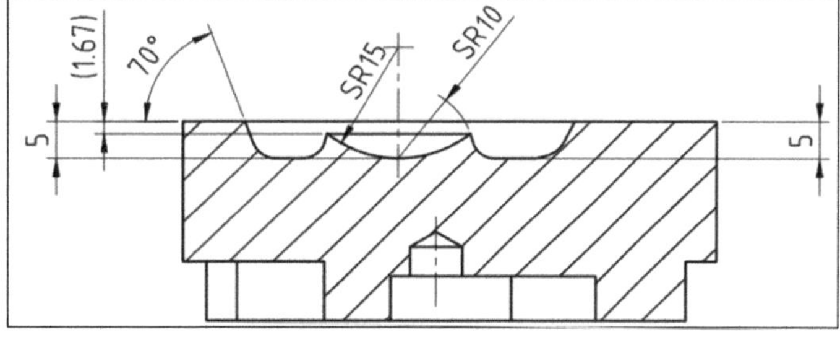

[그림9 과제 3번 단면도 A-A]

2) 형상 면 모델링하기

① 돌출

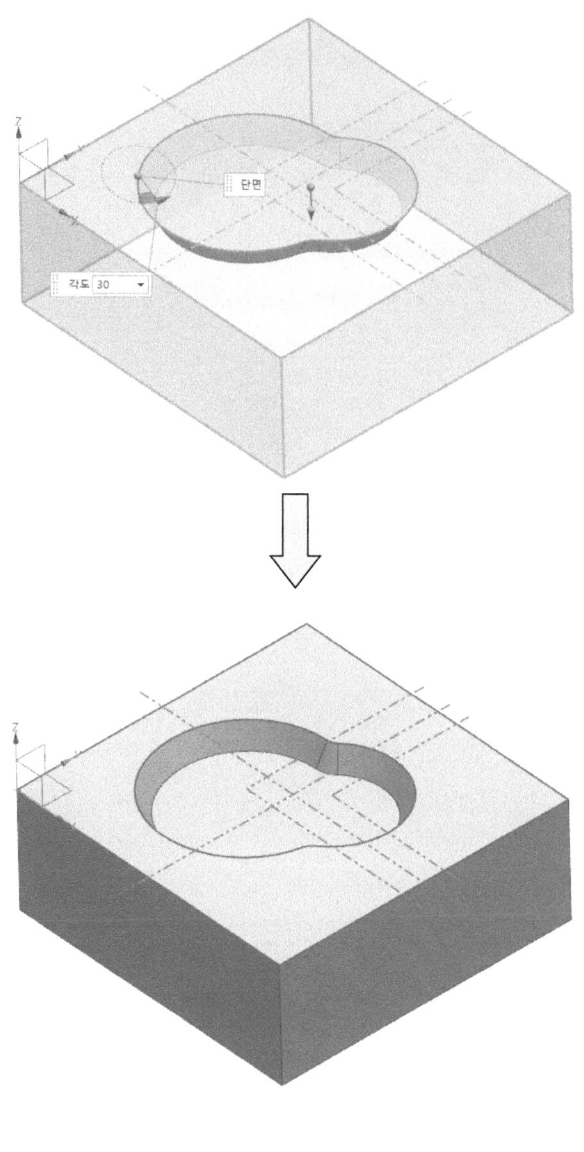

▶ 위의 그림과 같이 돌출 조건 값을 입력하여 메인 바디를 모델링 한다.

→ 돌출 → 스케치 라인 선택 → 벡터 -Z → 한계 시작 0.0 끝 5입력 → 부울 빼기 선택 → 구백 시작 하계로부터 → 각도 20˚ (바닥부터70˚ 이므로 수직으로는 20˚이다.) → 적용 클릭

② SR10 구 형상 모델링하기.

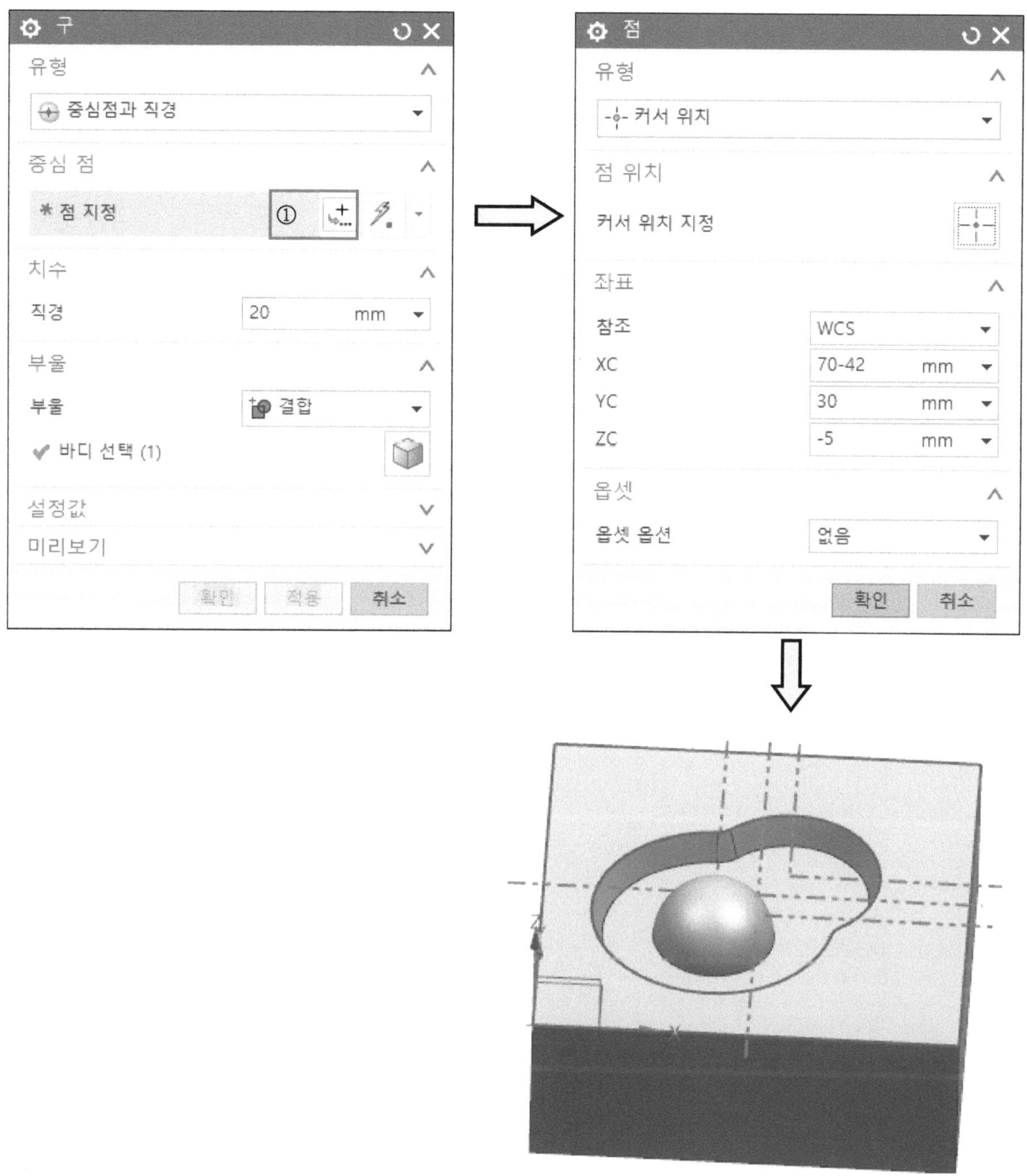

▶ 위의 그림과 같이 구 형상 조건을 설정 한다.

→ 구 → 중심 점(점 다이얼로그) 클릭 → 점(① 점 다이얼로그) 지정 → SR10이므로 직경 20 지정 → 부울 결합 선택 → 확인 클릭

③ SR15 구 형상 모델링하기.

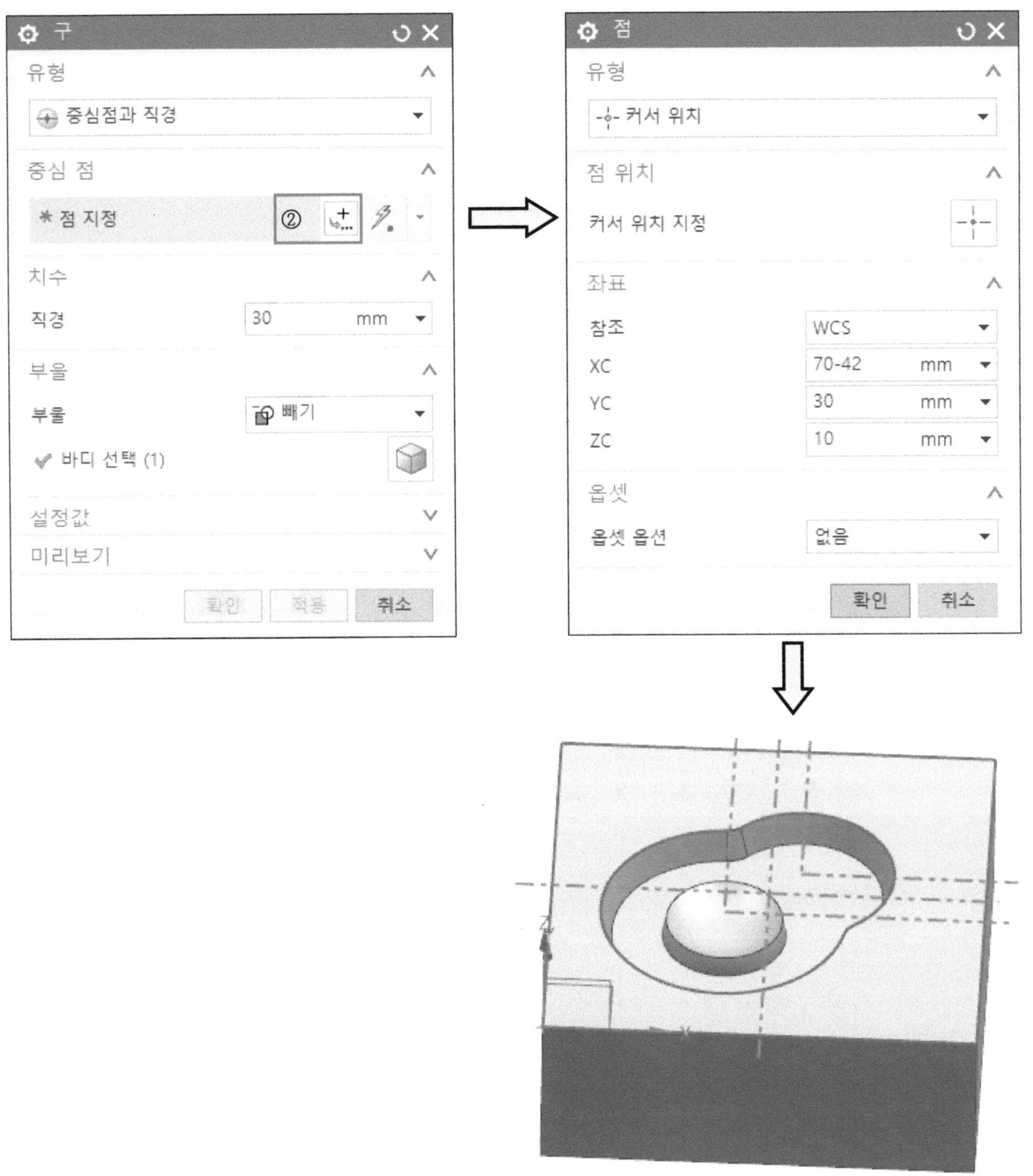

▶ 위의 그림과 같이 구 형상 조건을 설정 한다.

→ 구 → 중심 점(점 다이얼로그) 클릭 → 점(② 점 다이얼로그) 지정 → SR15이므로 직경 30 지정 → 부울 선택 → 확인 클릭

④ 모서리 블렌드 (바닥 부위 코너에 있는 R3 형상을 만든다.)

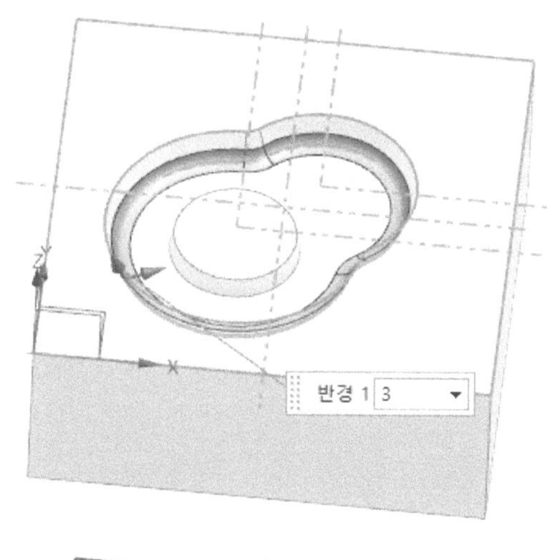

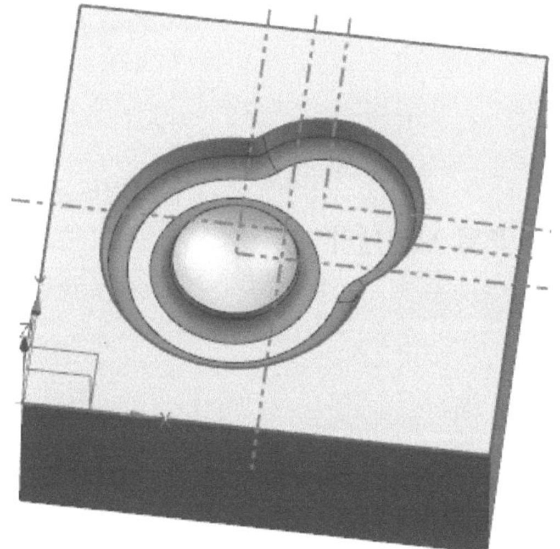

▶ 위의 그림과 같이 모서리 블렌드 조건을 설정 한다.

→ 모서리 블렌드 → 반경 1 R3 지정 → 바닥 코너 엣지(모서리) 선택 → 확인 클릭

▶ 바닥 코너 전주에 녹색으로 표현된 R3 형상이 생성된다.

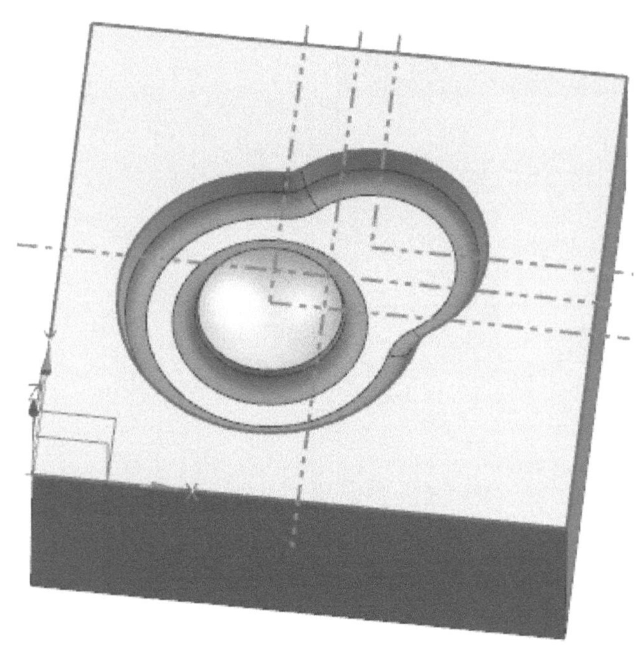

[그림8 완성된 공개 도면 1번 형상 모델링]

▶ 모델 내보내기

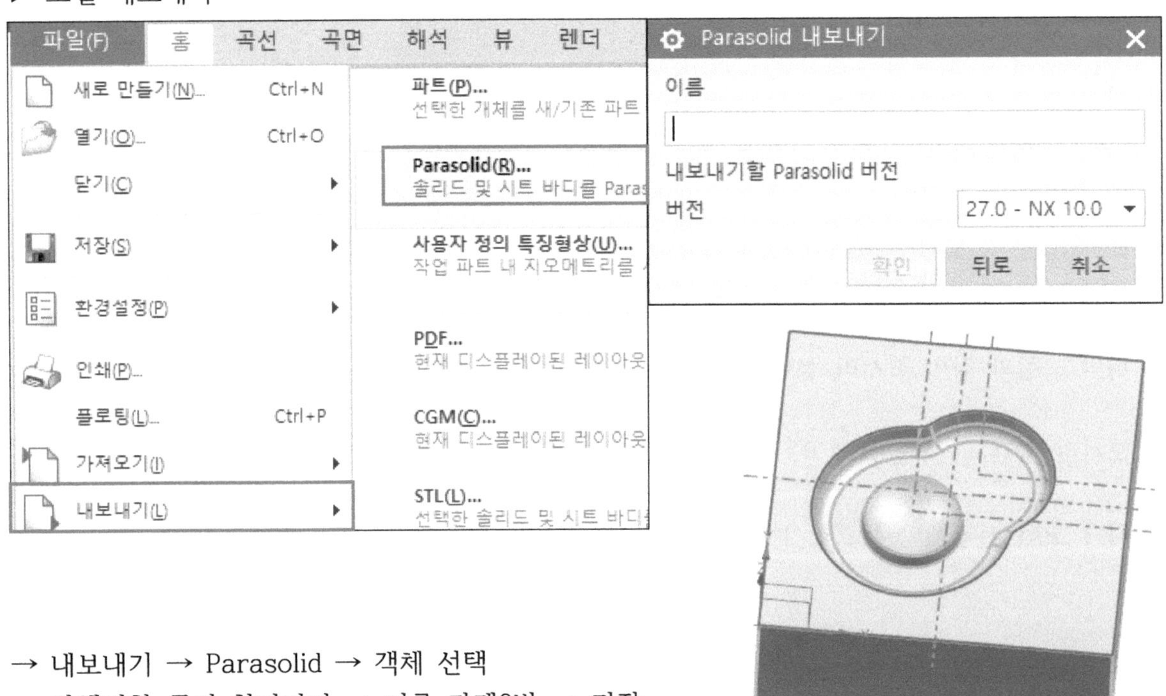

→ 내보내기 → Parasolid → 객체 선택
→ 탐색기창 폴더 찾아가기 → 이름 과제3번 → 저장
※ 저장한 폴더 위치를 찾아가서 저장된 파일을 확인한다.

2-4. 가공 조건 확인하기

[공개]

3. 지급재료 목록			자격종목	컴퓨터응용가공산업기사	
일련번호	재 료 명	규 격	단 위	수 량	비 고
	머시닝센터작업				
1	쾌삭알루미늄판 [AL6061(T6)]	t30×70×70	개	1	1인당
2	평엔드밀	2날-Ø10	개	1	2인당
3	볼엔드밀	Ø6	개	1	2인당
4	센터드릴	Ø3.0 A형	개	1	4인당
5	드릴	6.8	개	1	4인당
6	탭	M8 × 1.25	개	1	2인당
7	절삭유	수용성 그린 절삭유 2종1호(원액20L)	통	1	검정장당
8	USB 메모리	16GB 이상	개	1	1인당
		- 이 하 여 백 -			

[그림10 과제 3번 검정 재료지급 품목]

▶ 위의 조건 표는 공개된 컴퓨터응용산업기사 과제3 문제지 중에 있는 가공 조건 표입니다. 조건 표 중에서 CAM 가공을 위해 사용되는 공구는 황삭 가공용으로 사용할 Ø10평 엔드밀과 정삭 가공용으로 사용될 Ø6볼 엔드밀입니다.

▶ 가공 공정 세우기

→ Ø10평 엔드밀을 이용한 황삭 → Ø6볼 엔드밀을 이용한 정삭입니다.

황삭 : 3D 황삭 메뉴사용 가공데이터 생성

정삭 : 황잔삭, 스텝 앤 쉘로우, 3D 옵셋가공 메뉴를 사용하여 가공 데이터 생성

▶ 파워밀 실행 및 기본 조건 설정을 진행 한다.

→ 블록 정의 → 안전영역 설정 → 스킴 높이 설정 → 피드와 속도 설정

2-5 황삭 & 황잔삭 가공 메뉴 실행하기

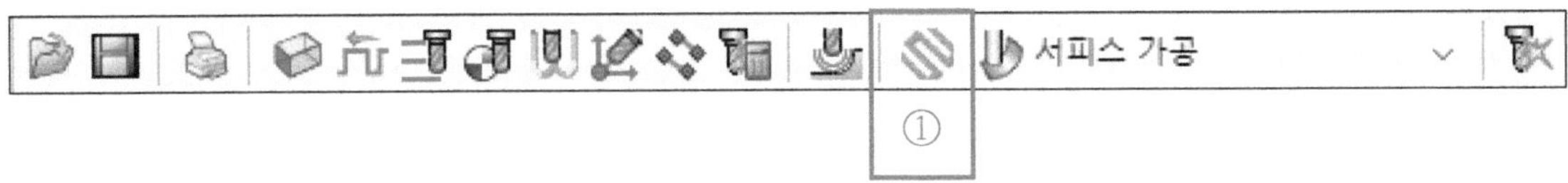

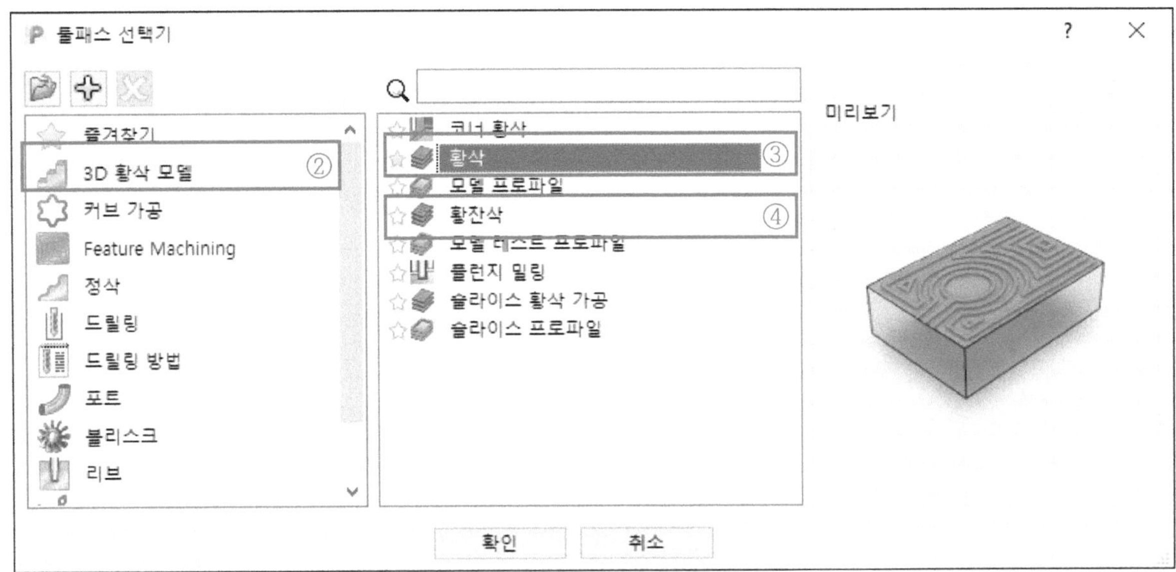

▶ 가공 메뉴 모음 클릭 → 3D 황삭 모델 클릭 → 황삭 클릭

▶ 황삭은 사각 재료 상태에서 처음 가공을 할 때 사용되는 메뉴로 전체 영역에 대해서 가공을 진행할 때 사용하는 첫 번째 가공 이다.

▶ 황잔삭은 황삭 가공 후 전체 황삭 가공 공구보다 작은 공구를 이용하여 조금 더 형상에 근접하게 가공을 진행하는 것이다. 그러나 컴퓨터 응용가공 산업기사에서는 가공 시간이 한정되어 있기 때문에 황잔삭을 생략하고 바로 정삭으로 가공하는데 형상에 따라서 Ø10평 엔드밀이 못 들어가는 부위가 자주 발생을 한다. 그러므로 황삭 가공에서 정삭 가공 옵션 값으로 설정하여 바로 정삭가공을 진행한다. 알루미늄(AL) 재질이라서 크게 가공 부하가 발생하지 않고 원활한 가공이 가능하다.

2-6 황삭 가공하기 Ø10평 엔드밀 (가공 메뉴 : 황삭)

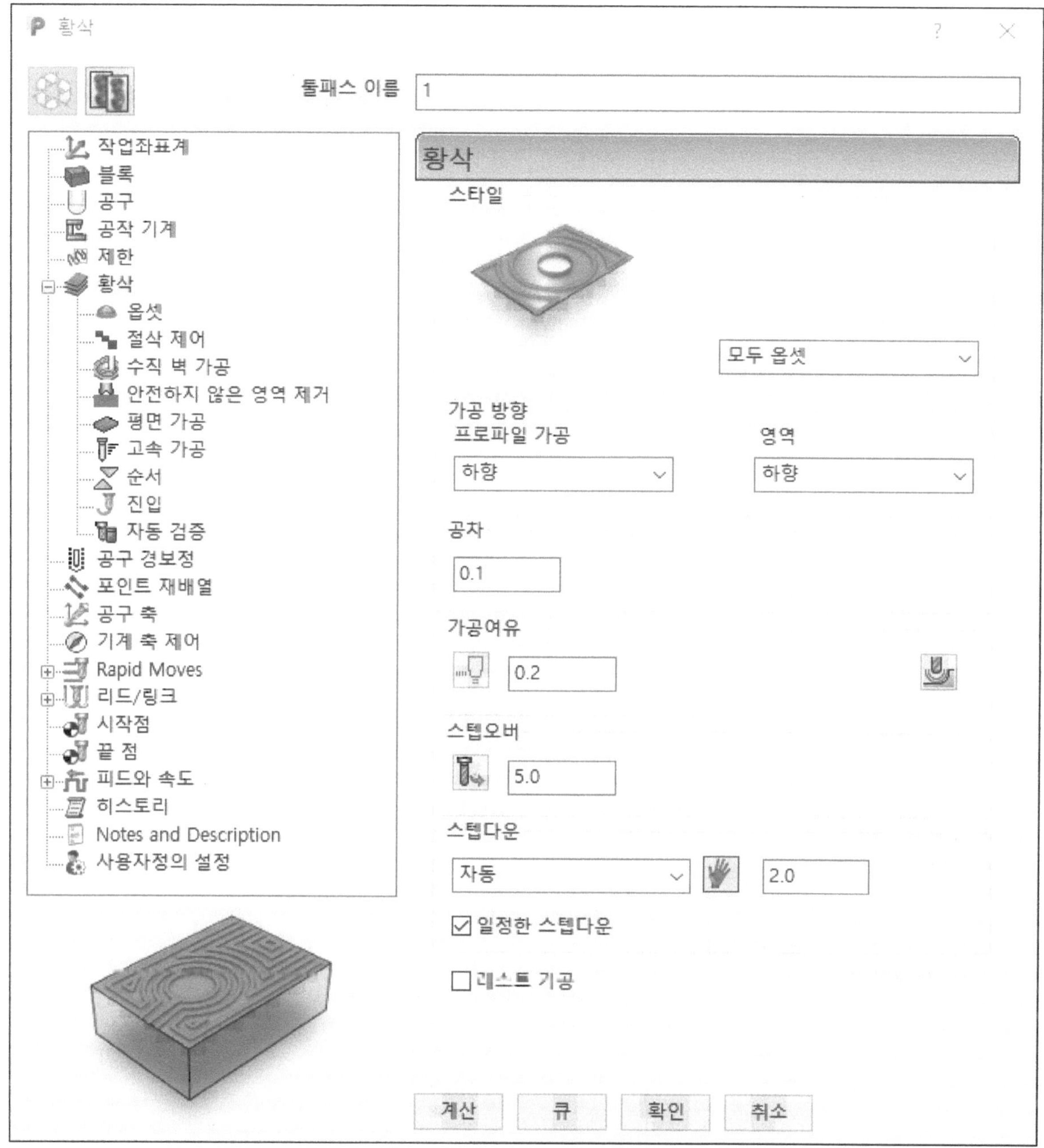

※ 전체 황삭 : 형상을 가공 할 때 바로 원래의 형상과 동일하게 가공하기는 불가능하기 때문에 형상에 근접하게 순차적으로 작업을 진행하는데 그 첫 공정이 황삭 가공 공정이다.

▶위 그림과 같이 가공 조건을 설정한다.

→ 가공 옵션 설정 → 공구 설정 → 옵셋 조건 설정 → 안전하지 않은 영역 제거 → 고속 가공 → 리드/링크 → 리드 인 → 링크 → 계산 버튼 클릭

① 공구 설정
→황삭 공구의 크기는 제시된 가공 조건 표 대로 Ø10 평 엔드밀 사용한다.

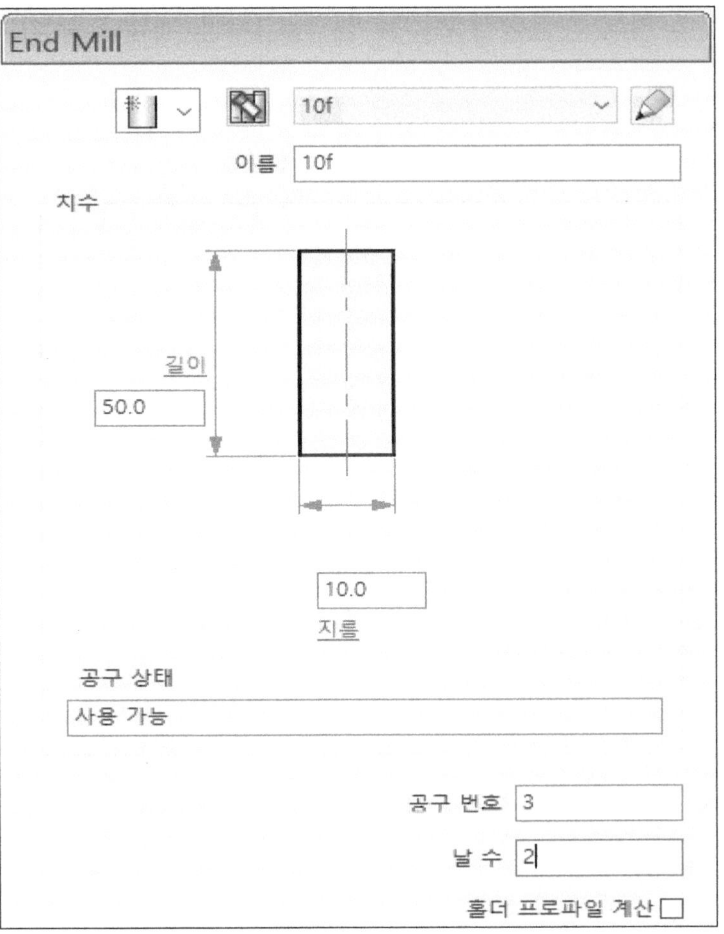

② 옵셋 조건 설정
→ 가공 방향유지 조건 체크를 풀고 커습 제거 조건도 체크를 풀어준다. 그리고 방향을 안에서 밖으로를 선택한다.

옵셋

고급 옵셋 설정

가공 방향 유지

스파이럴

커습 제거

작은 부분 먼저 가공

가공 방향

프로파일 가공: 하향

영역: 하향

방향

안에서 밖으로

③ 안전하지 않은 영역제거 설정
→ 공구 지름의 퍼센트로 설정하는 것인데 Ø10 평 엔드밀 경우 일체형 공구로 바닥 날이 생성되어있기 때문에 한계치 값을 설정하지 않고 툴패스를 생성한다.

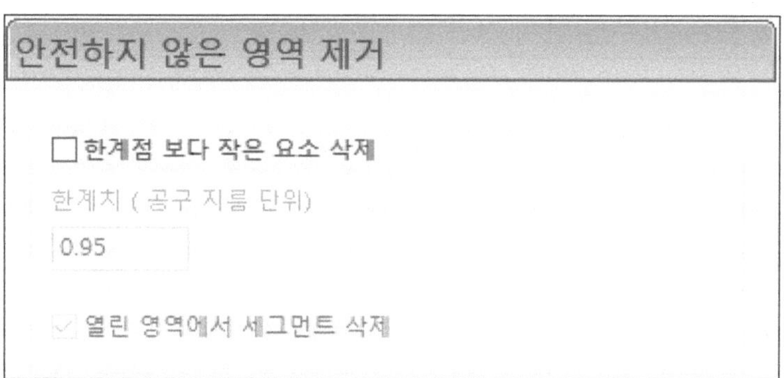

④ 고속 가공 설정
→ 프로파일 부드럽게는 가공 데이터의 꺾이는 부위 코너에 지정한 값의 라운드가 형성된다. 설정하는 값은 공구 지름의 퍼센트로 설정 된다.

→ 빠른 선택 모드는 현재의 가공 데이터와 다음 가공 데이터를 이어주는 방식을 부드러운 라운드로 연결하는 방식으로 고속 가공에서 급격한 방향 전환을 방지하는 역할을 한다.

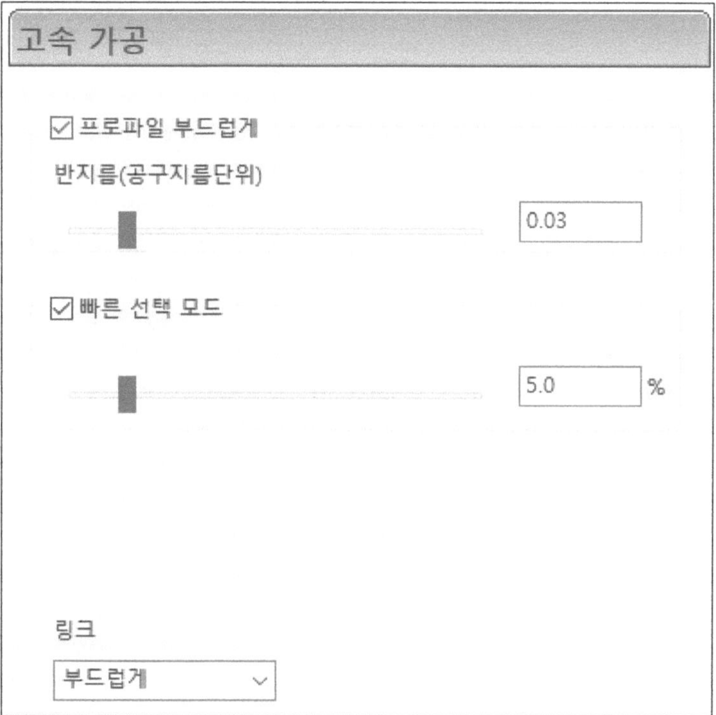

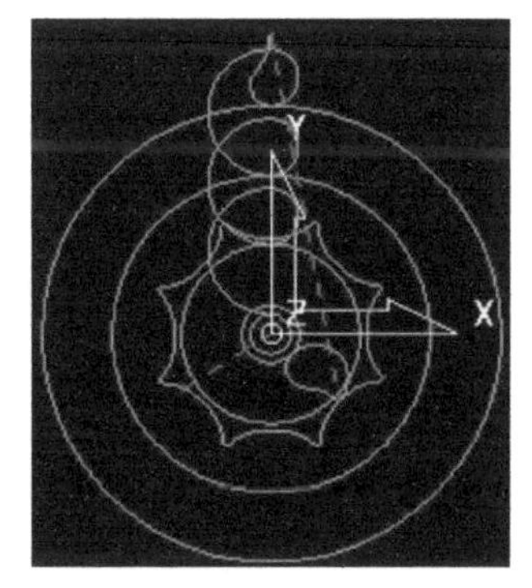

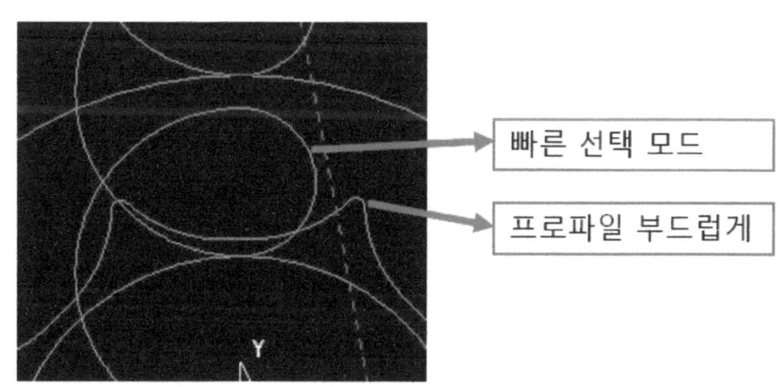

[그림11 툴패스 고속가공 옵션 적용 툴패스]

⑤ 리드/링크 설정

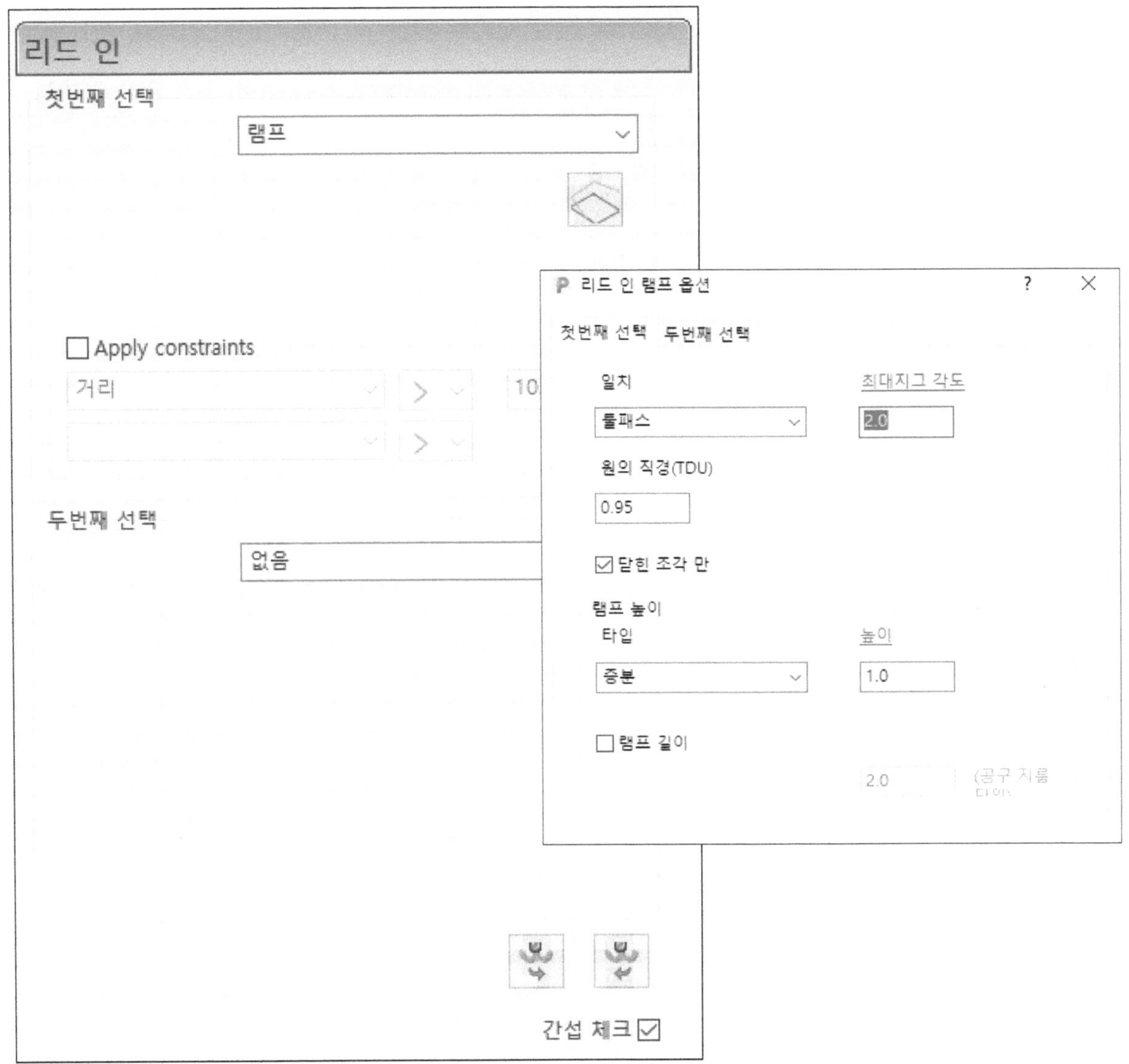

→ 리드 인 설정 → 램프 → 램프 아이콘 클릭 → 최대지그 각도 2° 입력 → 닫힌 조각만 체크 → 램프 높이 1입력

▶ 램프의 각도를 2°로 하고 램프 시작 높이를 가공 데이터로 부터 1mm 위에서 진행 한다. 각도가 너무 크면 수직으로 내려가는 것과 같은 것으로 램프 각도는 2°이하로 설정하는 것이 좋다.

⑥ 링크 설정 (현재 툴 패스부터 다음 툴 패스를 이어주는 방식 설정)

→ 첫 번째 선택 → 증분
→ Apply constraints → 거리 → 10 지정
→ 두 번째 선택 → 증분
→ 초기 값 → 증분

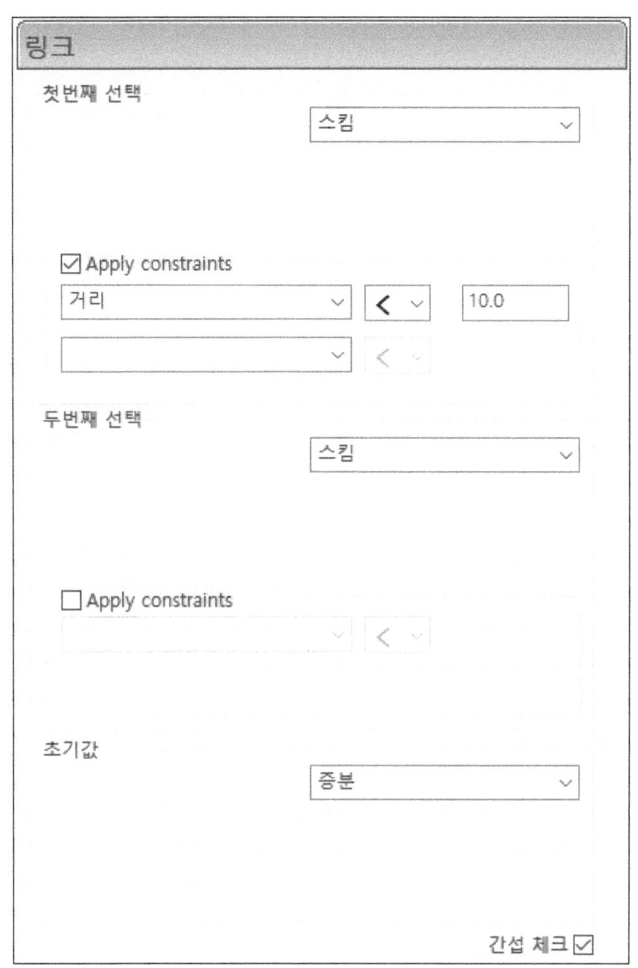

※ 첫 번째 선택, 두 번째 선택 모두 스킴으로 연결하여 공구의 이동 시간을 최소로 한다. 스킴 높이를 사전에 15mm로 설정을 했기 때문에 스킴으로 급속으로 이동을 해도 소재 위에서 공구가 움직인다. (가공 깊이 5mm, 스킴높이 15mm)

※ 설정이 완료 된 후 계산 버튼을 클릭하여 가공 데이터를 생성 한다

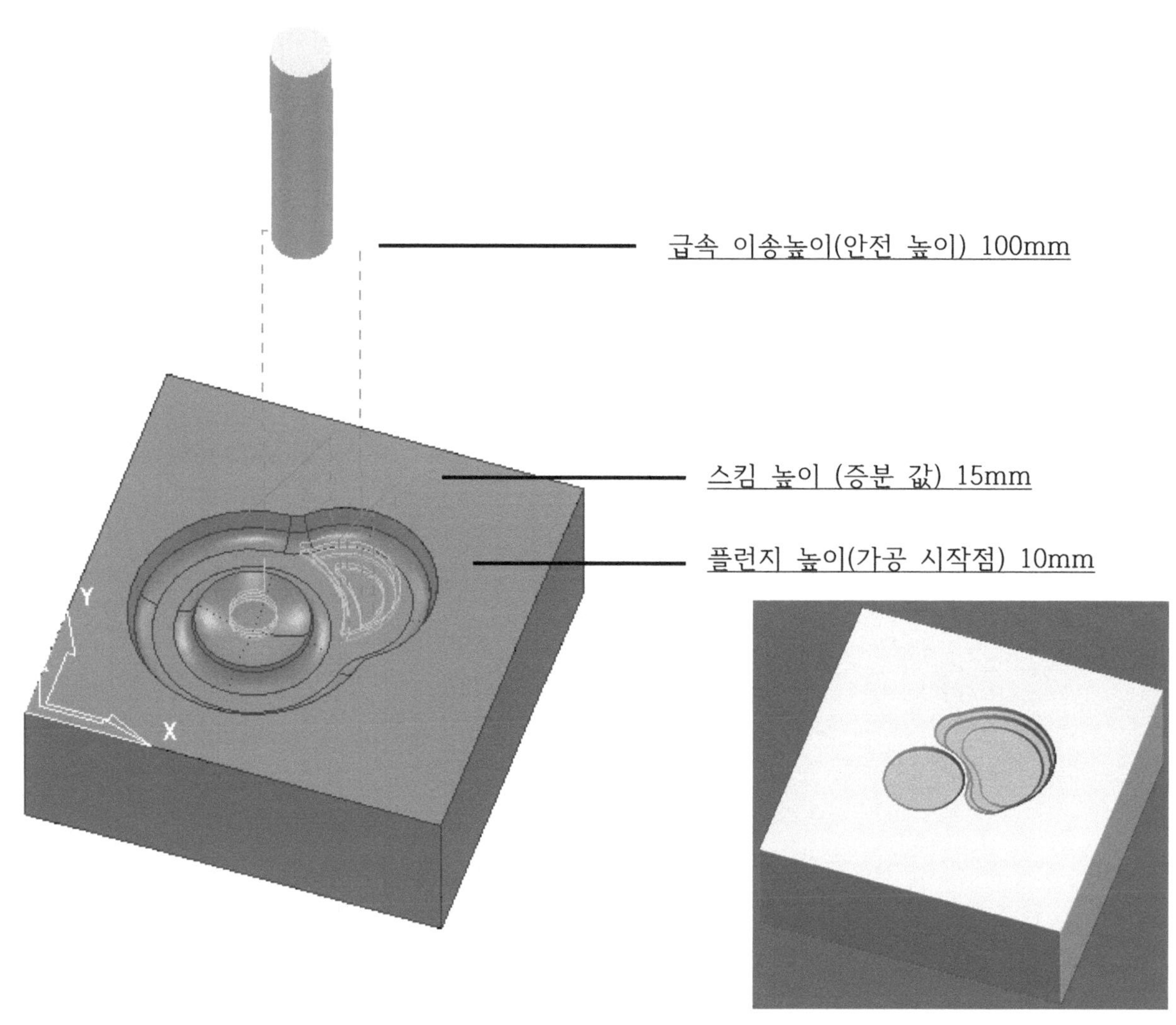

[그림12 과제 3번 황삭 완성된 가공 데이터]

▶ 그림12를 보면 좌측의 형상 보다 우측의 가공 시뮬레이션 이미지가 현저하게 가공이 덜 되어 있는 것을 알 수 있다. 남은 미 가공 부위가 많다는 것을 의미하는 것으로 2번 데이터는 반드시 황잔삭 기능을 사용하여 가공 데이터를 작성해야 한다. 등고선 1회전 가공으로는 형상 가운데 부위에 미 절삭되는 부위가 생길 수 있기 때문이다.

2-7 황잔삭을 이용한 정삭 가공하기 Ø6볼 엔드밀 (가공 메뉴 : 황잔삭)

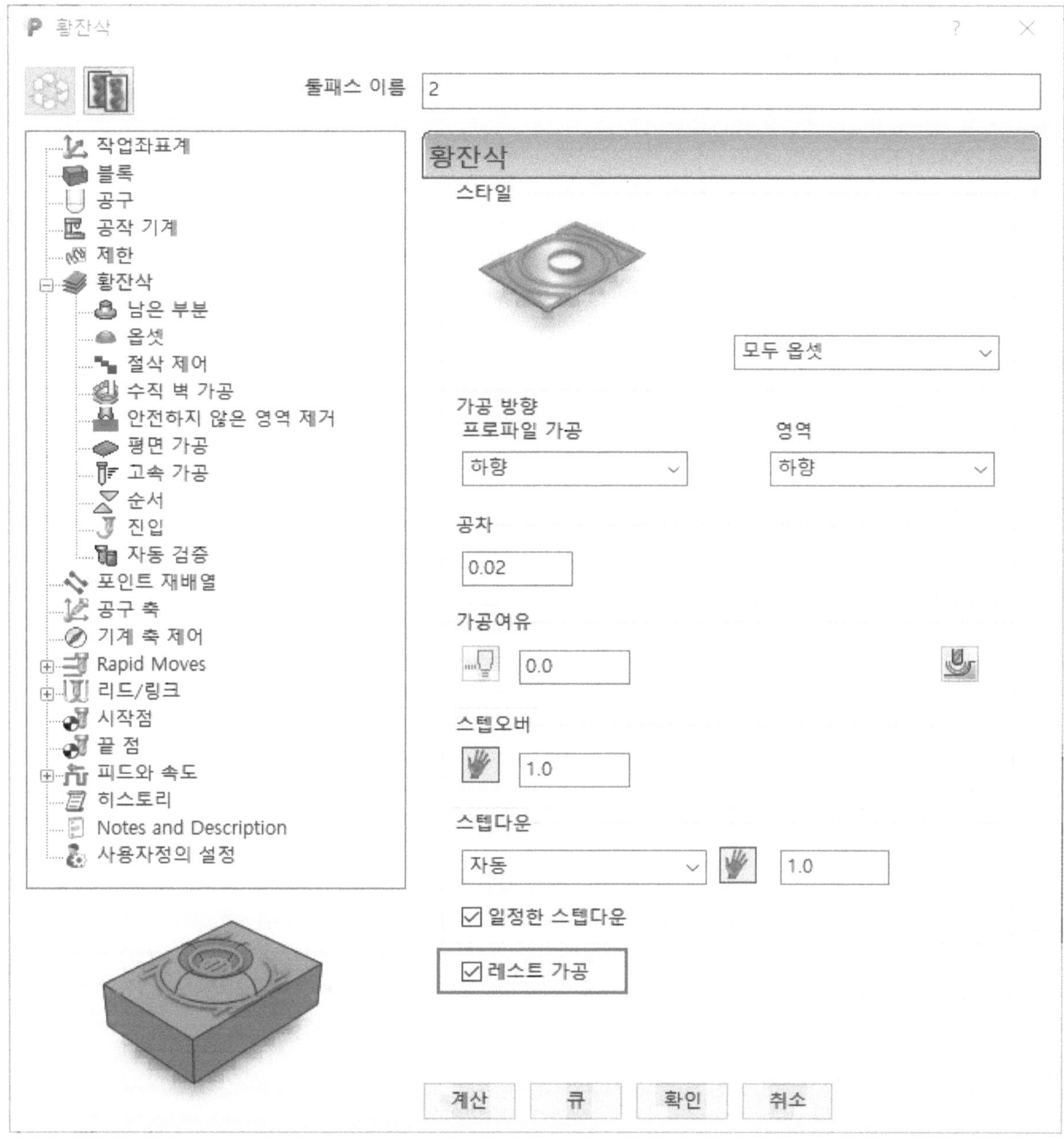

※ 전체 황삭 후 미 가공 된 부위를 조금 더 작은 공구를 사용하여 형상과 근접한 모양을 가공하는 공정이지만 가공여유와 공차를 다르게 하여 중삭이나 정삭으로도 이용한다.

▶위 그림과 같이 가공 조건을 설정한다.

▶반드시 레스트 가공에 체크가 되어 있어야 잔삭 가공이 가능하다.

→ 가공 옵션 설정 → 공구 설정 → 남은 부분 → 옵셋 → 고속 가공 → 리드/링크 → 리드 인 → 링크 → 계산 버튼 클릭

① 공구 설정
→ 이번 가공에서 사용되는 공구는 Ø6볼 엔드밀을 사용한다.
(재료가 알루미늄이고 자격증 시험에서는 시간제한이 있으므로 중간 가공 공정을 하지 않고 바로 정삭가공을 진행한다.)

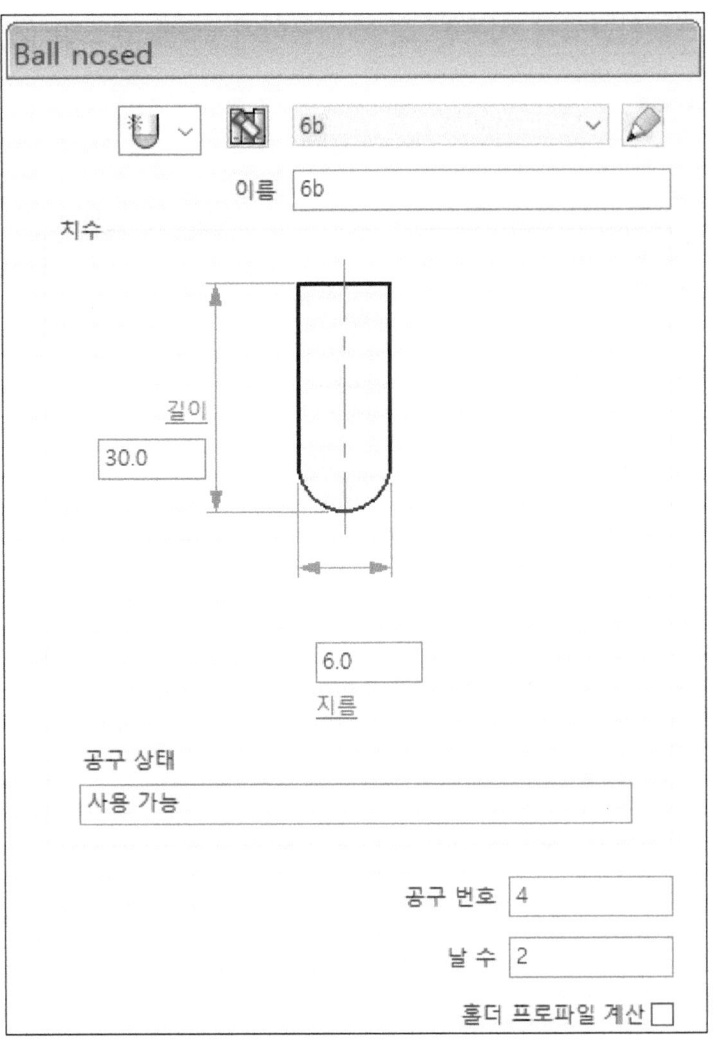

② 남은 부분
→ 이전 공구로 가공을 진행하고 남아있는 미 절삭 부위를 찾아내서 가공하는 가공 공정이다.
이번에는 황삭용 데이터를 생성하는 것이 아니라 바로 정삭 가공 데이터를 생성한다.

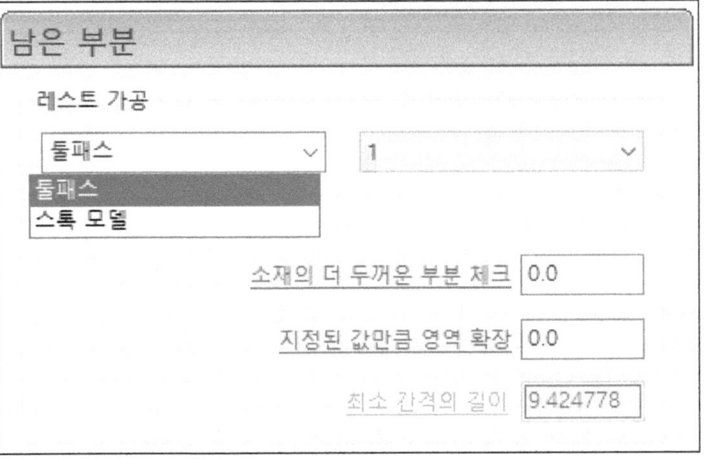

③ 옵셋 조건 설정
→ 가공 방향유지와 커습 제거 조건 체크를 풀고 방향을 안에서 밖으로 선택 한다.

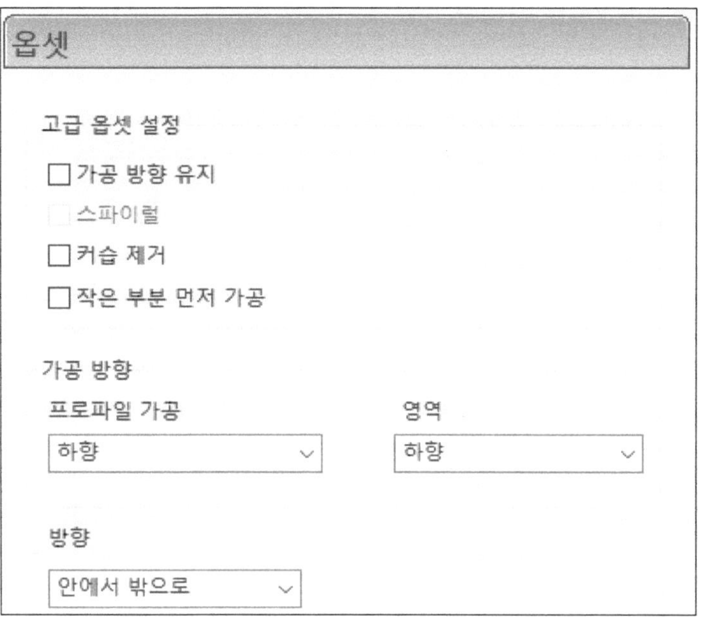

④ 고속 가공 설정
→ 프로파일 부드럽게는 가공 데이터의 꺾인 부위 코너에 지정한 값의 라운드가 형성된다. 설정하는 값은 공구 지름의 퍼센트로 설정 된다.

→ 빠른 선택 모드는 현재의 가공 데이터와 다음 가공 데이터를 이어주는 방식을 부드러운 라운드로 연결하는 방식으로 고속 가공에서 급격한 방향 전환을 방지하는 역할을 한다.

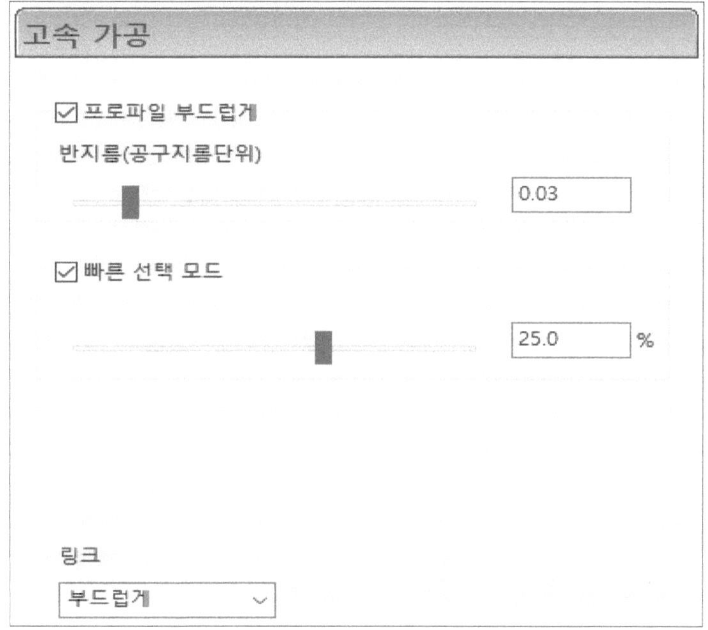

⑤ 리드/링크 설정

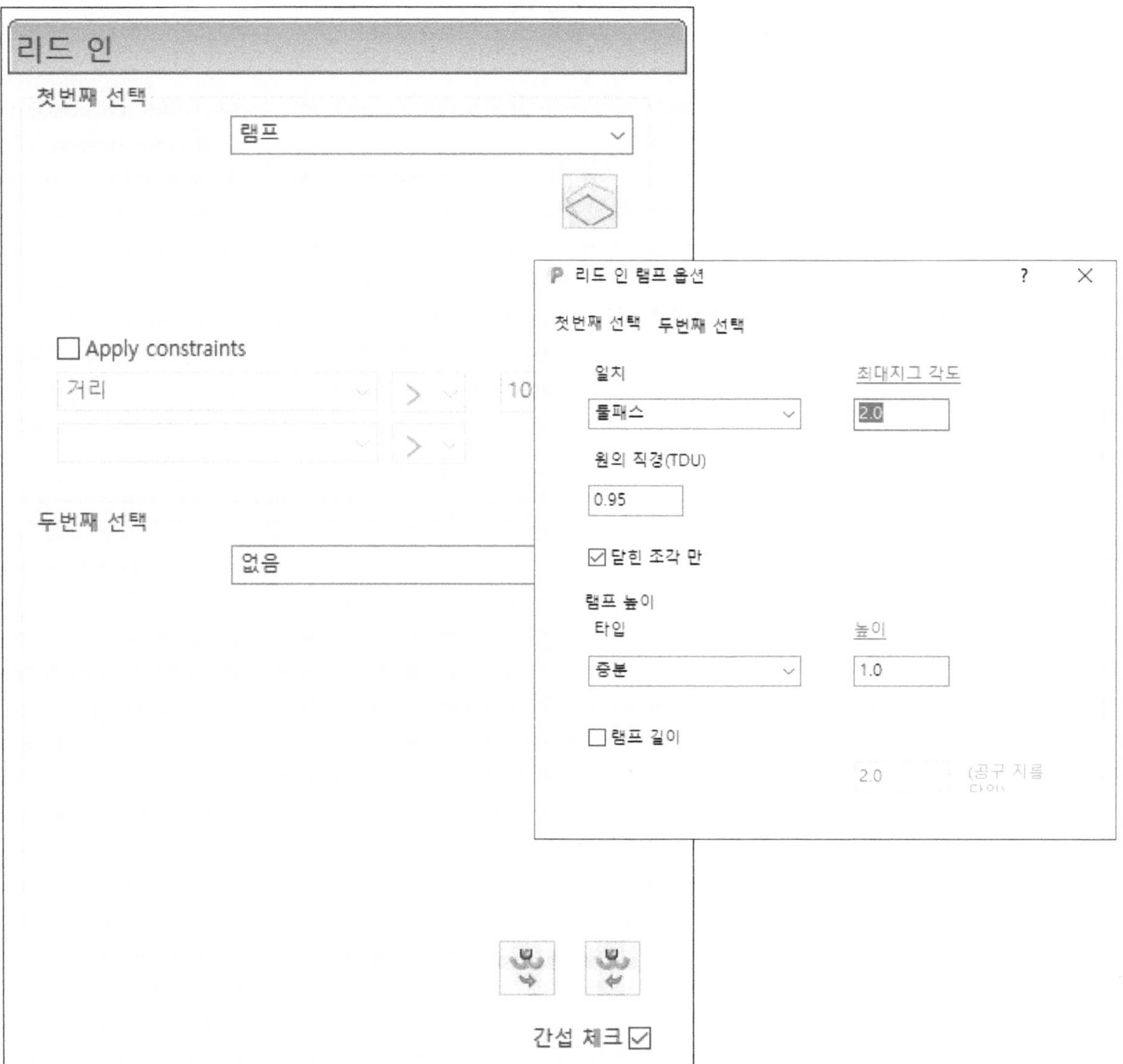

→ 리드 인 설정 → 램프 → 램프 아이콘 클릭 → 최대지그 각도 2° 입력 → 닫힌 조각만 체크 → 램프 높이 1입력

▶ 램프의 각도를 2°로 하고 램프 시작 높이를 가공 데이터로 부터 1mm 위에서 진행 한다.

⑥ 링크 설정 (현재 툴 패스부터 다음 툴 패스를 이어주는 방식 설정)

→ 첫 번째 선택 → 스킵 설정한다.
→ Apply constraints → 거리 → 10
→ 두 번째 선택 → 증분
→ 초기 값 → 증분

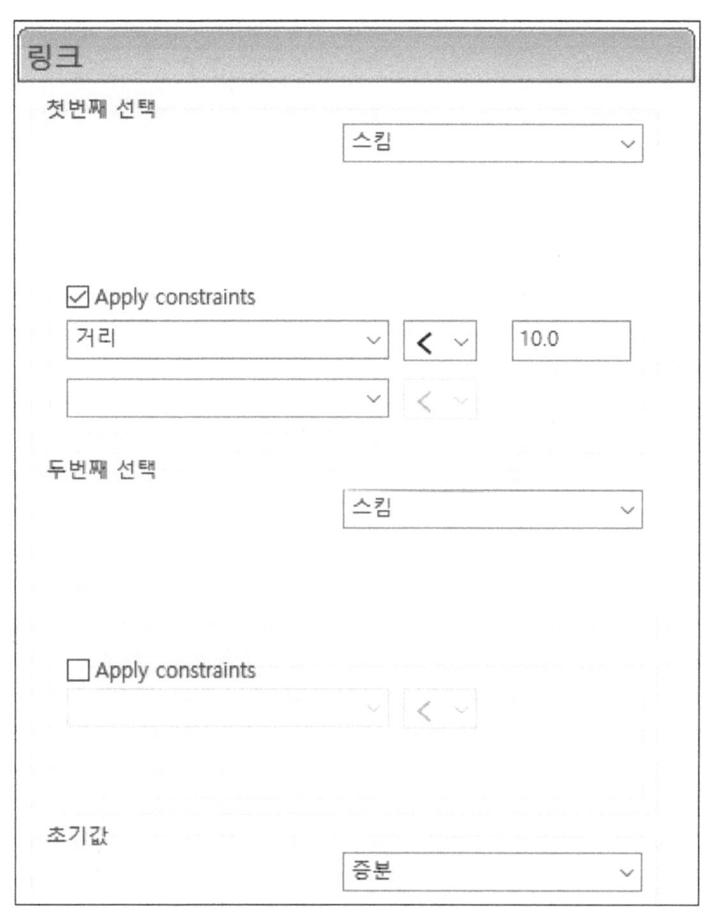

※ 설정이 완료 된 후 계산 버튼을 클릭하여 가공 데이터를 생성 한다.

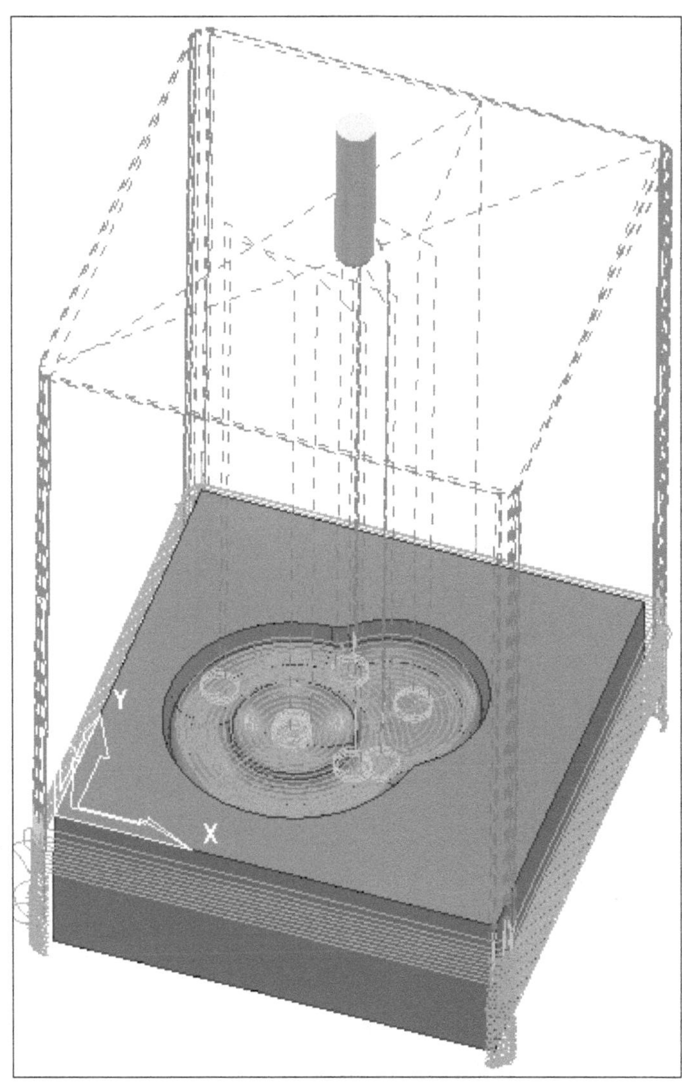

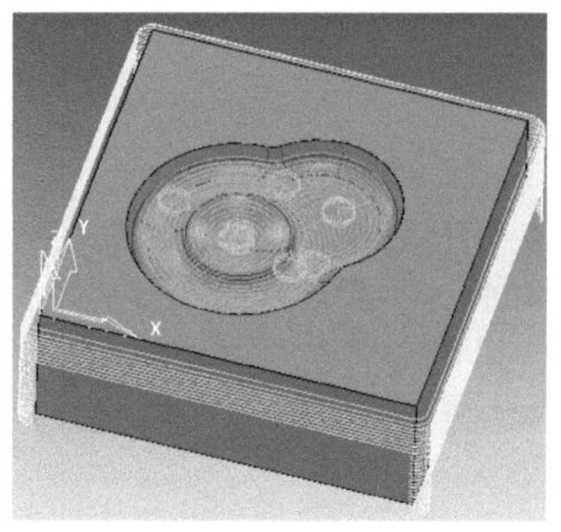

(수정 전 데이터)

→ 삭제할 툴패스 선택 → 마우스 우측 키 클릭 → 편집 → 선택된 성분 삭제

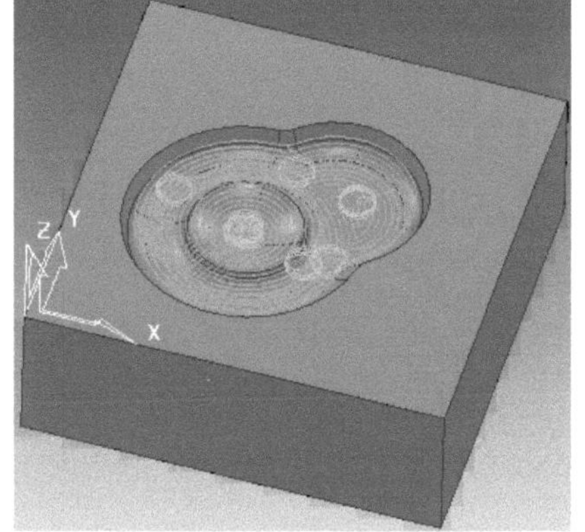

(수정 후 데이터)

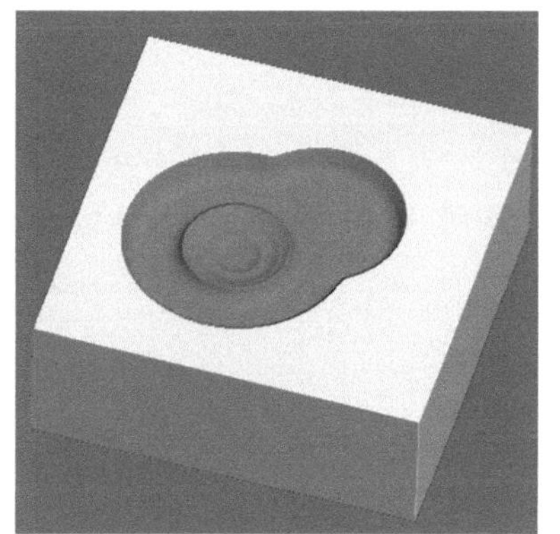

[그림13 과제 3번 황잔삭을 이용한 정삭 완성된 가공 데이터]

▶ 가공이미지를 살펴보면 형상 중앙에 위치한 SR15 면이 너무 거칠게 나온 것을 알 수 있다. 바운더리를 이용하여 이 부분을 3D옵셋 가공으로 한 번 더 가공 해 준다.

2-8 3D 옵셋가공 가공 메뉴 실행하기

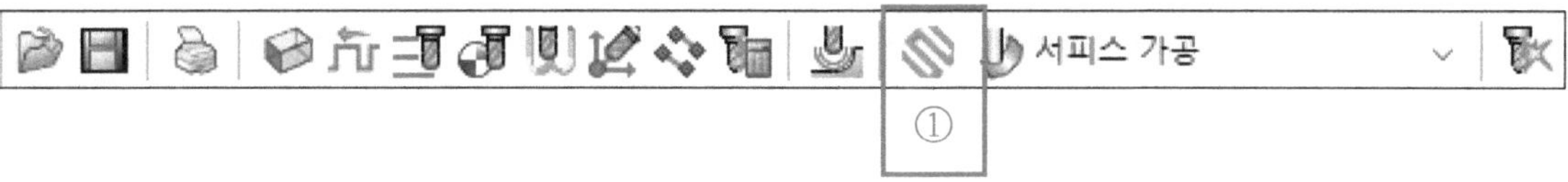

▶ 가공 메뉴 모음 클릭 → 정삭 → 3D 옵셋 가공 클릭

▶ 황잔삭을 이용한 정삭 가공데이터에서 앞에서 지적한 데로 SR15 형상 면이 너무 거칠게 남아 있으므로 선택 서피스 바운더리를 생성하여 3D 옵셋 가공을 이용해서 깔끔하게 처리한다.

2-9 3D 옵셋을 이용한 정삭 가공데이터 생성하기

▶위 그림과 같이 가공 조건을 설정한다.

▶제한에서 바운더리 가공영역을 구하여 3D 옵셋 가공데이터를 산출한다.

→ 가공 옵션 설정 → 제한 설정 → 리드인 설정 → 링크 설정 → 계산 버튼 클릭

① 제한 설정 (바운더리 설정)

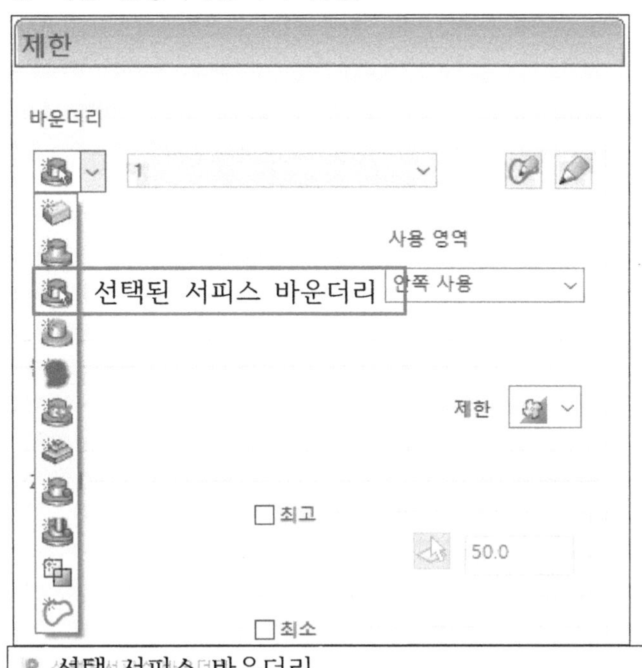

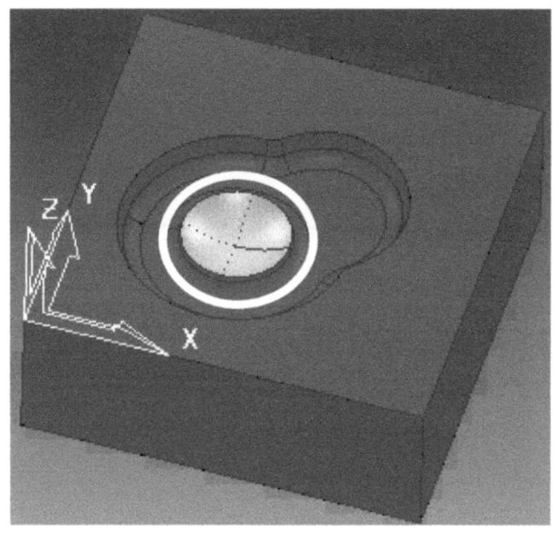

(가공할 서피스(면) 선택)

선택 서피스 바운더리

이름 1

위쪽

롤 오버

바운더리 자르기

안쪽 바운더리 편집

바깥쪽

공차

공차 0.01

가공여유 0.0

축방향 가공여유 0.0

축방향 가공여유 사용

자동으로 홀더 간섭 체크

홀더 여유 0.0

생크 여유 0.0

공구

블록

제한

비공개

프라이빗 바운더리 허용

Edit History

Apply edit history on calculation

적용 큐 확인 취소

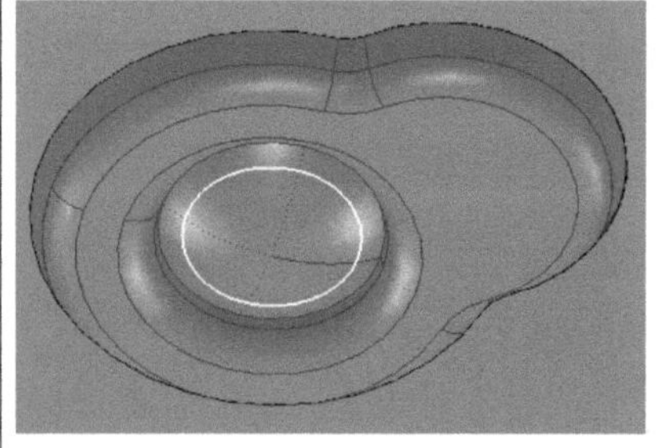

(생성된 서피스 바운더리)

② 리드 인 설정

첫 번째 선택 → 서피스 법선 원호
선형 이동 → 0.0
각도 → 90
반지름 → 1
Apply constraints → 거리 → 5

두 번째 선택 → 없음

아웃으로 복사 아이콘 클릭
리드 아웃 동일하게 설정 한다.

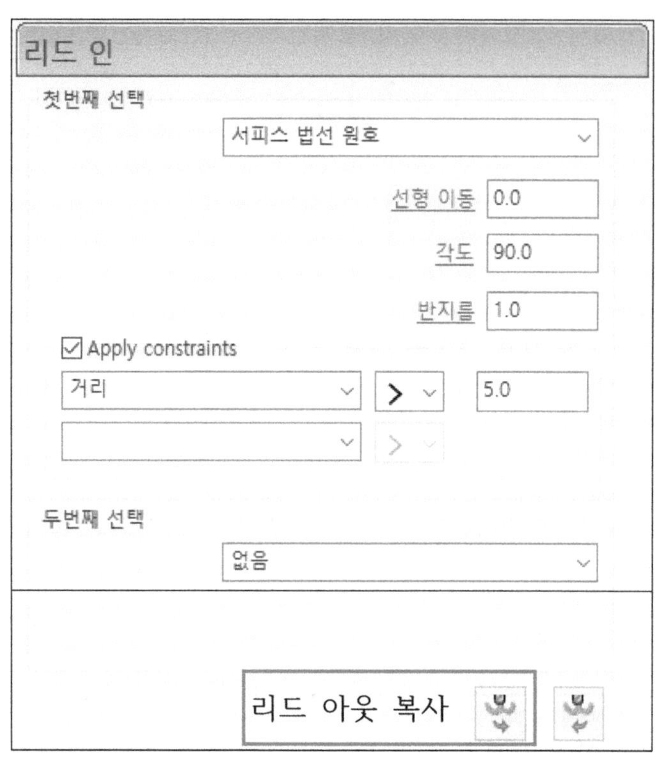

③ 링크 설정
첫 번째 선택 → 면 위로

Apply constraints → 거리 → 5
가공 상황에 맞는 거리 값을 지정 한다.

두 번째 선택 → 증분 & 스킴
첫 번째 선택과 두 번째 선택 조건은
가공 상황에 맞는 옵션을 선택한다.

초기 값 → 증분

※ 설정이 완료 된 후 계산 버튼을 클릭하여 가공 데이터를 생성 한다.

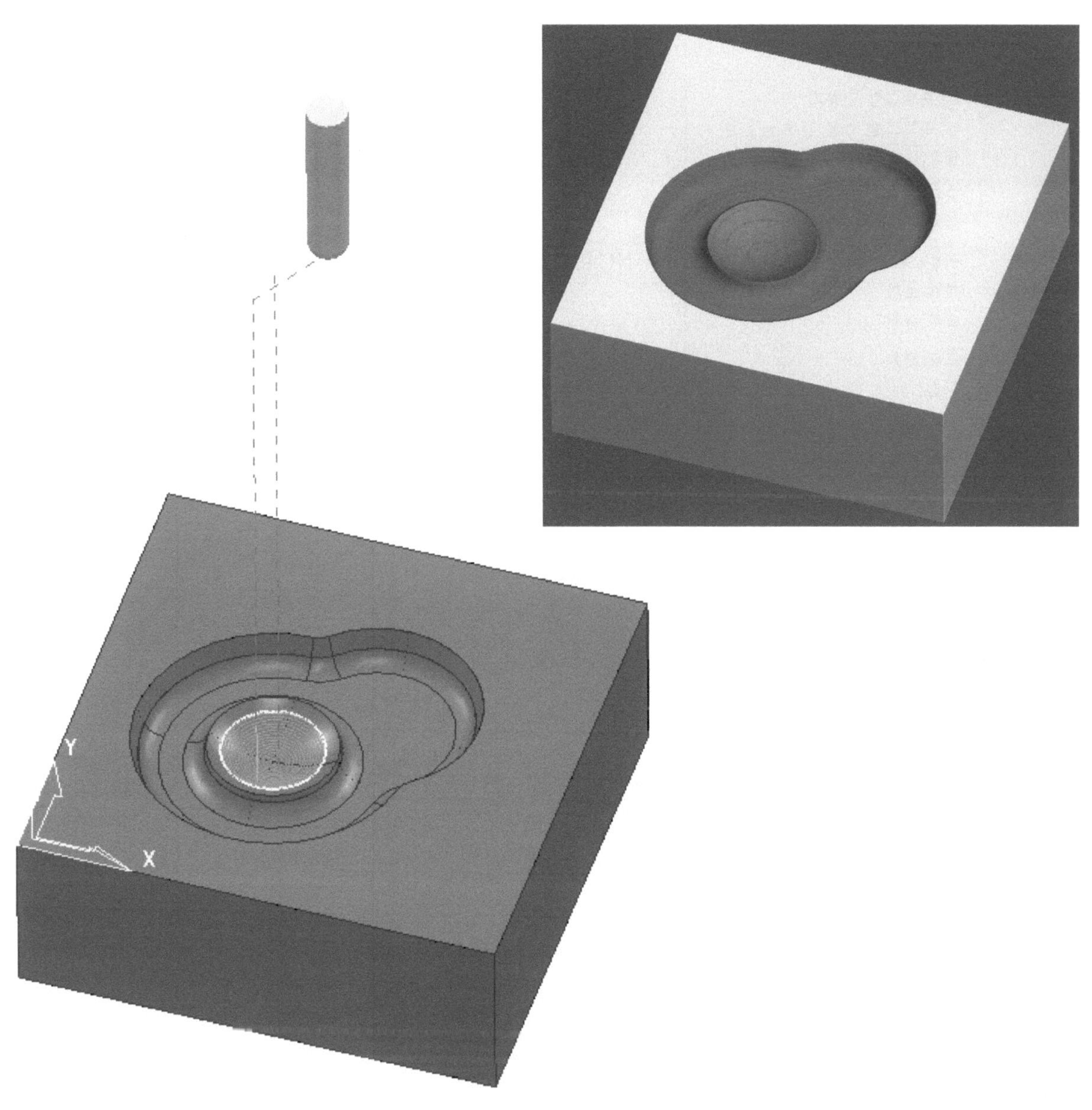

[그림14 생성된 3D 옵셋 툴패스]

2-10 NC프로그램 출력하기

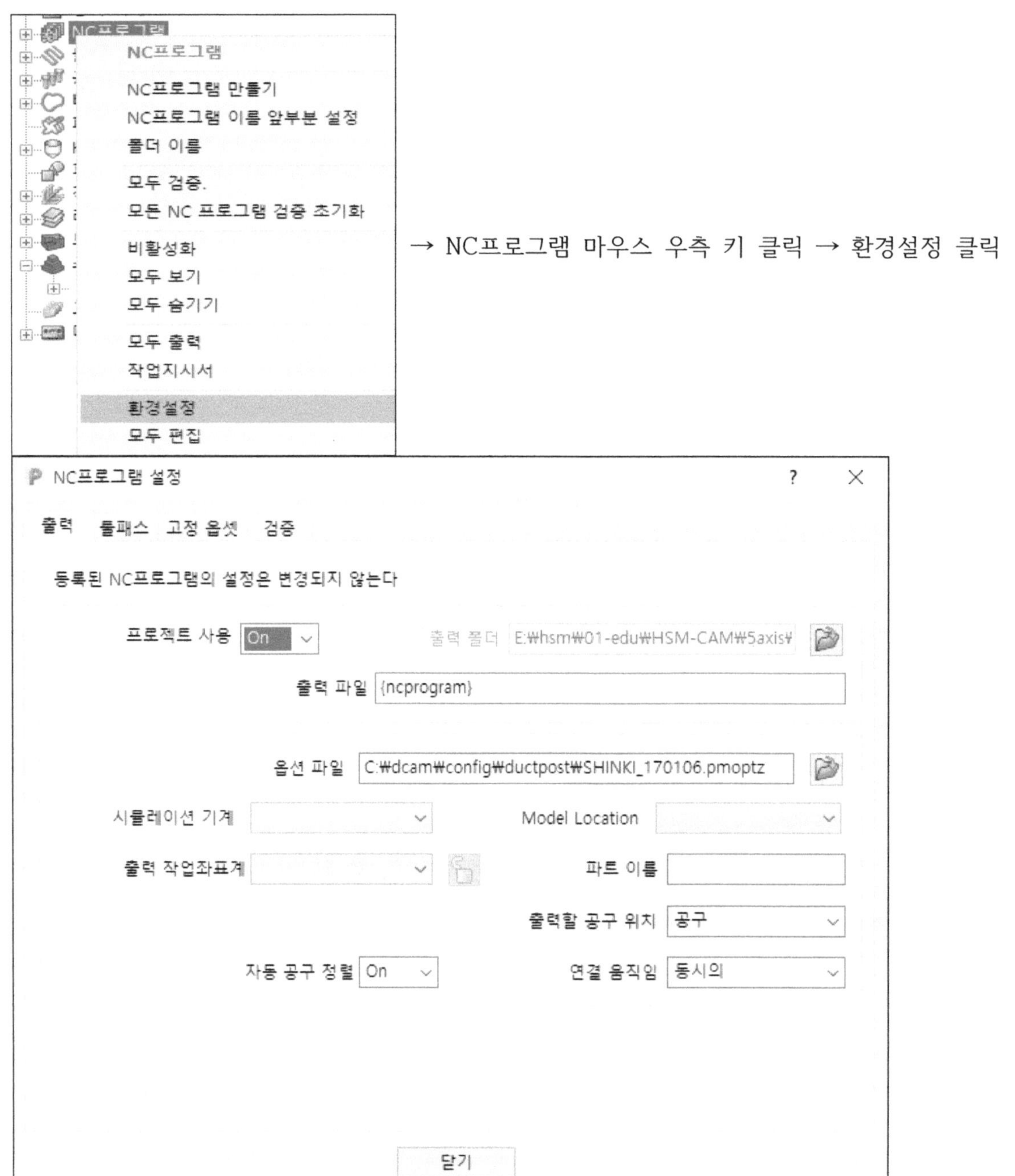

→ NC프로그램 마우스 우측 키 클릭 → 환경설정 클릭

▶ 프로젝트 사용 : On 프로젝트 파일 밑에 ncprograms 폴더를 만들고 가공데이터를 출력함.
▶ 프로젝트 사용 : Off 가공데이터가 출력될 폴더를 지정할 수 있다.
▶ 출력 파일 : {ncprogram}은 변수 값이라 수정되면 안 되고 .nc를 입력하며 이름.nc로 nc데이터가 출력된다. 파워밀은 원하는 확장자를 지정할 수 있다. (기본 값은 이름.tap)
▶ 옵션 파일 : NC프로그램 옵션파일을 지정한다.(반드시 지정해야 됨. 가공 조건을 설정함.)

▶ 툴패스 NC데이터로 내보내기

→ 툴패스 위에서 마우스 우측 키 클릭 → 개별 NC프로그램 생성 클릭한다. → NC프로그램 목록 확인 →

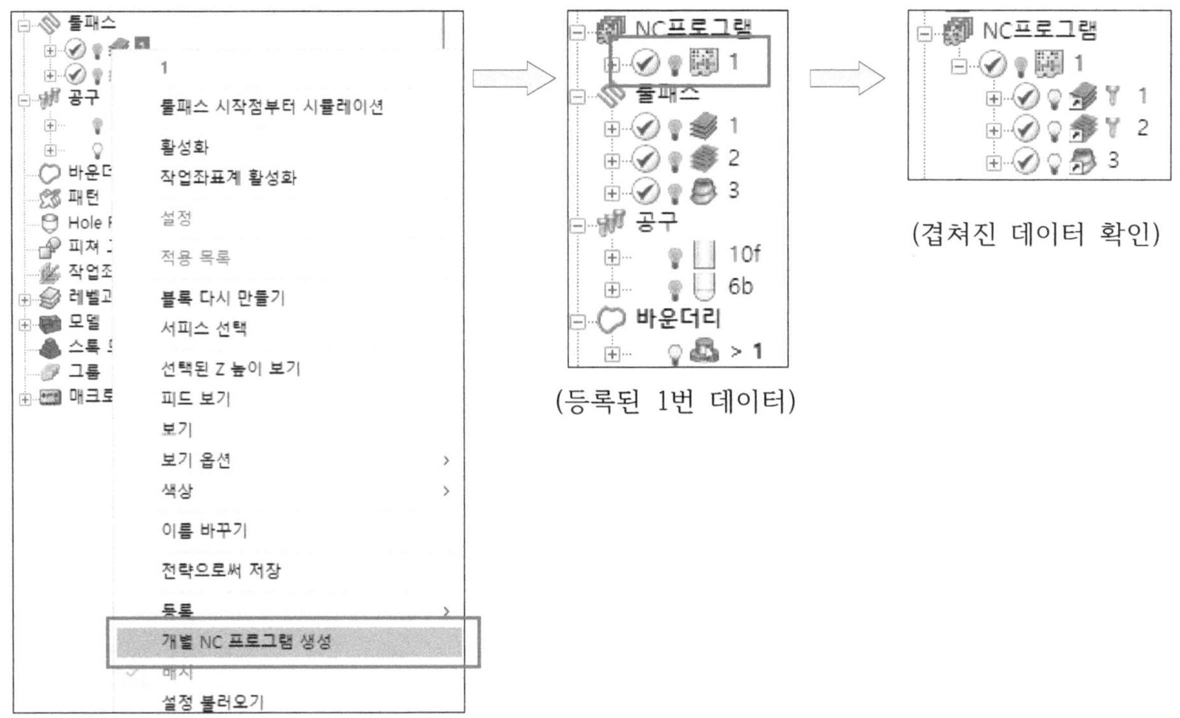

(등록된 1번 데이터)

(겹쳐진 데이터 확인)

▶ 여러 개의 툴패스를 하나의 NC데이터로 내보내기

→ 1번 데이터를 NC프로그램에 등록을 한다. → 2번 데이터를 마우스 좌측 키로 클릭하여 드래그 해서 생성된 NC프로그램1번 위에 겹친다.(결합) → 3번 데이터를 마우스 좌측 키로 클릭하여 드래그 해서 생성된 NC프로그램1번 위에 겹친다.(결합) → 1번 NC데이터에서 마우스 우측 키 클릭 → 설정을 선택 → 설정 창에서 데이터를 확인 한다.

▶ NC프로그램 1번 설정 창 확인

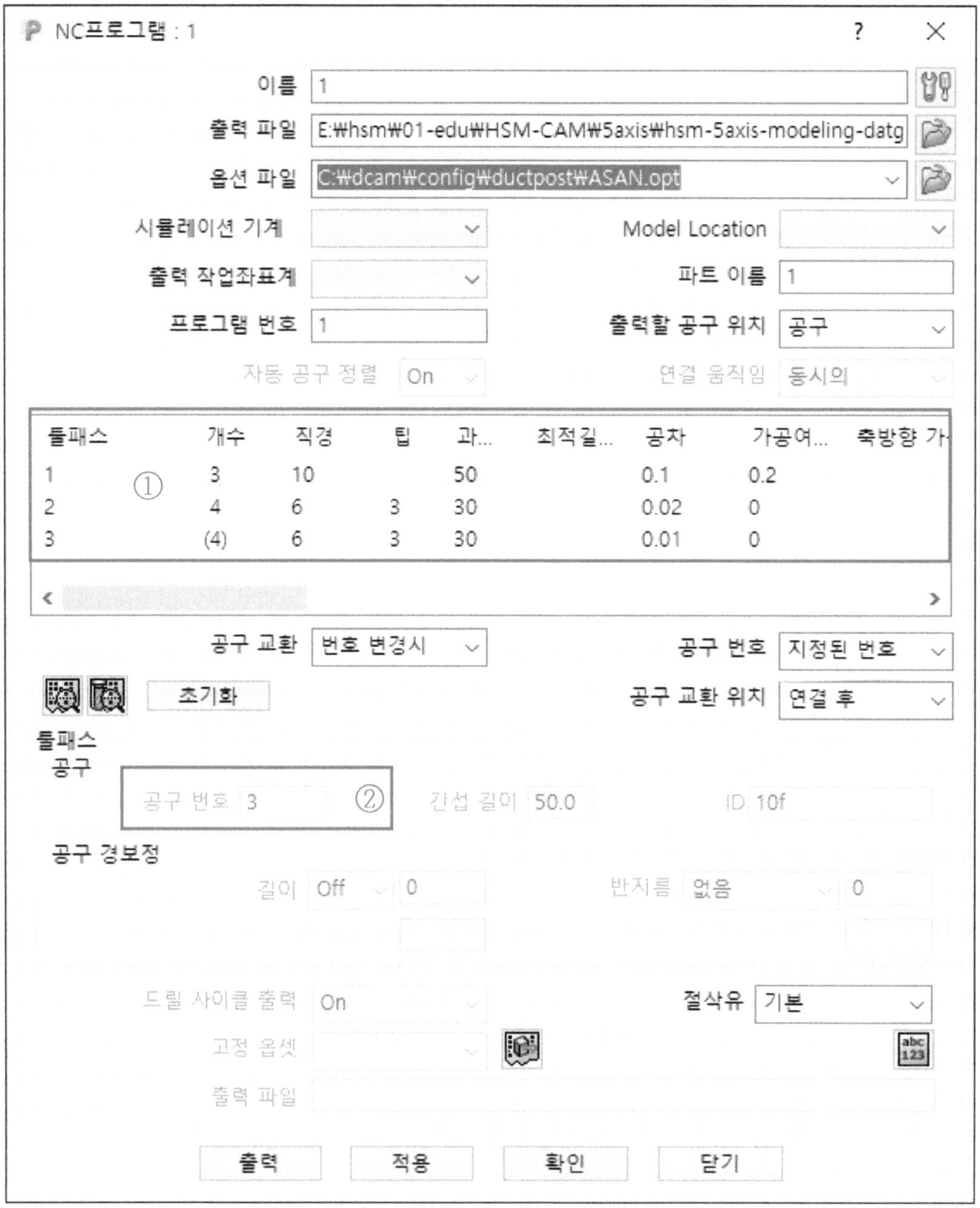

NC프로그램 : 1

이름 1

출력 파일 E:₩hsm₩01-edu₩HSM-CAM₩5axis₩hsm-5axis-modeling-datg

옵션 파일 C:₩dcam₩config₩ductpost₩ASAN.opt

사뮬레이션 기계 | Model Location

출력 작업좌표계 | 파트 이름 1

프로그램 번호 1 | 출력할 공구 위치 공구

자동 공구 정렬 On | 연결 움직임 동시의

툴패스		개수	직경	팁	과...	최적길...	공차	가공여...	축방향 가
1	①	3	10		50		0.1	0.2	
2		4	6	3	30		0.02	0	
3		(4)	6	3	30		0.01	0	

공구 교환 번호 변경시 | 공구 번호 지정된 번호

초기화 | 공구 교환 위치 연결 후

툴패스

공구

공구 번호 3 ② 간섭 길이 50.0 ID 10f

공구 경보정

길이 Off 0 반지름 없음 0

드릴 사이클 출력 On | 절삭유 기본

고정 옵셋

출력 파일

출력 적용 확인 닫기

(가공 조건 확인 & 작업 좌표계 확인)

① 칸에서 가공 데이터 이름과 개수를 확인한다.

② 공구 번호를 확인한다.

③ 출력 버튼을 클릭 하거나 탐색기창 NC프로그램 메뉴에서 마우스 우측 키를 클릭하여 모두 출력 버튼을 클릭 한다.

▶ 생성된 NC프로그램 1번

```
%
(******************************)
( File Name =1)
( TOOL Diameter =10.000)
(Coner R=        0)
( Thickness=     .200)
( Tolerance =    .100)
(******************************)
G28 G91 X0. Y0. Z0.
G90 G80 G49 G17 G40
T3M6
S2500M3
G43Z100.H3
G0X20.771Y49.827M3
Z10.M8
G1Z1.F300
X19.876Y49.098Z.96
X19.223Y48.234Z.922
X18.822Y47.363Z.888
X18.622Y46.549Z.859
X18.566Y45.822Z.834
X18.622Y45.096Z.808
X18.822Y44.282Z.779
X19.223Y43.411Z.746
X19.876Y42.546Z.708
X20.806Y41.789Z.666
X21.986Y41.262Z.621
X23.316Y41.072Z.574
X24.646Y41.262Z.527
X25.825Y41.789Z.482
X26.755Y42.546Z.44
X27.408Y43.411Z.402
X27.809Y44.282Z.369
```

▶ 저장 위치 : 프로젝트 사용이 ON으로 설정되어있기 때문에 파워밀 프로젝트 파일(과제3번 파워밀데이터) 폴더 안에 ncprograms/1.tap 파일로 생성 된 것을 확인할 수 있다.

예제 데이터 › 컴퓨터응용가공산업기사 › 과제1 › 과제1번 파워밀데이터 › ncprograms

이름	수정한 날짜	유형
1.tap	2021-08-26 오전 12:01	TAP 파일

3. 컴퓨터 응용가공 산업기사 공개문제 6번 모델링하기

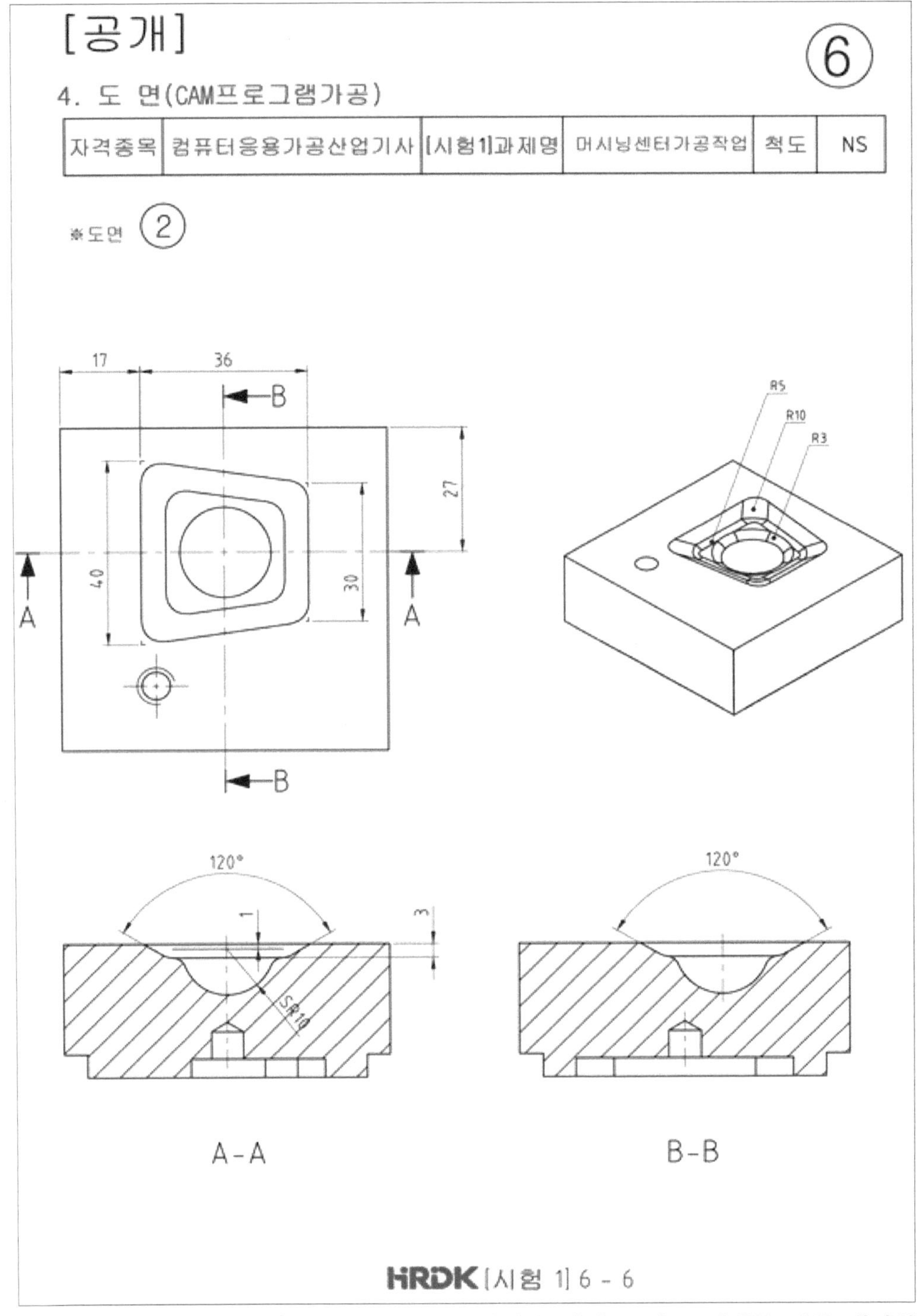

※ 모델링 시작 전 도면파악을 면밀히 진행하고 모델링을 어떤 순서로 진행할 지를 생각한 후 모델링 작업에 임한다. 생산, 가공 등에서 가공 공정이 있는 것처럼 모델링 역시 모델링 순서가 중요하다.

3-1 NX 시작하기

NX 10버전을 이용하여 공개도면 6번 모델링을 진행한다.

① 새로운 작업 공간 만들기 (새로 만들기 Ctrl + N)

▶ 이름 칸의 탐색기 버튼을 클릭하여 저장힐 폴더로 이동 후 공개도면 6번이라는 이름으로 방을 만든다.

이름 지정과 동시에 작업 폴더가 지정이 된다.

▶ 새로 만들기에서 기본 설정 그대로 작업 방을 생성한다. 모델 템플릿을 사용해야 하므로 다른 템플릿이 선택되지 않게 조심해야 한다.

3-2 스케치 그리기

1) 도면 파악 : 6번 도면의 경우 평면도만 작도하면 완성 모델링이 됨.

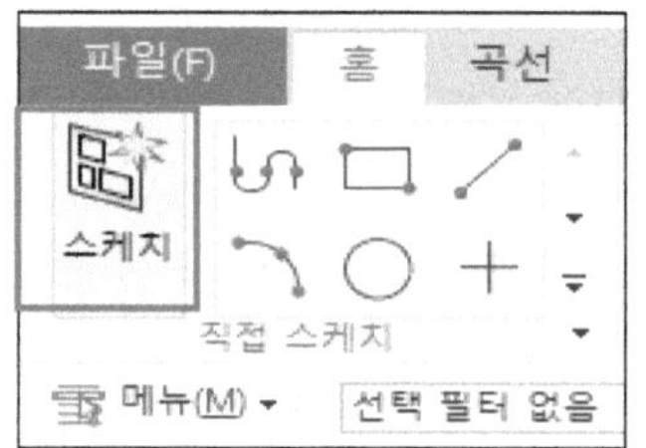

2) 평면도 스케치하기 데이텀 평면 만들기

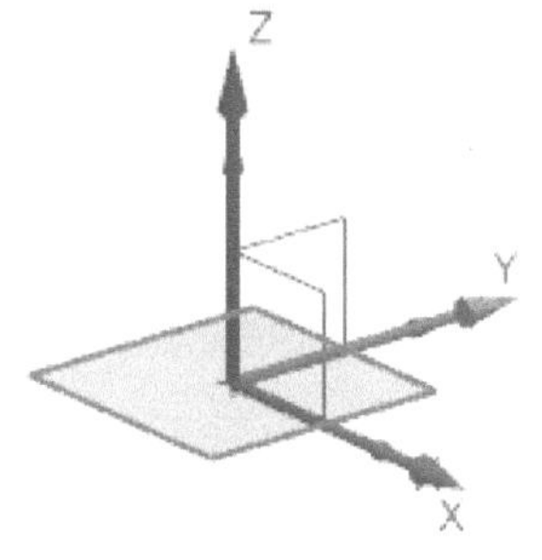

(X Y 평면에 데이텀 생성)

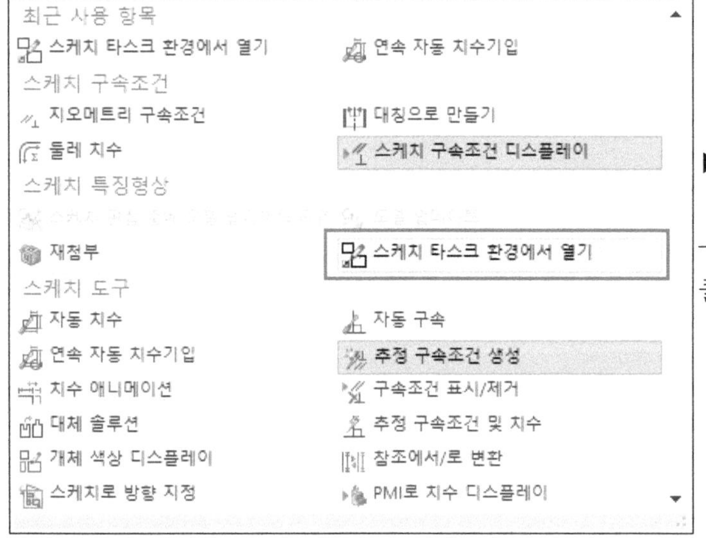

▶ 타스크 환경에서 작업을 진행 한다.

→ 스케치 환경 메뉴에서 더보기 버튼 클릭 → 스케치 타스크 환경에서 열기 버튼 클릭

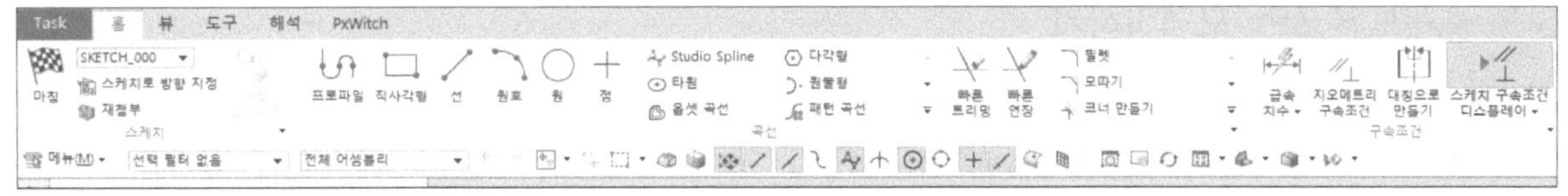

▶ 스케치 타스크 환경 메뉴로 작업하는 것이 메뉴를 모두 볼 수 있기 때문에 작업이 용의 해진다.

▶ 스케치 작업하기 (기본적인 메뉴를 이용한 작업은 생략한다.)

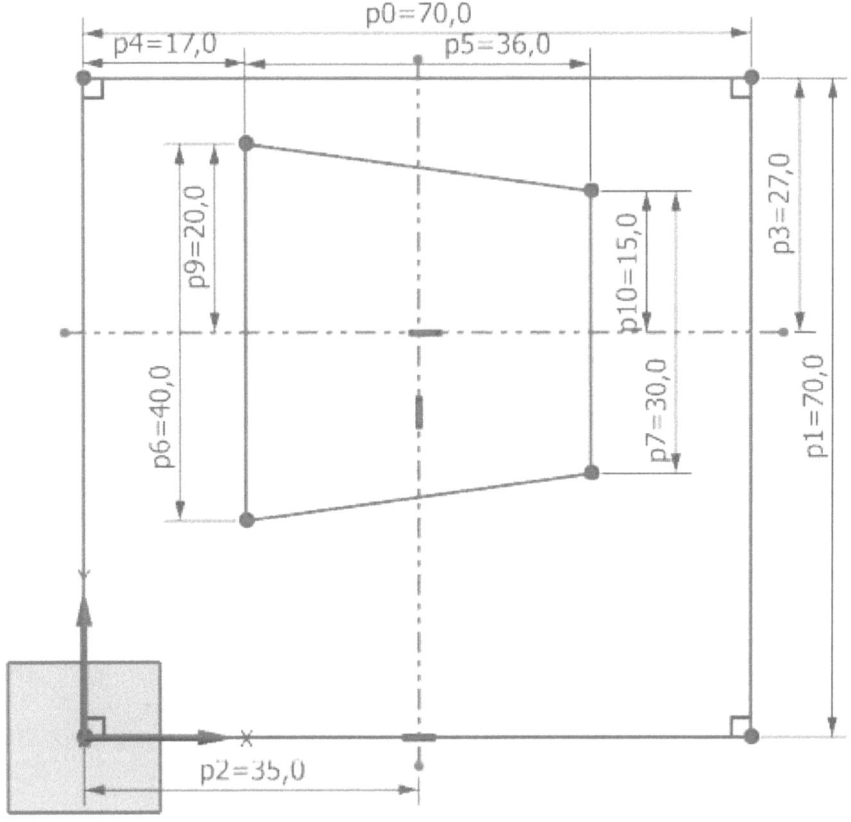

▶ 스케치 마침(종료)

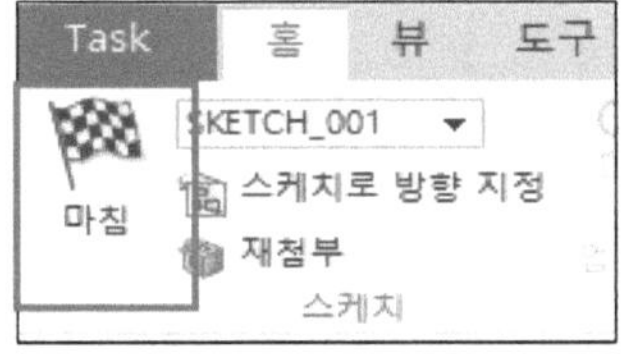

▶ 공개도면 6-1번을 보고 모델의 전체 높이(28mm)와 X, Y 길이 값을 확인 한다.

3-3 공개도면 6번 모델링하기

1) 바디 모델링 (돌출 메뉴 활용)

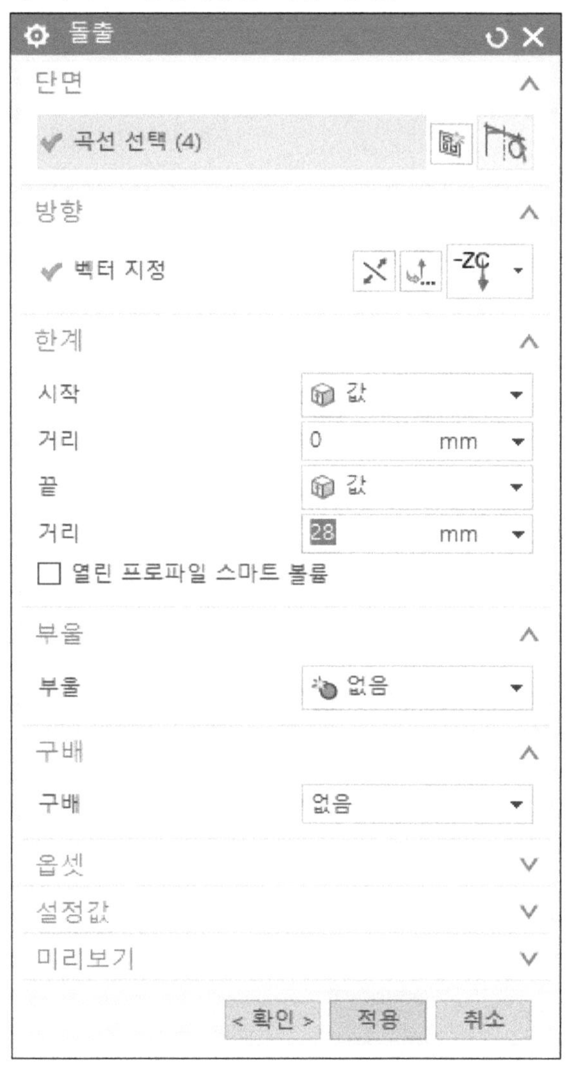

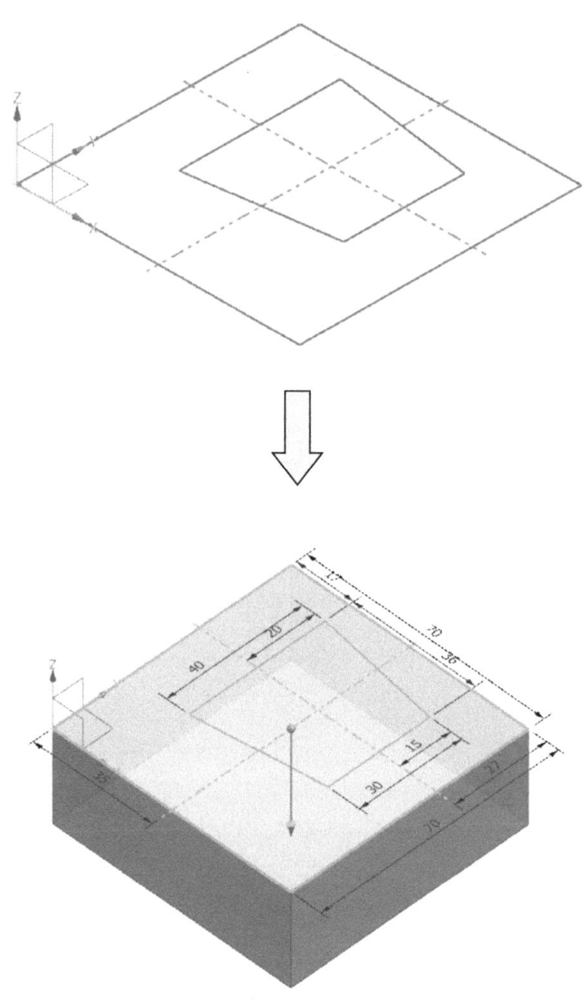

▶ 위의 그림과 같이 돌출 조건 값을 입력하여 메인 바디를 모델링 한다.
→ 돌출 → 스케치 라인(사각 외곽 선) 선택 → 설정 값 적용 → 적용 클릭

▶단면 A-A를 확인 해 보면 Z기준 0.0에서 Z-3mm까지 기울기가 120°인 측벽으로 구성되어 있으며 SR10 구 형상으로 이루어져 있다. 구 모델링은 특징형상 설계 기능을 이용하여 모델링을 진행한다.

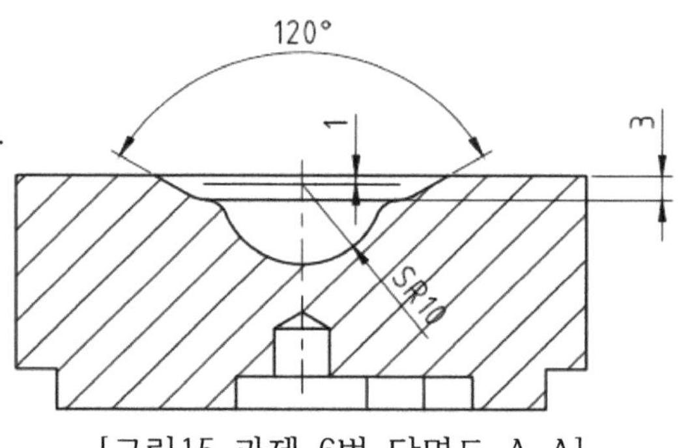

[그림15 과제 6번 단면도 A-A]

2) 형상면 모델링하기

① 돌출

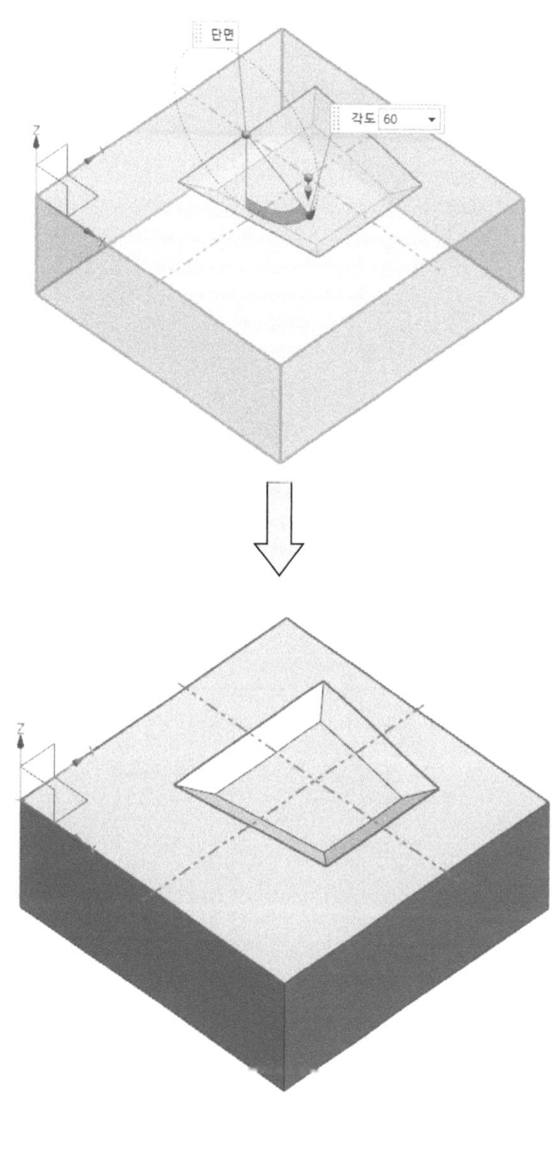

▶ 위의 그림과 같이 돌출 조건 값을 입력하여 메인 바디를 모델링 한다.
→ 돌출 → 스케치 라인 선택 → 벡터 -Z → 한계 시작 0.0 끝 5입력 → 부울 빼기 선택 → 구백 시작 하계로부터 → 각도 60° (양쪽각도 120°이므로 한쪽각도는 60°이다.) → 적용 클릭

② SR10 구 형상 모델링하기.

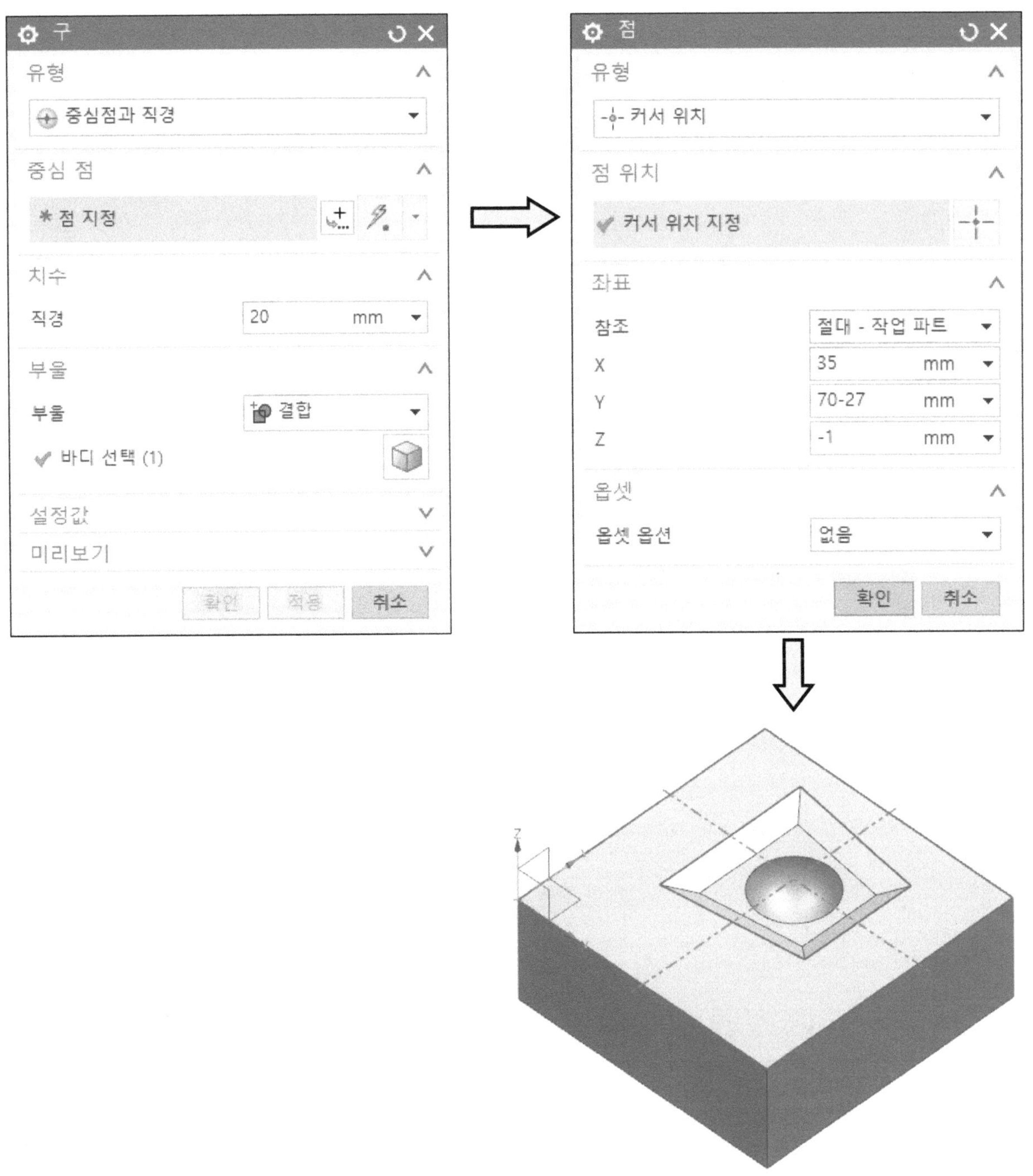

▶ 위의 그림과 같이 구 형상 조건을 설정 한다.

→ 구 → 중심 점(점 다이얼로그) 클릭 → 점(① 점 다이얼로그) 지정 → SR10이므로 직경 20 지정 → 부울 결합 선택 → 확인 클릭

③ 모서리 블렌드 (측벽 코너 4곳에 있는 R10 형상을 만든다.)

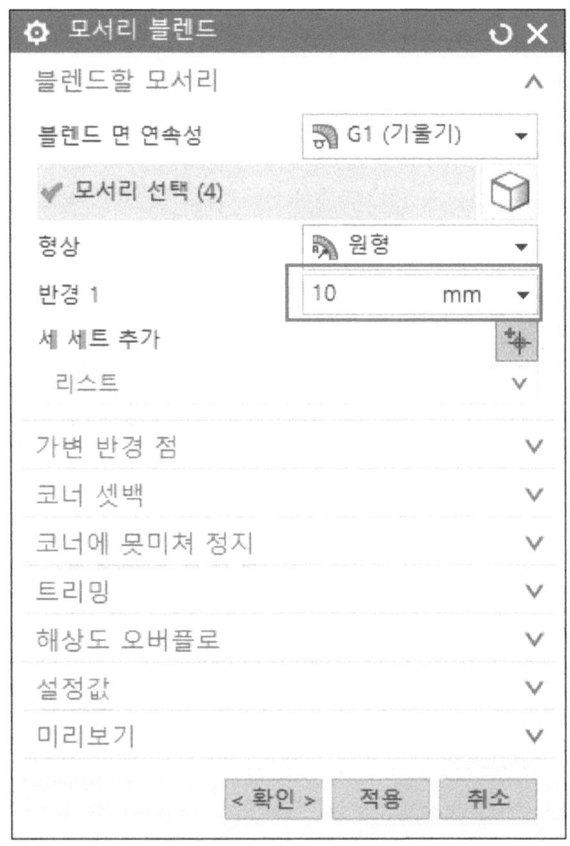

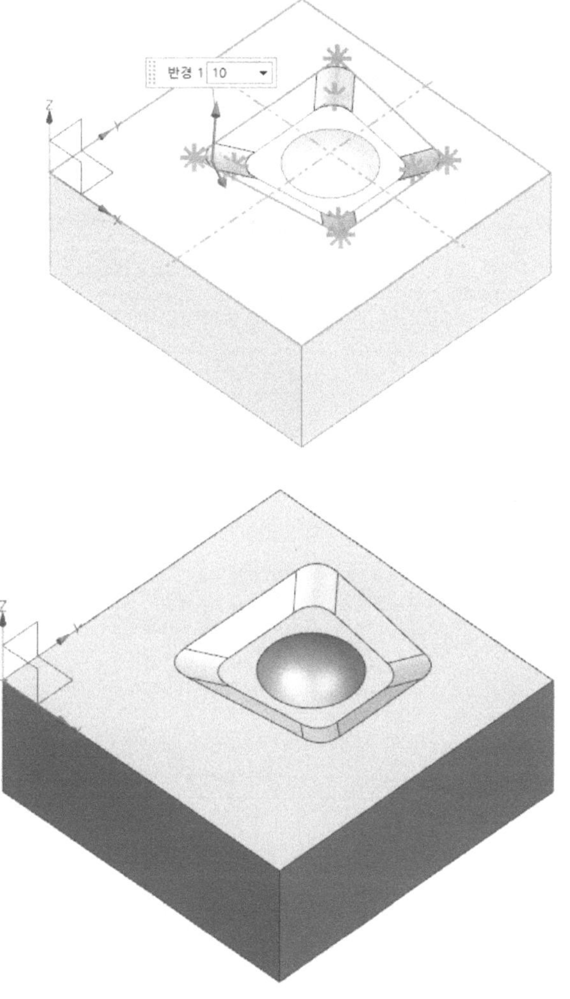

▶ 위의 그림과 같이 모서리 블렌드 조건을 설정 한다.

→ 모서리 블렌드 → 반경 1 R10 지정 → 사각 측벽 엣지(모서리) 선택 → 확인 클릭

▶ 측벽 4곳 코너 R10 형상이 생성된다.

③ 모서리 블렌드 (바닥 부위 코너에 있는 R5 형상을 만든다.)

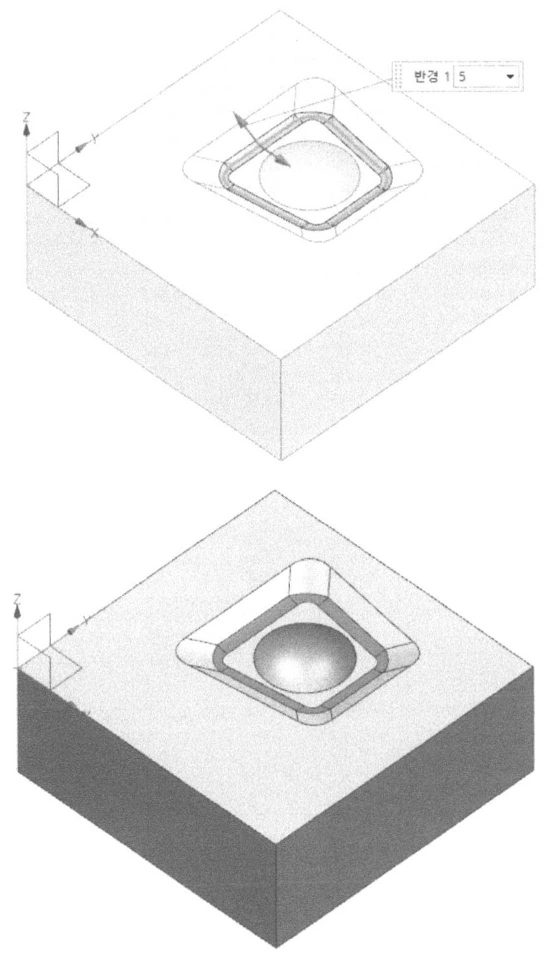

▶ 위의 그림과 같이 모서리 블렌드 조건을 설정 한다.

→ 모서리 블렌드 → 반경 1 R5 지정 → 바닥 코너 엣지(모서리) 선택 → 확인 클릭

▶ 바닥 코너 전주에 녹색으로 표현된 R5 형상이 생성된다.

④ 모서리 블렌드 (바닥 부위 코너에 있는 R3 형상을 만든다.)

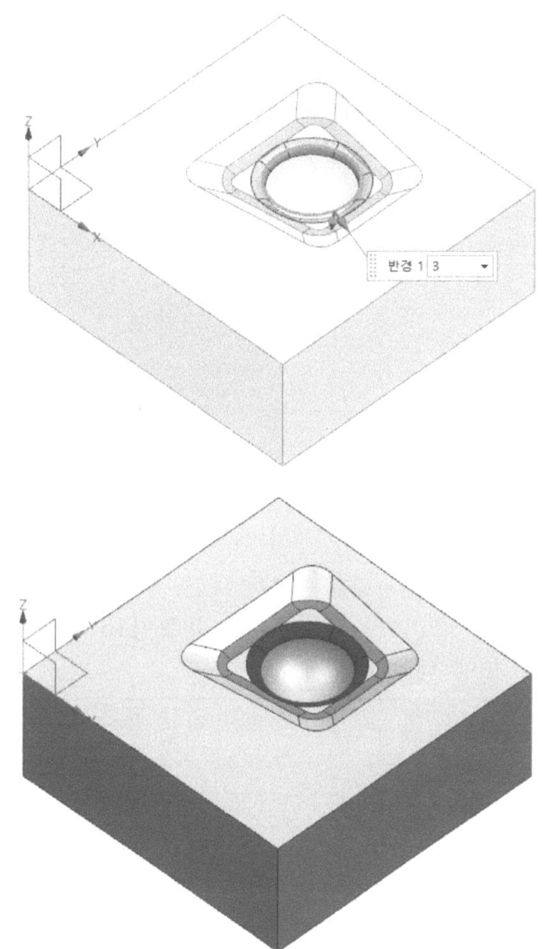

▶ 위의 그림과 같이 모서리 블렌드 조건을 설정 한다.

→ 모서리 블렌드 → 반경 1 R3 지정 → 바닥 코너 엣지(모서리) 선택 → 확인 클릭

▶ 바닥 코너 전주에 파란색으로 표현된 R3 형상이 생성된다.

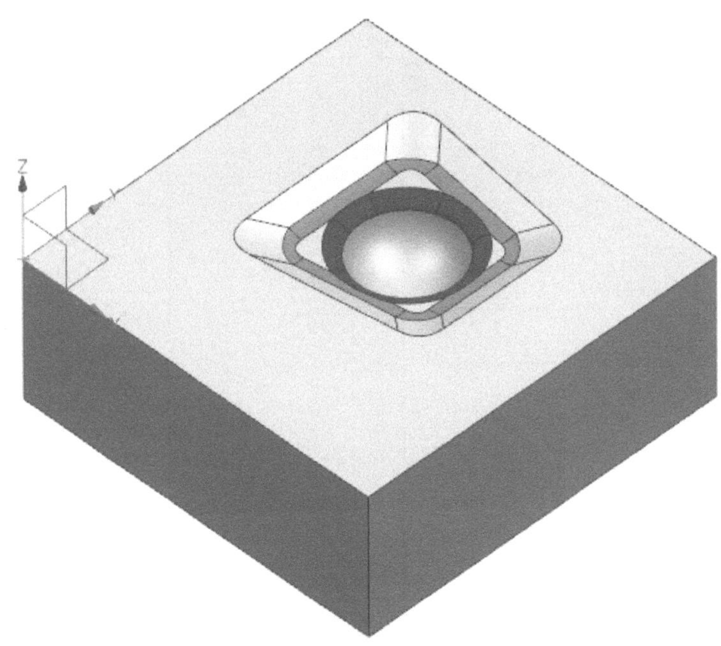

[그림16 완성된 공개 도면 6번 형상 모델링]

▶ 모델 내보내기

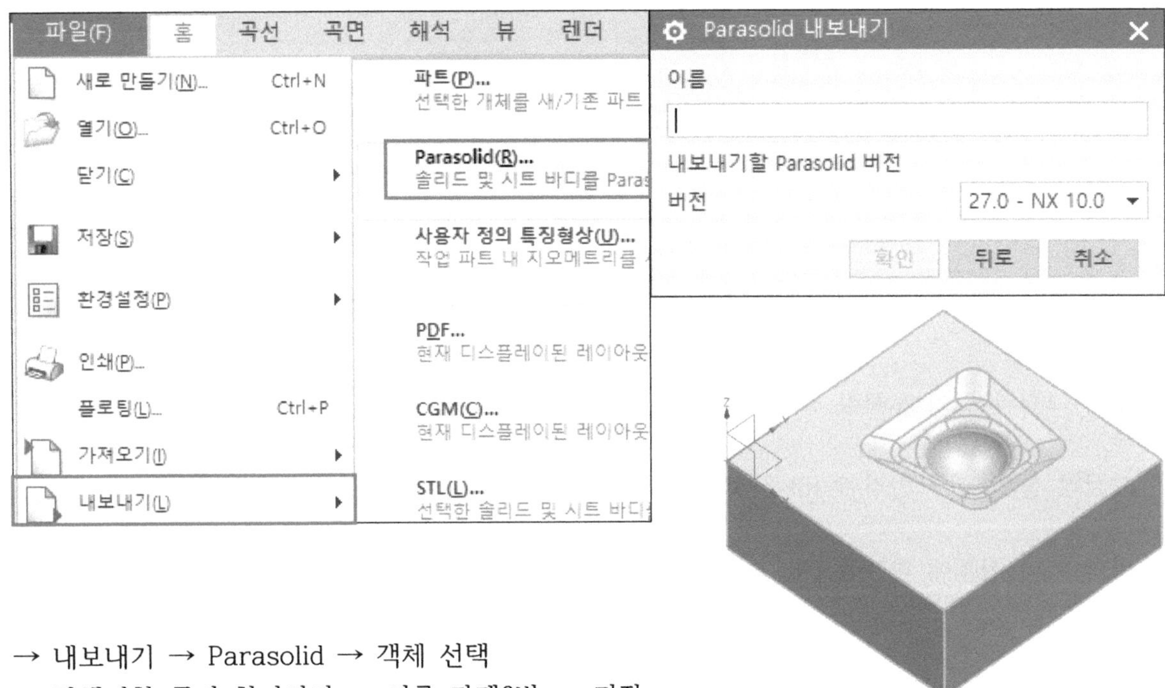

→ 내보내기 → Parasolid → 객체 선택

→ 탐색기창 폴더 찾아가기 → 이름 과제6번 → 저장

※ 저장한 폴더 위치를 찾아가서 저장된 파일을 확인한다.

3-4. 가공 조건 확인하기

[공개]

3. 지급재료 목록			자격종목	컴퓨터응용가공산업기사	
일련번호	**재 료 명**	**규 격**	**단 위**	**수 량**	**비 고**
	머시닝센터작업				
1	쾌삭알루미늄판 [AL6061(T6)]	t30×70×70	개	1	1인당
2	평엔드밀	2날-Ø10	개	1	2인당
3	볼엔드밀	Ø6	개	1	2인당
4	센터드릴	Ø3.0 A형	개	1	4인당
5	드릴	6.8	개	1	4인당
6	탭	M8 × 1.25	개	1	2인당
7	절삭유	수용성 그린 절삭유 2종1호(원액20L)	통	1	검정장당
8	USB 메모리	16GB 이상	개	1	1인당
		- 이 하 여 백 -			

[그림17 과제 6번 검정 재료지급 품목]

▶ 위의 조건 표는 공개된 컴퓨터응용산업기사 과제6 문제지 중에 있는 가공 조건 표입니다. 조건 표 중에서 CAM 가공을 위해 사용되는 공구는 황식 가공용으로 시용할 Ø10평 엔드밀과 정삭 가공용으로 사용될 Ø6볼 엔드밀입니다.

▶ 가공 공정 세우기

→ Ø10평 엔드밀을 이용한 황삭 → Ø6볼 엔드밀을 이용한 정삭입니다.

황삭 : 3D 황삭 메뉴사용 가공데이터 생성

정삭 : 황잔삭, 스텝 앤 쉘로우, 3D 옵셋가공 메뉴를 사용하여 가공 데이터 생성

▶ 파워밀 실행 및 기본 조건 설정을 진행 한다.

→ 블록 정의 → 안전영역 설정 → 스킴 높이 설정 → 피드와 속도 설정

3-5 황삭 & 황잔삭 가공 메뉴 실행하기

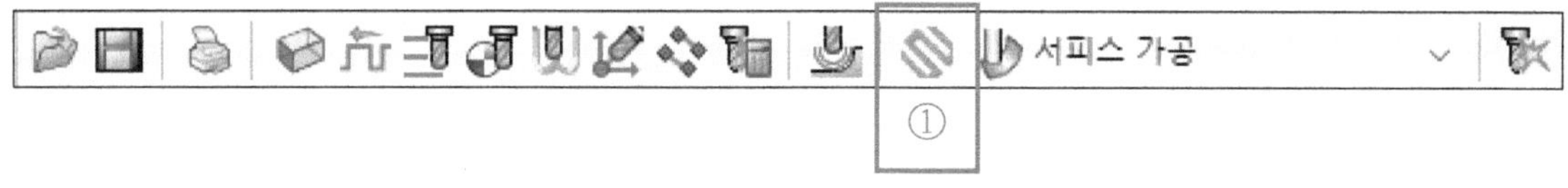

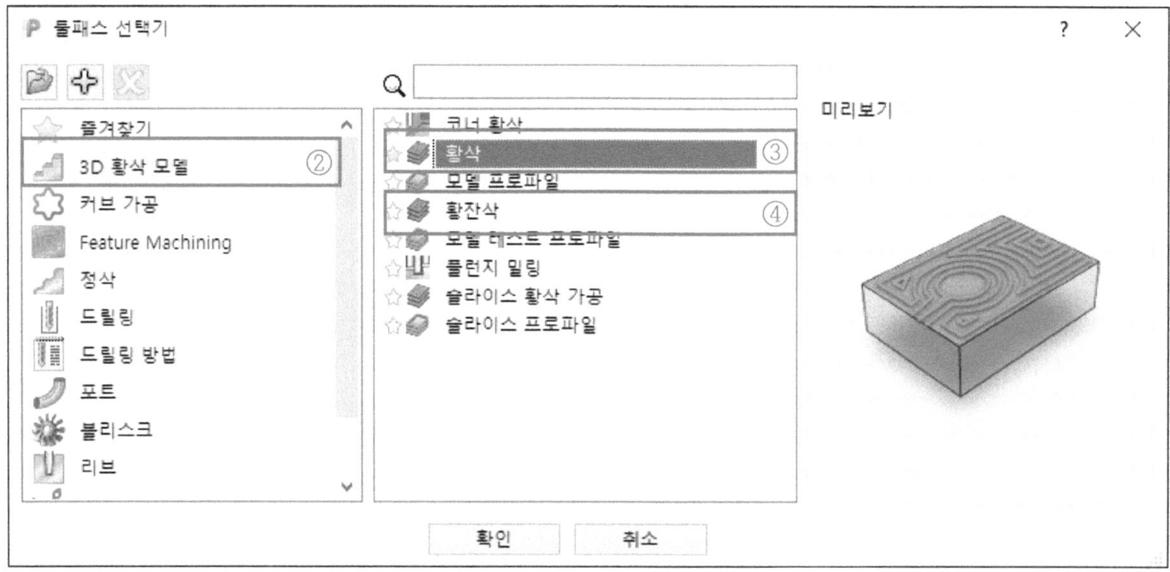

▶ 가공 메뉴 모음 클릭 → 3D 황삭 모델 클릭 → 황삭 클릭

▶ 황삭은 사각 재료 상태에서 처음 가공을 할 때 사용되는 메뉴로 전체 영역에 대해서 가공을 진행할 때 사용하는 첫 번째 가공 이다.

▶ 황잔삭은 황삭 가공 후 전체 황삭 가공 공구보다 작은 공구를 이용하여 조금 더 형상에 근접하게 가공을 진행하는 것이다. 그러나 컴퓨터 응용가공 산업기사에서는 가공 시간이 한정되어 있기 때문에 황잔삭을 생략하고 바로 정삭으로 가공하는데 형상에 따라서 Ø10평 엔드밀이 못 들어가는 부위가 자주 발생을 한다. 그러므로 황삭 가공에서 정삭 가공 옵션 값으로 설정하여 바로 정삭가공을 진행한다. 알루미늄(AL) 재질이라서 크게 가공 부하가 발생하지 않고 원활한 가공이 가능하다.

3-6 황삭 가공하기 Ø10평 엔드밀 (가공 메뉴 : 황삭)

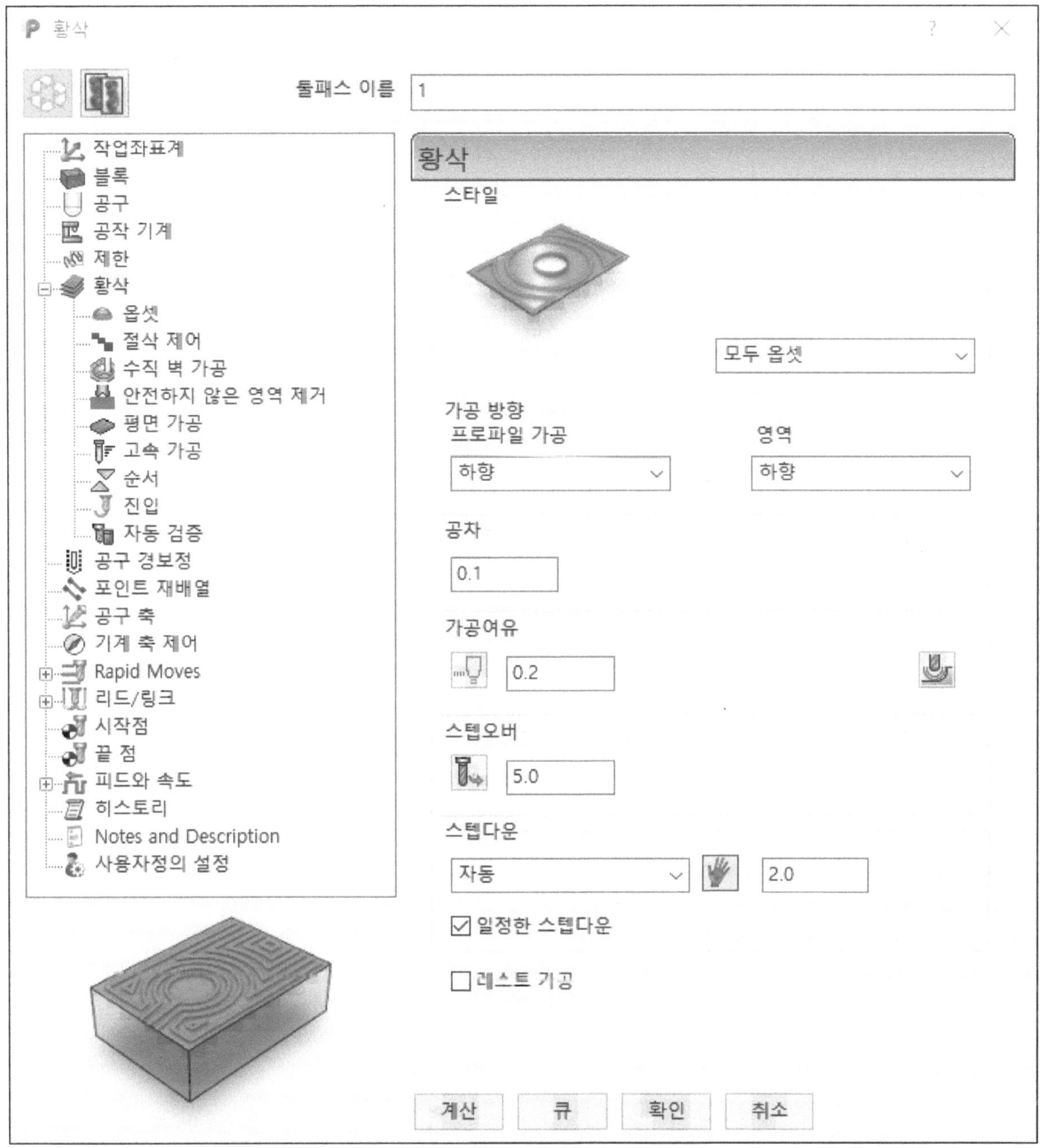

※ 전체 황삭 : 형상을 가공 할 때 바로 원래의 형상과 동일하게 가공하기는 불가능하기 때문에 형상에 근접하게 순차적으로 작업을 진행하는데 그 첫 공정이 황삭 가공 공정이다.

▶위 그림과 같이 가공 조건을 설정한다.

→ 가공 옵션 설정 → 공구 설정 → 옵셋 조건 설정 → 안전하지 않은 영역 제거 → 고속 가공 → 리드/링크 → 리드 인 → 링크 → 계산 버튼 클릭

① 공구 설정

→황삭 공구의 크기는 제시된 가공 조건 표 대로 Ø10 평 엔드밀 사용한다.

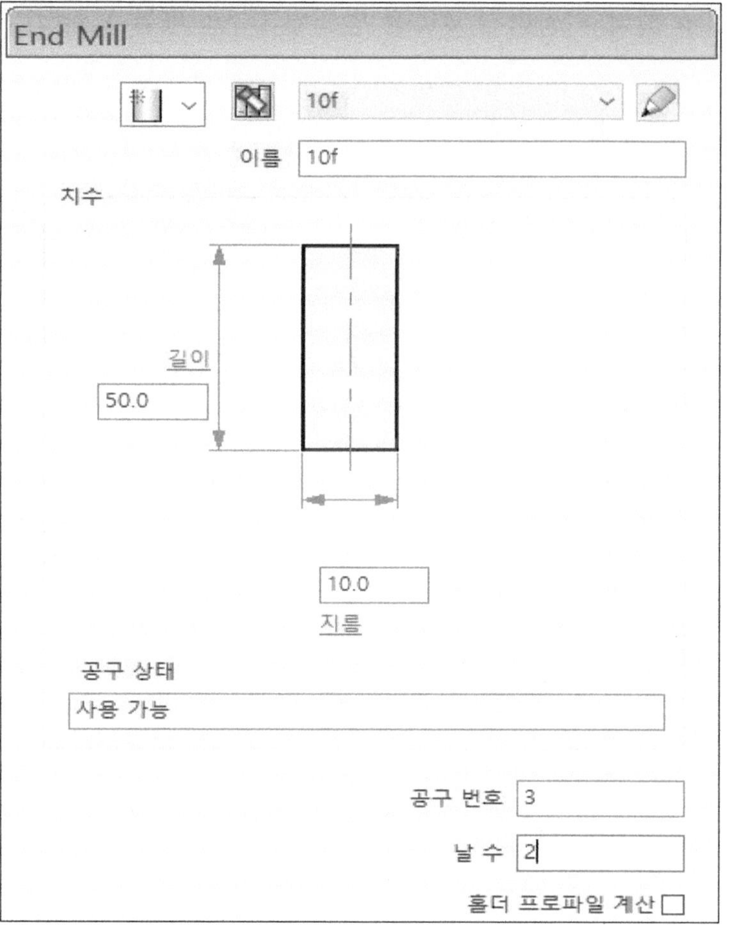

② 옵셋 조건 설정

→ 가공 방향유지 조건 체크를 풀고 커습 제거 조건도 체크를 풀어준다. 그리고 방향을 안에서 밖으로를 선택한다.

옵셋

고급 옵셋 설정

가공 방향 유지

스파이럴

커습 제거

작은 부분 먼저 가공

가공 방향

프로파일 가공 하향

영역 하향

방향

안에서 밖으로

③ 안전하지 않은 영역제거 설정
→ 공구 지름의 퍼센트로 설정하는 것인데 Ø10 평 엔드밀 경우 일체형 공구로 바닥 날이 생성되어있기 때문에 한계치 값을 설정하지 않고 툴패스를 생성한다.

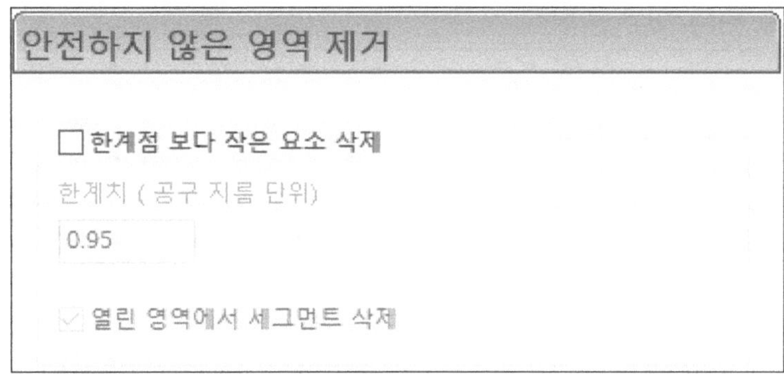

④ 고속 가공 설정
→ 프로파일 부드럽게는 가공 데이터의 꺾이는 부위 코너에 지정한 값의 라운드가 형성된다. 설정하는 값은 공구 지름의 퍼센트로 설정 된다.

→ 빠른 선택 모드는 현재의 가공 데이터와 다음 가공 데이터를 이어주는 방식을 부드러운 라운드로 연결하는 방식으로 고속 가공에서 급격한 방향 전환을 방지하는 역할을 한다.

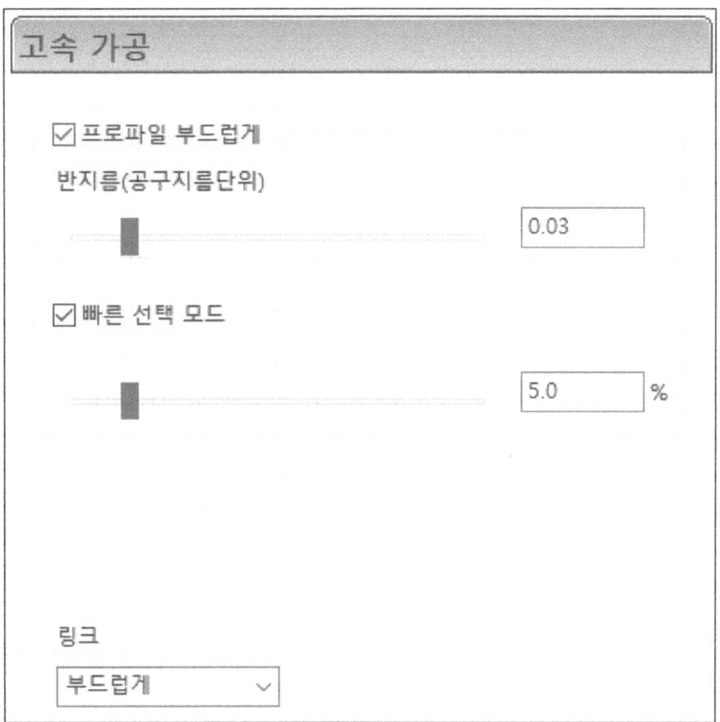

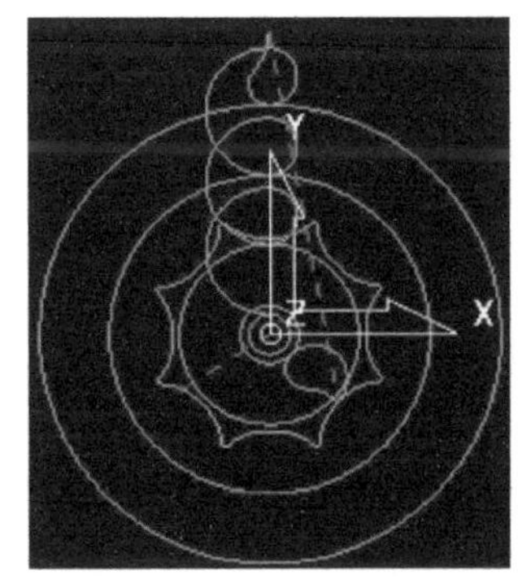

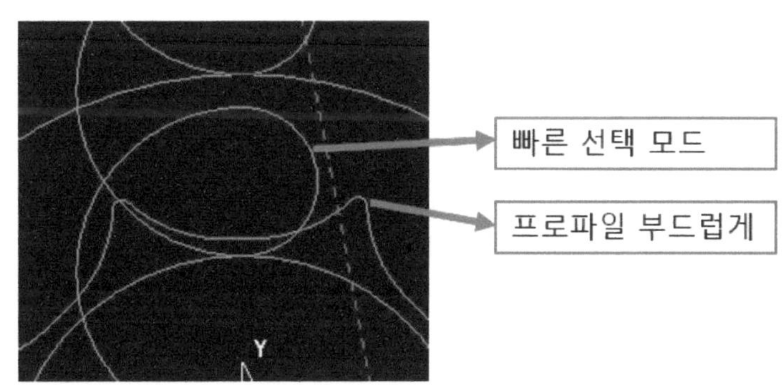

[그림18 툴패스 고속가공 옵션 적용 툴패스]

⑤ 리드/링크 설정

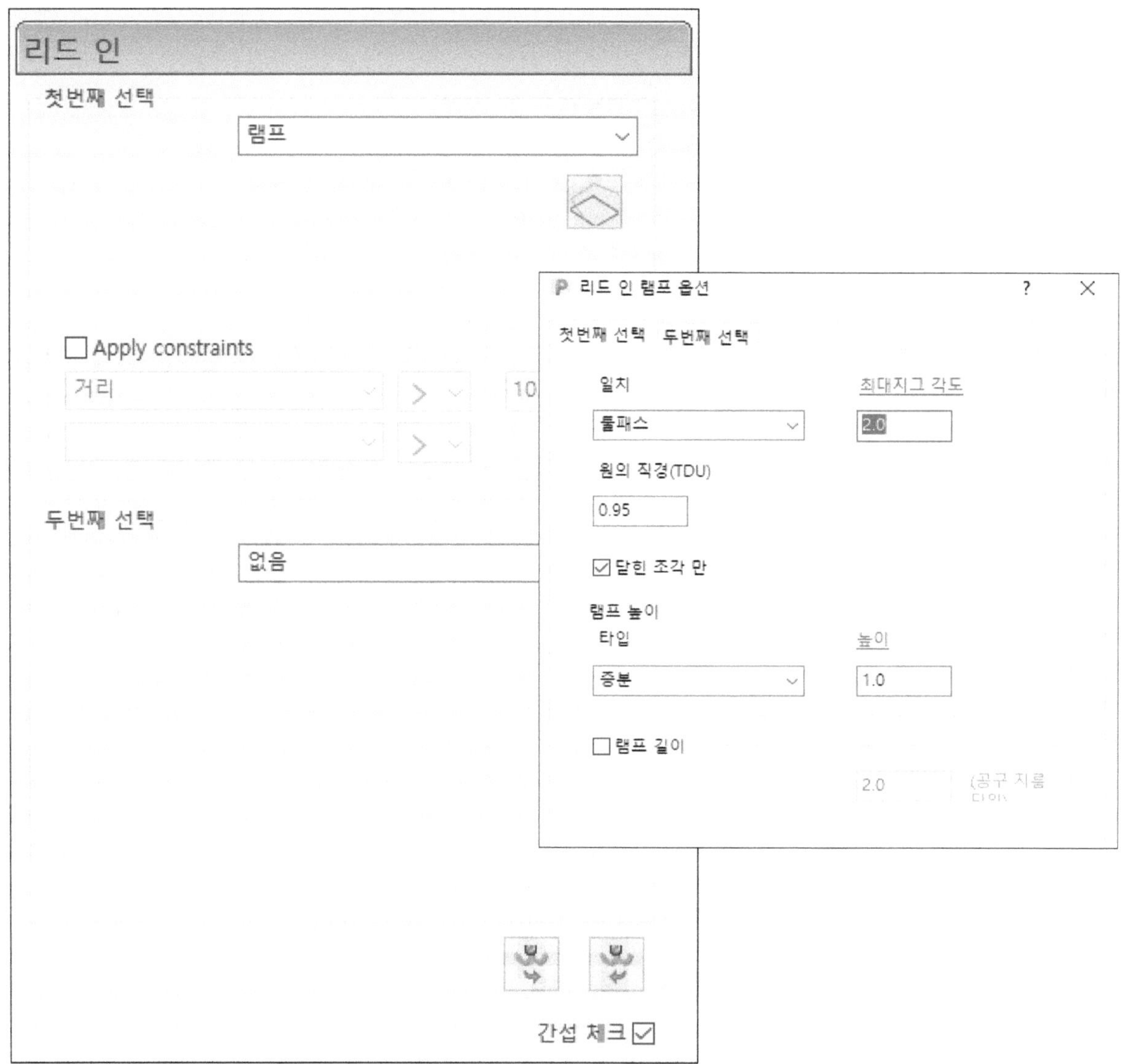

→ 리드 인 설정 → 램프 → 램프 아이콘 클릭 → 최대지그 각도 2° 입력 → 닫힌 조각만 체크 → 램프 높이 1입력

▶ 램프의 각도를 2°로 하고 램프 시작 높이를 가공 데이터로 부터 1mm 위에서 진행 한다. 각도가 너무 크면 수직으로 내려가는 것과 같은 것으로 램프 각도는 2°이하로 설정하는 것이 좋다.

⑥ 링크 설정 (현재 툴 패스부터 다음 툴 패스를 이어주는 방식 설정)

→ 첫 번째 선택 → 증분
→ Apply constraints → 거리 → 10 지정
→ 두 번째 선택 → 증분
→ 초기 값 → 증분

※ 첫 번째 선택, 두 번째 선택 모두 스킴으로 연결하여 공구의 이동 시간을 최소로 한다. 스킴 높이를 사전에 15mm로 설정을 했기 때문에 스킴으로 급속으로 이농을 해도 소새 위에서 공구가 움직인다. (가공 깊이 11mm, 스킴높이 15mm)

※ 설정이 완료 된 후 계산 버튼을 클릭하여 가공 데이터를 생성 한다

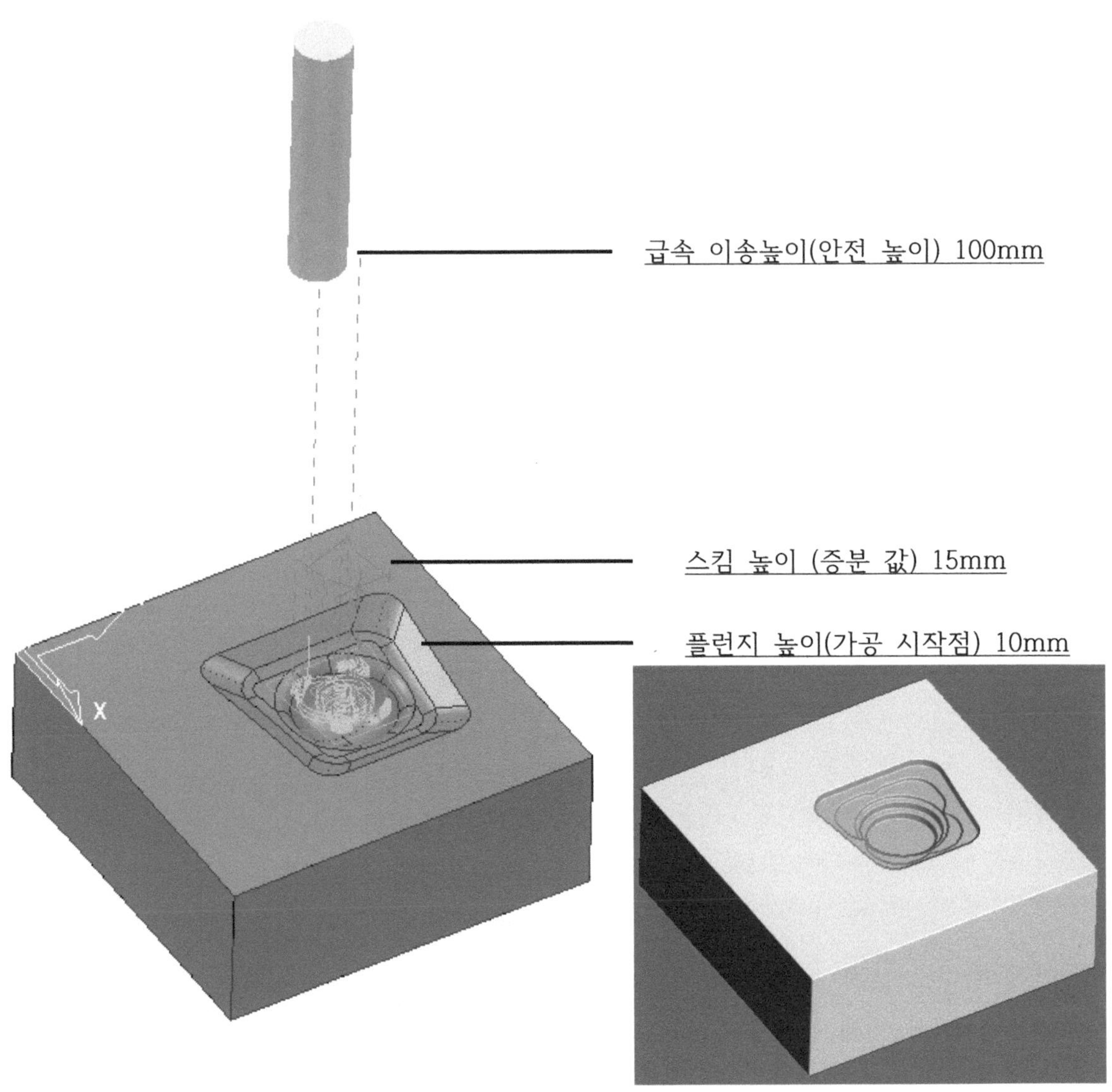

[그림19 과제 6번 황삭 완성된 가공 데이터]

▶ 그림19를 보면 좌측의 형상 중에서 가운데 부위에 위치한 SR10 구형상이 거의 가공되지 않았다는 것을 확인할 수 있는데 Ø6볼 엔드밀을 이용해서 황잔삭으로 조금 더 황삭 가공을 진행하는 것이 맞지만 소재가 알루미늄으로 절삭 저항이 많이 발생하지 않으므로 정삭 가공을 바로 진행 하여도 무방하다. 이번에는 황잔삭 기능을 이용하여 바로 정삭으로 가공을 진행 합니다.

3-7 황잔삭을 이용한 정삭 가공하기 Ø6볼 엔드밀 (가공 메뉴 : 황잔삭)

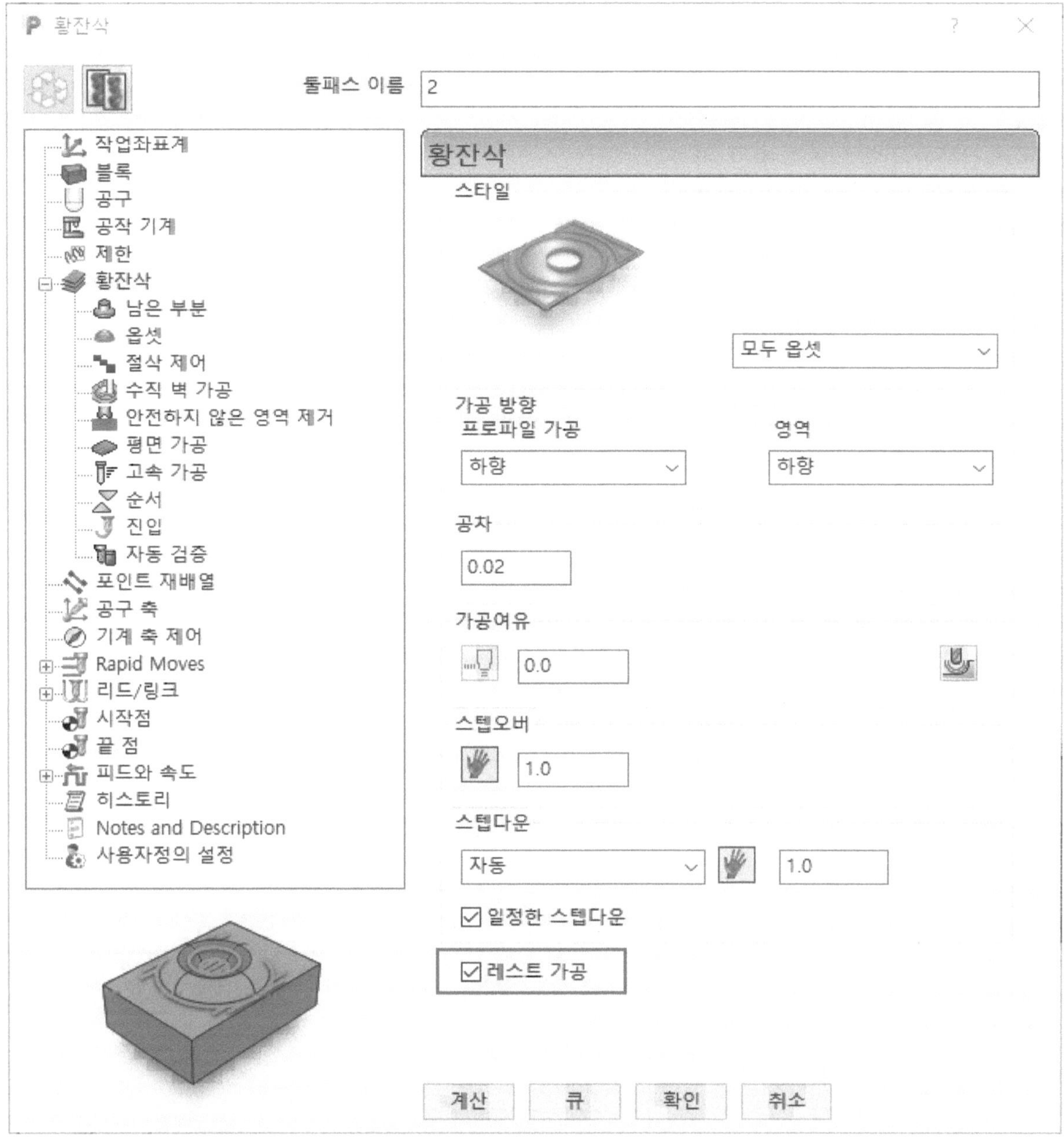

※ 전체 황삭 후 미 가공 된 부위를 조금 더 작은 공구를 사용하여 형상과 근접한 모양을 가공하는 공정이지만 가공여유와 공차를 다르게 하여 중삭이나 정삭으로도 이용한다.

▶위 그림과 같이 가공 조건을 설정한다.

▶반드시 레스트 가공에 체크가 되어 있어야 잔삭 가공이 가능하다.

→ 가공 옵션 설정 → 공구 설정 → 남은 부분 → 옵셋 → 고속 가공 → 리드/링크 → 리드 인 → 링크 → 계산 버튼 클릭

① 공구 설정
→ 이번 가공에서 사용되는 공구는 Ø6볼 엔드밀을 사용한다.
(재료가 알루미늄이고 자격증 시험에서는 시간제한이 있으므로 중간 가공 공정을 하지 않고 바로 정삭가공을 진행한다.)

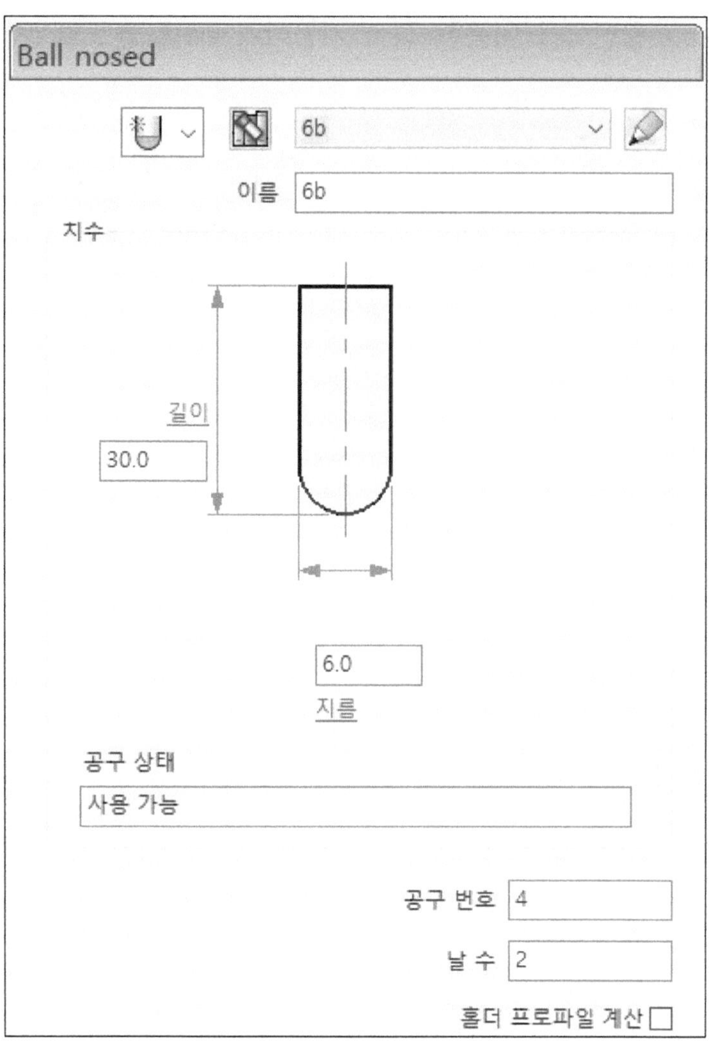

② 남은 부분
→ 이전 공구로 가공을 진행하고 남아있는 미 절삭 부위를 찾아내서 가공하는 가공 공정이다.
이번에는 황삭용 데이터를 생성하는 것이 아니라 바로 정삭 가공 데이터를 생성한다.

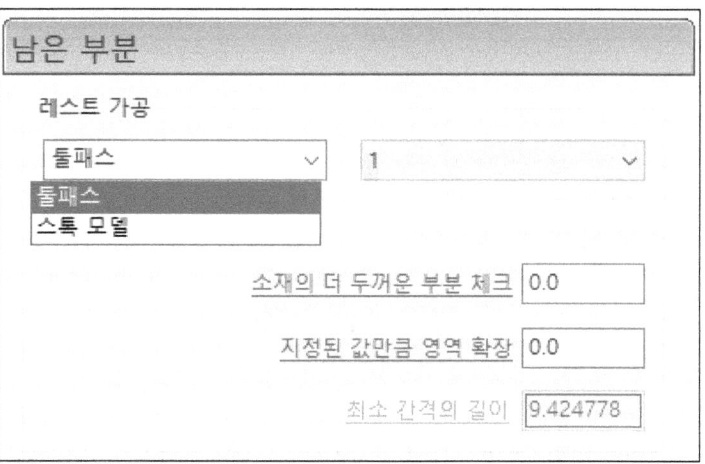

③ 옵셋 조건 설정
→ 가공 방향유지와 커습 제거 조건 체크를 풀고 방향을 안에서 밖으로 선택 한다.

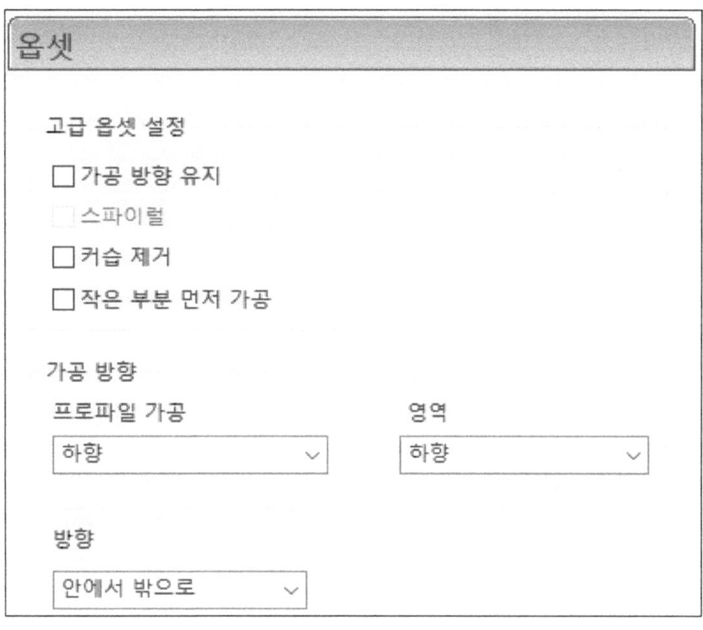

.

④ 고속 가공 설정
→ 프로파일 부드럽게는 가공 데이터의 꺾인 부위 코너에 지정한 값의 라운드가 형성된다. 설정하는 값은 공구 지름의 퍼센트로 설정 된다.

→ 빠른 선택 모드는 현재의 가공 데이터와 다음 가공 데이터를 이어주는 방식을 부드러운 라운드로 연결하는 방식으로 고속 가공에서 급격한 방향 전환을 방지하는 역할을 한다.

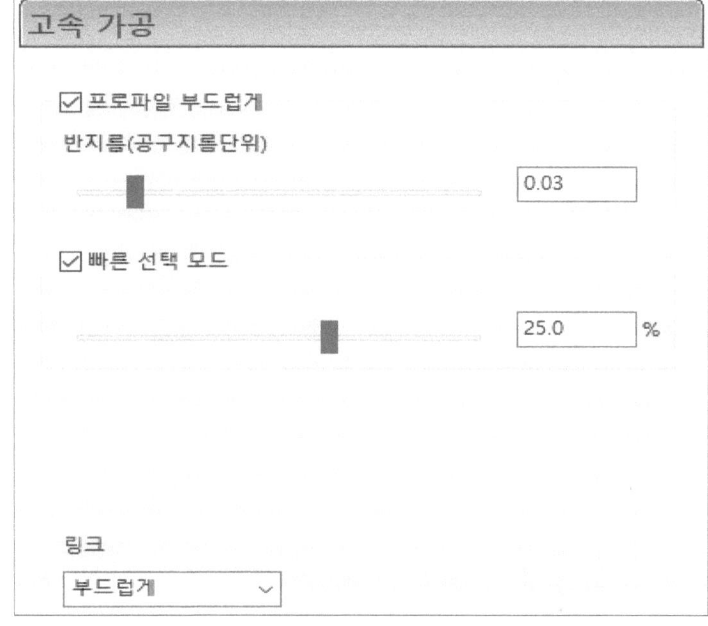

⑤ 리드/링크 설정

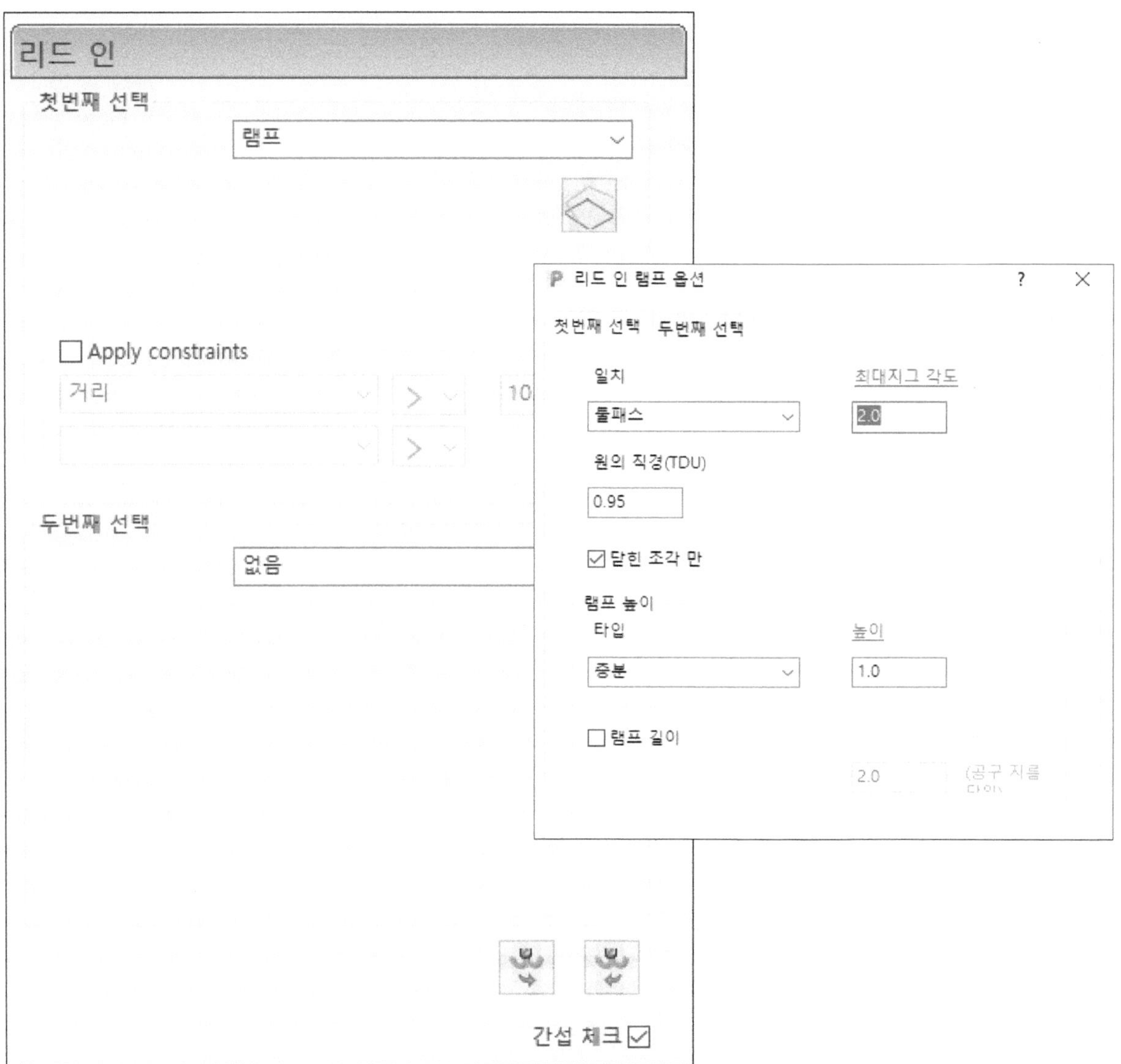

→ 리드 인 설정 → 램프 → 램프 아이콘 클릭 → 최대지그 각도 2° 입력 → 닫힌 조각만 체크 → 램프 높이 1입력

▶ 램프의 각도를 2°로 하고 램프 시작 높이를 가공 데이터로 부터 1mm 위에서 진행 한다.

⑥ 링크 설정 (현재 툴 패스부터 다음 툴 패스를 이어주는 방식 설정)

→ 첫 번째 선택 → 스킴 설정한다.
→ Apply constraints → 거리 → 10
→ 두 번째 선택 → 증분
→ 초기 값 → 증분

※ 설정이 완료 된 후 계산 버튼을 클릭하여 가공 데이터를 생성 한다.

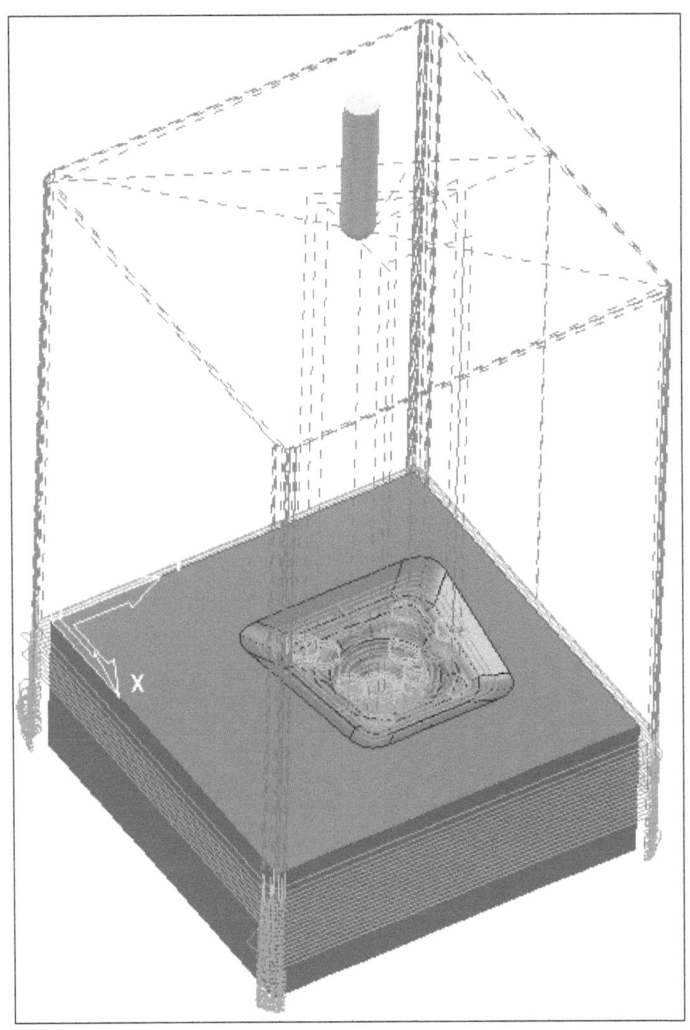

(수정 전 데이터)

→ 삭제할 툴패스 선택 → 마우스 우측 키 클릭 → 편집 → 선택된 성분 삭제

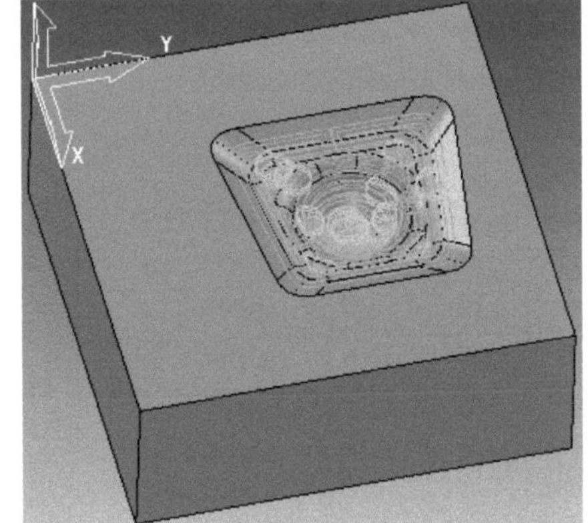

(수정 후 데이터)

[그림20 과제 6번 황잔삭을 이용한 정삭 완성된 가공 데이터]

▶ 가공이미지를 살펴보면 형상 중앙에 위치한 SR10 부위와 형상 위쪽에 계단이진 모양이 보인다. 이것은 너무 거칠게 가공이 된 것으로 바운더리를 이용하여 이 부분을 3D옵셋 가공 방법으로 한 번 더 가공 해준다.

3-8 3D 옵셋가공 가공 메뉴 실행하기

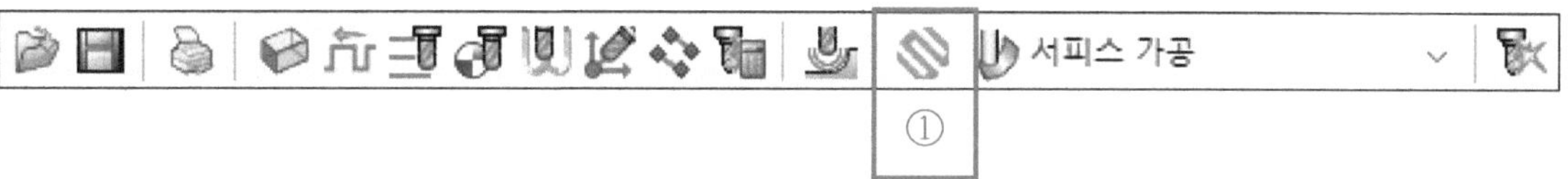

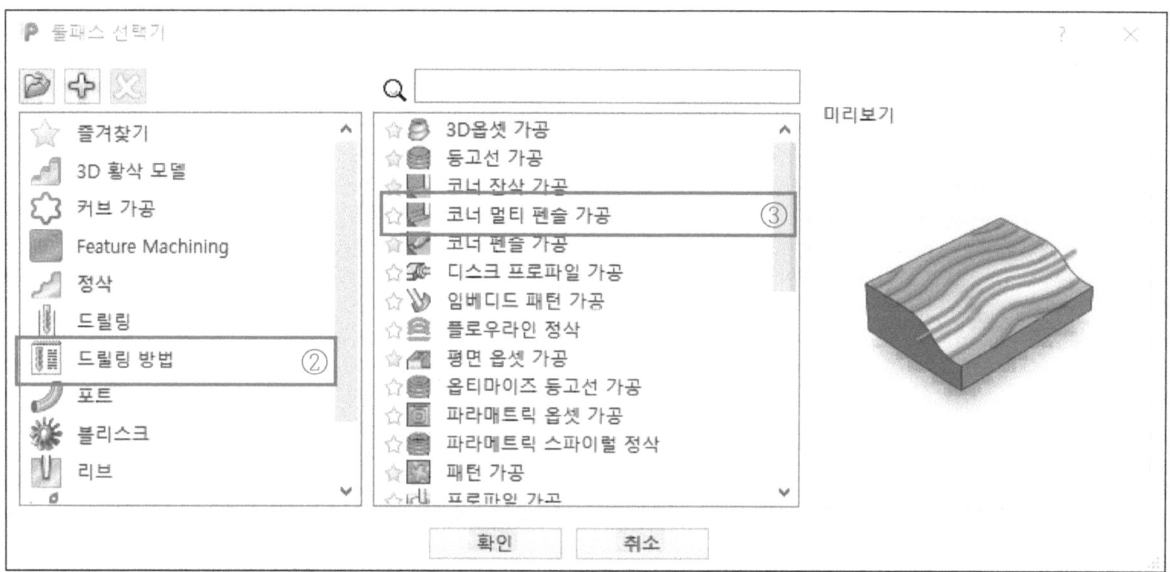

▶ 가공 메뉴 모음 클릭 → 정삭 → 3D 옵셋 가공 클릭

▶ 황잔삭을 이용한 정삭 가공데이터에서 앞에서 지적한 데로 SR15 형상 면이 너무 거칠게 남아 있으므로 선택 서피스 바운더리를 생성하여 3D 옵셋 가공을 이용해서 깔끔하게 처리한다.

3-9 3D 옵셋을 이용한 정삭 가공데이터 생성하기

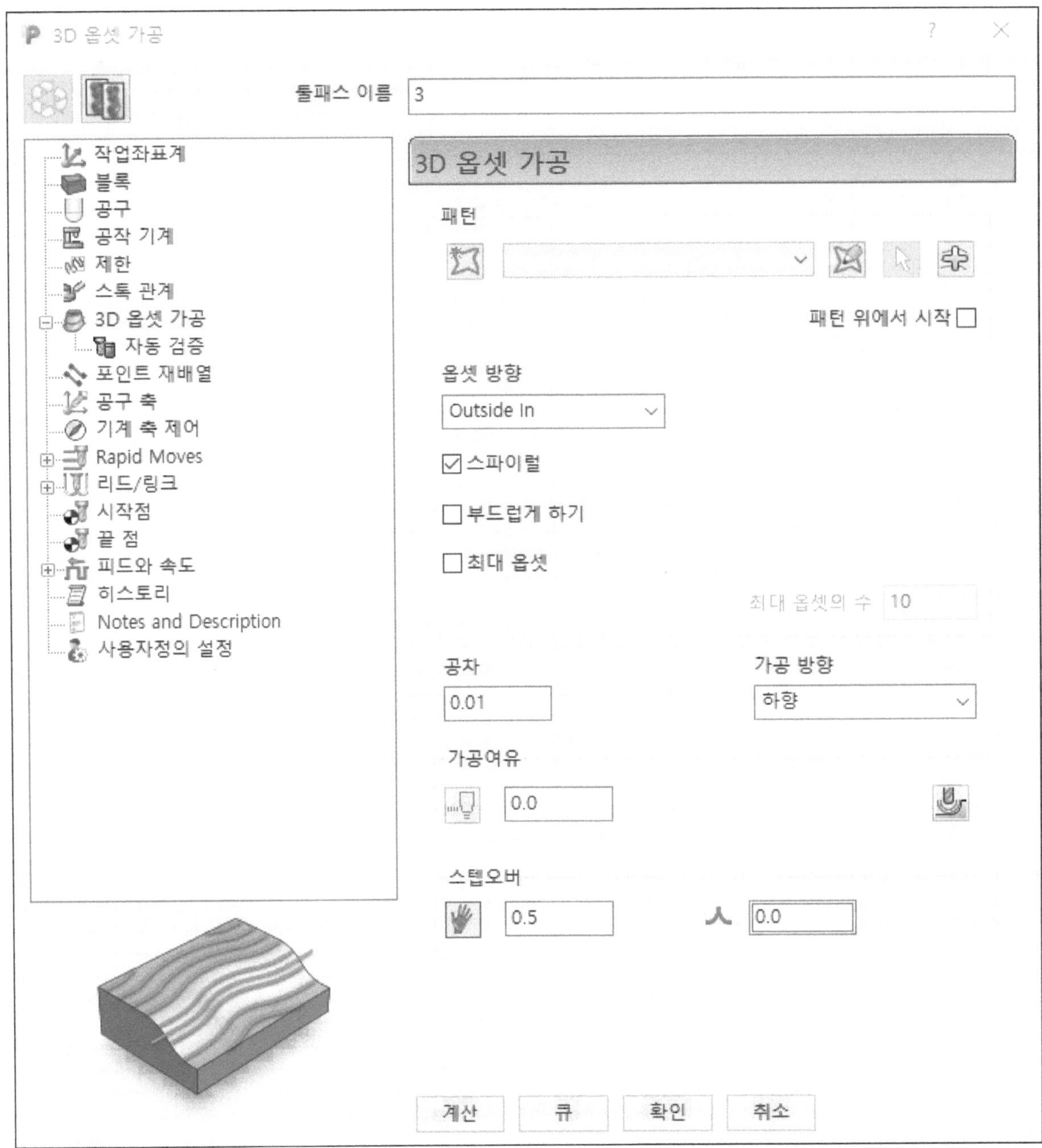

▶위 그림과 같이 가공 조건을 설정한다.

▶제한에서 바운더리 가공영역을 구하여 3D 옵셋 가공데이터를 산출한다.

→ 가공 옵션 설정 → 제한 설정 → 리드인 설정 → 링크 설정 → 계산 버튼 클릭

① 제한 설정 (바운더리 설정)

제한

바운더리

1

사용 영역

선택된 서피스 바운더리

안쪽 사용

제한

최고

50.0

최소

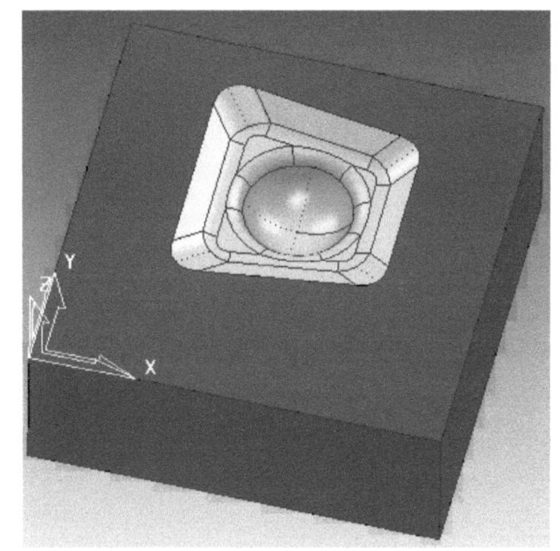

(가공할 서피스(면) 선택

선택 서피스 바운더리

이름 1

위쪽

롤 오버

바운더리 자르기

안쪽

바깥쪽

바운더리 편집

공차

공차 0.01

가공여유 0.0

축방향 가공여유 0.0

축방향 가공여유 사용

자동으로 홀더 간섭 체크

홀더 여유 0.0

생크 여유 0.0

공구

블록

제한

비공개

프라이빗 바운더리 허용

Edit History

Apply edit history on calculation

적용 큐 확인 취소

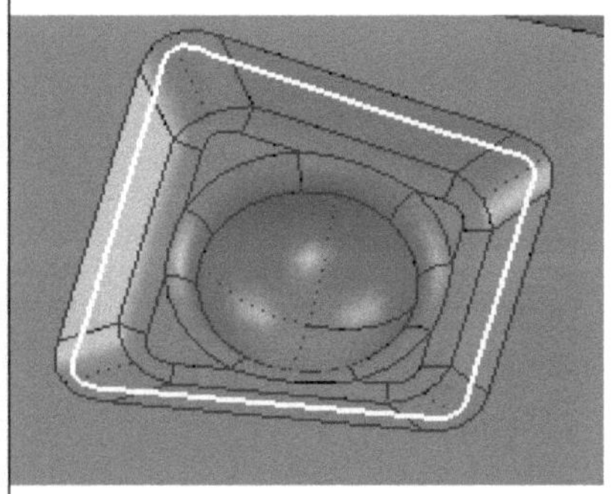

(생성된 서피스 바운더리)

② 쉘로우 바운더리 생성하기

제한

바운더리

1

사용 영역

안쪽 사용

쉘로우 바운더리

제한

☐ 최고

50.0

☐ 최소

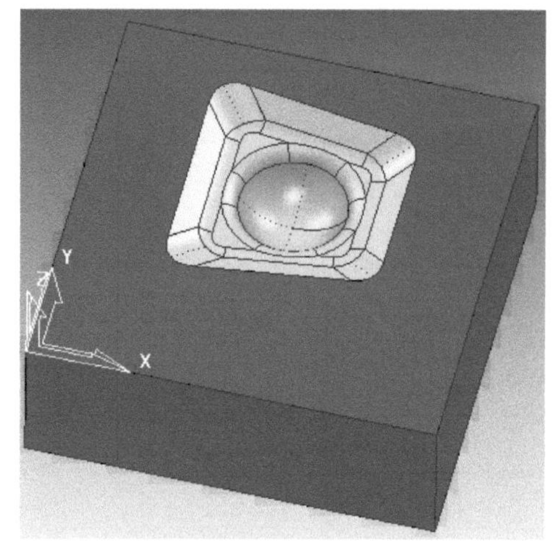

(가공할 서피스(면) 선택

쉘로우 바운더리

이름 2

최고 각도 50.0

최저 각도 0.0

공차

공차 0.01

가공여유 0.0

축방향 가공여유 0.0

축방향 가공여유 사용 ☐

공구

6b

☑ 바운더리 자르기

◉ 안쪽

○ 바깥쪽

바운더리 편집

1

☐ 자동으로 홀더 간섭 체크

홀더 여유 0.0

생크 여유 0.0

블록

제한

비공개

☐ 프라이빗 바운더리 허용

Edit History

☑ Apply edit history on calculation

적용 큐 확인 취소

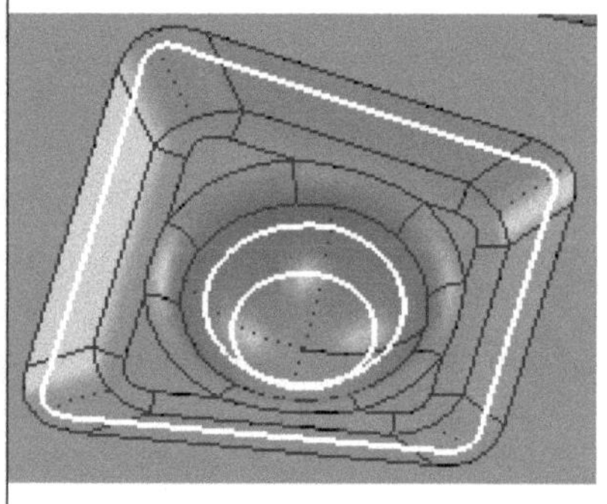

(생성된 쉘로우 바운더리)

③ 리드 인 설정

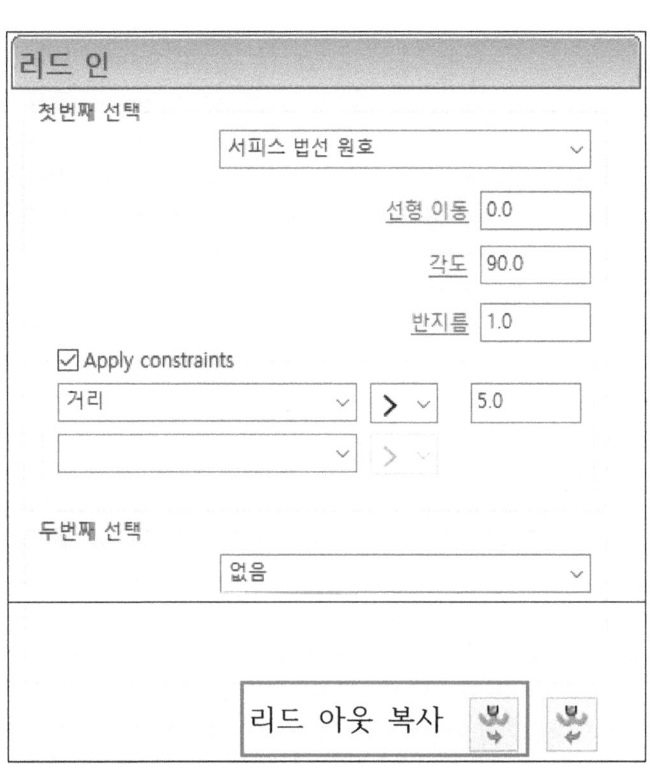

첫 번째 선택 → 서피스 법선 원호
선형 이동 → 0.0
각도 → 90
반지름 → 1
Apply constraints → 거리 → 5

두 번째 선택 → 없음

아웃으로 복사 아이콘 클릭
리드 아웃 동일하게 설정 한다.

④ 링크 설정
첫 번째 선택 → 면 위로

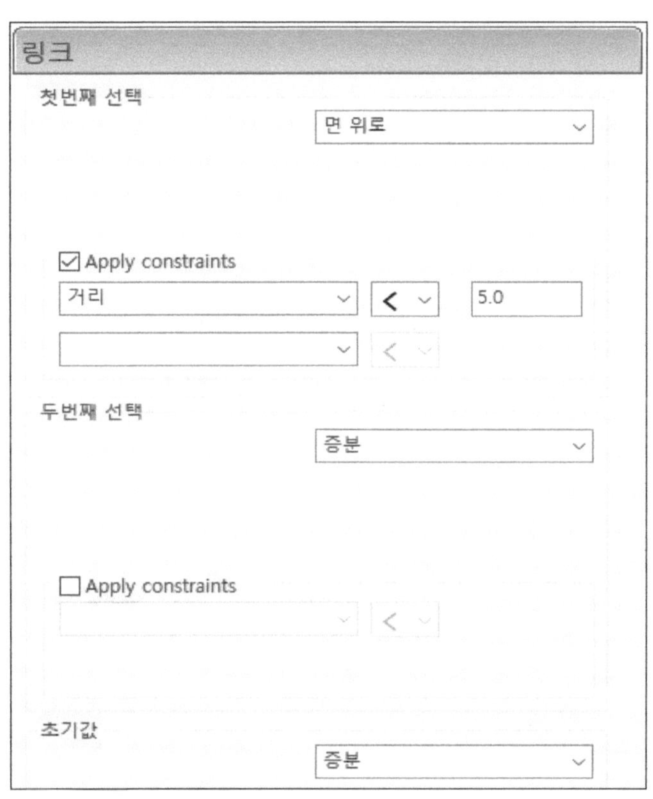

Apply constraints → 거리 → 5
가공 상황에 맞는 거리 값을 지정 한다.

두 번째 선택 → 증분 & 스킴
첫 번째 선택과 두 번째 선택 조건은
가공 상황에 맞는 옵션을 선택한다.

초기 값 → 증분

※ 설정이 완료 된 후 계산 버튼을 클릭하여 가공 데이터를 생성 한다.

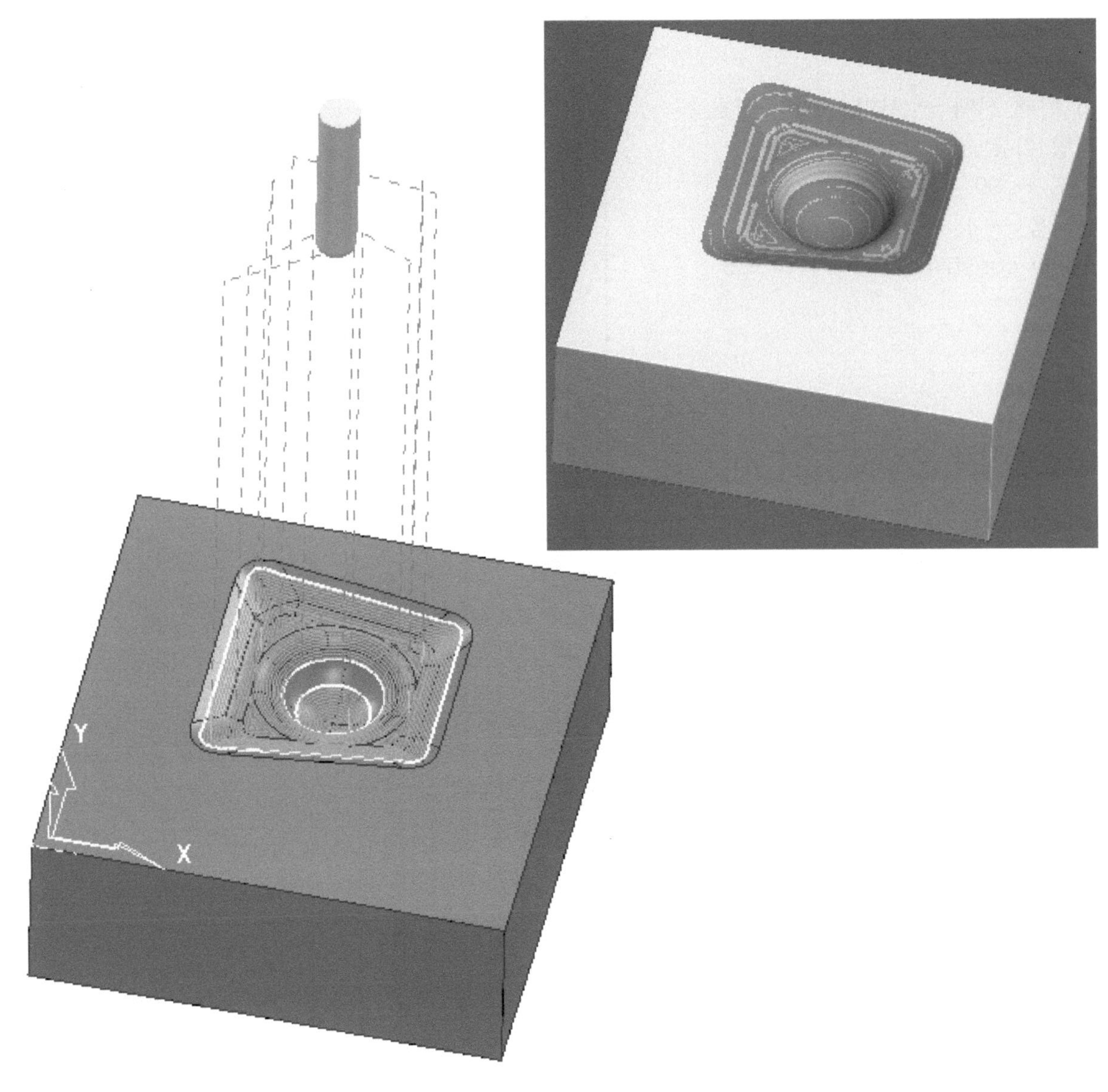

[그림21 생성된 3D 옵셋 툴패스]

3-10 NC프로그램 출력하기

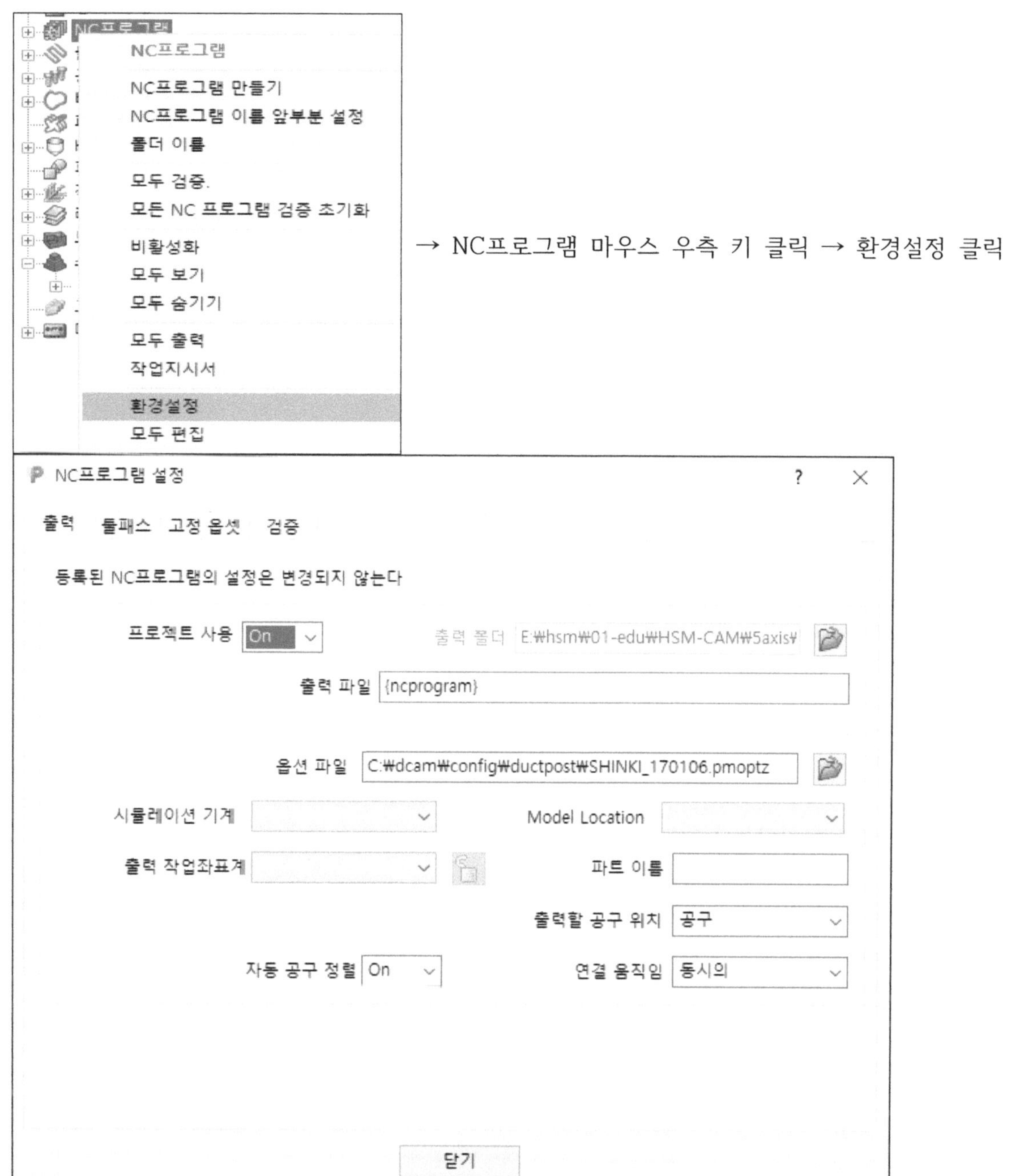

→ NC프로그램 마우스 우측 키 클릭 → 환경설정 클릭

▶ 프로젝트 사용 : On 프로젝트 파일 밑에 ncprograms 폴더를 만들고 가공데이터를 출력함.

▶ 프로젝트 사용 : Off 가공데이터가 출력될 폴더를 지정할 수 있다.

▶ 출력 파일 : {ncprogram}은 변수 값이라 수정되면 안 되고 .nc를 입력하며 이름.nc로 nc데이터가 출력된다. 파워밀은 원하는 확장자를 지정할 수 있다. (기본 값은 이름.tap)

▶ 옵션 파일 : NC프로그램 옵션파일을 지정한다.(반드시 지정해야 됨. 가공 조건을 설정함.)

▶ 툴패스 NC데이터로 내보내기

→ 툴패스 위에서 마우스 우측 키 클릭 → 개별 NC프로그램 생성 클릭한다. → NC프로그램 목록 확인 →

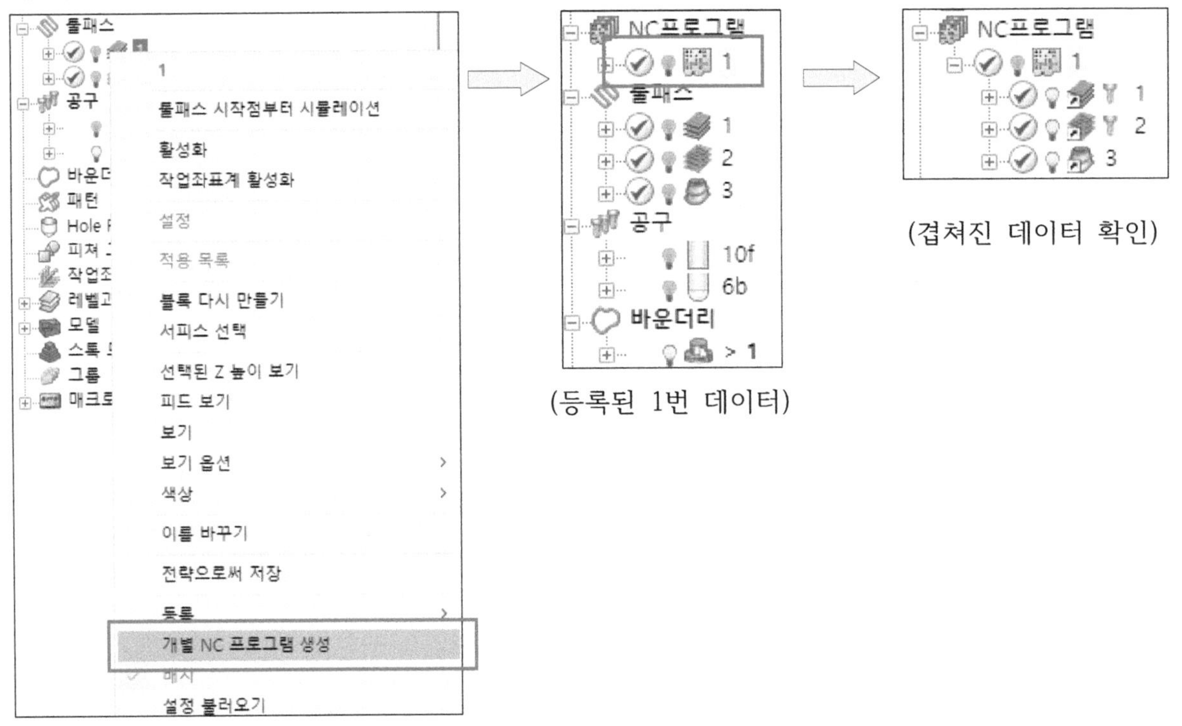

(등록된 1번 데이터)

(겹쳐진 데이터 확인)

▶ 여러 개의 툴패스를 하나의 NC데이터로 내보내기

→ 1번 데이터를 NC프로그램에 등록을 한다. → 2번 데이터를 마우스 좌측 키로 클릭하여 드래그 해서 생성된 NC프로그램1번 위에 겹친다.(결합) → 3번 데이터를 마우스 좌측 키로 클릭하여 드래그 해서 생성된 NC프로그램1번 위에 겹친다.(결합) → 1번 NC데이터에서 마우스 우측 키 클릭 → 설정을 선택 → 설정 창에서 데이터를 확인 한다.

▶ NC프로그램 1번 설정 창 확인

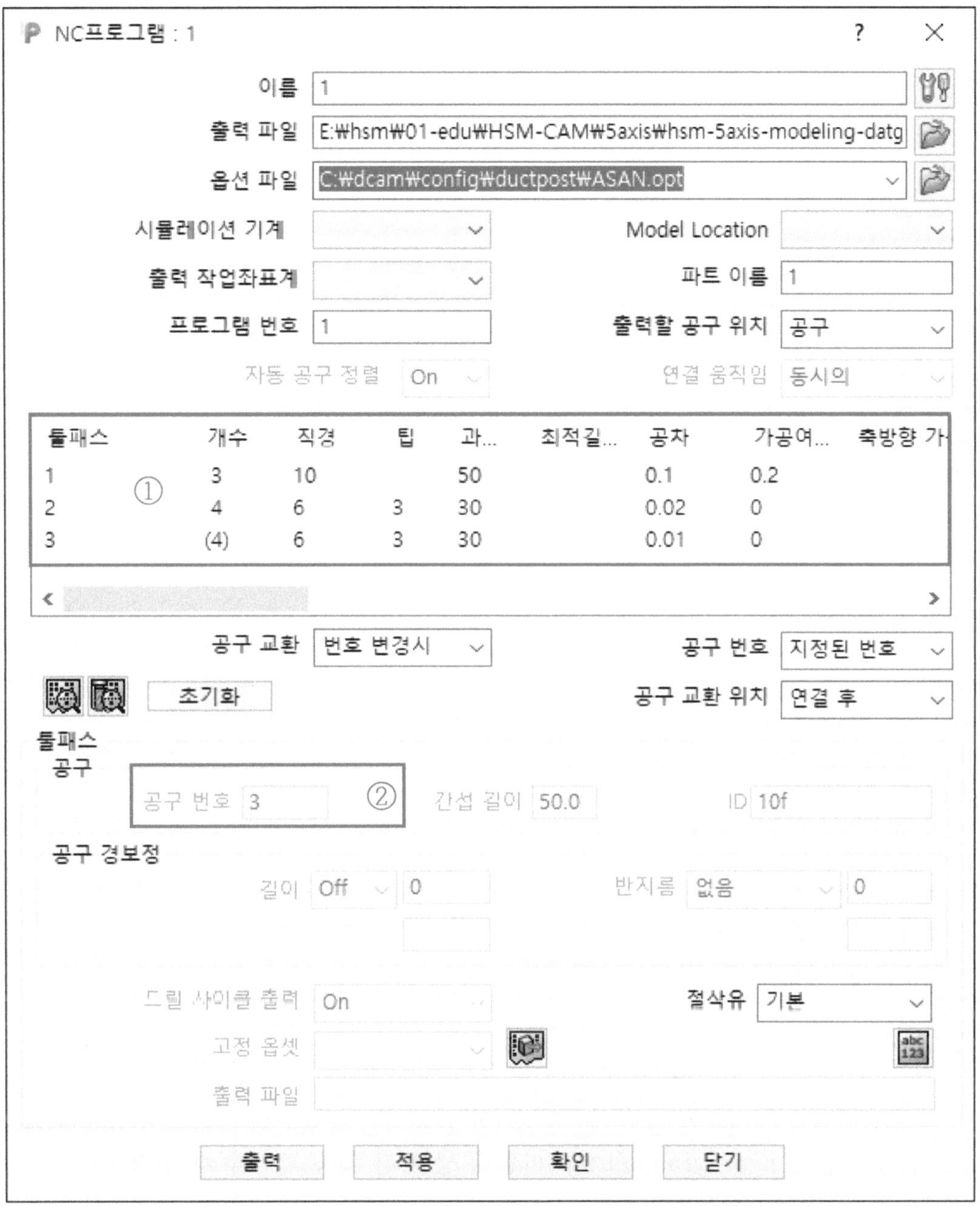

(가공 조건 확인 & 작업 좌표계 확인)

① 칸에서 가공 데이터 이름과 개수를 확인한다.

② 공구 번호를 확인한다.

③ 출력 버튼을 클릭 하거나 탐색기창 NC프로그램 메뉴에서 마우스 우측 키를 클릭하여 모두 출력 버튼을 클릭 한다.

▶ 생성된 NC프로그램 1번

```
%
(*****************************)
( File Name  =1)
( TOOL Diameter  =10.000)
(Coner R=        0)
( Thickness=      .200)
( Tolerance  =    .100)
(*****************************)
G28 G91 X0. Y0. Z0.
G90 G80 G49 G17 G40
T3M6
S2500M3
G43Z100.H3
G0X20.771Y49.827M3
Z10.M8
G1Z1.F300
X19.876Y49.098Z.96
X19.223Y48.234Z.922
X18.822Y47.363Z.888
X18.622Y46.549Z.859
X18.566Y45.822Z.834
X18.622Y45.096Z.808
X18.822Y44.282Z.779
X19.223Y43.411Z.746
X19.876Y42.546Z.708
X20.806Y41.789Z.666
X21.986Y41.262Z.621
X23.316Y41.072Z.574
X24.646Y41.262Z.527
X25.825Y41.789Z.482
X26.755Y42.546Z.44
X27.408Y43.411Z.402
X27.809Y44.282Z.369
```

▶ 저장 위치 : 프로젝트 사용이 ON으로 설정되어있기 때문에 파워밀 프로젝트 파일(과제3번 파워밀데이터) 폴더 안에 ncprograms/1.tap 파일로 생성 된 것을 확인할 수 있다.

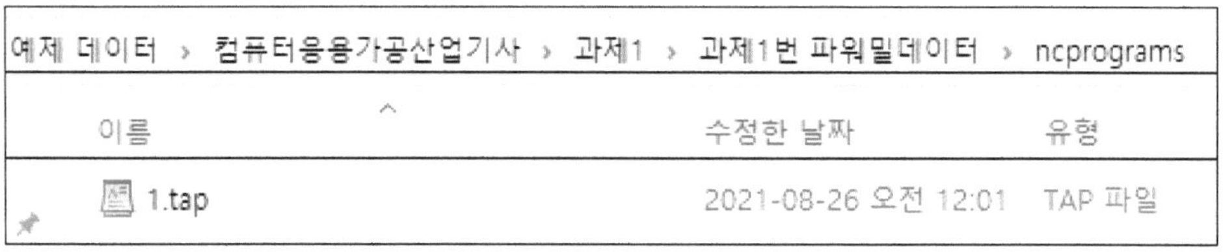

예제 데이터 › 컴퓨터응용가공산업기사 › 과제1 › 과제1번 파워밀데이터 › ncprograms

이름	수정한 날짜	유형
1.tap	2021-08-26 오전 12:01	TAP 파일

4. 컴퓨터 응용가공 산업기사 공개문제 12번 모델링하기

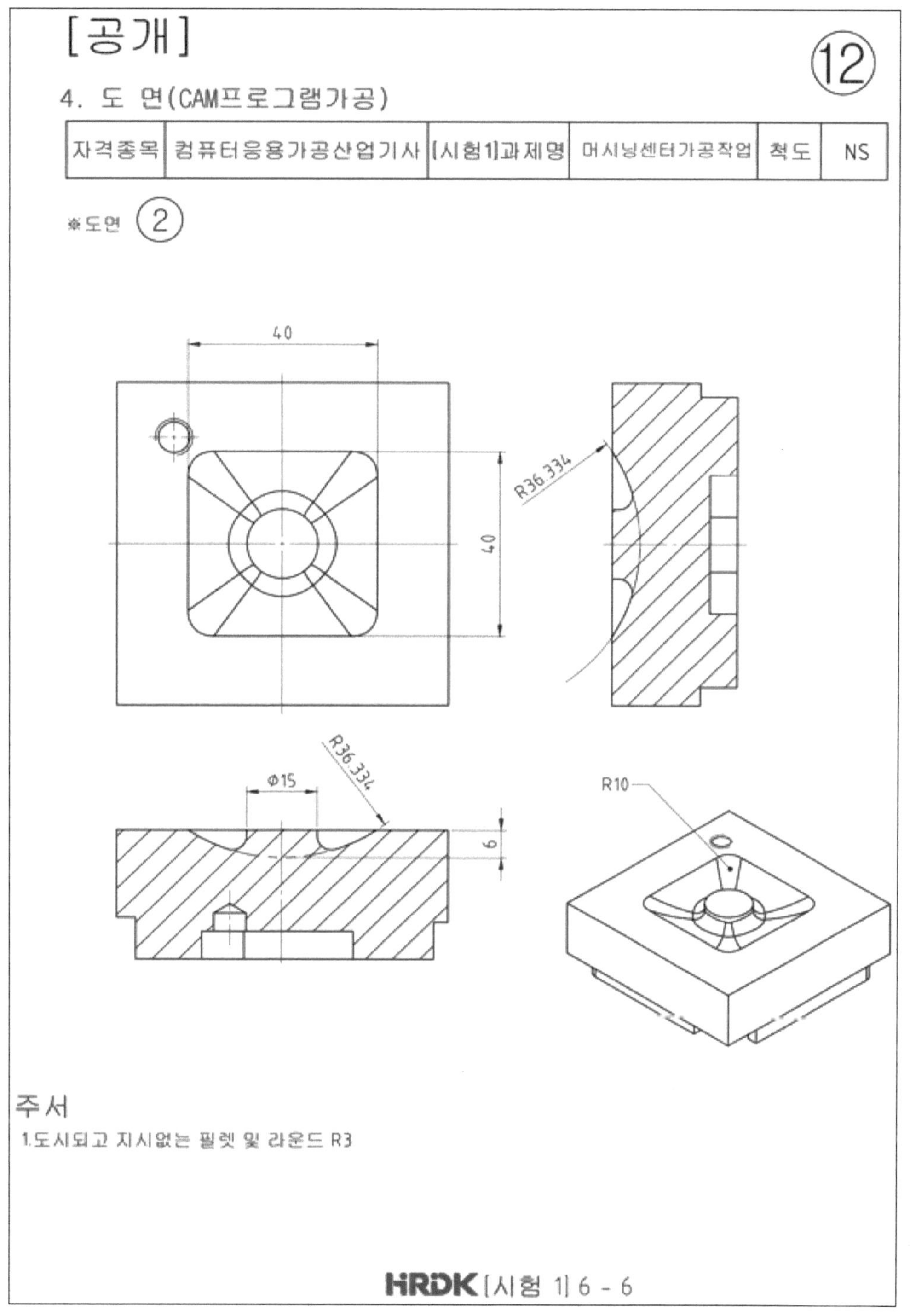

※ 모델링 시작 전 도면파악을 면밀히 진행하고 모델링을 어떤 순서로 진행할 지를 생각한 후 모델링 작업에 임한다. 생산, 가공 등에서 가공 공정이 있는 것처럼 모델링 역시 모델링 순서가 중요하다.

4-1 NX 시작하기

NX 10버전을 이용하여 공개도면 12번 모델링을 진행한다.

① 새로운 작업 공간 만들기 (새로 만들기 Ctrl + N)

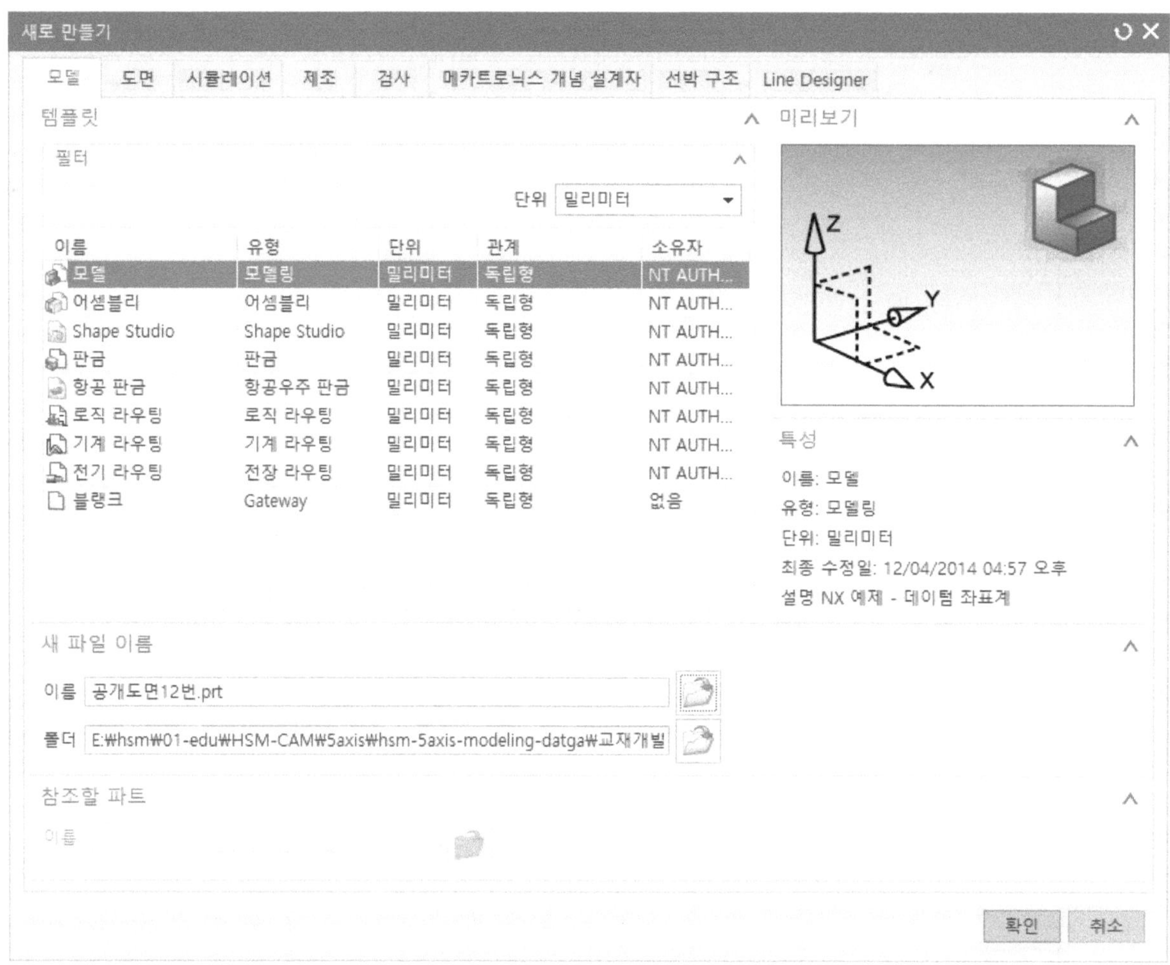

▶ 이름 칸의 탐색기 버튼을 클릭하여 저장할 폴더로 이동 후 공개도면 12번이라는 이름으로 방을 만든다.

이름 지정과 동시에 작업 폴더가 지정이 된다.

▶ 새로 만들기에서 기본 설정 그대로 작업 방을 생성한다. 모델 템플릿을 사용해야 하므로 다른 템플릿이 선택되지 않게 조심해야 한다.

4-2 스케치 그리기

1) 도면 파악 : 2번 도면의 경우 평면도, 정면도, 우측면도를 작도하면 완성 모델링을 한다.

2) 평면도 스케치하기 데이텀 평면 만들기

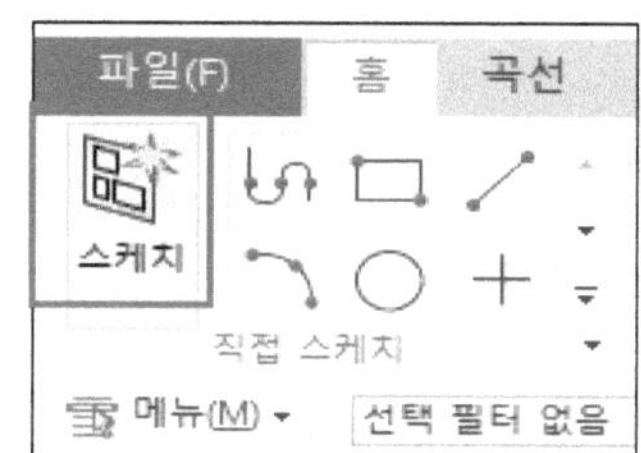

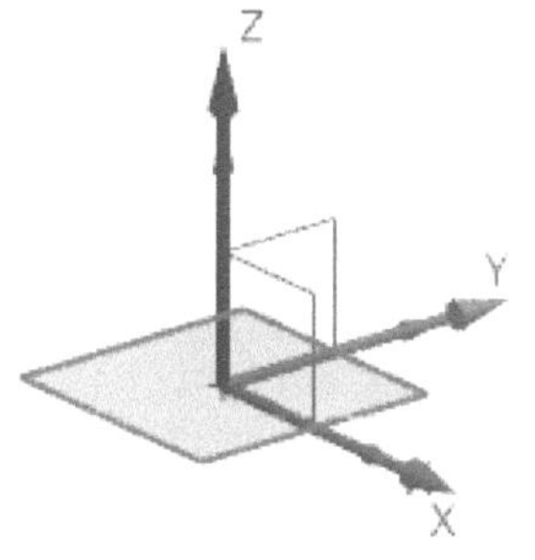

(X Y 평면에 데이텀 생성)

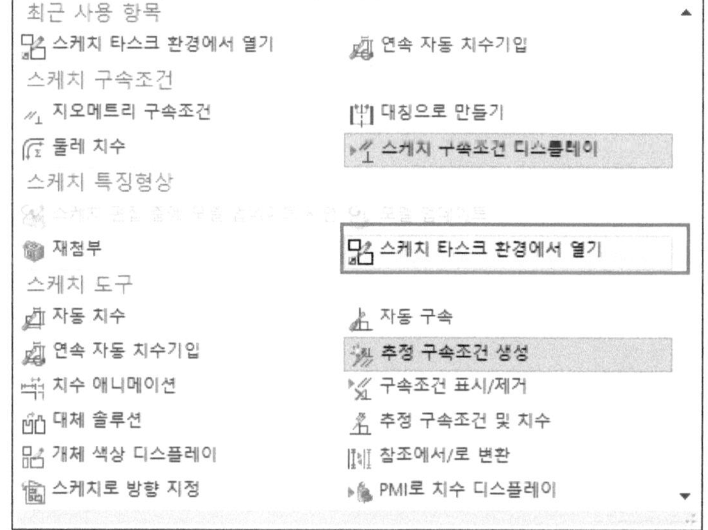

▶ 타스크 환경에서 작업을 진행 한다.

→ 스케치 환경 메뉴에서 더보기 버튼 클릭 → 스케치 타스크 환경에서 열기 버튼 클릭

※ 평면도 작도 후 스케치를 2번 더 데이텀 평면을 바꿔서 정면도, 우측면도 순서로 작도한다.

▶ 스케치 타스크 환경 메뉴로 작업하는 것이 메뉴를 모두 볼 수 있기 때문에 작업이 용의 해진다.

▶ 스케치 작업하기 (기본적인 메뉴를 이용한 작업은 생략한다.)

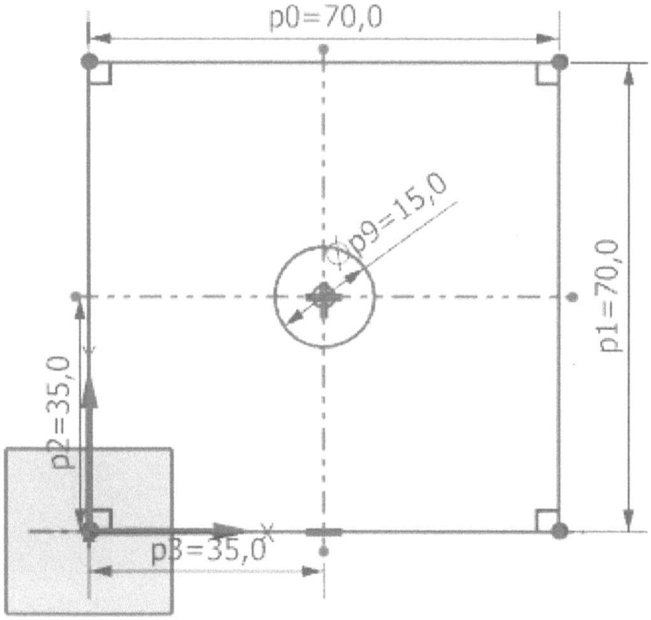

(평면도)

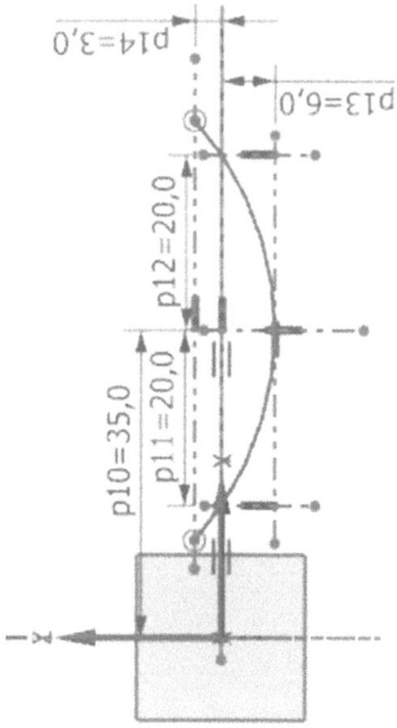

(우측면도)

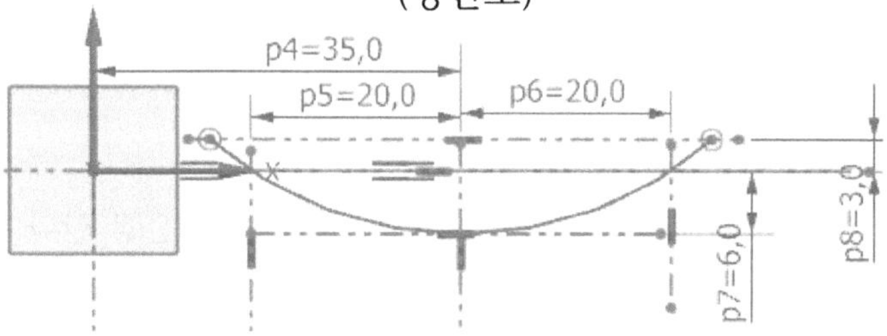

(정면도)

▶ 스케치 마침(종료)

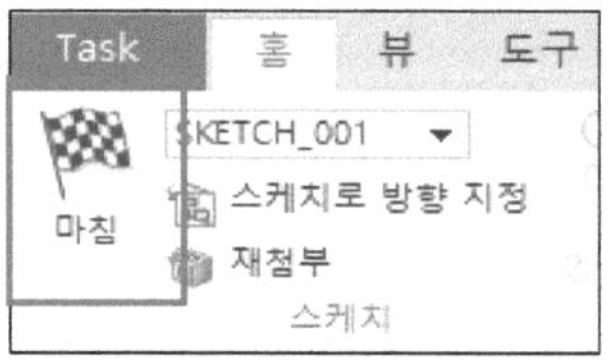

▶ 공개도면 6-1번을 보고 모델의 전체 높이(28mm)와 X, Y 길이 값을 확인 한다.

4-3 공개도면 6번 모델링하기

1) 바디 모델링 (동출 메뉴 활용)

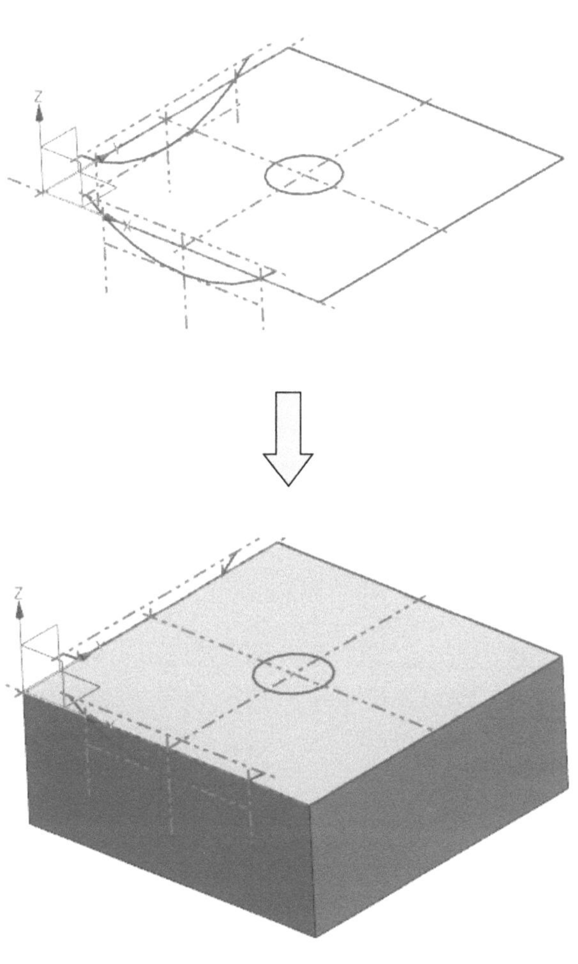

▶ 위의 그림과 같이 돌출 조건 값을 입력하여 메인 바디를 모델링 한다.

→ 돌출 → 스케치 라인(사각 외곽 선) 선택 → 설정 값 적용 → 적용 클릭

▶ 단면을 살펴보면 과제 모델의 정면에서 제품 센터를 중심으로 Z0.0 높이에서 X +20mm, - 20mm를 지나면서 Z -6mm를 지나는 호 형상인 것을 알 수 있다.

우측면도 역시 정면도와 동일한 형상으로 평면에서 보이는 사각형은 자연스럽게 형성되는 모양이다.

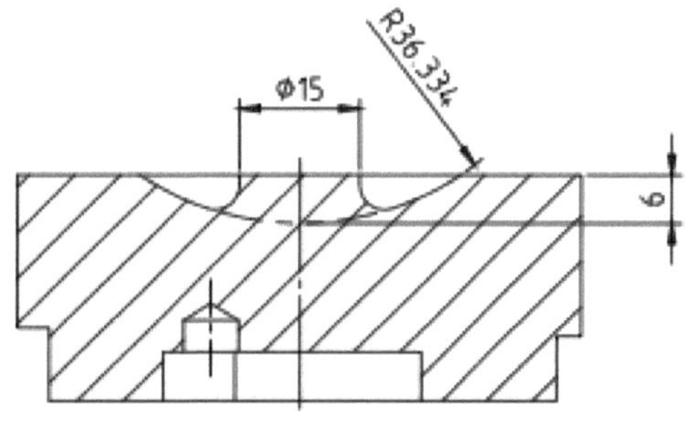

[그림22 과제 12번 단면도 A-A]

2) 형상면 모델링하기

① 돌출을 이용한 면 만들기

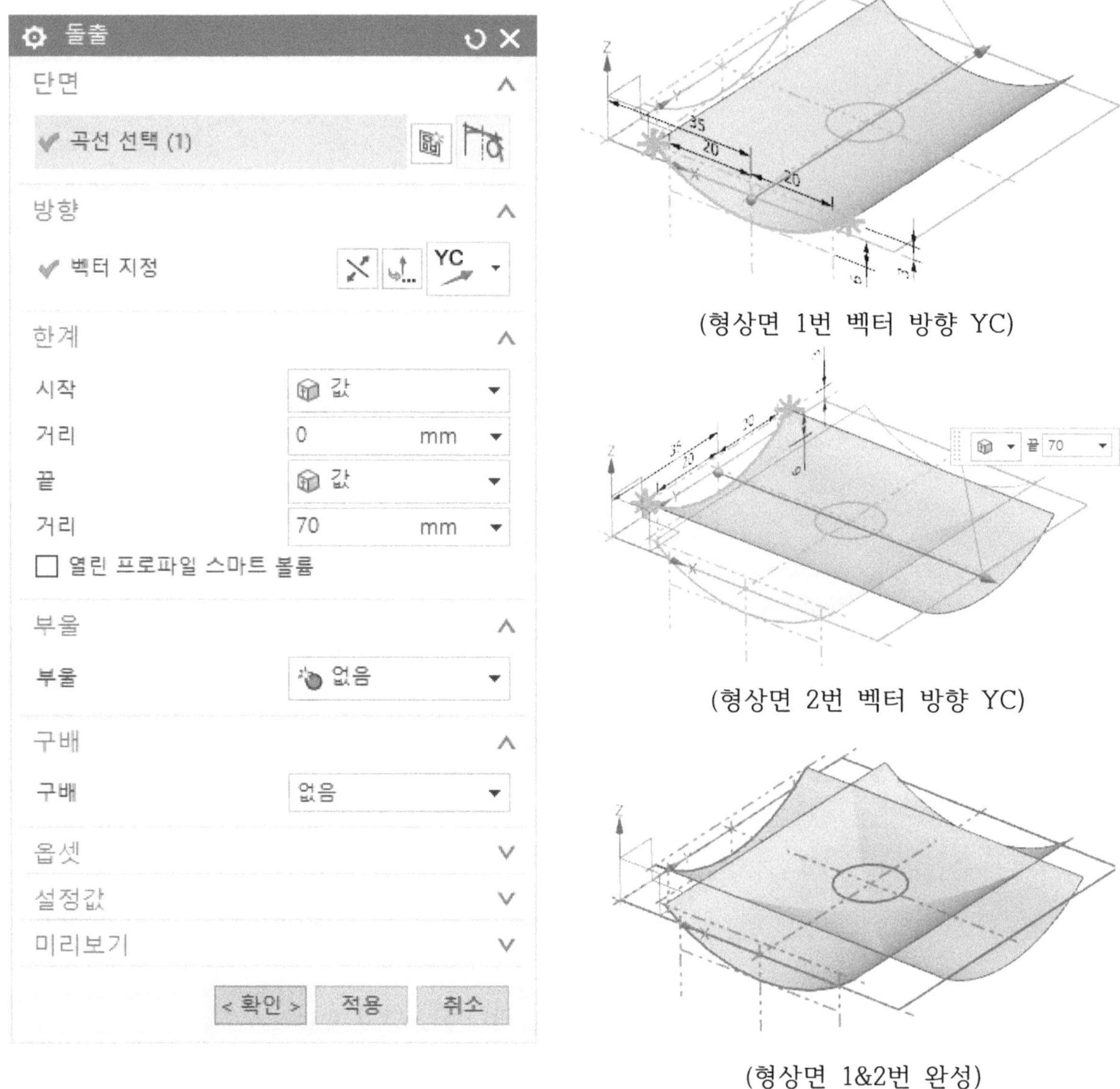

(형상면 1번 벡터 방향 YC)

(형상면 2번 벡터 방향 YC)

(형상면 1&2번 완성)

▶ 위의 그림과 같이 돌출 조건 값을 입력하여 형상면 1번을 만든다.
→ 돌출 → 스케치 라인 선택 → **벡터 지정 YC** → 한계 시작 0.0 끝 70입력 → 적용 클릭

※같은 돌출 명령을 한 번 더 실행시켜서 돌출 방향(벡터)만 X 방향으로 지정한다.

▶ 위의 그림과 같이 돌출 조건 값을 입력하여 형상면 2번을 만든다.
→ 돌출 → 스케치 라인 선택 → **벡터 지정 XC** → 한계 시작 0.0 끝 70입력 → 적용 클릭

② 형상면 1번, 형상면 2번 정리하기 (바디 트리밍)

③ 면 잇기 : 4개로 쪼개진 면을 하나의 면으로 만든다.

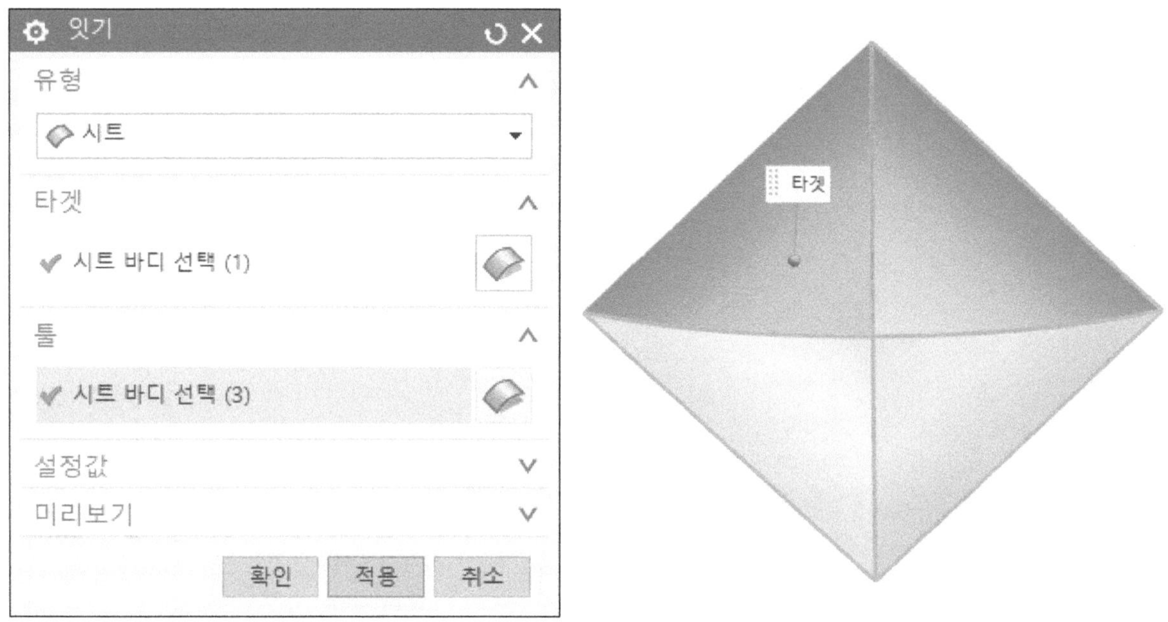

▶ 4개의 면 중에서 기준을 잡을 타겟 면을 선택하는데 어느 면을 선택하여도 괜찮다. 그리고 툴이 될 면을 마우스로 드래그하여 동시여 모든 면을 선택한 후 확인 버튼을 누른다.

▶ 메인 솔리드 바디와 위에서 만든 시트바디를 화면상에 불러온다.

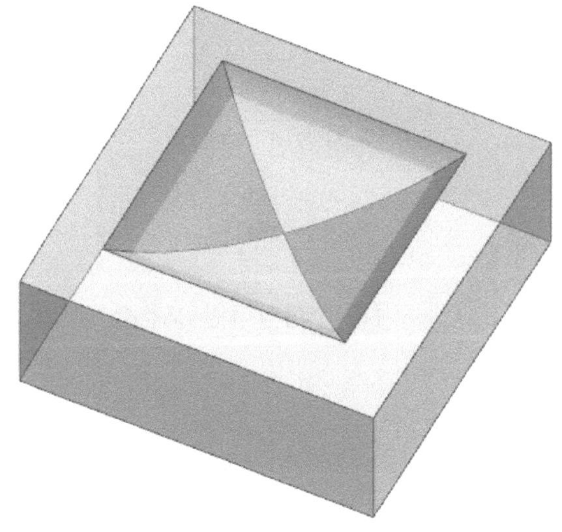

④ 시트바디를 이용하여 솔리드 바디 다듬기

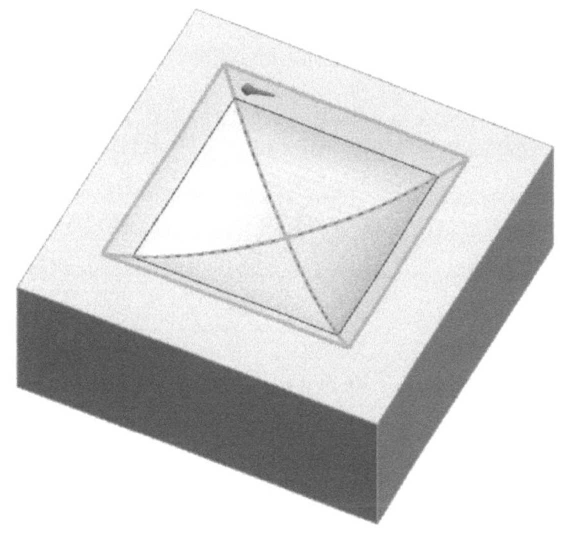

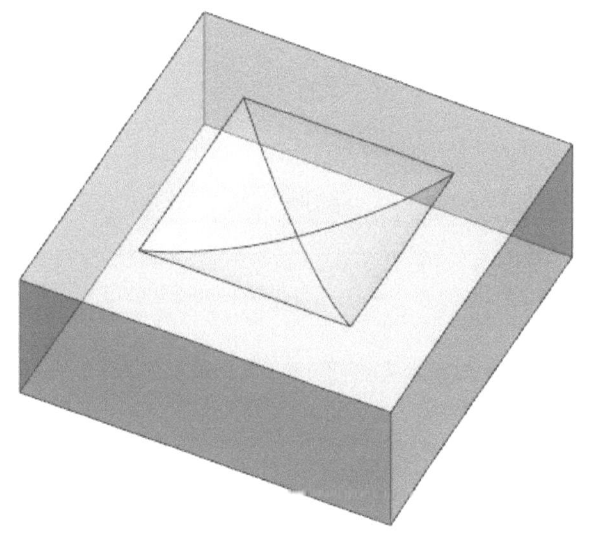

(완성된 메인 바디 형상)

→ 바디 트리밍 → 타겟 바디선택 (메인 바디) → 툴 옵션 면 또는 평면 (잇기로 만든 시트바디 선택) → 확인 클릭 → Ctrl + B 시트바디 선택

⑤ 모서리 블렌드 (측벽 코너 4곳에 있는 R10 형상을 만든다.)

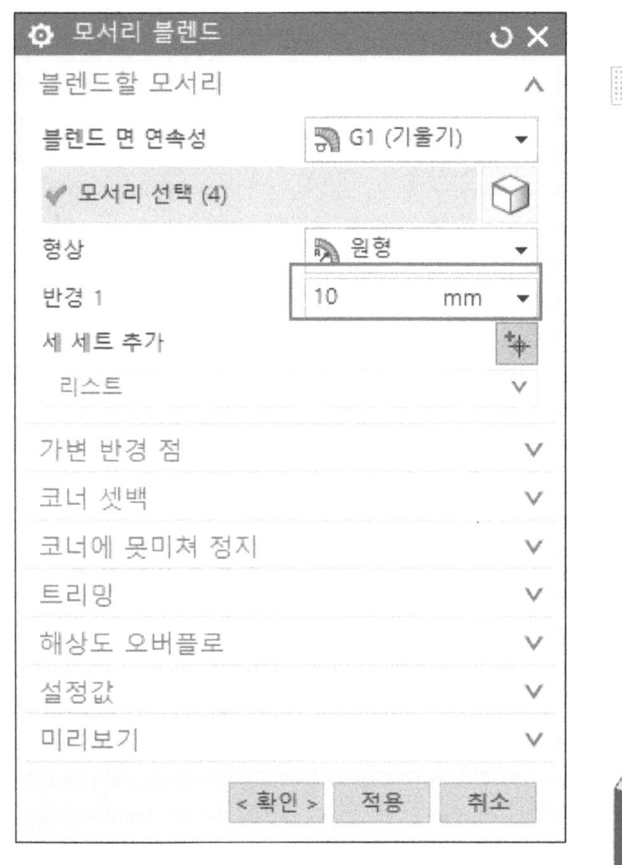

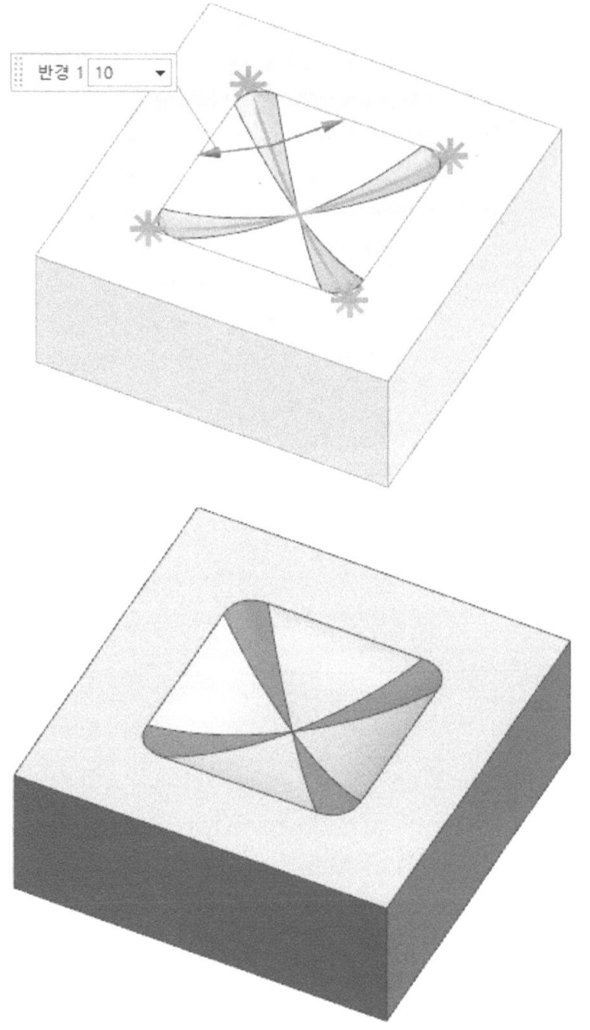

▶ 위의 그림과 같이 모서리 블렌드 조건을 설정 한다.

→ 모서리 블렌드 → 반경 1 R10 지정 → 사각 바닥 엣지(모서리) 선택 → 확인 클릭

▶ 바닥 4코너 도면과 같은 R10 형상이 생성된다.

⑤ 돌출을 이용한 Ø15 원기둥 만들기

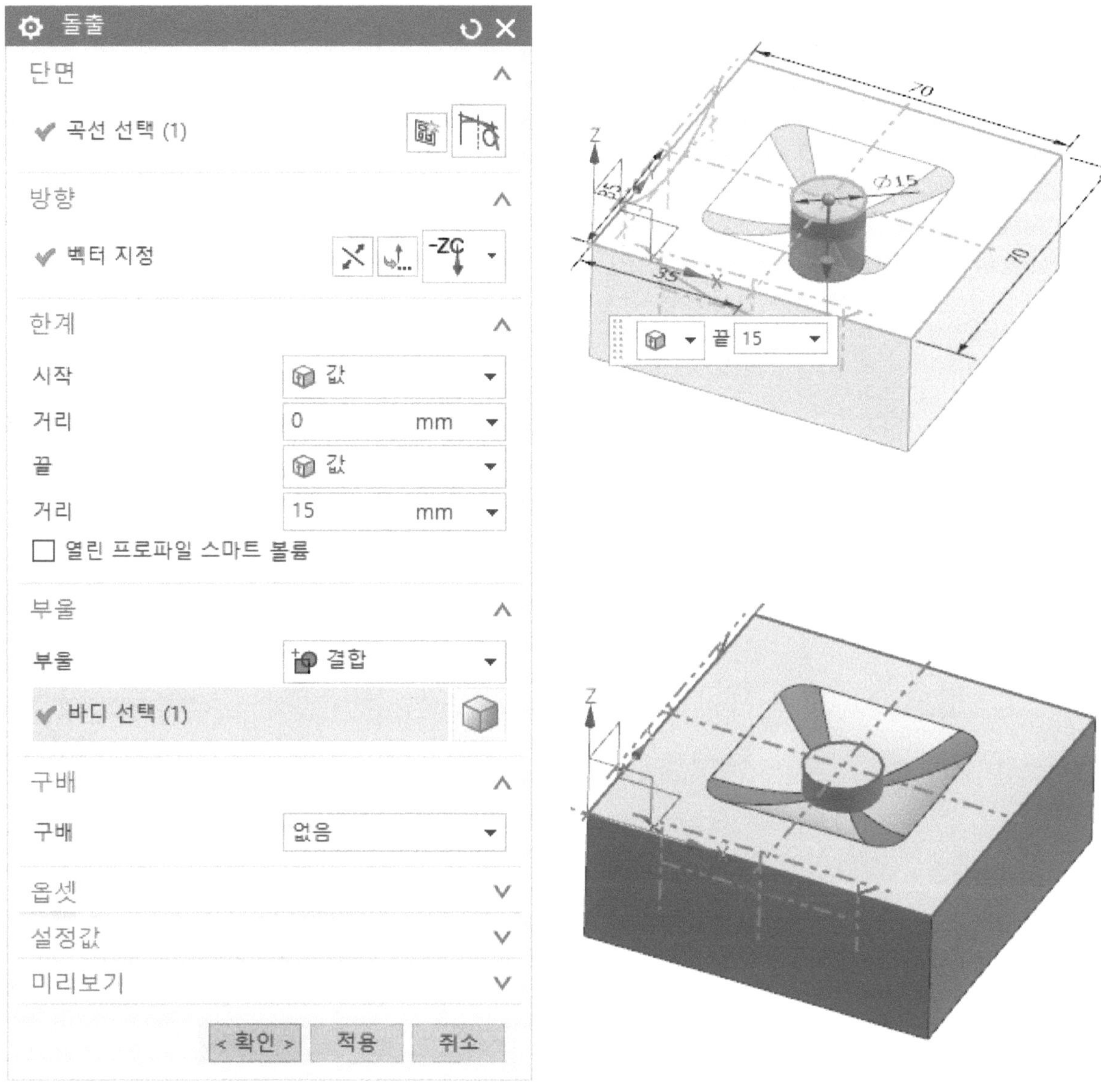

▶ 위의 그림과 같이 돌출 조건을 설정 한다. 끝 거리 값을 15mm로 한 것은 메인 솔리드 바디와 결합할 수 있는 거리 값이면 다른 값으로 설정하여도 된다.

→ 돌출 → 벡터 지정 -ZC → 한계 시작 값 0 끝 값 15 → 부울 결합 → 확인 클릭

⑥ 모서리 블렌드 (측벽 코너 4곳에 있는 R10 형상을 만든다.)

▶ 위의 그림과 같이 모서리 블렌드 조건을 설정 한다.

→ 모서리 블렌드 → 반경 1 R10 지정 → 사각 바닥 엣지(모서리) 선택 → 확인 클릭

▶ 바닥 4코너 도면과 같은 R10 형상이 생성된다.

[그림23 완성된 공개 도면 12번 형상 모델링]

▶ 모델 내보내기

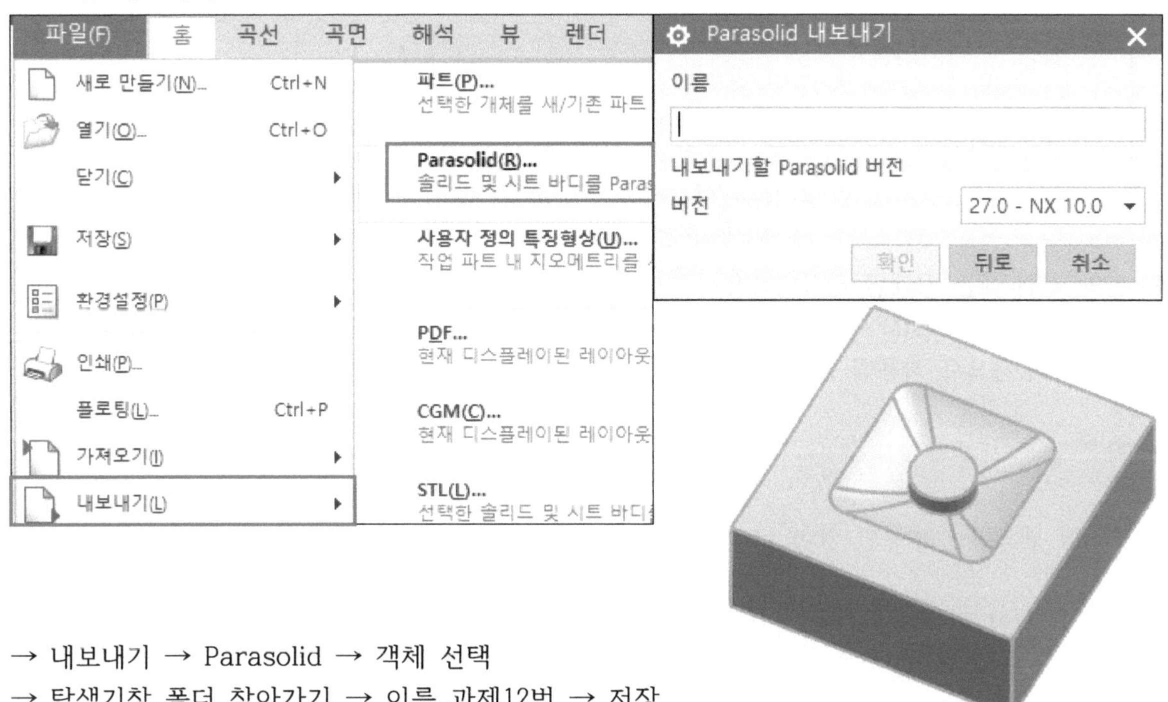

→ 내보내기 → Parasolid → 객체 선택

→ 탐색기창 폴더 찾아가기 → 이름 과제12번 → 저장

※ 저장한 폴더 위치를 찾아가서 저장된 파일을 확인한다.

4-4 가공 조건 확인하기

[공개]

3. 지급재료 목록			자격종목	컴퓨터응용가공산업기사	
일련번호	재 료 명	규 격	단 위	수 량	비 고
	머시닝센터작업				
1	쾌삭알루미늄판 [AL6061(T6)]	t30×70×70	개	1	1인당
2	평엔드밀	2날-Ø10	개	1	2인당
3	볼엔드밀	Ø6	개	1	2인당
4	센터드릴	Ø3.0 A형	개	1	4인당
5	드릴	6.8	개	1	4인당
6	탭	M8 × 1.25	개	1	2인당
7	절삭유	수용성 그린 절삭유 2종1호(원액20L)	통	1	검정장당
8	USB 메모리	16GB 이상	개	1	1인당
		- 이 하 여 백 -			

[그림24 과제 12번 검정 재료지급 품목]

▶ 위의 조건 표는 공개된 컴퓨터응용산업기사 과제12 문제지 중에 있는 가공 조건 표입니다. 조건 표 중에서 CAM 가공을 위해 사용되는 공구는 황삭 가공용으로 사용할 Ø10평 엔드밀과 정삭 가공용으로 사용될 Ø6볼 엔드밀입니다.

▶ 가공 공정 세우기

→ Ø10평 엔드밀을 이용한 황삭 → Ø6볼 엔드밀을 이용한 정삭입니다.

황삭 : 3D 황삭 메뉴사용 가공데이터 생성

정삭 : 황잔삭, 스텝 앤 쉘로우, 3D 옵셋가공 메뉴를 사용하여 가공 데이터 생성

▶ 파워밀 실행 및 기본 조건 설정을 진행 한다.

→ 블록 정의 → 안전영역 설정 → 스킴 높이 설정 → 피드와 속도 설정

4-5 황삭 & 황잔삭 가공 메뉴 실행하기

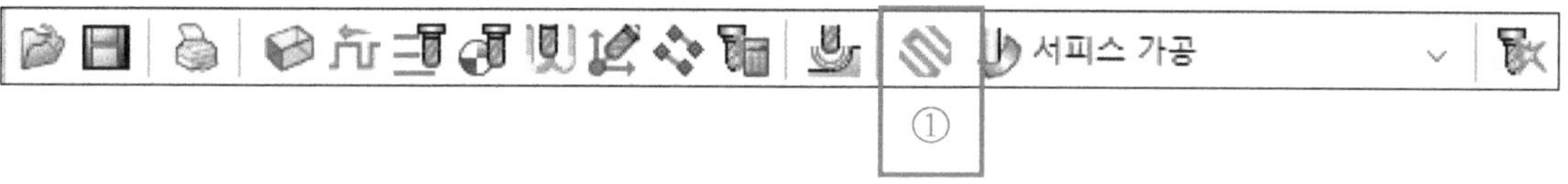

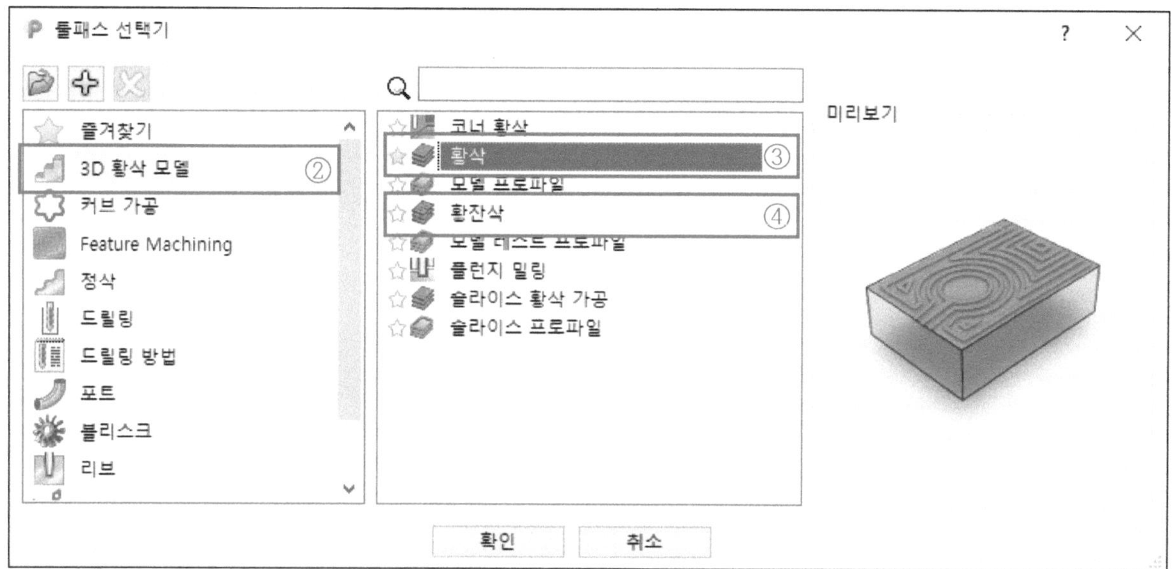

▶ 가공 메뉴 모음 클릭 → 3D 황삭 모델 클릭 → 황삭 클릭

▶ 황삭은 사각 재료 상태에서 처음 가공을 할 때 사용되는 메뉴로 전체 영역에 대해서 가공을 진행할 때 사용하는 첫 번째 가공 이다.

▶ 황잔삭은 황삭 가공 후 전체 황삭 가공 공구보다 작은 공구를 이용하여 조금 더 형상에 근접하게 가공을 진행하는 것이다. 그러나 컴퓨터 응용가공 산업기사에서는 가공 시간이 한정되어 있기 때문에 황잔삭을 생략하고 바로 정삭으로 가공하는데 형상에 따라서 Ø10평 엔드밀이 못 들어가는 부위가 자주 발생을 한다. 그러므로 황삭 가공에서 정삭 가공 옵션 값으로 설정하여 바로 정삭가공을 진행한다. 알루미늄(AL) 재질이라서 크게 가공 부하가 발생하지 않고 원활한 가공이 가능하다.

4-6 황삭 가공하기 Ø10평 엔드밀 (가공 메뉴 : 황삭)

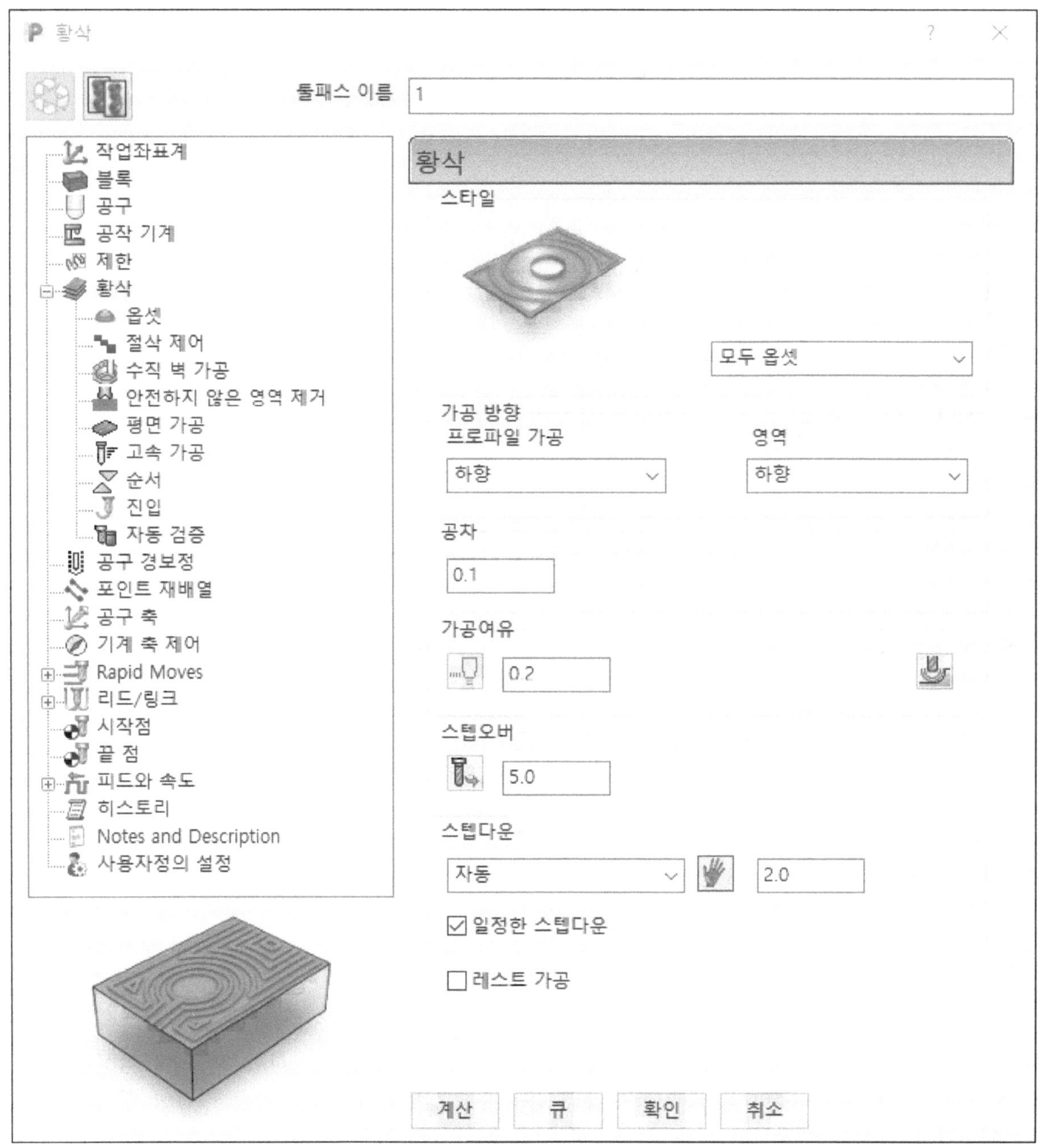

※ 전체 황삭 : 형상을 가공 할 때 바로 원래의 형상과 동일하게 가공하기는 불가능하기 때문에 형상에 근접하게 순차적으로 작업을 진행하는데 그 첫 공정이 황삭 가공 공정이다.

▶위 그림과 같이 가공 조건을 설정한다.

→ 가공 옵션 설정 → 공구 설정 → 옵셋 조건 설정 → 안전하지 않은 영역 제거 → 고속 가공 → 리드/링크 → 리드 인 → 링크 → 계산 버튼 클릭

① 공구 설정

→황삭 공구의 크기는 제시된 가공 조건 표 대로 Ø10 평 엔드밀 사용한다.

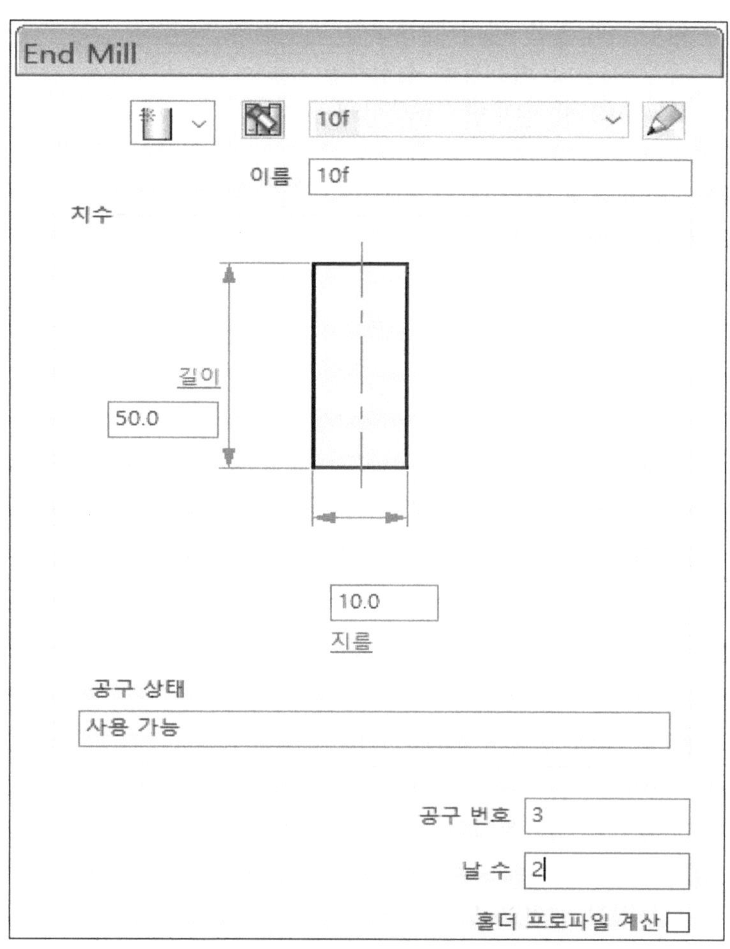

② 옵셋 조건 설정

→ 가공 방향유지 조건 체크를 풀고 커습 제거 조건도 체크를 풀어준다. 그리고 방향을 안에서 밖으로를 선택한다.

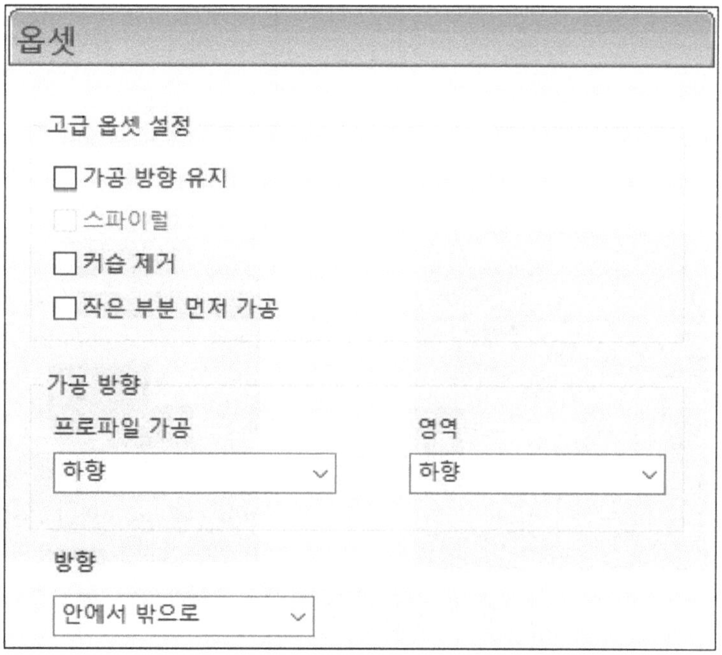

옵셋

고급 옵셋 설정

☐ 가공 방향 유지

☐ 스파이럴

☐ 커습 제거

☐ 작은 부분 먼저 가공

가공 방향

프로파일 가공: 하향

영역: 하향

방향

안에서 밖으로

③ 안전하지 않은 영역제거 설정
→ 공구 지름의 퍼센트로 설정하는 것인데 Ø10 평 엔드밀 경우 일체형 공구로 바닥 날이 생성되어있기 때문에 한계치 값을 설정하지 않고 툴패스를 생성한다.

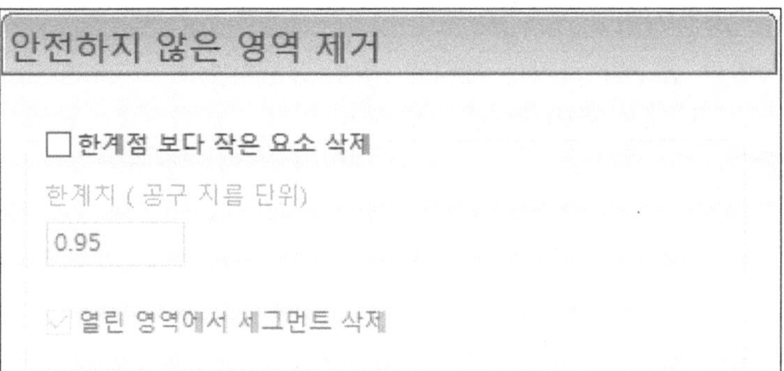

④ 고속 가공 설정
→ 프로파일 부드럽게는 가공 데이터의 꺾이는 부위 코너에 지정한 값의 라운드가 형성된다. 설정하는 값은 공구 지름의 퍼센트로 설정 된다.

→ 빠른 선택 모드는 현재의 가공 데이터와 다음 가공 데이터를 이어주는 방식을 부드러운 라운드로 연결하는 방식으로 고속 가공에서 급격한 방향 전환을 방지하는 역할을 한다.

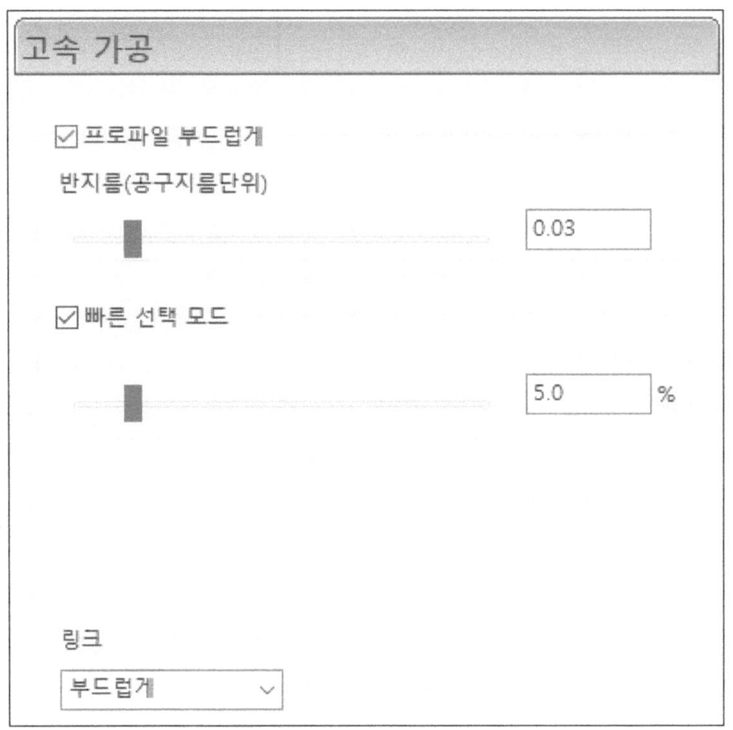

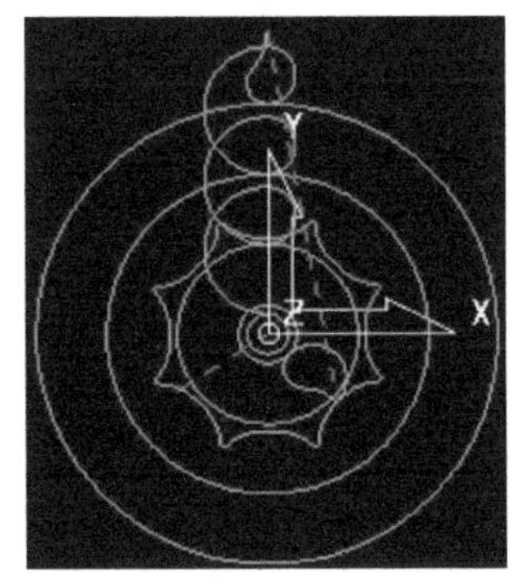

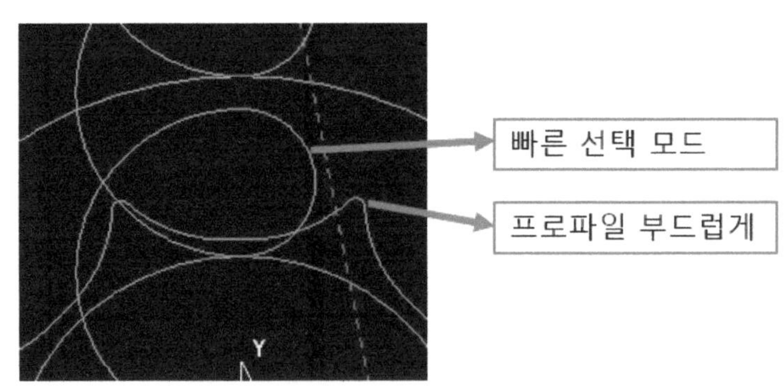

[그림25 툴패스 고속가공 옵션 적용 툴패스]

⑤ 리드/링크 설정

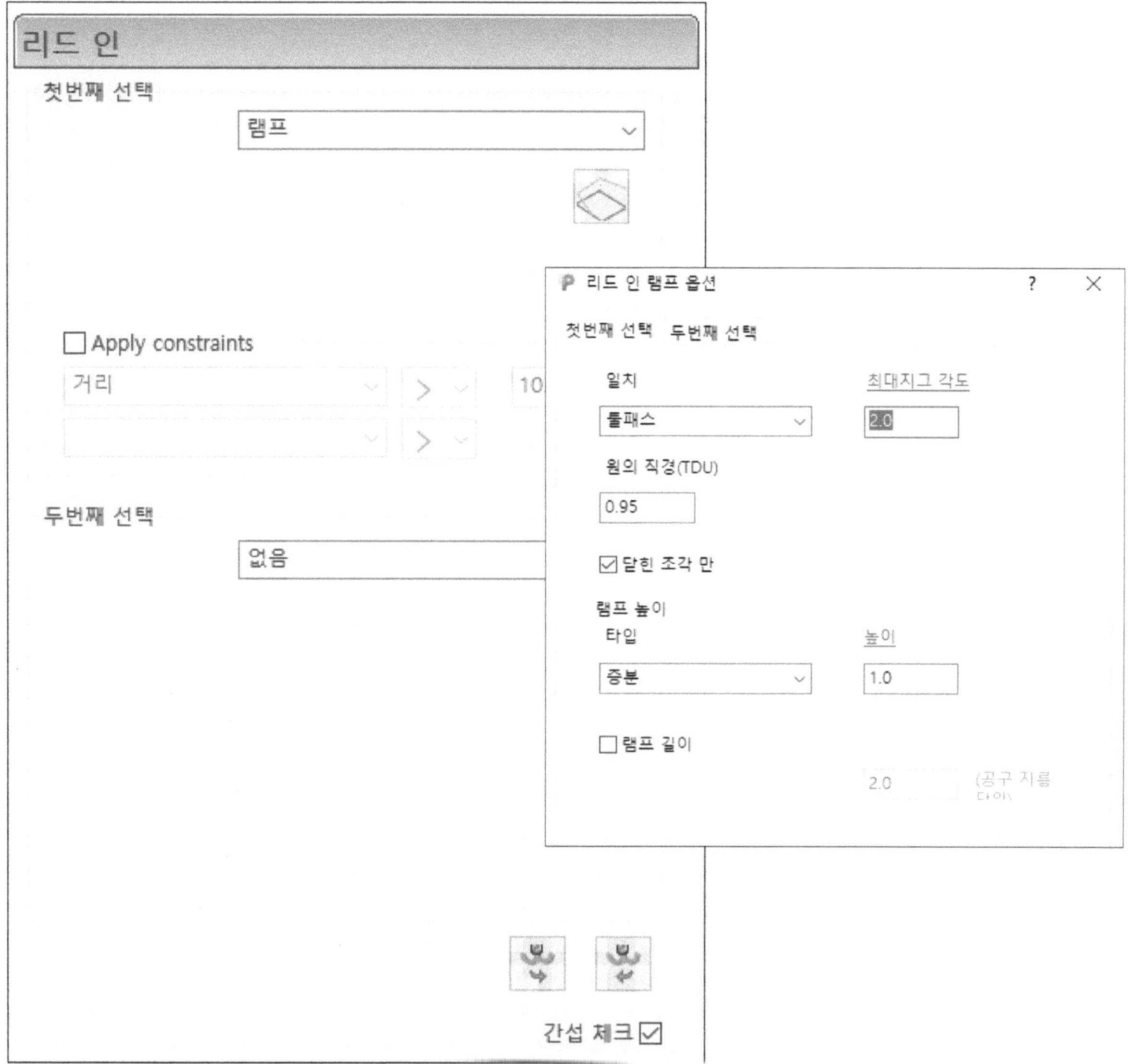

→ 리드 인 설정 → 램프 → 램프 아이콘 클릭 → 최대지그 각도 2° 입력 → 닫힌 조각만 체크 → 램프 높이 1입력

▶ 램프의 각도를 2°로 하고 램프 시작 높이를 가공 데이터로 부터 1mm 위에서 진행 한다. 각도가 너무 크면 수직으로 내려가는 것과 같은 것으로 램프 각도는 2°이하로 설정하는 것이 좋다.

⑥ 링크 설정 (현재 툴패스부터 다음 툴패스를 이어주는 방식 설정)

→ 첫 번째 선택 → 증분
→ Apply constraints → 거리 → 10 지정
→ 두 번째 선택 → 증분
→ 초기 값 → 증분

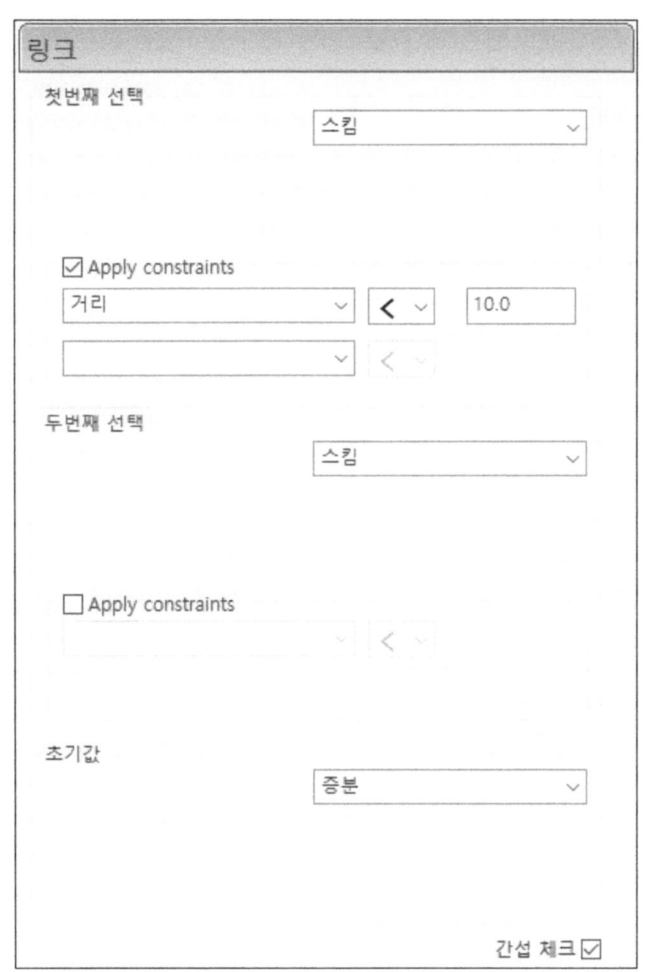

※ 첫 번째 선택, 두 번째 선택 모두 스킴으로 연결하여 공구의 이동 시간을 최소로 한다. 스킴 높이를 사전에 15mm로 설정을 했기 때문에 스킴으로 급속으로 이동을 해도 소재 위에서 공구가 움직인다. (가공 깊이 11mm, 스킴높이 15mm)

※ 설정이 완료 된 후 계산 버튼을 클릭하여 가공 데이터를 생성 한다

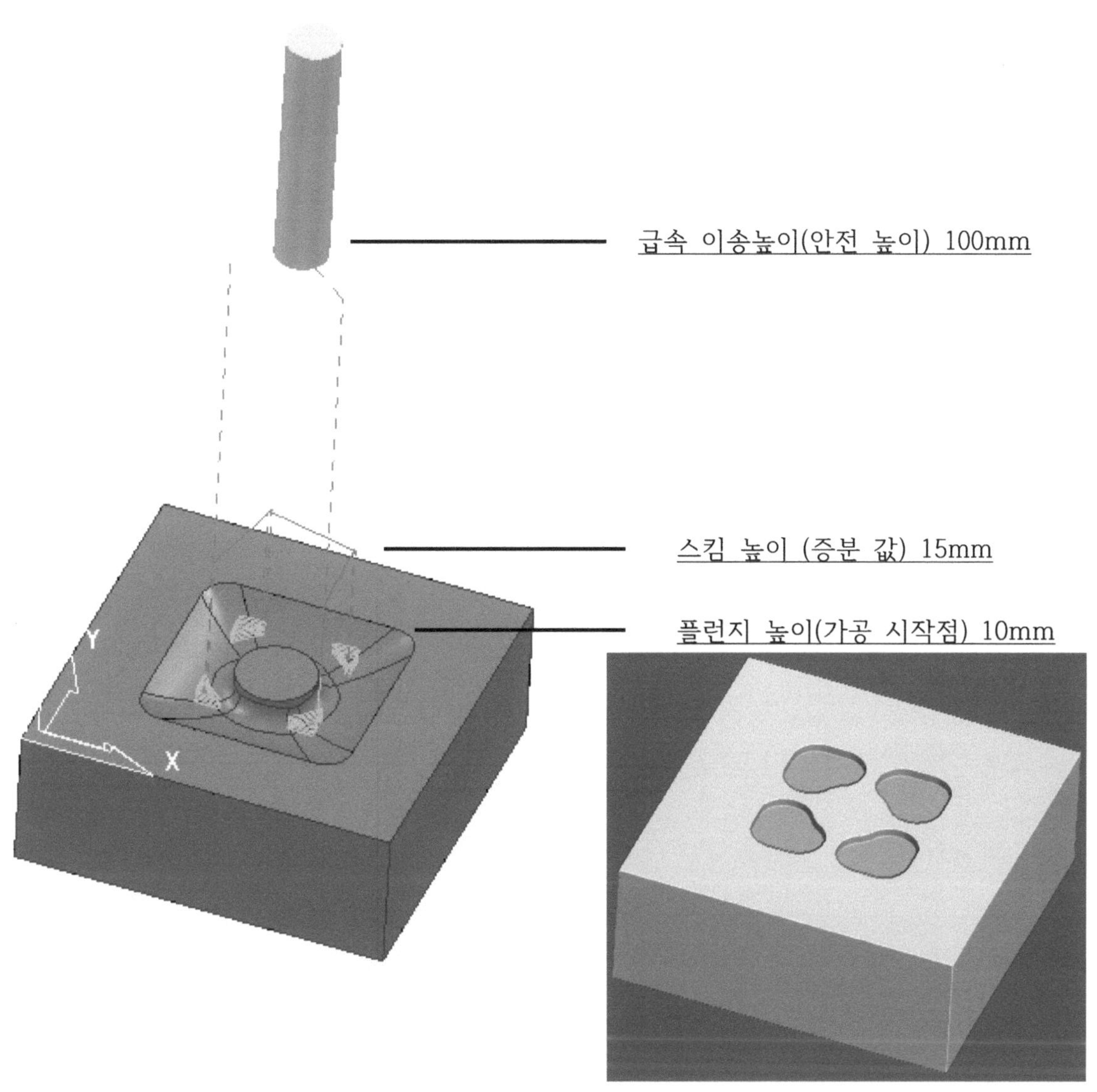

[그림26 과제 6번 황삭 완성된 가공 데이터]

▶ 그림26을 보면 좌측의 형상이 거의 가공되지 않은 것을 확인할 수 있는데 Ø6볼 엔드밀을 이용해서 황잔삭으로 조금 더 진행하고 정삭을 진행하는 것이 맞지만 소재가 알루미늄으로 절삭저항이 많이 발생하지 않으므로 정삭 가공을 바로 진행 하여도 무방하다. 이번에는 황잔삭 기능을 이용하여 바로 정삭으로 가공을 진행 합니다.

4-7 황잔삭을 이용한 정삭 가공하기 Ø6볼 엔드밀 (가공 메뉴 : 황잔삭)

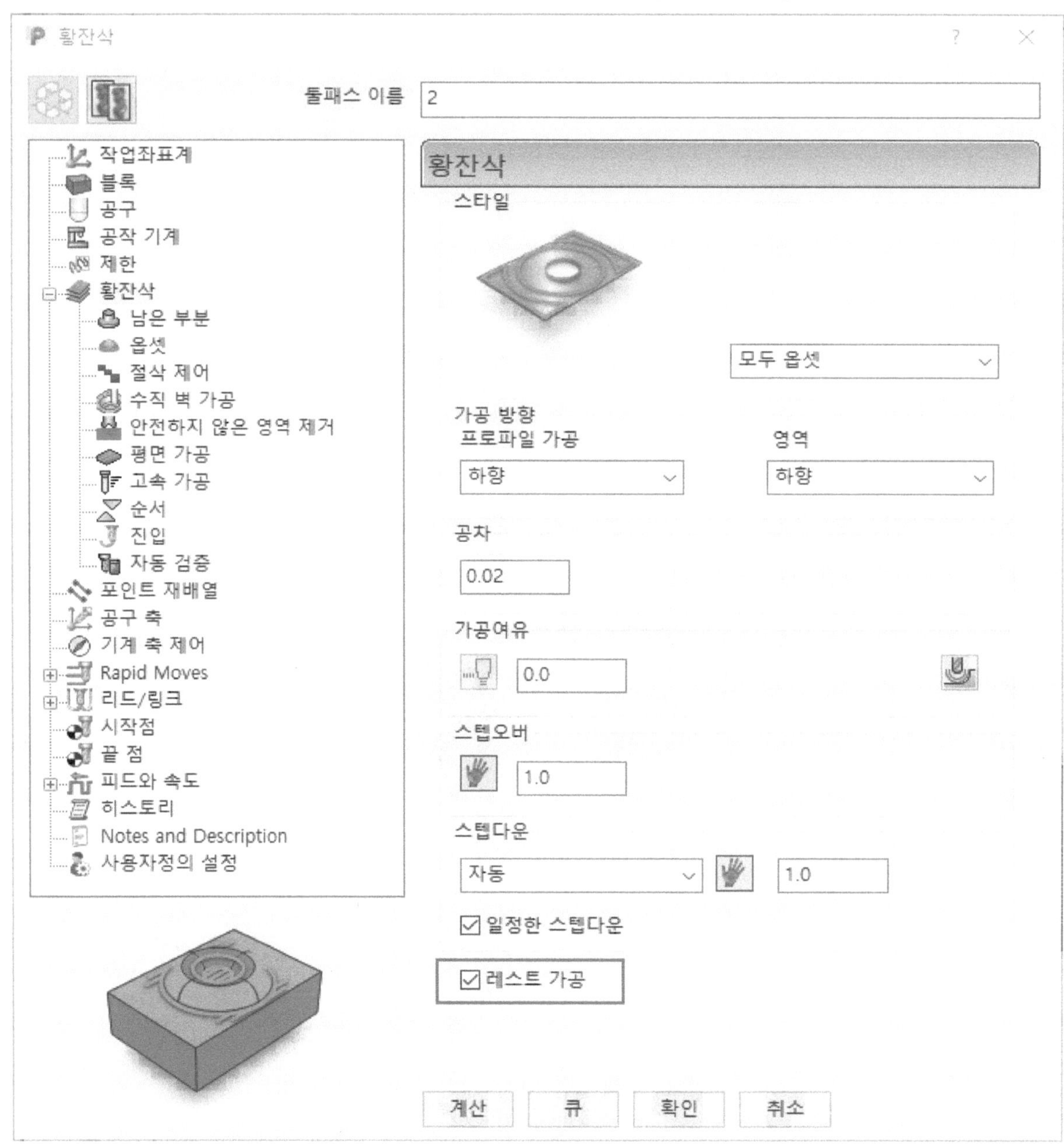

※ 전체 황삭 후 미 가공 된 부위를 조금 더 작은 공구를 사용하여 형상과 근접한 모양을 가공하는 공정이지만 가공여유와 공차를 다르게 하여 중삭이나 정삭으로도 이용한다.

▶위 그림과 같이 가공 조건을 설정한다.

▶반드시 레스트 가공에 체크가 되어 있어야 잔삭 가공이 가능하다.

→ 가공 옵션 설정 → 공구 설정 → 남은 부분 → 옵셋 → 고속 가공 → 리드/링크 → 리드 인 → 링크 → 계산 버튼 클릭

① 공구 설정
→ 이번 가공에서 사용되는 공구는 Ø6볼 엔드밀을 사용한다.
(재료가 알루미늄이고 자격증 시험에서는 시간제한이 있으므로 중간 가공 공정을 하지 않고 바로 정삭가공을 진행한다.)

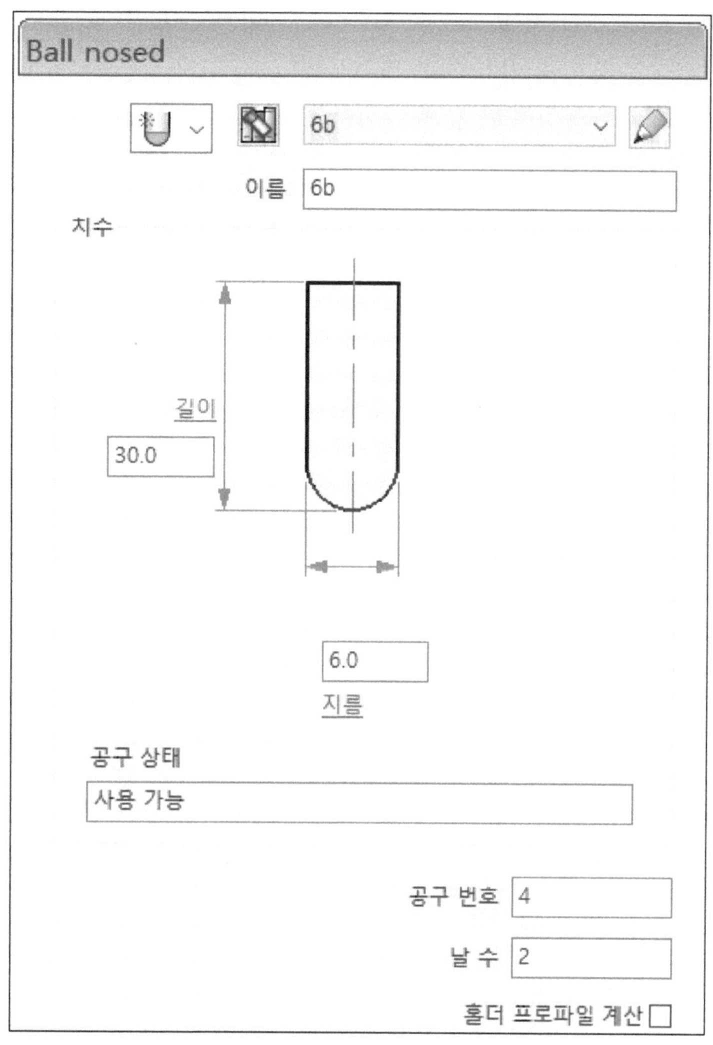

② 남은 부분
→ 이전 공구로 가공을 진행하고 남아있는 미 절삭 부위를 찾아내서 가공하는 가공 공정이다.
이번에는 황삭용 데이터를 생성하는 것이 아니라 바로 정삭 가공 데이터를 생성한다.

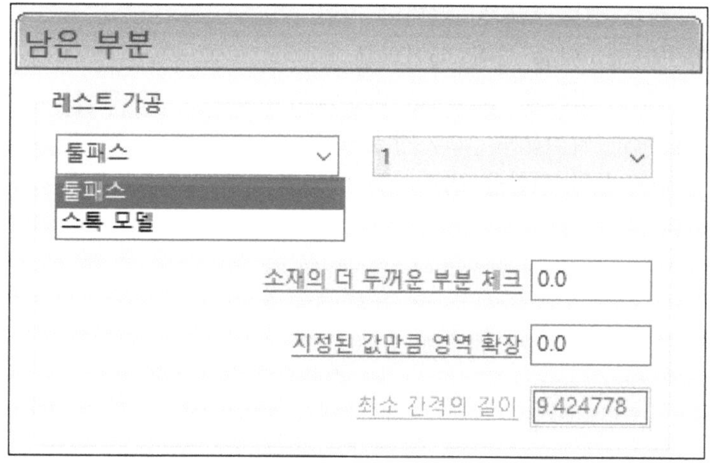

③ 옵셋 조건 설정
→ 가공 방향유지와 커습 제거 조건 체크를 풀고 방향을 안에서 밖으로 선택 한다.

옵셋

고급 옵셋 설정
☐ 가공 방향 유지
☐ 스파이럴
☐ 커습 제거
☐ 작은 부분 먼저 가공

가공 방향
프로파일 가공 하향
영역 하향

방향
안에서 밖으로

④ 고속 가공 설정
→ 프로파일 부드럽게는 가공 데이터의 꺾인 부위 코너에 지정한 값의 라운드가 형성된다. 설정하는 값은 공구 지름의 퍼센트로 설정 된다.

→ 빠른 선택 모드는 현재의 가공 데이터와 다음 가공 데이터를 이어주는 방식을 부드러운 라운드로 연결하는 방식으로 고속 가공에서 급격한 방향 전환을 방지하는 역할을 한다.

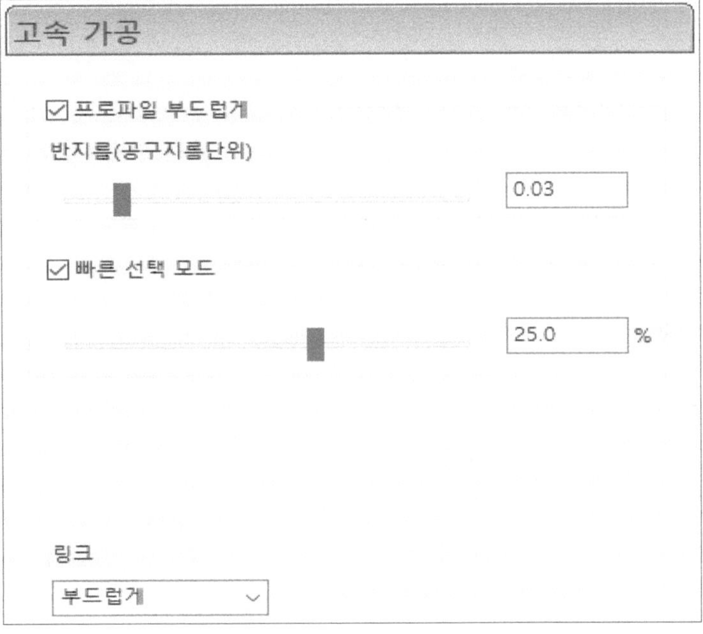

⑤ 리드/링크 설정

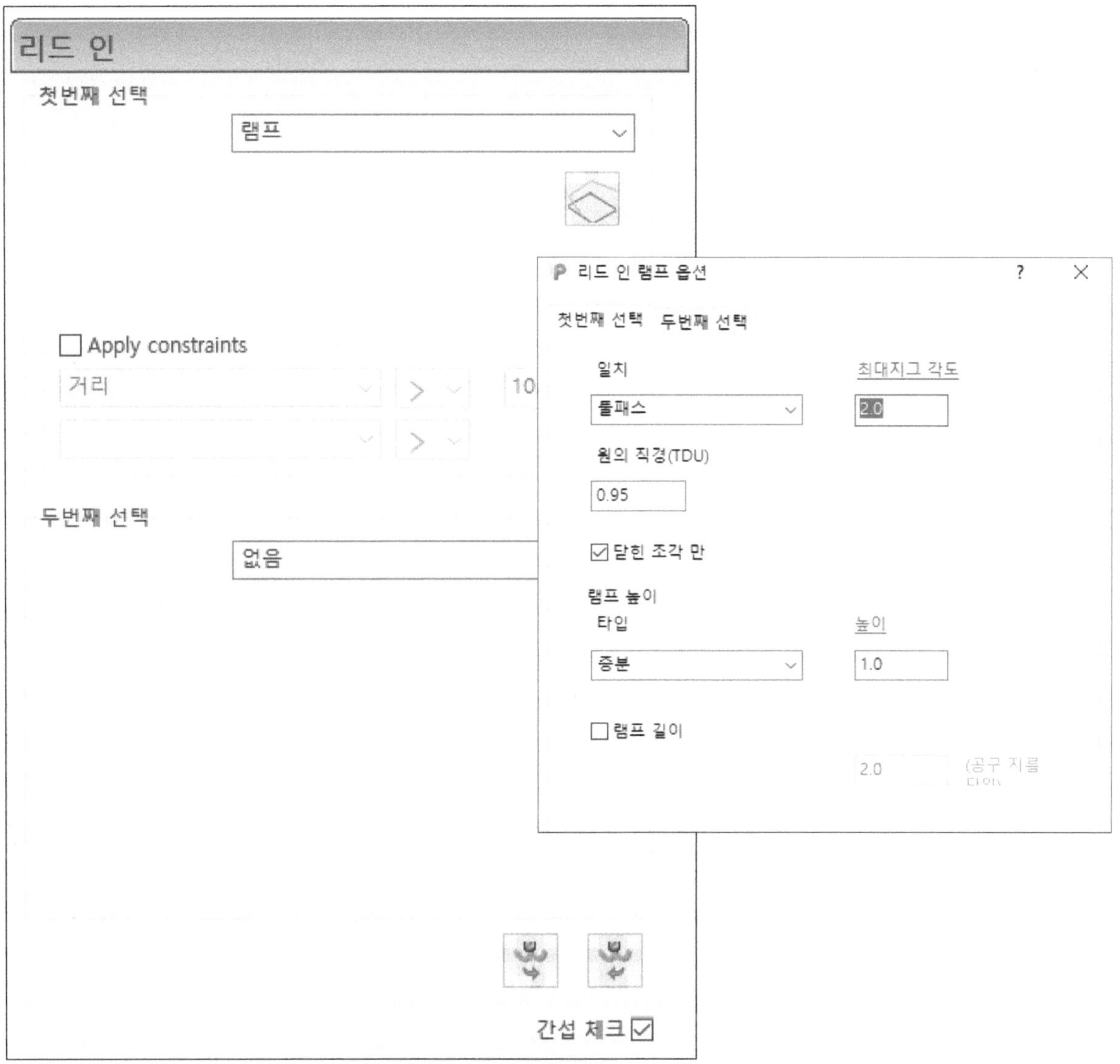

→ 리드 인 설정 → 램프 → 램프 아이콘 클릭 → 최대지그 각도 2° 입력 → 닫힌 조각만 체크 → 램프 높이 1입력

▶ 램프의 각도를 2°로 하고 램프 시작 높이를 가공 데이터로 부터 1mm 위에서 진행 한다.

⑥ 링크 설정 (현재 툴패스부터 다음 툴패스를 이어주는 방식 설정)

→ 첫 번째 선택 → 스킴 설정한다.
→ Apply constraints → 거리 → 10
→ 두 번째 선택 → 증분
→ 초기 값 → 증분

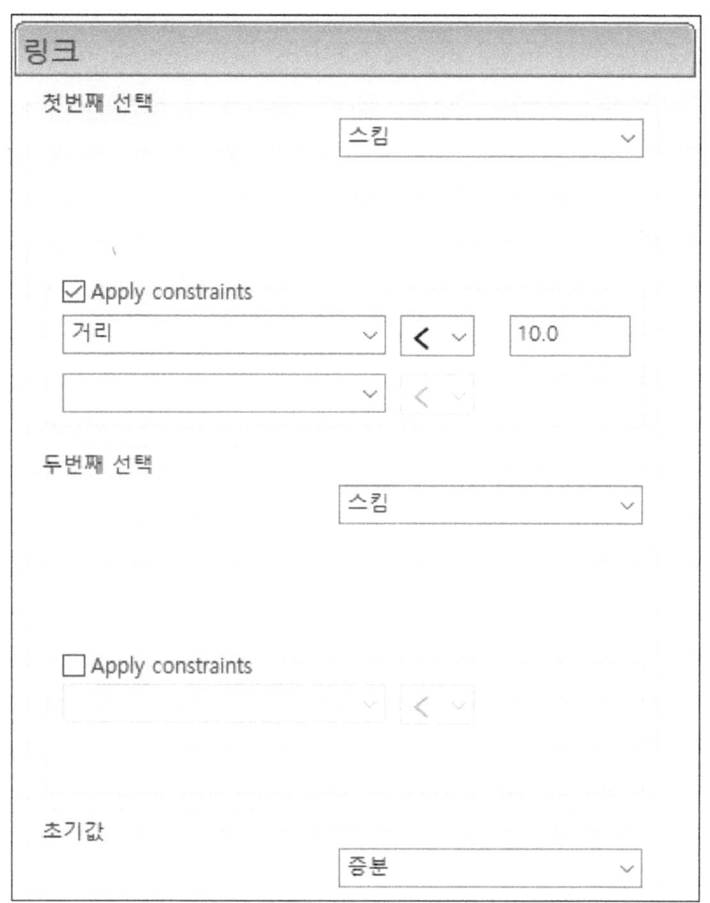

※ 설정이 완료 된 후 계산 버튼을 클릭하여 가공 데이터를 생성 한다.

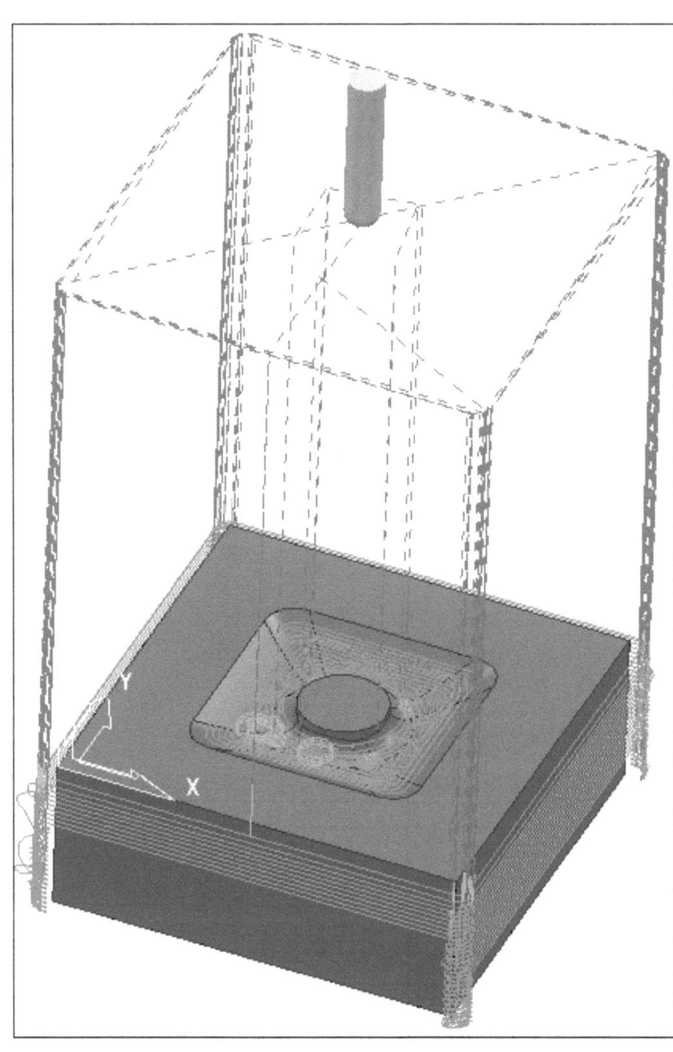

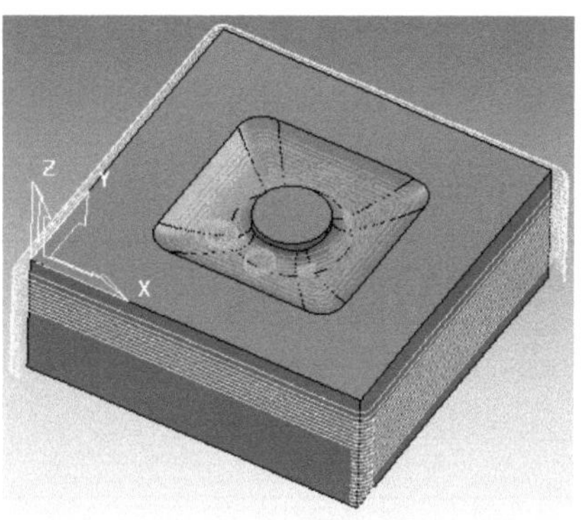

(수정 전 데이터)

→ 삭제할 툴패스 선택 → 마우스 우측 키 클릭 → 편집 → 선택된 성분 삭제

(수정 후 데이터)

[그림27 과제 12번 황잔삭을 이용한 정삭 완성된 가공 데이터]

▶ 가공이미지를 살펴보면 완만한 바닥 형상에 계단이진 모양이 보인다. 형상이 너무 거칠게 가공이 되는 것이기 때문에 바운더리를 이용하여 이 부분을 3D옵셋가공으로 한 번 더 가공을 해준다.

4-8 3D 옵셋가공 가공 메뉴 실행하기

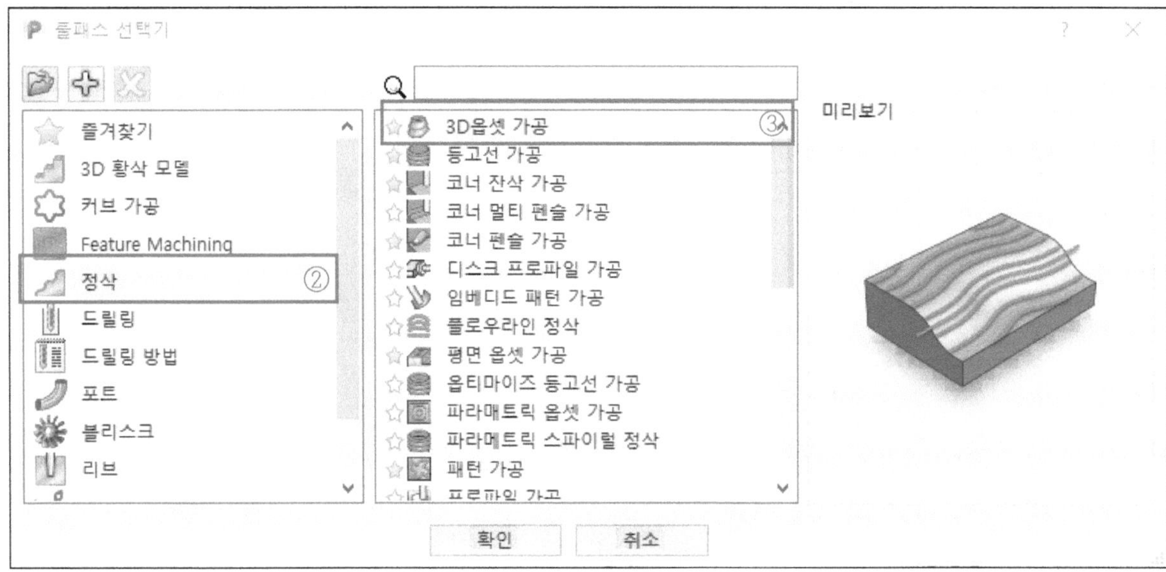

▶ 가공 메뉴 모음 클릭 → 정삭 → 3D 옵셋가공 클릭

▶ 황잔삭을 이용한 정삭 가공데이터에서 앞에서 지적한 데로 SR15 형상 면이 너무 거칠게 남아 있으므로 선택 서피스 바운더리를 생성하여 3D 옵셋가공을 이용해서 깔끔하게 처리한다.

4-9 3D 옵셋을 이용한 정삭 가공데이터 생성하기

▶위 그림과 같이 가공 조건을 설정한다.

▶제한에서 바운더리 가공영역을 구하여 3D 옵셋 가공데이터를 산출한다.

→ 가공 옵션 설정 → 제한 설정 → 리드인 설정 → 링크 설정 → 계산 버튼 클릭

① 제한 설정 (바운더리 설정)

제한

바운더리

1

사용 영역

선택된 서피스 바운더리

안쪽 사용

제한

최고

50.0

최소

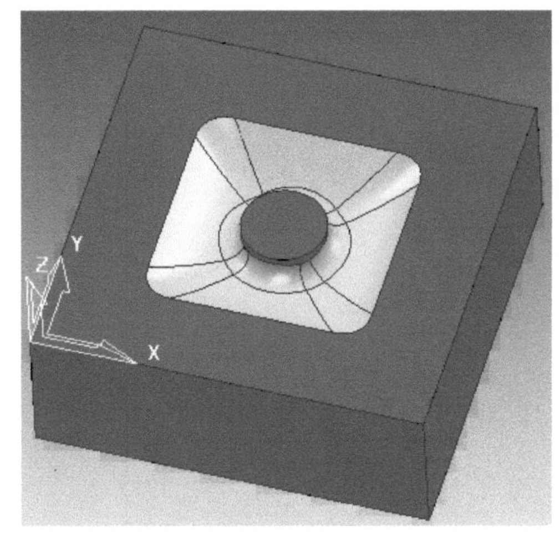

(가공할 서피스(면) 선택

선택 서피스 바운더리

이름 1

위쪽

롤 오버

바운더리 자르기

안쪽

바깥쪽

바운더리 편집

공차

공차 0.01

가공여유 0.0

축방향 가공여유 0.0

축방향 가공여유 사용

자동으로 홀더 간섭 체크

홀더 여유 0.0

생크 여유 0.0

공구

블록

제한

비공개

프라이빗 바운더리 허용

Edit History

Apply edit history on calculation

적용 큐 확인 취소

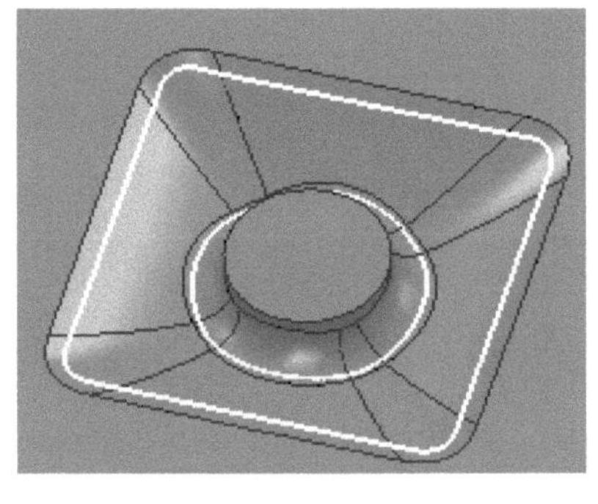

(생성된 서피스 바운더리)

② 리드 인 설정

첫 번째 선택 → 서피스 법선 원호
선형 이동 → 0.0
각도 → 90
반지름 → 1
Apply constraints → 거리 → 5

두 번째 선택 → 없음

아웃으로 복사 아이콘 클릭
리드 아웃 동일하게 설정 한다.

③ 링크 설정
첫 번째 선택 → 면 위로

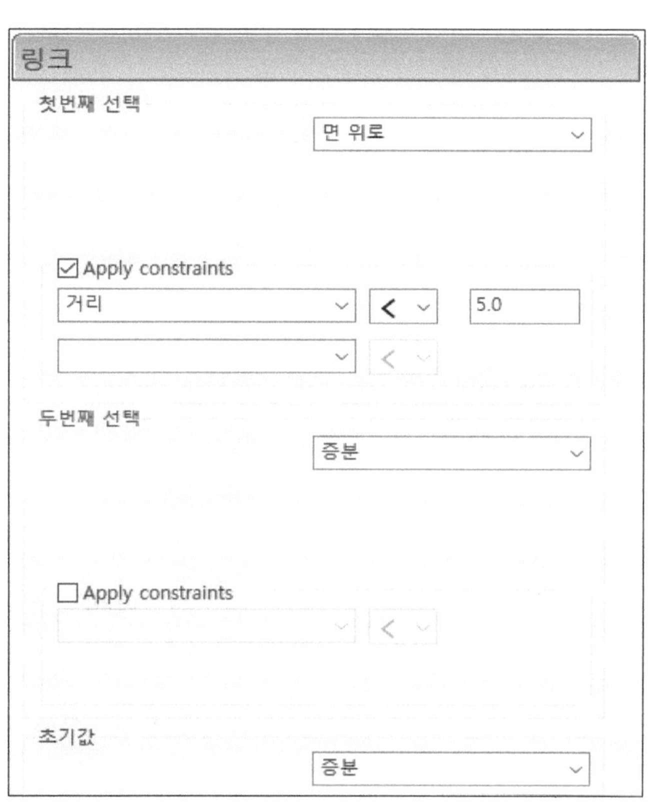

Apply constraints → 거리 → 5
가공 상황에 맞는 거리 값을 지정 한다.

두 번째 선택 → 증분 & 스킴
첫 번째 선택과 두 번째 선택 조건은
가공 상황에 맞는 옵션을 선택한다.

초기 값 → 증분

※ 설정이 완료 된 후 계산 버튼을 클릭하여 가공 데이터를 생성 한다.

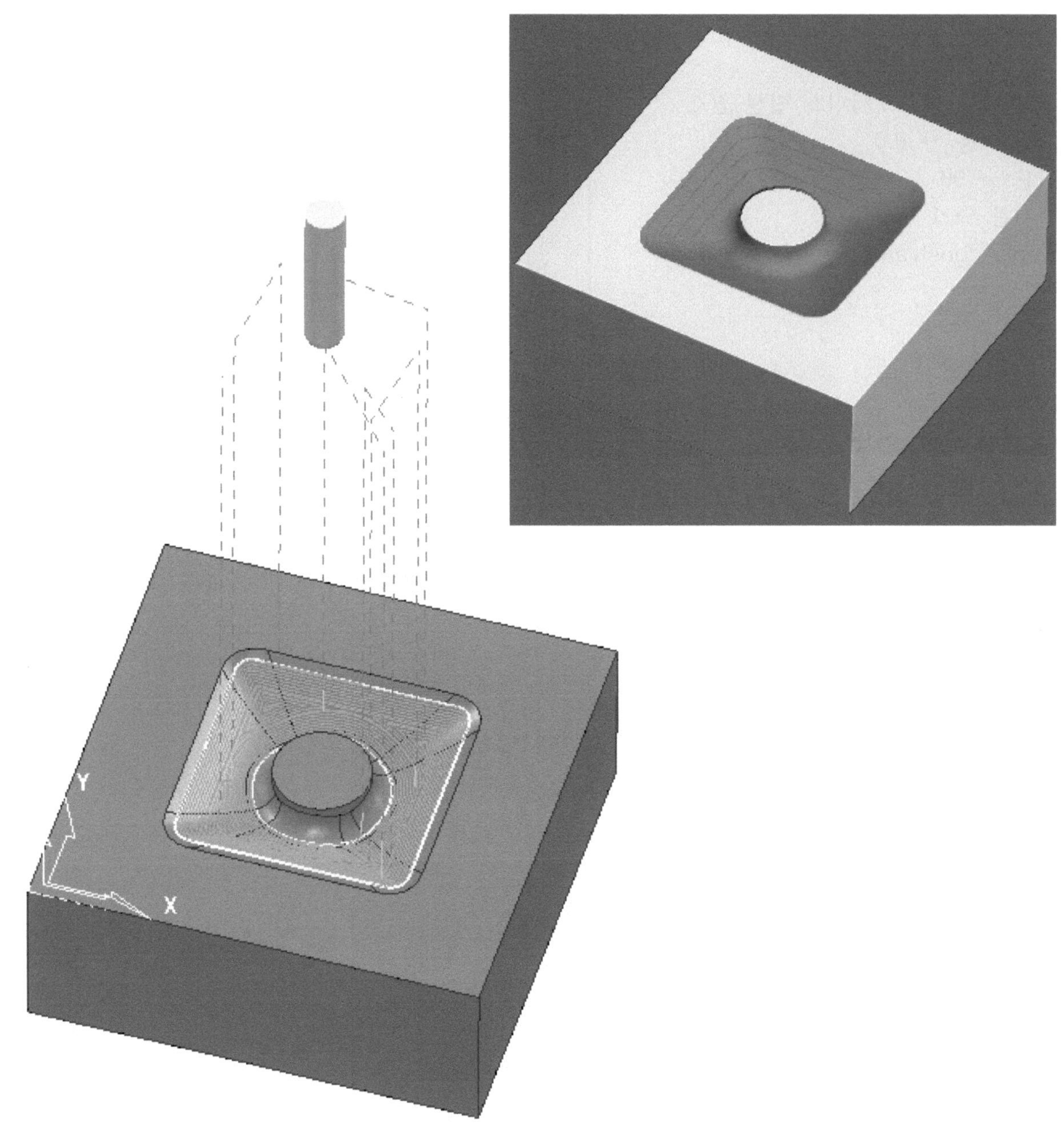

[그림28 생성된 3D 옵셋 툴패스]

4-10 NC프로그램 출력하기

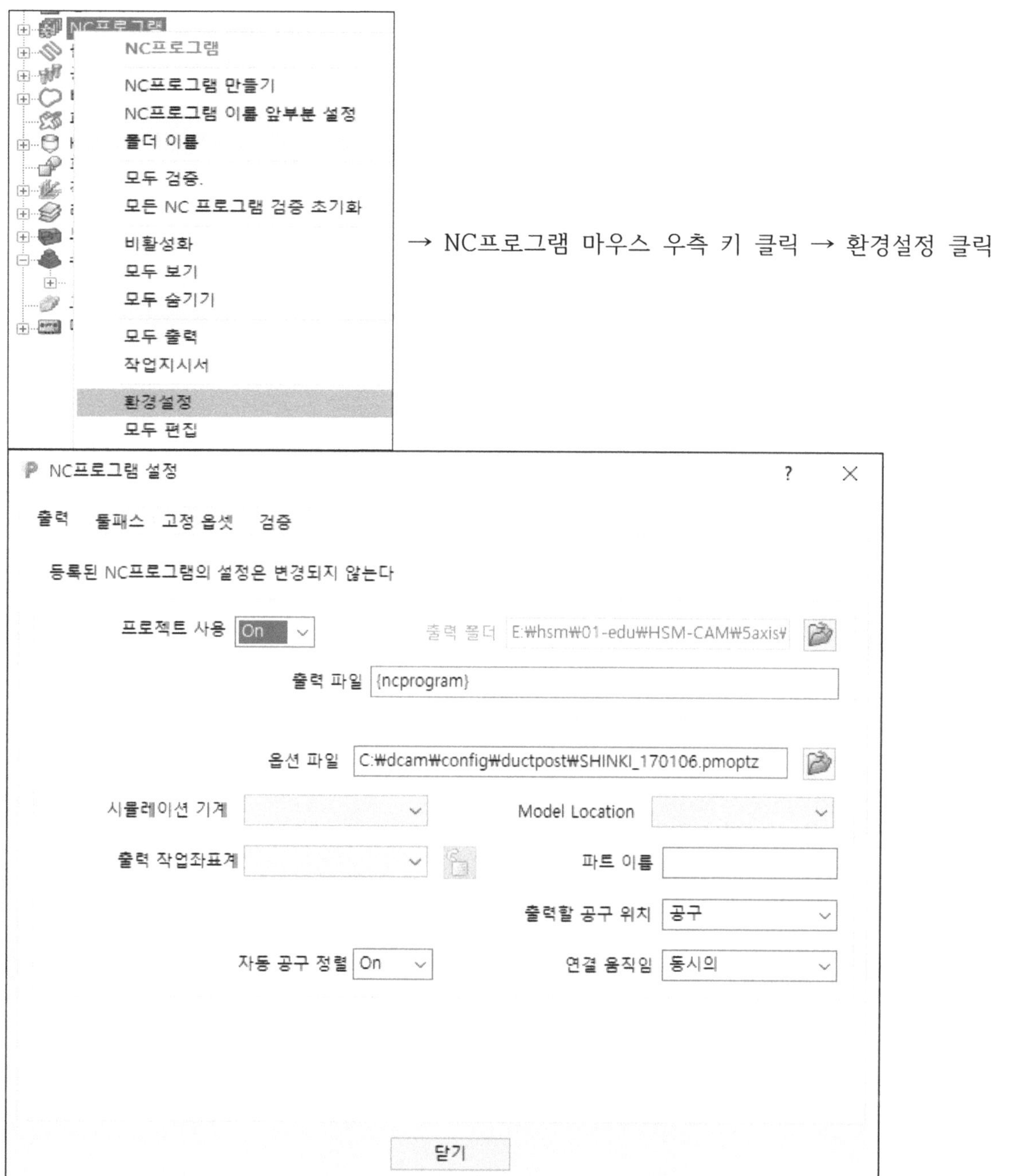

→ NC프로그램 마우스 우측 키 클릭 → 환경설정 클릭

▶ 프로젝트 사용 : On 프로젝트 파일 밑에 ncprograms 폴더를 만들고 가공데이터를 출력함.

▶ 프로젝트 사용 : Off 가공데이터가 출력될 폴더를 지정할 수 있다.

▶ 출력 파일 : {ncprogram}은 변수 값이라 수정되면 안되고 .nc를 입력하며 이름.nc로 nc데이터가 출력된다. 파워밀은 원하는 확장자를 지정할 수 있다. (기본 값은 이름.tap)

▶ 옵션 파일 : NC프로그램 옵션파일을 지정한다.(반드시 지정해야 됨. 가공 조건을 설정함.)

▶ 툴패스 NC데이터로 내보내기

→ 툴패스 위에서 마우스 우측 키 클릭 → 개별 NC프로그램 생성 클릭한다. → NC프로그램 목록 확인 →

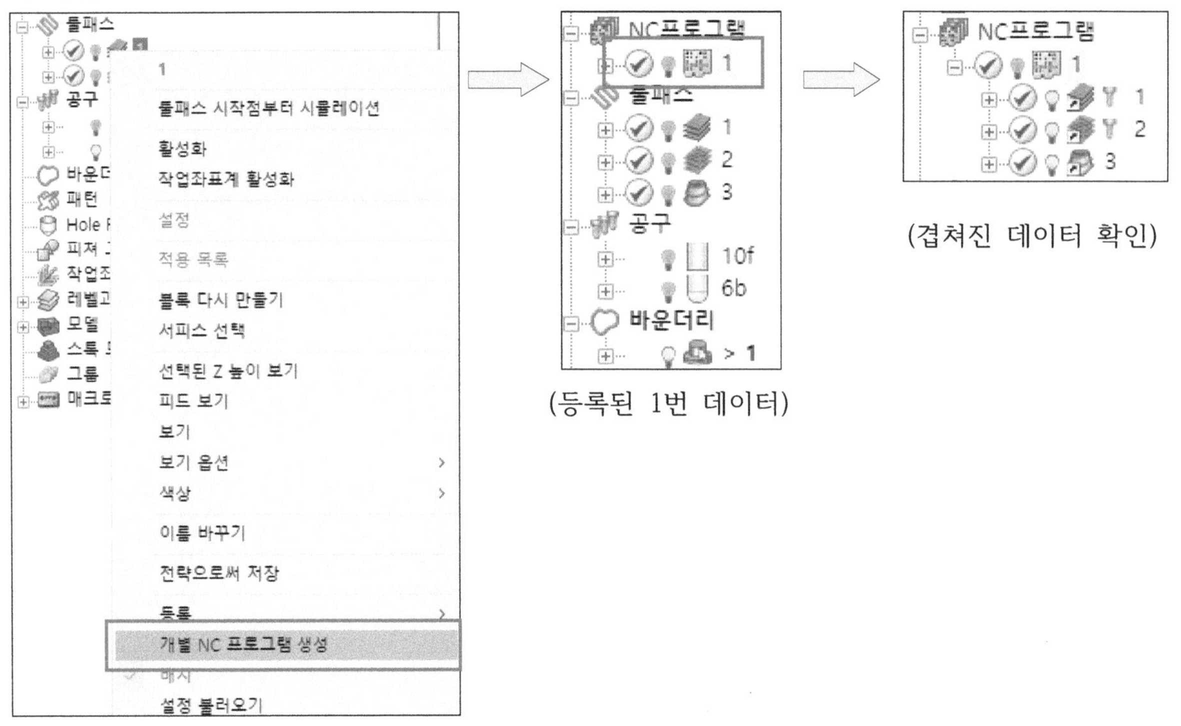

(등록된 1번 데이터)

(겹쳐진 데이터 확인)

▶ 여러 개의 툴패스를 하나의 NC데이터로 내보내기

→ 1번 데이터를 NC프로그램에 등록을 한다. → 2번 데이터를 마우스 좌측 키로 클릭하여 드래그 해서 생성된 NC프로그램1번 위에 겹친다.(결합) → 3번 데이터를 마우스 좌측 키로 클릭하여 드래그 해서 생성된 NC프로그램1번 위에 겹친다.(결합) → 1번 NC데이터에서 마우스 우측 키 클릭 → 설정을 선택 → 설정 창에서 데이터를 확인 한다.

▶ NC프로그램 1번 설정 창 확인

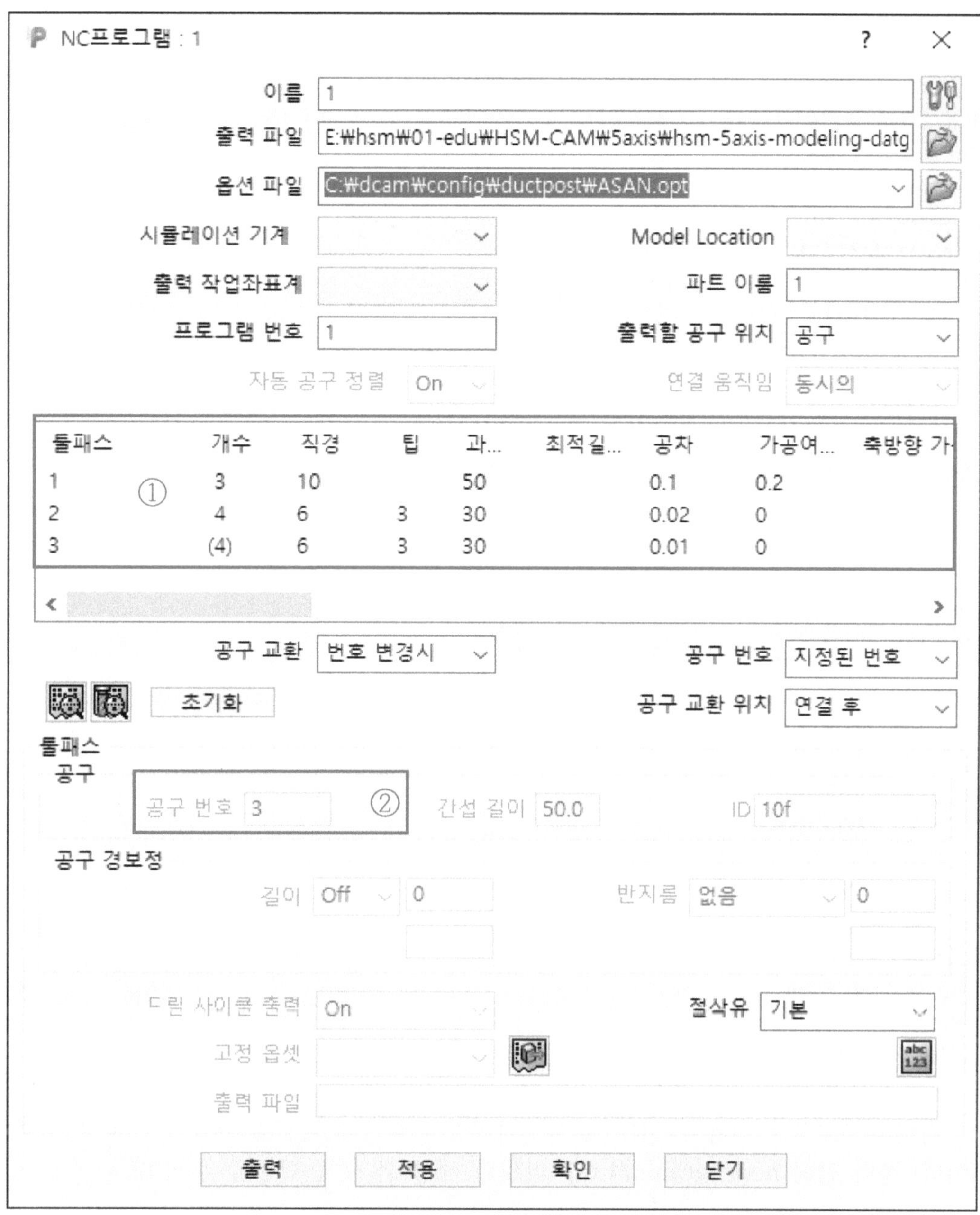

(가공 조건 확인 & 작업 좌표계 확인)

① 칸에서 가공 데이터 이름과 개수를 확인한다.

② 공구 번호를 확인한다.

③ 출력 버튼을 클릭 하거나 탐색기창 NC프로그램 메뉴에서 마우스 우측 키를 클릭하여 모두 출력 버튼을 클릭 한다.

▶ 생성된 NC프로그램 1번

```
%
(******************************)
( File Name =1)
( TOOL Diameter =10.000)
(Coner R=        0)
( Thickness=     .200)
( Tolerance =    .100)
(******************************)
G28 G91 X0. Y0. Z0.
G90 G80 G49 G17 G40
T3M6
S2500M3
G43Z100.H3
G0X20.771Y49.827M3
Z10.M8
G1Z1.F300
X19.876Y49.098Z.96
X19.223Y48.234Z.922
X18.822Y47.363Z.888
X18.622Y46.549Z.859
X18.566Y45.822Z.834
X18.622Y45.096Z.808
X18.822Y44.282Z.779
X19.223Y43.411Z.746
X19.876Y42.546Z.708
X20.806Y41.789Z.666
X21.986Y41.262Z.621
X23.316Y41.072Z.574
X24.646Y41.262Z.527
X25.825Y41.789Z.482
X26.755Y42.546Z.44
X27.408Y43.411Z.402
X27.809Y44.282Z.369
```

▶ 저장 위치 : 프로젝트 사용이 ON으로 설정되어있기 때문에 파워밀 프로젝트 파일(과제3번 파워밀데이터) 폴더 안에 ncprograms/1.tap 파일로 생성 된 것을 확인할 수 있다.

예제 데이터 › 컴퓨터응용가공산업기사 › 과제1 › 과제1번 파워밀데이터 › ncprograms

이름	수정한 날짜	유형
1.tap	2021-08-26 오전 12:01	TAP 파일

5축과 3축가공 실무데이터로 완성하기

2021년 9월 10일 초판 인쇄

2021년 9월 15일 인쇄 발행

저 자 한상민 • 이인 • 최수진

발 행 인 송기수

발 행 처 도서출판 GS인터비전

편 집 처 도서출판 GS인터비전

인 쇄 처 GS인터비전

등록번호 제 25100-2016-000050 호

I S B N 979-11-5576-374-2(93550)

주 소 서울 은평구 증산로 15길 69 2층

전 화 02-976-7898

팩 스 02-6468-7898

홈페이지 gsintervision.co.kr

E-Mail gsinter7@gmail.com

정 가 23,000원